国家科学技术学术著作出版基金资助出版

金属硫化矿物低碱介质浮选

黄礼煌　著

北　京
冶　金　工　业　出　版　社
2015

内 容 提 要

本书全面系统地论述了金属硫化矿物低碱介质浮选的理论基础、浮选药剂、常用的浮选设备，论述了低碱介质浮选的主要工艺参数；结合我国矿物加工工程现状，较全面地介绍了金属硫化矿物低碱介质浮选的试验研究过程及主要研究成果；重点介绍了国内外金属硫化矿物高碱介质浮选的生产现状及低碱介质浮选的改革方向；对非金属硫化矿物的浮选仅作简单介绍。

本书主要供从事矿物加工工程领域生产、科研、设计、营销和教学的科技人员、职工和高等院校师生使用，也可供其他相关专业的技术人员参考。

图书在版编目(CIP)数据

金属硫化矿物低碱介质浮选/黄礼煌著．—北京：冶金工业出版社，2015.6

国家科学技术学术著作出版基金

ISBN 978-7-5024-6893-4

Ⅰ.①金…　Ⅱ.①黄…　Ⅲ.①金属矿物—硫化矿物—浮游选矿　Ⅳ.①TD95

中国版本图书馆 CIP 数据核字(2015)第 096892 号

出 版 人　谭学余
地　　址　北京市东城区嵩祝院北巷 39 号　邮编　100009　电话　(010)64027926
网　　址　www.cnmip.com.cn　电子信箱　yjcbs@cnmip.com.cn
责任编辑　徐银河　廖　丹　美术编辑　吕欣童　版式设计　孙跃红
责任校对　王永欣　责任印制　李玉山
ISBN 978-7-5024-6893-4
冶金工业出版社出版发行；各地新华书店经销；北京百善印刷厂印刷
2015 年 6 月第 1 版，2015 年 6 月第 1 次印刷
787mm×1092mm　1/16；22 印张；526 千字；332 页
79.00 元

冶金工业出版社　投稿电话　(010)64027932　投稿信箱　tougao@cnmip.com.cn
冶金工业出版社营销中心　电话　(010)64044283　传真　(010)64027893
冶金书店　地址　北京市东四西大街 46 号(100010)　电话　(010)65289081(兼传真)
冶金工业出版社天猫旗舰店　yjgycbs.tmall.com

前言

金属硫化矿物低碱介质浮选是一种在矿浆自然 pH 值或接近矿浆自然 pH 值（pH 值为 6～9）的条件下进行金属硫化矿物浮选的新工艺。低碱介质浮选时，金属硫化矿物可保持其天然可浮性，伴生的金、银、钼、铋等自然金属和硫化矿物不受抑制而富集于硫化矿物精矿中。与现大多采用的高碱介质工艺比较，该工艺具有浮选精矿品位高，回收率高；吨矿浮选药剂成本较低；浮选速度快，浮选流程简短；药剂种类少，加药点少；易操作，易管理，指标稳定；可原浆浮选硫铁矿；伴生金、银、钼、铋、铂族元素和稀散元素等的浮选回收率高，矿产资源综合利用率高；回水可全部返回再利用；外排矿浆液相 pH 值为 6～7.5，不污染环境等特点。因此该工艺可用于各种自然金属和天然金属硫化矿物及人造金属硫化矿物的浮选。

目前，国内外金属硫化矿物的浮选生产和研究工作，主要在高碱介质（pH 值为 11～14）中进行。如硫化铜矿物的浮选一般均在 pH 值大于 11 的条件下抑硫浮铜，获得合格的硫化铜矿物精矿，铜尾添加硫酸、酸性水或碳酸盐活化黄铁矿，再用黄药浮选硫化铁矿物，获得合格的黄铁矿矿物精矿；硫化铅锌矿的浮选一般均在 pH 值大于 13 的条件下抑硫、锌浮铅，获得合格的硫化铅矿物精矿，铅尾采用硫酸铜活化闪锌矿和铁闪锌矿，在 pH 值大于 13 的条件下抑硫浮锌，获得合格的硫化锌矿物精矿，锌尾添加硫酸、酸性水或碳酸盐活化黄铁矿，再用黄药浮选硫化铁矿物，获得合格的黄铁矿矿物精矿。1979 年年底，国内凡口铅锌矿采用高细度和高碱度的“两高”新工艺的半工业试验和工业试验取得成功，选厂吨矿石灰用量高达 23kg，选厂的铅、锌浮选指标均获得了大幅度提高。冶金工业部批文转发了凡口矿有关“两高”工艺的报告，此后，我国金属硫化矿物的浮选几乎均在高碱介质中进行，浮选过程中的吨矿石灰用量显著增加。

凡口铅锌矿是广东矿冶学院的教学基地，1971～1982 年作者在广东矿冶学院（现广东工业大学）任教，有幸参加了凡口矿选厂的多次攻关工业试验。

1976年，选厂领导提出能否打倒“白老虎”，意在降低浮选过程中的石灰用量或取消石灰。此时，我们萌生了“金属硫化矿物低碱介质浮选”的设想。这一想法得到凡口铅锌矿领导和选厂领导的高度重视和支持，并于1976年下半年在凡口铅锌矿实验室进行了实验室小试，在50t/d的实验厂进行了为期一个月的半工业试验。采用这一工艺路线的小型试验指标令人满意，但半工业试验指标却不理想，波动大、不稳定、控制手段少，故未能在工业生产中应用。之后1982年年底，作者调南方冶金学院（现江西理工大学）任教。

1977~1992年的16年，本书作者主要从事“金属硫化矿物低碱介质浮选”的理论研究，进行了多方案的对比论证和实验室小试，1992年暑假又和周源教授走访了江西的几个矿山，当时我们认为德兴铜矿铜硫分离的主要问题是石灰用量太高，致使铜精矿中的铜、金、银、钼的回收率欠佳；铜精矿中铜钼分离的主要问题是硫化钠用量太大，致使成本太高，造成铜钼分离车间停产多年。针对德兴铜矿的这两大选矿课题，试验组对德兴铜矿原矿样和铜精矿样进行了“低碱介质铜硫分离小型试验”和“无硫化钠铜钼分离小型试验”，这两个小型试验均取得了非常满意的指标。在德兴铜矿领导的大力支持下，试验组从1993~1997年历时5年，在德兴铜矿进行了低碱介质铜硫分离的小型试验、扩大连选半工业试验、工业试验和约7个月的工业应用。工业应用期间，每吨原矿铜硫分离的石灰用量由10kg降至1.6kg，并实现了原浆浮选硫铁矿。获得了硫含量达43.11%的优质硫精矿；铜精矿中金、钼回收率分别提高5%；铜、银回收率与高碱工艺相当。该新工艺试验成果于1997年12月通过有色金属总公司鉴定，获1998年有色金属总公司科技进步三等奖。这是我国第一代工业试验成功的低碱介质铜硫分离新工艺。

1998年5月1日作者退休以后，走访了江西、湖南、湖北、安徽、广东、广西、云南、四川、甘肃、内蒙古、青海、新疆、山东、河南、河北等省区的40多个金属硫化矿选矿厂和多个研究院所，广泛听取有关建议并汲取他们的宝贵经验，利用厂矿试验室、工业生产现场、人员及样品化验等有利条件，就地研究开发了硫化铜矿、硫化铅锌硫矿、硫化铜铅锌硫矿、硫化铜钼混合精矿、硫化铜锌矿、硫化铜硫铁矿、硫化铜镍矿、硫化铜铅锌金银矿、硫化锑砷金银矿、难选金硫矿、难选金砷硫矿、高冰镍及铜锌冶炼渣等的低碱介质浮选新工艺。除多次完成小型试验外，大部分新工艺已陆续用于工业生产。处理量小于1000t/d的选矿厂，则多数不经小试而直接进行工业调试并转为生产。同时，为适应新工艺的需要，我们配制了SB系列选矿混合剂、Lp系列选矿混合剂、K_{200}系列抑制剂及F_{100}系列活化剂等药剂。经不断改进和调试，不断总结经验及寻找规律，金属硫化矿物低碱介质浮选新工艺已日益成熟和完善，已逐渐成为金属硫化矿物浮选的常规浮选工艺之一。

为了总结38年来，从事有关金属硫化矿物低碱介质浮选新工艺的开发、应用、体会、收获和成果，特撰写了本书，以尽责任，抛砖引玉，期望我国的选矿技术水平更上一层楼。

从1976年至今的38年，金属硫化矿物低碱介质浮选的试验研究工作一直得到王淀佐院士、孙传尧院士、邱冠周院士等的关心、鼓励和支持，得到胡为柏教授、胡熙庚教授等老师们的关心和鼓励。现在本书出版之际，特对他们一并表示感谢。

在撰写本书过程中，得到了有关厂矿、专家、教授、同行的大力支持，许多厂矿提供了宝贵的资料并直接参加了试验研究工作；得到江西理工大学的鼓励和支持；本书的出版获得了国家科学技术学术著作出版基金的资助，这与冶金工业出版社的鼎力支持是分不开的。作者在此一并深表谢意！

对一贯鼓励、支持并长期与我一起深入厂矿和亲自参加试验研究工作的曾志华同志表示感谢！

由于作者水平所限，书中难免存在遗漏及不足之处，恳请读者鉴别，批评指正。

黄礼煌

2015年4月于江西理工大学

目　　录

绪　论

19 世纪后期，为了满足社会对矿物资源日益增长的需求，人们迫切地要求从构成复杂和细粒浸染的矿石或大量的重选尾矿中分离或富集有用矿物并生产出矿物精矿。当时，除不断完善已有的重选、磁选、手选等选矿方法外，开始寻求更有效的矿物分离方法，因此浮选法开始萌芽。

纵观浮选法的发展历史，大致可分为五个阶段：

（1）1860～1902 年为浮选法开始萌芽和全油浮选首创期。

（2）1902～1912 年为全油浮选、表层浮选和泡沫浮选等多种浮选方法的开创期。

（3）1912～1925 年为泡沫浮选法与其他浮选法的竞争期。

（4）1925～1992 年为泡沫浮选法的蓬勃发展和应用期。

（5）1993 年至今为泡沫浮选法的高碱介质工艺应用与低碱介质工艺逐渐成熟的竞争期。

现在工业生产中使用的浮选方法均为泡沫浮选法，金属硫化矿物的浮选主要采用高碱介质工艺，但金属硫化矿物低碱介质浮选新工艺的应用也愈来愈广。

从 1925 年开始，黄药类捕收剂开始大量用于浮选以回收金属硫化矿物，为了抑制黄铁矿等硫化铁矿物，国内外各选厂均采用石灰作抑制剂，在高碱介质（矿浆液相 pH 值大于 11）中进行金属硫化矿物的分离浮选，以获得有用组分含量（品位）符合要求的有用矿物精矿。1979 年，我国凡口铅锌矿采用高细度和高碱度的“两高”工艺的半工业试验和工业试验取得成功，使凡口铅锌矿的铅、锌浮选指标获得了大幅度提高，作者亲自参加了“两高”工艺的半工业试验和工业试验。冶金工业部向全国有关厂矿批文转发了凡口铅锌矿有关“两高”工艺的报告。1980 年之后，我国硫化矿物浮选均采用高碱介质工艺，硫化矿物高碱介质浮选工艺进入蓬勃发展期。

1971～1982 年，作者有幸多次参加凡口铅锌矿的选矿技术攻关工业试验。1976 年，选厂领导提出打倒“白老虎”的口号，我们萌生了“金属硫化矿物低碱介质浮选”的设想。此设想得到凡口铅锌矿领导的大力支持，于 1976 年下半年在凡口铅锌矿研究室和半工业试验厂进行了小型试验和为期一个月的半工业试验，当时采用丁基铵黑药为主捕收剂，用亚硫酸盐组合抑制剂进行铅锌硫的分离浮选。半工业试验表明，虽取得若干理想指标，但不稳定，不易操作，控制手段少，最终未用于工业生产。但此次试验进行了有益的尝试，为以后的低碱介质浮选试验研究工作奠定了基础。

1977～1992 年的 16 年间，作者主要从事“金属硫化矿物低碱介质浮选”的理论研究，进行过多方案比较和探索试验，并于 1992 年暑假，与周源教授走访了江西的几个矿山，得知江西德兴铜矿铜硫分离的石灰用量为 10～12kg/t，铜钼分离的硫化钠用量大于 100kg/t。针对这两大选矿课题，我们在德兴铜矿取了原矿试样和铜精矿试样，进行了“德兴铜矿低碱介质铜硫分离小型试验”和“德兴铜矿浮选铜精矿无硫化钠铜钼分离小型试验”。这两个小型试验均取得了非常满意的试验指标。1993～1997年，历时5年，我们在江西德兴铜矿进行了低碱介质铜硫分离的小型试验、扩大连选半工业试验、工业试验和约7个月的工业试生产。原矿铜硫分离的石灰用量由原高碱工艺的10kg/t降至低碱工艺的1.6kg/t，并实现了原浆浮选硫铁矿，获得硫含量43.11%的优质硫精矿，铜精矿中金、钼回收率分别提高5%，铜、银回收率与高碱工艺相当。该新工艺试验成果于1997年12月通过有色金属总公司鉴定，获1998年有色金属总公司科技进步三等奖。这是我国第一代工业试验成功的低碱介质铜硫分离新工艺。

作者于1998年5月1日退休以后，走访了江西、湖北、湖南、安徽、广东、广西、云南、四川、甘肃、内蒙古、青海、新疆、山东、河南、河北等省区的40多个金属硫化矿选矿厂和多个研究院所，广泛听取有关建议并汲取他们的宝贵经验，利用厂矿试验室、工业生产现场、人员及样品化验等有利条件就地进行“金属硫化矿物低碱介质浮选”试验，完成了硫化铜矿的“铜硫低碱优先浮铜—原浆选硫”、“自然pH值下铜硫混选—混精再磨—低碱介质铜硫分离—铜尾浓缩—原浆选硫”的小型试验和工业试验；硫化铅锌矿的“自然pH值下优先选铅—铅尾硫酸铜活化—低碱介质锌硫分离—原浆选硫”、“低碱介质优先选铅—铅尾硫酸铜活化—低碱介质锌硫分离—原浆选硫”的小型试验和工业试验，前者适用于全用新水的铅锌选厂，后者适用于采用回水的铅锌选厂；硫化铜铅锌矿的“低碱介质优先选铜铅—铜铅混精低碱介质分离—铅尾硫酸铜活化—低碱介质锌硫分离—原浆选硫”的小型试验和工业试验；铜钼混合精矿的“低碱介质脱药—铜钼分离粗选—钼粗精矿再磨—钼精选”的小型试验；硫化铜锌矿的“自然pH值下优先选铜锌—铜锌混精再磨—低碱介质铜锌分离—原浆选硫”的小型试验；硫化铜镍矿的“自然pH值下铜镍混合浮选”的小型试验和“低酸介质铜镍混合浮选”的小型试验；高冰镍的磁选—浮选分离小型试验；硫化铜铅锌金银矿的“自然pH值下优先选铜铅金银混合精矿—混尾硫酸铜活化—低碱介质锌硫分离得锌精矿”的工业试验；硫化锑砷金银矿的“自然pH值下硫酸铜活化锑砷金银矿混合浮选—混合精矿再磨—低碱介质分离得金银精矿”的工业试验；难选金硫矿的“细磨—活化—低碱介质浮选得含硫金混合精矿”的工业试验；难选硫化砷金矿的“细磨—活化—低碱介质浮选得含硫砷金混合精矿”的工业试验；“无石灰浮选黄金新工艺”工业试验；“全泥氰化渣浮选回收金”的工业试验等。这些金属硫化矿物低碱介质浮选新工艺的试验成功和工业应用，大幅提高了有关选矿厂相关有用金属的回收率，提高了矿产资源综合利用率，取得了显著的经济效益和环境效益。

经过38年的理论研究、小型试验、工业试验和生产实践，现金属硫化矿物低碱介质浮选新工艺已逐渐成熟，可用于各种自然金属、天然硫化矿物和人造硫化矿物的浮选。

根据我国矿物加工的装备制造水平、选矿药剂的生产水平和现场选矿技术水平，我国已具备了全面推广应用金属硫化矿物低碱介质浮选新工艺的条件，盼望该项技术能让我国金属硫化矿物的浮选指标、节能减排、矿产资源利用率、生产成本和环境保护等方面都取得更大的进步！

“空谈误国，实干兴邦”，科学技术是第一生产力，科学技术的灵魂是创新。某一阶段的先进技术只能说是空前的，但绝不是绝后的。历史从来就是后浪推前浪，只有不断解放思想，与时俱进，不断吸取和采用先进的技术和生产工艺，才能不断地提高生产技术经济指标。

1 浮选的理论基础

1.1 概述

浮选时，原矿经破碎、磨矿和分级等作业，获得细度和浓度均合适的矿浆，然后送入搅拌槽中添加所需浮选药剂进行矿物表面预处理。再送入浮选机中进行搅拌和充气，以使矿粒悬浮并产生大量的弥散气泡，在悬浮矿粒与弥散气泡多次碰撞接触的过程中，可浮性好的矿粒则选择性附着在气泡上，并随气泡上浮至矿浆表面形成矿化泡沫层。矿化泡沫经刮板刮出或自行溢出成为泡沫产品，常将其称为浮选精矿；可浮性差的矿粒则不附着在气泡上，而留在浮选槽内，最终排出浮选槽外，成为非泡沫产品，常将其称为浮选尾矿；从而完成各种矿物的相互分离和达到富集有用矿物组分的目的。浮选法不仅用于矿产加工，而且在冶金、石油、化工、印染等企业的三废处理、废油处理、液固悬浮物分离、废塑料分选、废纸脱墨处理等领域也获得了广泛的应用。

浮选为浮游选矿的简称，是根据矿物颗粒表面物理化学性质的差异而进行矿物分选的选矿方法，最终获得含某种有用组分高的矿物精矿和有用组分含量极低的矿物尾矿。浮选的效率常以该有用组分的浮选回收率、精矿中该有用组分含量、吨矿处理成本和浮选过程的选择性等作判据进行衡量。

设原矿干重为 Q，原矿某有用组分的品位（含量）为 α，浮选精矿中同一有用组分的品位（含量）为 β，浮选尾矿中同一有用组分的品位（含量）为 θ，浮选精矿的产率为 γ_J，浮选尾矿的产率为 γ_W，则计算某有用组分的浮选回收率 $\varepsilon(\%)$ 见式（1-1）：

$$\begin{aligned}\varepsilon &= \frac{\gamma_J \times \beta}{\alpha} \times 100\% \\ &= \frac{\alpha - \gamma_W \times \theta}{\alpha} \times 100\% \\ &= \frac{\beta}{\alpha} \times \frac{\alpha - \theta}{\beta - \theta} \times 100\% \end{aligned} \tag{1-1}$$

浮选过程的选择性（η）见式（1-2）：

$$\eta = \frac{\varepsilon_1}{\varepsilon_2} \tag{1-2}$$

式中　ε_1，ε_2——有用组分 1 和有用组分 2 的浮选回收率。

η 愈趋近于 1，则两有用组分的浮选选择性愈高，有用组分的浮选分离愈完全，两有用组分精矿中互含愈低。

浮选时，通常将有用矿物浮入泡沫产品中，将脉石留在浮选槽内而排出为浮选尾矿，此种浮选方法称为正浮选；反之，若将脉石矿物浮入泡沫产品中，将有用矿物留在浮选槽内，此种浮选方法称为反浮选。若矿石中含有两种以上的有用矿物，浮选时依次逐一将有用矿物分选为单一的浮选精矿，此种浮选方法称为优先浮选；若将全部有用矿物同时浮选为泡沫产品（混合精矿），然后将混合精矿依次逐一分选为单一的浮选精矿，此种浮选方法称为混合浮选—分离浮选。此外，还有部分优先浮选、部分混合浮选、等可浮浮选方法等。

1.2 浮选过程的热力学

1.2.1 浮选矿浆中的三相

1.2.1.1 固相（磨细的矿粒）

浮选矿浆中磨细的矿粒数量大、种类多、形状各异、表面积大、粒径大小不一。矿粒的表面特性决定于矿物的组分及其结构。

A 矿物的晶格类型与可浮性

矿物的可浮性与矿物的组成及晶格类型的关系见表1-1。

表1-1 矿物的可浮性与矿物的组成及晶格类型的关系

润湿性	小──→大					
矿　物	非极性矿物	硫化矿物	氧化物	硅酸盐矿物	含氧酸盐	卤化物
晶格类型	分子	金属	离子	离子	离子	离子
可浮性	好──→差					

如石蜡、辉钼矿、硫、煤、滑石等为非极性矿物，层状分子晶格，润湿性小，可浮性好；金属硫化矿物和自然金属为金属晶格与半金属晶格，有一定疏水性，可浮性较好；有色金属氧化物的润湿性大，只有将其硫化后才具有较好的可浮性；含氧酸盐（硅酸盐和铝硅酸盐矿物）润湿性大，可浮性差；卤化物（碱金属及碱土金属可溶盐）为离子晶格，润湿性大，天然可浮性差。

有色金属硫化矿物为金属离子与硫离子的化合物，结构相似的矿物对捕收剂的附着条件常相似。如闪锌矿、黄铜矿和黝锡矿的结构相似（见图1-1）。黄铜矿为原生铜矿物，它为金属铜、铁离子与硫离子的化合物。各种硫化矿物有各自不同的晶形和晶格参数。如黄

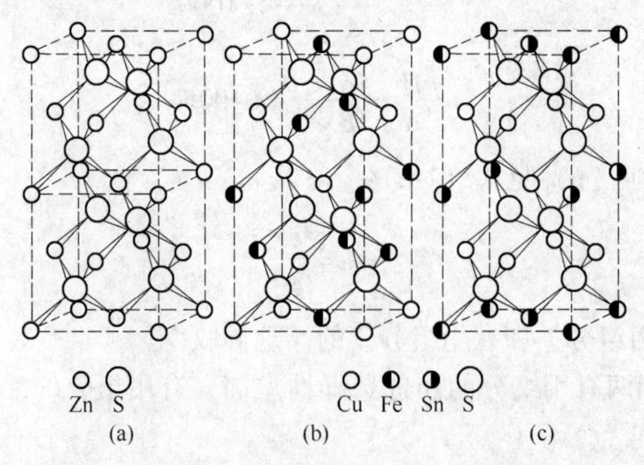

图1-1 闪锌矿、黄铜矿、黝锡矿的结晶构造

（a）ZnS；（b）$CuFeS_2$；（c）Cu_2FeSnS_4

铜矿属四方晶系，结晶构造属双重闪锌矿型。在黄铜矿结晶构造中，每一个硫离子被分布于四面体顶角的四个金属离子（两个铜离子和两个铁离子）所包围，所有四面体的方位均相同。由于黄铜矿具有较高的晶格能，而且硫离子处于晶格内层，因此，黄铜矿具有较高的稳定性，不易被氧化。闪锌矿与黄铜矿比较，只是四面体的 4 个锌离子被 2 个铜离子和 2 个铁离子所取代。黝锡矿与黄铜矿比较，仅是 1 个铁离子被 1 个锡离子所取代。但闪锌矿中的锌离子对黄药的价键能比黄铜矿中铜离子对黄药的价键能小，故黄药对闪锌矿的作用比对黄铜矿的作用较弱，当闪锌矿被 Cu^{2+} 活化后，其作用基本相同。黝锡矿的结构与黄铜矿相似，黄药对它们的作用相似。

B 矿物表面的不均匀性

由于成矿时温度和压力的变化，使晶形、晶格产生变化，甚至产生错位、空隙、裂缝等。矿石经破碎、磨矿后，大多无法保持原有的晶形、晶格，将出现不同的边、棱、角，矿粒表面显现残余的键能。矿物晶格中常出现离子缺位、过量、异离子置换等缺陷，导致矿物表面的电化学性质不均匀（见图 1-2）。

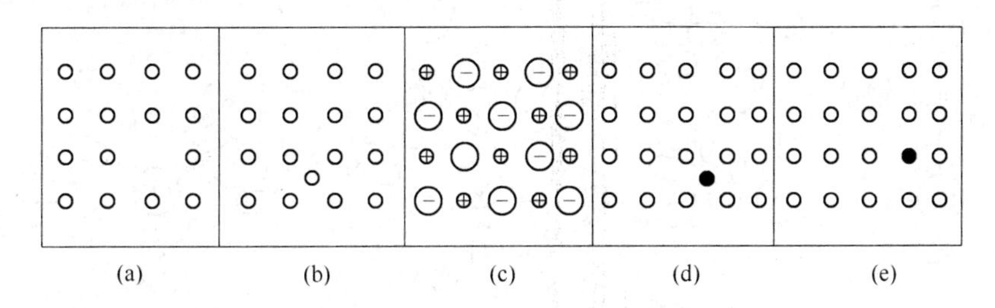

图 1-2 晶体的各种微缺陷

（a）空位；（b）同类加座；（c）电荷不同；（d）异类加座；（e）异类混座

1.2.1.2 液相（水）

A 水的极性、缔合与离子化

一个水分子由两个氢原子和一个氧原子构成，其结构如图 1-3 所示。

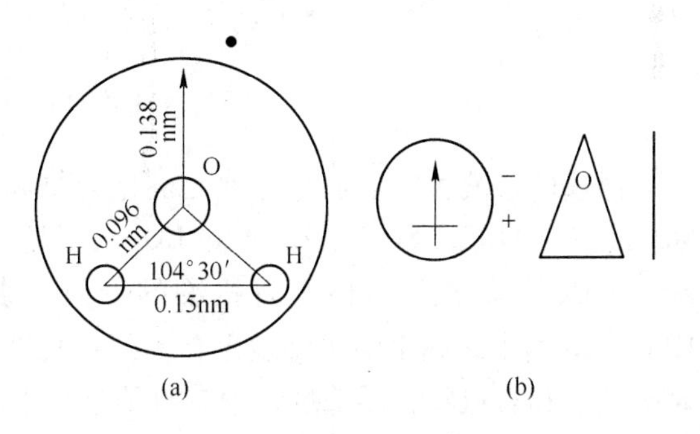

图 1-3 水分子的结构示意图

（a）水分子的结构；（b）水偶极

三个原子靠 H—O 间的电子对连在一起，形成共价键，分子作用半径为 0.138nm，分子直径为 0.276nm，氧原子在水分子的一端，两个氢原子在水分子的另一端，两个氢原子相距 0.15nm。因此，水分子的一端显正电，水分子另一端显负电，水分子为一偶极子。

由于水分子为一偶极子，一个水分子的氧原子与另一个水分子的氢原子之间可形成氢键，故水分子可产生缔合作用，生成多个水分子的缔合水分子。水对多数矿物有一定的润湿能力，在电场作用下、在固-水界面和气-水界面产生定向排列。

水可解离为氢离子（H^+）和氢氧离子（OH^-）。其解离式可表示为：

$$H_2O \rightleftharpoons H^+ + OH^-$$

由于水分子的极性和缔合作用，水溶液中的氢离子（H^+）和氢氧离子（OH^-）均不呈简单的离子形态存在，而是呈水化离子形态。25℃时的中性水溶液中，水化氢离子 $[H \cdot H_2O]^+$ 和水化氢氧离子 $[OH \cdot H_2O]^-$ 的浓度均为 10^{-7}。因此，水分子的解离式可表示为：

$$(m + m' + 1)H_2O \rightleftharpoons (H \cdot mH_2O)^+ + (OH \cdot m'H_2O)^-$$

纯水中氢离子（H^+）浓度的负对数为纯水的 pH 值，故中性水溶液的 pH 值为 7.0。

B 水对浮选的影响

水对浮选的影响主要表现为各种物质在水溶液中均有一定的溶解度和相应离子均被水化。

由于水分子有较大的偶极距，水中的矿粒与水相互作用，若水化能大于晶格能，某些物质即转入水中，成为水化离子。如氯化钠溶于水的过程如图 1-4 所示。

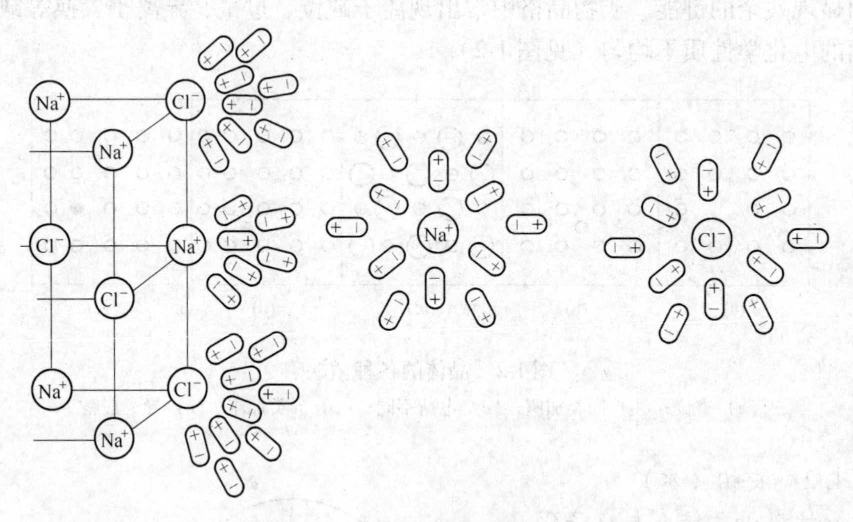

图 1-4 水对矿物的溶解

浮选矿浆液相中溶解有各种无机化合物和有机化合物，最常见的离子为 Na^+、Ca^{2+}、Mg^{2+}、K^+、Cl^-、SO_4^{2-}、HCO_3^-、CO_3^{2-}、Al^{3+}、Fe^{2+}、Fe^{3+}，矿坑水中含有 Cu^{2+}、Pb^{2+}、Zn^{2+}、UO_2^{2+} 等离子。由于有机物的分解，水中可能含有 NO_3^-、NO_2^+、NH_4^+、$H_2PO_4^-$、HPO_4^{2-} 等离子。湖水中还可能含有各种有机物和腐殖质。由于浮选矿浆液相中存在有各种难免离子和有机物，浮选过程中有时须进行水的质量控制，如采用石灰沉淀某些重金属离子，采用使水软化的办法以除去钙、镁离子，矿浆预先充氧以消除某些有害离子的不良影响等。有时还须对尾矿水进行必要的处理，使其能返回浮选系统循环再用或无害外排，不造成环境污染。

液相中的离子均被水化，离子的水化程度与离子的大小、价态和水化能大小有关。

1.2.1.3 气相（空气）

气相通常为空气。空气中除含氧气、氮气和惰性气体外，有时还含 CO_2、H_2O、SO_2 等气体，其中 O_2、CO_2、H_2O 的化学活性较大。

空气中各种气体在水中的溶解度与温度、气体分压、溶剂性质及水中所含其他物质等因素有关。空气中某些组分在水中的溶解度见表 1-2。

表 1-2 空气中某些组分在水中的溶解度（18℃，0.1MPa）

空气中某些组分	溶解度/g·L^{-1}	空气中某些组分	溶解度/g·L^{-1}
N_2	0.02083	CO_2	1.718
O_2	0.04510		

在浮选机的剧烈搅拌区中可促使空气溶解；在浮选机压力较低的区域，已溶解的空气可部分析出。经过溶解又析出的空气，其组成与一般的空气组成不全相同（见表1-3）。从表1-3中的数据可知，空气在矿浆中经过多次的溶解和析出，使矿浆中含有较高的 O_2 和 CO_2。

表 1-3 空气在溶解时和空气在析出时的组成变化

气 体	含量/%			
	大气中	初次溶解时	第一次溶解析出时	第二次溶解析出时
N_2	78.1	62.82	40.10	4.51
O_2	20.96	35.20	46.83	11.50
CO_2	0.04	0.23	10.46	83.28

1.2.2 浮选矿浆中的三相界面

1.2.2.1 固-液界面

溶于水中的物质分子的水化程度与其结构和键能有关。若分子结构对称，有偶极矩，内部为极性键的分子肯定被水化；若分子结构对称，不离子化，内部为共价键的分子不被水化或水化很弱。如饱和烃、煤油、变压器油等捕收剂分子，在水中不离子化，无永久偶极，呈非极性，通常不被水化或水化很弱；异极性分子（如黄药、脂肪酸、起泡剂等）在水中离子化，其极性端肯定被水化（见图1-5）。

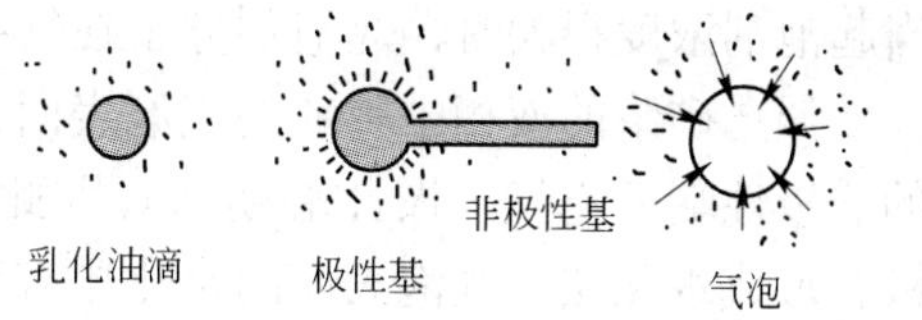

图 1-5 油滴和异极性捕收剂的水化

浮选矿浆中矿粒表面的水化程度与其表面键能、捕收剂对矿粒表面的作用有关，各种矿粒表面的水化程度及捕收剂对水化的影响如图1-6所示。

从图1-6可知，某些疏水性矿粒表面的水化程度很弱（如硫、煤、辉钼矿等）；亲水性矿粒表面的水化程度很强，矿粒表面形成多层定向水偶极；经捕收剂作用后，矿粒表面覆盖有油滴或定向的异极性捕收剂分子，其极性端与矿粒表面作用使其非极性端朝外（水），故矿粒表面经捕收剂作用后，其水化程度很弱。

矿粒表面的水化程度决定了矿粒表面水化膜（多层定向水偶极）的厚度，靠近矿粒表面愈近，水偶极愈密集，排列愈整齐；离矿粒表面愈远，水偶极愈稀疏，排列愈不整齐；离矿粒表面一定距离后（能斯特层），则为普通水。矿粒表面的水化膜厚度对矿粒选择性附着于气泡上有重大影响。

1.2.2.2 气-液界面

浮选过程矿浆的液相中含有所需的起泡剂等，作为起泡剂的异极性表面化合物将浓集

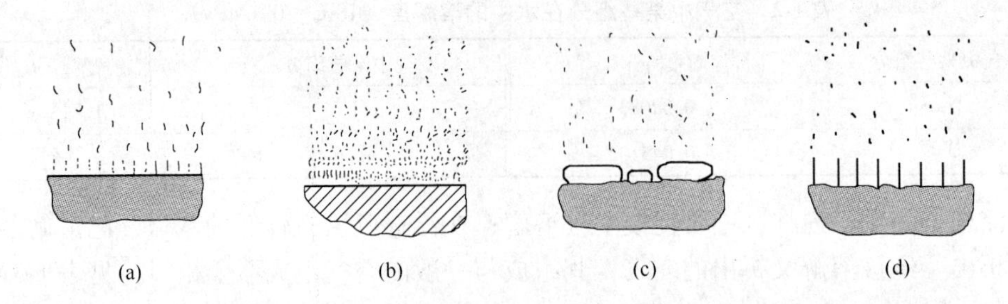

图 1-6　各种矿粒表面的水化程度及捕收剂对水化的影响

（a）疏水性矿物（如硫、煤、辉钼矿）表面的弱水化作用；（b）亲水性矿物（如石英等）表面的强水化作用；（c）非极性捕收剂（如煤油等）对矿物表面水化作用的影响；（d）异极性捕收剂（如黄药等）对矿物表面水化作用的影响

于气-液界面，起泡剂分子在气-液界面的排列状态随其浓度而异（见图 1-7）。

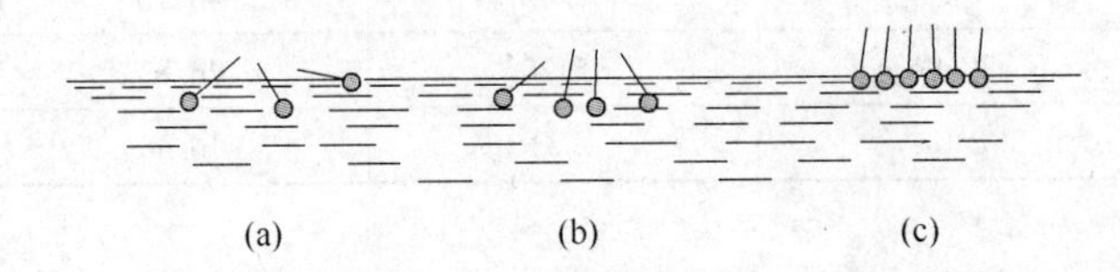

图 1-7　起泡剂分子在气-液界面的排列状态

（a）浓度很小；（b）浓度中等；（c）浓度很大

从图 1-7 可知，当起泡剂浓度很小，起泡剂分子平躺或倾斜排列在气-液界面上；当起泡剂浓度增加时，气-液界面上的起泡剂分子则竖立起来，极性端朝水，非极性端朝空气；当起泡剂浓度很大时，起泡剂分子在气-液界面上排列为致密层，非极性端朝空气。

浮选矿浆的液相中弥散的气泡表面，吸附了一层定向排列的起泡剂分子，起泡剂分子的非极性端朝空气，极性端朝水。因此，浮选矿浆的液相中弥散的气泡表面附着有水偶极，形成水化层。气泡表面的水化层有利于气泡稳定，可防止气泡兼并，使气泡呈弥散状态分散于浮选矿浆中。

由于空气的密度比水的密度小得多，根据阿基米德定律，浮选矿浆中的气泡有较大的上浮力，可使附着于气泡上的矿粒一起上浮至矿浆液面，形成矿化泡沫。

1.2.2.3　固-气界面

浮选过程中，矿浆的液相中含有所需的捕收剂、起泡剂等浮选药剂，可浮矿粒表面吸附有捕收剂，气泡表面吸附了起泡剂。因此，可浮矿粒表面的疏水性较大，表面愈疏水的可浮矿粒，其表面的水化层愈薄或不被水化。由于矿浆搅拌，可浮矿粒与气泡碰撞接触时，可浮矿粒具有的动能可使矿粒与气泡之间的水化层变薄乃至消除，可浮矿粒即可附着于气泡上，并随气泡一起上浮至矿浆液面，形成矿化泡沫。

1.2.3　矿粒表面的润湿性

浮选过程中，矿粒能否选择性附着于气泡上，是浮选能否实现有效分离、富集有用矿物的基础。有用矿物能选择性地附着于气泡上，可用多种方法进行解释，但最简单而直观可测的方法是测量水对矿粒表面的润湿性。实践表明，水对某矿粒表面的润湿性愈强，则该矿粒表面愈亲水，愈疏气，愈不易附着于气泡上，该矿物的可浮性愈差；反之，水对某矿粒表面的润湿性愈弱，则该矿粒表面愈疏水而亲气，愈易附着于气泡上，该矿物的可浮性愈好。水对不同矿粒表面的润湿性的差异，决定了不同矿粒可浮性的不同，可浮性好的矿粒能选择性附着于气泡上，从而能采用浮选法实现有用矿物的分离富集。水对矿粒表面润湿性的强弱常用润湿接触角（简称接触角）进行度量。

矿粒被水润湿后，可在矿粒表面形成固体（矿粒）、水和气体三相接触的环状接触线，常将其称为三相润湿周边。三相润湿周边上每点均为润湿接触点，通过其中任一点作切线（见图 1-8），以此切线为一边，以固-水交界线为另一边，经过水相的夹角（θ）称为润湿接触角。从图 1-8 可知，接触角的大小取决于三相界面自由能之间的关系。

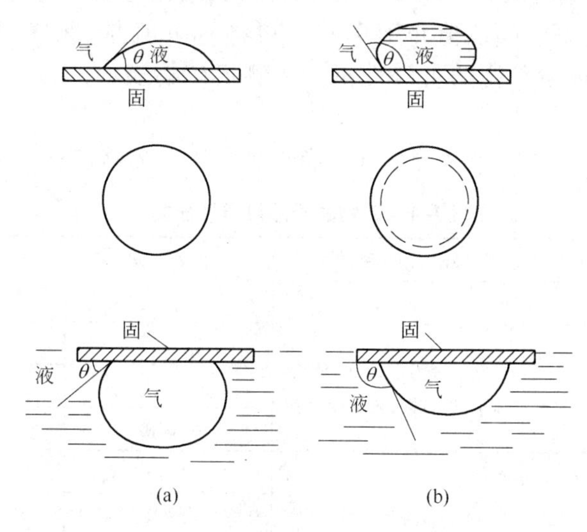

图 1-8 润湿接触角示意图

（a）亲水性矿粒的接触角；（b）疏水性矿粒的接触角

界面自由能为增加单位界面接触面积所消耗的能量，其数值与接触界面的表面张力相同，故常用界面单位长度上的表面张力代替界面自由能来计算接触角。

若界面的表面张力分别以 $\sigma_{固液}$、$\sigma_{固气}$、$\sigma_{气液}$ 表示，接触角（θ）的大小取决于这三个表面张力之间的平衡（见图 1-9）。其平衡方程可表示为式（1-3）：

$$\sigma_{固气} = \sigma_{固液} + \sigma_{气液}\cos\theta$$

$$\cos\theta = \frac{\sigma_{固气} - \sigma_{固液}}{\sigma_{气液}} \tag{1-3}$$

式中 θ——接触角；

$\sigma_{固气}$——固-气界面张力；

$\sigma_{固液}$——固-液界面张力；

$\sigma_{气液}$——气-液界面张力。

从式（1-3）可知，由于在一定条件下，$\sigma_{气液}$ 值与矿粒表面性质无关，可以认为是定值，故矿粒表面接触角的大小取决于空气对矿粒表面及水对矿粒表面的亲和力的差值。（$\sigma_{固气} - \sigma_{固液}$）的差值愈大，$\cos\theta$ 值愈大，θ 角愈小，水对矿粒表面的润湿性

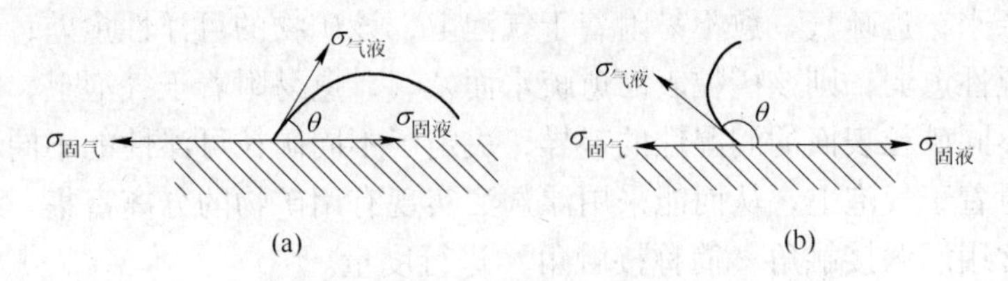

图 1-9 平衡接触角与界面张力的关系

(a) $\theta<90°$；(b) $\theta>90°$

愈强，即矿粒表面的亲水性愈强，矿粒的可浮性愈差；反之，($\sigma_{固气}-\sigma_{固液}$) 的差值愈小，$\cos\theta$ 值愈小，θ 角愈大，水对矿粒表面的润湿性愈弱，即矿粒表面的亲水性愈弱，矿粒的可浮性愈好。$\cos\theta$ 值介于 0 ~ 1，可将 $\cos\theta$ 值称为矿粒表面的润湿性指标，将 ($1-\cos\theta$) 的值称为矿物的可浮性指标。测定矿物表面的接触角即可初步评价该矿物的天然可浮性。

根据矿物的润湿性，按天然可浮性（未经药剂作用），常将矿物分为三类（见表 1-4）。

表 1-4 矿物的天然可浮性分类

类 别	表面润湿性	破碎面的键特性	代表矿物	接触角/(°)	天然可浮性
1	小	分子键	自然硫	78	好
2	中	分子键为主，有少量的离子键、共价键和金属键	滑 石	69	中
			石 墨	60	
			辉钼矿	60	
3	大	离子键、共价键和金属键等强键	自然金		差
			自然铜		
			方铅矿、黄铜矿	47	
			萤 石	41	
			黄铁矿	30 ~ 33	
			重晶石	30	
			方解石	20	
			石 英	0 ~ 10	
			云 母	0	

可根据浮选工艺要求，采用不同的浮选药剂调整矿物表面的润湿接触角。各种捕收剂可增大接触角，提高有关矿物的可浮性；各种抑制剂可减小接触角，降低有关矿物的可浮性。方铅矿经捕收剂作用后的接触角见表 1-5。

表 1-5 方铅矿经捕收剂作用后的接触角

捕收剂	天 然	甲基黄药	乙基黄药	丁基黄药	十六烷基黄药
接触角/(°)	47	50	60	74	100

根据目前的浮选实践，结合水对矿物表面的润湿性和常用的浮选药剂，浮选时常将矿物分为六大类（见表 1-6）。

表 1-6 主要矿物的可浮性分类

分类	自然金属和有色金属硫化矿	非极性矿物	极性矿物	有色金属氧化矿	氧化物、硅酸盐及铝硅酸盐矿物	碱金属及碱土金属可溶盐
浮选特点	表面润湿性小，易浮，用黄药类捕收剂	表面润湿性小，极易浮，用非极性油类捕收剂	表面润湿性大，用脂肪酸类捕收剂	表面润湿性大，硫化后用黄药类捕收剂或用阳离子捕收剂	表面润湿性因成因而异，用脂肪酸或阳离子捕收剂	在其饱和液中浮选，用脂肪酸或阳离子捕收剂
可能浮选的矿物	1. 自然金属：自然金、银、铜、铂等，某些合金 2. 硫化铜矿：黄铜矿、辉铜矿、铜蓝、黝铜矿、砷黝铜矿、斜方硫砷铜矿 3. 硫化铅矿：方铅矿、脆硫锑铅矿、车轮矿、硫锑铅矿 4. 硫化锌矿：闪锌矿、铁闪锌矿 5. 硫化铁矿：黄铁矿、磁黄铁矿、白铁矿 6. 硫化镍矿：针硫镍矿、镍黄铁矿、硫砷镍矿、砷镍矿、辉镍矿、辉砷镍矿 7. 硫化钴矿：硫钴矿、方钴矿、砷钴矿、辉砷钴矿、钴黄铁矿、硫镍钴矿 8. 硫化铋矿：辉铋矿、硒铋矿 9. 硫化汞矿：辰砂、黑辰砂、硫汞锑矿 10. 硫化锑矿：辉锑矿、锑硫镍矿 11. 硫化砷矿：雌黄、雄黄、毒砂	1. 金属矿：辉钼矿 2. 非金属矿：石墨、硫、煤、滑石	1. 含钙矿物：白钨矿、萤石、方解石、磷灰石、磷钙土 2. 含钡矿物：重晶石 3. 含镁矿物：菱镁矿、白云石	1. 氧化铜矿：孔雀石、硅孔雀石、蓝铜矿、赤铜矿、黑铜矿 2. 氧化铅矿：白铅矿、铅矾、水白铅矿、钒铅矿、磷氯铅矿 3. 氧化锌矿：菱锌矿、红锌矿、水锌矿、硅锌矿、锌铁尖晶石 4. 氧化钴矿：菱钴矿 5. 氧化锑矿：锑华、黄锑矿、黄锑华 6. 氧化铋矿：铋华、泡铋矿、硅铋矿 7. 氧化砷矿：砷华、白砷矿、臭葱石	1. 黑色金属矿：赤铁矿、磁铁矿、褐铁矿、菱铁矿、钛铁矿、铬铁矿、软锰矿、菱锰矿、褐锰矿、黑锰矿 2. 钨矿物：钨锰铁矿、钨酸钙矿、钨铁矿、钨锰矿 3. 稀有金属：钽铁矿、细晶石、铌铁矿、锆英石、绿柱石、独居石、金红石、锡石 4. 硅酸盐及铝硅酸盐矿：锂辉石、石英、电气石、黄玉、橄榄石、绿帘石、透闪石、榍石、辉石、钙长石、黑云母、白云母、正长石、霞石、蓝晶石、红柱石、高岭土、石棉	石盐、钾盐、钾盐镁矾、无水钾镁矾、杂卤石等，硼砂、方硼石、芒硝

1.2.4 矿粒的黏着功

浮选的基本行为是矿粒选择性附着于气泡上浮。根据热力学第二定律，只有系统内自由能减少的过程才能自动进行，系统自由能降低愈多，过程自发进行的趋势愈大。

矿粒向气泡附着前、后的示意图如图 1-10 所示。

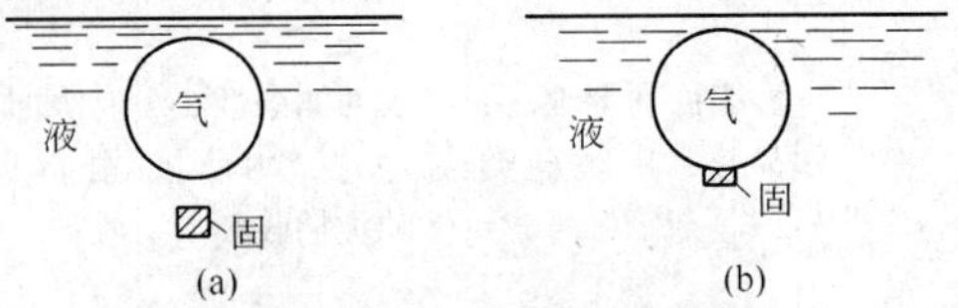

图 1-10 矿粒向气泡附着前、后的示意图

(a) 附着前；(b) 附着后

设 $S_{气液}$ 为矿粒附着前气-液界面面积，$S_{固液}$ 为矿粒附着前固-液界面面积，$S'_{气液}$ 为矿粒附着后气-液界面面积，$S'_{固气}$ 为矿粒附着后固-气界面面积，$S'_{固液}$ 为矿粒附着后固-液界面面积。则：

矿粒附着前系统的自由能（$E_{前}$）为：

$$E_{前} = S_{气液} \times \sigma_{气液} + S_{固液} \times \sigma_{固液}$$

矿粒附着后系统的自由能（$E_{后}$）为：

$$E_{后} = S'_{气液} \times \sigma_{气液} + S'_{固液} \times \sigma_{固液} + S'_{固气} \times \sigma_{固气}$$

矿粒附着气泡的必要条件为：

$$\Delta E = E_{前} - E_{后} > 0$$

$$\Delta E = (S_{气液} \times \sigma_{气液} + S_{固液} \times \sigma_{固液}) - (S'_{气液} \times \sigma_{气液} + S'_{固液} \times \sigma_{固液} + S'_{固气} \times \sigma_{固气})$$

若气泡比矿粒大得多，即 $S'_{固液} = S_{固液} - S'_{固气}$ 及矿粒附着前后气泡不变形，仍为球形，即 $S'_{气液} = S_{气液} - S'_{气液} - S'_{固气}$。

将其代入，可得式（1-4）：

$$\begin{aligned}\Delta E &= (S_{气液} \times \sigma_{气液} + S_{固液} \times \sigma_{固液}) - [(S_{气液} - S'_{固气}) \times \sigma_{气液} + S'_{固气} \times \\ &\quad \sigma_{固气} + (S_{固液} - S'_{固液}) \times \sigma_{固液}] \\ &= S'_{固气} \times \sigma_{气液} + S'_{固气} \times \sigma_{固液} - S'_{固气} \times \sigma_{固气} \\ &= S'_{固气} \times (\sigma_{气液} + \sigma_{固液} - \sigma_{固气})\end{aligned} \tag{1-4}$$

矿粒附着于气泡的必要条件为：$\Delta E > 0$，即

$$S'_{固气} \times (\sigma_{气液} + \sigma_{固液} - \sigma_{固气}) > 0$$

若 $S'_{固气} \times (\sigma_{气液} + \sigma_{固液} - \sigma_{固气}) < 0$，则矿粒无法附着于气泡上，仍留在矿浆中。

若将系统单位面积自由能的变化值称为附着功或可浮性指标（ΔW），则：

$$\Delta W = \frac{\Delta E}{S'_{固气}} = \sigma_{气液} + \sigma_{固液} - \sigma_{固气} = \sigma_{气液} - (\sigma_{固气} - \sigma_{固液}) \tag{1-5}$$

由于

$$\cos\theta = \frac{\sigma_{固气} - \sigma_{固液}}{\sigma_{气液}}$$

将其代入式（1-5），可得：

$$\Delta W = \sigma_{气液} - \sigma_{气液}\cos\theta = \sigma_{气液} \times (1 - \cos\theta) \tag{1-6}$$

从式（1-6）可知：

当 $\Delta W = 0$ 时，$\cos\theta = 1$，$\theta = 0°$，矿粒无法附着于气泡上；

$\Delta W<0$ 时，$\cos\theta>1$，$\theta=0°$，矿粒无法自发附着于气泡上；

$\Delta W>0$ 时，$\cos\theta<1$，$\theta>0°$，矿粒可自发附着于气泡上；

$\Delta W=1$ 时，$\cos\theta=0$，$\theta=180°$，矿粒最易附着于气泡上。

1.2.5 矿粒的浮游力

众所周知，密度小于水的固体能浮于水面上，这是由于阿基米德定律产生浮力作用的缘故。密度大于水的矿物颗粒能浮于水面，是由于除受到阿基米德浮力作用外，还受到矿粒润湿周边表面张力的作用。矿粒润湿周边表面张力的垂直分力称为矿粒的浮游力，它是密度大于水的矿粒能浮于水面的主要原因。

接触角与浮游力的关系如图1-11所示。

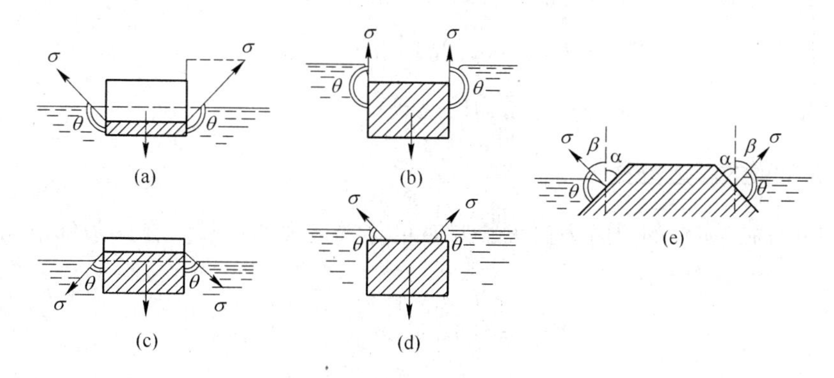

图1-11 接触角与浮游力的关系

(a) $\theta>90°$；(b) $\theta=180°$；(c)，(d) $\theta<90°$；

(e) 矿粒的润湿周边作用于矿粒倾斜侧壁的条件下

设 V 为矿粒的体积，cm^3；L 为矿粒的润湿周边长度，cm；$\delta_{矿}$ 为矿粒的密度，g/cm^3；$\delta_{浆}$ 为矿浆的密度，g/cm^3；$\delta_{气}$ 为气体的密度，g/cm^3；$V_{液}$ 为矿粒沉入矿浆中的体积，cm^3；$F_{浮}$ 为浮游力；$\sigma_{气液}$为气-液界面表面张力。

(1) 当 $\theta>90°$时（见图1-11（a）），矿粒有部分浮于液面，此时的浮游力（表面张力的垂直分力）为：

$$F_{浮} = L\sigma_{气液}\cos(180° - \theta) \tag{1-7}$$

平衡时，矿粒的重力 = 浮力 + 浮游力，即

$$V\delta_{矿} = V\delta_{浆} + L\sigma_{气液}(180° - \theta) \tag{1-8}$$

(2) 当 $\theta=180°$时（见图1-11（b）），故：

$$F_{浮} = L\sigma_{气液}\cos180° = L\sigma_{气液} \tag{1-9}$$

平衡时，

$$V\delta_{矿} = V\delta_{浆} + L\sigma_{气液} \tag{1-10}$$

(3) 当 $\theta<90°$时（见图1-11（c）），矿粒所受的重力和浮游力均垂直向下，促使矿粒沉没直至水与矿粒的润湿周边移至矿粒水平面上。

(4) 为（3）的继续，此时水与矿粒的润湿周边移至矿粒水平面上（见图1-11（d））。此时的浮游力为：

$$F_{浮} = L\sigma_{气液}\sin\theta \tag{1-11}$$

此时浮游力向上，平衡时：

$$V\delta_{矿} = V\delta_{浆} + L\sigma_{气液}\sin\theta \tag{1-12}$$

从式（1-12）可知，除 $\theta = 0°$ 外，在接触角为任何值时，均有一定的向上的浮游力。

（5）矿粒的润湿周边作用于矿粒倾斜侧壁的条件下（见图1-11（e）），浮游力为：

$$F_{浮} = L\sigma_{气液}\cos\beta = L\sigma_{气液}\cos[180° - (\theta + \alpha)] \tag{1-13}$$

从式（1-13）可知，当 $\alpha = 0°$ 时（即垂直侧面），浮游力的计算式即为式（1-8）；当 $\alpha = 90°$ 时（即水平侧面），浮游力的计算式即为式（1-11），即

$$F_{浮} = L\sigma_{气液}\cos(90° - \theta) = L\sigma_{气液}\sin\theta$$

由此可知，式（1-13）是计算浮游力的通式。

1.2.6 矿粒的最大浮选粒度

当 $\theta = 180°$ 时，矿粒的浮游力最大，此时可浮选最大的矿粒。在此条件下的静力平衡式为：

$$V\delta_{矿} = V\delta_{浆} + L\sigma_{气液}$$

$$V(\delta_{矿} - \delta_{浆}) - L\sigma_{气液} = 0 \tag{1-14}$$

若矿粒为立方体，边长为 d，则 $V = d^3$，$L = 4d$，矿粒在矿浆中所受重力为 $gV(\delta_{矿} - \delta_{浆})$，将其代入式（1-14），得：

$$gd^3(\delta_{矿} - \delta_{浆}) - 4d\sigma_{气液} = 0$$

$$d = \sqrt{\frac{4\sigma_{气液}}{g(\delta_{矿} - \delta_{浆})}} \tag{1-15}$$

例1-1 计算方铅矿在水中的最大浮选粒度。

由于 $\delta_{矿} = 7.5$，$\delta_{液} = 1$，$\sigma_{气液} = 72$，将其代入式（1-15），得：

$$d = \sqrt{\frac{4 \times 72}{980 \times (7.5 - 1)}} = 0.214(\text{cm})$$

例1-2 计算方铅矿在密度为1.5g/cm^{3}的矿浆中的最大浮选粒度。

由于 $\delta_{矿} = 7.5$，$\delta_{浆} = 1.5$，$\sigma_{气液} = 72$，将其代入式（1-15），得：

$$d = \sqrt{\frac{4 \times 70}{980 \times (7.5 - 1.5)}} = 0.22(\text{cm})$$

以上计算均假设矿粒为立方体，同理可计算其他形状矿粒的最大浮选粒度。

某些矿粒最大浮选粒度的计算值与实验值见表1-7。从表1-7中的数据可知，两者基本相符。

表 1-7 某些矿粒最大浮选粒度的计算值与实验值

矿 粒	$\delta_{矿}$	$\delta_{浆}$	最大浮选粒度/cm	
			计算值	实验值
方铅矿（立方体）	7.5	1.5	0.22	0.21
黄铁矿（立方体）	5.0	1.5	0.35	—
闪锌矿（四面体）	4.1	1.5	0.56	0.31
方解石（斜方体）	2.7	1.25	0.46	—
煤（立方体）	1.35	1.10	0.80	1.07
煤（球体）	1.35	1.10	1.31	—

1.3 浮选过程的动力学

1.3.1 矿粒与气泡的附着

浮选过程动力学是研究浮选过程的浮选速度的学科，其目的是在保证浮选精矿质量的前提下，以较短的浮选时间获得较高的浮选回收率。

矿石经破碎、磨矿、分级，矿浆经浮选药剂调浆后，可浮矿粒从矿浆至成为浮选精矿须经过下列过程：

（1）矿粒与气泡碰撞接触；

（2）矿粒与气泡间的水化层变薄或破裂；

（3）矿粒在气泡表面滑动并最终附着在气泡下部形成矿化气泡；

（4）矿化气泡上浮至矿浆表面形成矿化泡沫；

（5）矿化泡沫被刮出或自行溢出成为矿物精矿等过程。

在浮选机中，由于矿浆的搅拌和充气作用，矿粒与气泡不断地碰撞接触，矿粒与气泡间的水化层厚度与表面自由能的关系如图 1-12 所示。

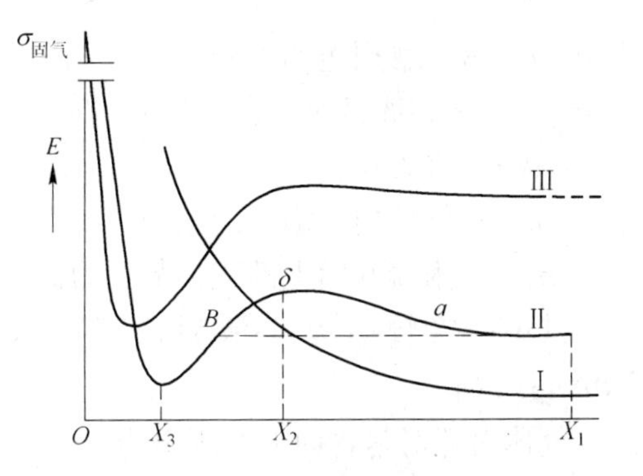

图 1-12 矿粒与气泡间的水化层厚度与表面自由能的关系

Ⅰ—亲水性矿粒；Ⅱ—可浮矿粒；Ⅲ—疏水性矿粒

从图 1-12 中曲线可知：

（1）亲水矿粒。亲水矿粒表面的水化层很牢固，随亲水矿粒与气泡间距离的减小，其表面自由能不断增大。因此，亲水矿粒与气泡间的距离不可能自发缩小。

（2）可浮矿粒。可浮矿粒均具有一定的天然疏水性，随可浮矿粒与气泡间距离的减小，其表面自由能不断降低，此过程可自发进行；当其与气泡间的距离小于 0.1μm 时（图1-12 中为 X_1 处），有一能峰，此时可浮矿粒无法自发接近气泡；当外加作用力（作功）克服能峰，可使其间的距离由 X_1 缩小至 X_2；当可浮矿粒与气泡间的距离减小至 X_2 时，可自发缩小至 X_3 处（自发破裂的水化层厚度为 100nm 至 10 ~ 1nm 的范围内发生）；

当可浮矿粒与气泡间的距离减小至 X_3 后，其间的水层厚度不可能继续变小。X_3 中的水层称为残余水化膜。

（3）疏水矿粒。疏水矿粒表面疏水，表面残余水化膜很薄。疏水性愈强，表面残余水化膜愈薄。在极限条件下，残余水化膜可完全破裂，疏水矿粒与气泡间出现“干的”表面。

在浮选机中，矿粒与气泡碰撞接触时，并不是立即就附着于气泡上。在矿浆不断搅拌条件下，矿粒处于不停的运动中，气泡则弥散于浮选矿浆中。当气泡处于上升态，而矿粒向下沉降时，矿粒与气泡碰撞接触，矿粒在气泡表面滑动，从气泡的上部滑向气泡的下部，滑至气泡下部后仍有一定的摆动，最后附着于气泡的最下端或从气泡上脱落。矿粒与气泡接触至矿粒附着于气泡或脱落的时间，称为“感应时间”。感应时间愈短，浮选速度愈快，浮选的选择性愈高。试验表明，矿粒愈细，感应时间愈短，附着愈快；矿粒愈粗，感应时间愈长，附着愈慢；气泡愈大，感应时间愈短，附着愈快。感应时间的长短与浮选药剂密切相关，捕收剂可显著缩短感应时间，抑制剂可延长感应时间。如捕收剂可使附着时间从150s缩至0.01s，疏水性愈强的矿粒，其附着时间愈短，易浮矿粒的附着时间约为0.001～0.008s。附着时间实质上为矿粒与气泡间水化层的破裂时间，水化层的破裂时间愈短，矿粒愈易附着于气泡上，浮选速度愈快。

1.3.2 静态下的矿粒附着接触角

可浮矿粒附着于气泡上的静力平衡如图1-13所示。

平衡时，作用于该体系的作用力为矿粒的重力、介质静压力、气泡内压力和表面张力。总垂直附着力（F）为：

$$F = 2\pi r\sigma_{气液}\sin\theta - (\pi r^2\rho - \pi r^2\rho_0) \tag{1-16}$$

式中 r——接触周边的半径；

$\sigma_{气液}$——气-液界面的表面张力；

θ——接触角；

ρ——气体向气泡壁的压力；

ρ_0——附着水面上的流体静压力。

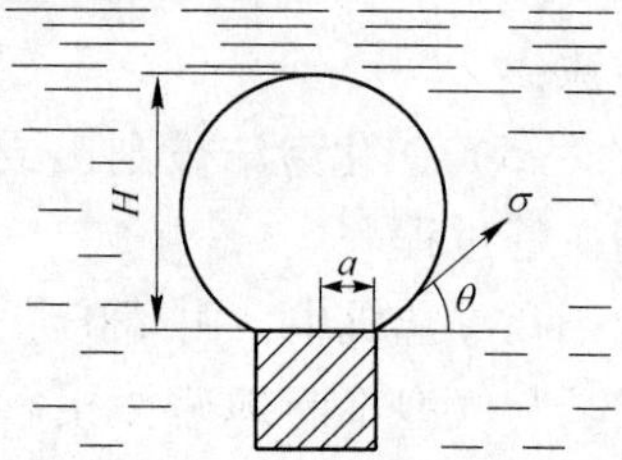

图1-13 可浮矿粒附着于气泡上的静力平衡

其中：接触周边气-液界面表面张力的垂直分力为 $2\pi r\sigma_{气液}\sin\theta$；

气体内部对附着面上的压力为 $\pi r^2\rho$；

附着水面上的流体静压力为 $\pi r^2\rho_0$。

根据拉普拉斯公式：

$$\rho - \rho_0 = \sigma_{气液}\left(\frac{1}{R_1} + \frac{1}{R_2}\right) - H\delta g$$

所以

$$F = 2\pi r\sigma_{气液}\sin\theta - \pi r^2\left[\sigma_{气液}\left(\frac{1}{R_1} + \frac{1}{R_2}\right) - H\delta g\right] \tag{1-17}$$

式中 H——气泡高度；

R_1，R_2——决定气泡曲面形状的两个半径；

δ——液体介质的密度。

对气泡附着水面而言，$H=0$，故：

$$F = 2\pi r\sigma_{气液}\sin\theta - \pi r^2\sigma_{气液}\left(\frac{1}{R_1} + \frac{1}{R_2}\right) \tag{1-18}$$

设矿粒的重量为 q，静力平衡时，$q = F$。即

$$q = 2\pi r\sigma_{气液}\sin\theta - \pi r^2\sigma_{气液}\left(\frac{1}{R_1} + \frac{1}{R_2}\right)$$

$$\sin\theta = \frac{q}{2\pi r\sigma_{气液}} + \frac{r}{2}\left(\frac{1}{R_1} + \frac{1}{R_2}\right) \tag{1-19}$$

式（1-19）表示矿粒附着静力平衡时，平衡接触角与表面张力、矿粒重量、矿粒大小和气泡大小之间的关系。

若气泡形状和体积不变，即 $\left(\frac{1}{R_1} + \frac{1}{R_2}\right)$ 为常数，q 也为常数。平衡接触角随润湿周边半径的变化可用 $\frac{d\theta}{dr}$ 表示，若令 $\frac{d\theta}{dr} = 0$，则可求得平衡接触角的最小值，可称其为附着接触角 θ_1。对式（1-19）进行微分计算，并令其等于零，可得：

$$\frac{q}{2\pi r\sigma_{气液}}\left(-\frac{1}{r^2}\right) + \frac{1}{2}\left(\frac{1}{R_1} + \frac{1}{R_2}\right) = 0 \tag{1-20}$$

求解式（1-20），可求得附着的最小接触周边半径 r_1：

$$r_1 = \sqrt{\frac{q}{\pi\sigma_{气液}} \times \frac{R_1R_2}{R_1 + R_2}} \tag{1-21}$$

将式（1-21）代入式（1-19），可求得附着接触角 θ_1 为：

$$\sin\theta_1 = \sqrt{\frac{q}{\pi\sigma_{气液}} \times \left(\frac{1}{R_1} + \frac{1}{R_2}\right)} \tag{1-22}$$

对水或与水的表面张力相同的液体而言，$\sigma_{气液}$ 为 7.28Pa，将其代入式（1-22），可得：

$$\sin\theta_1 = 0.0663\sqrt{q \times \left(\frac{1}{R_1} + \frac{1}{R_2}\right)} \tag{1-23}$$

实践表明，浮选过程中矿粒的附着接触角常小于 20°，此时的 $\sin\theta_1$ 与其弧度值相近，即 $\sin\theta_1 \approx \theta_1$，此处的 θ_1 以弧度为单位。即

$$\theta_1 = 0.0663\sqrt{q \times \left(\frac{1}{R_1} + \frac{1}{R_2}\right)}$$

将 θ_1 的弧度换算为角度，可得

$$\theta_1 = 3.8\sqrt{q \times \left(\frac{1}{R_1} + \frac{1}{R_2}\right)} \tag{1-24}$$

若进一步简化，可认为气泡顶部的曲率半径为 R，则：

$$\theta_1 = 3.8\sqrt{q \times \left(\frac{1}{R} + \frac{1}{R}\right)} = 3.8\sqrt{q \times \frac{2}{R}} = 5.36\sqrt{\frac{q}{R}} \tag{1-25}$$

式（1-25）表明，当润湿接触角为 θ_1 时，在水中重量为 q 的矿粒有可能附着在顶部曲率半径为 R 的气泡上。用式（1-23）和式（1-25）计算的结果见表 1-8。

表 1-8 按平衡式计算的矿粒和气泡大小

矿粒在水中的重量 $q/10^{-5}$N	在不同顶部曲率半径 R 的气泡上的接触角			
	$R=0.02$cm		$R=0.05$cm	$R=0.25$cm
	(1-25) 近似式	(1-23) 较精确式	(1-25) 近似式	(1-25) 近似式
0.00001	7°2′	7°	4°6′	2′
0.0001	22°7′	22°	14°4′	6°4′
0.001	1°12′	1°13′	45°6′	20°2′
0.005	2°40′	2°40′	1°42′	45°8′
0.01	3°47′	3°47′	2°24′	1°4′
0.05	8°28′	8°29′	5°24′	2°24′
0.1	12°	12°5′	7°34′	3°23′
0.5	26°48′	27°53′	16°56′	7°33′

从表 1-8 中数据可知，按式（1-23）较精确式和按式（1-25）近似式计算的结果相近。

从计算的结果可知，浮选时的附着接触角较小，而且随气泡顶部曲率半径 R 的增大而减小。

1.3.3 动态下的矿粒附着接触角

在实际浮选过程中，矿粒和气泡均处于剧烈的相对运动状态，而非静止状态。矿粒与气泡最常见的附着是在气泡上升和矿粒下降碰撞接触时实现，矿粒与气泡碰撞接触时的运动轨迹如图 1-14 所示。

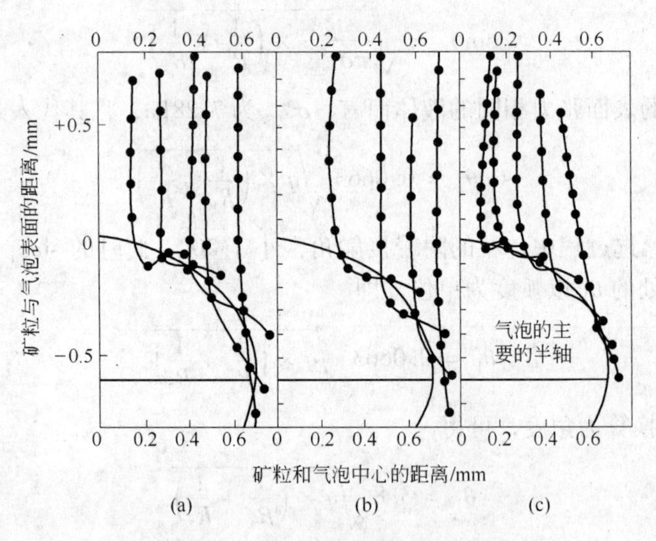

图 1-14 矿粒与气泡碰撞接触时的运动轨迹
（a）方铅矿；（b）黄铁矿；（c）煤

当矿粒绕半径为 R 的气泡滑动时，将产生惯性离心力。此动态下的力平衡如图 1-15 所示。

此时，矿粒绕气泡滑动时的总脱落力（F）为：

$$F = \frac{V\delta_{矿} v^2}{R} + V(\delta_{矿} - \delta_{浆})g\sin\gamma \quad (1\text{-}26)$$

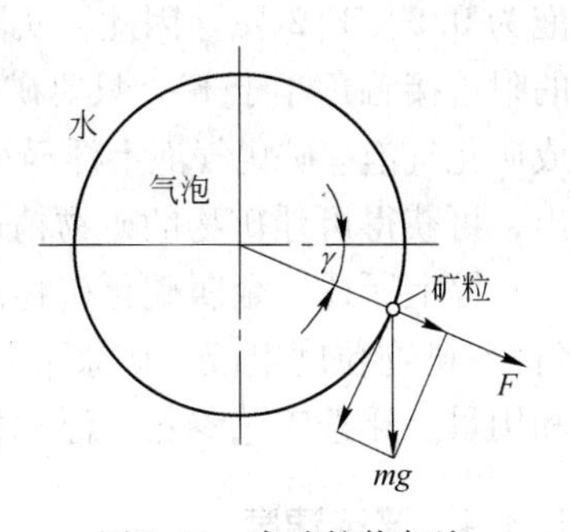

图 1-15 当矿粒绕气泡滑动时的力平衡

式中 V——矿粒体积；

$\delta_{矿}$——矿粒的密度；

$\delta_{浆}$——矿浆的密度；

v——矿粒的绕转速度；

γ——矿粒位置与水平线的夹角。

从图 1-15 可知，当矿粒处于气泡上部时，矿粒的重力有利于矿粒的附着。当矿粒处于气泡下部时，矿粒的重力不利于矿粒的附着，而是促使矿粒脱落。

若以总脱落力（F）代替式（1-19）中的 q，则动态时的附着接触角 θ_2 的平衡式为：

$$\sin\theta_2 = \frac{\frac{V\delta_{矿} v^2}{R} + V(\delta_{矿} - \delta_{浆})g\sin\gamma}{2\pi r\sigma_{气液}} + \frac{r}{2} \times \left(\frac{1}{R_1} + \frac{1}{R_2}\right) \quad (1\text{-}27)$$

或

$$\sin\theta_2 = \frac{F}{2\pi r\sigma_{气液}} + \frac{r}{2} \times \left(\frac{1}{R_1} + \frac{1}{R_2}\right) \quad (1\text{-}28)$$

同样可进行简化，其简化式为：

$$\sin\theta_2 = 0.0663 \times \sqrt{F\left(\frac{1}{R_1} + \frac{1}{R_2}\right)} \quad (1\text{-}29)$$

根据爱格列斯对立方体萤石颗粒的观测和用上述公式的推算结果见表 1-9。

表 1-9 矿粒附着于气泡所需的接触角

L/cm	$q/10^{-5}$N	$2R$/cm	u/cm·s^{-1}	θ_1	F/N	θ_2	F/q	θ_2/θ_1
0.015	7.22×10^{-3}	0.04	7.66	3°14′	3.31×10^{-2}	6°56′	4.59	2.14
0.015	7.22×10^{-3}	0.08	11.66	2°16′	4.33×10^{-2}	5°35′	6.00	2.46
0.015	7.22×10^{-3}	0.20	23.66	1°26′	6.17×10^{-2}	4°13′	8.55	2.95
0.006	4.63×10^{-4}	0.04	4.59	50°	8.02×10^{-4}	1°4′	1.74	1.28
0.006	4.63×10^{-4}	0.08	8.59	35′	1.35×10^{-3}	1°	2.92	1.73
0.006	4.63×10^{-4}	0.20	20.59	22′	2.99×10^{-3}	56′	6.45	2.45
0.003	5.78×10^{-5}	0.04	4.15	18′	8.40×10^{-5}	21′	1.48	1.17
0.003	5.78×10^{-5}	0.08	8.15	12′	1.52×10^{-4}	19′	2.68	1.58
0.003	5.78×10^{-5}	0.20	20.15	8′	3.58×10^{-4}	19′	6.32	2.38

从表 1-9 中数据可知，矿粒运动时产生的脱落力为矿粒重量的 1.5～8.6 倍，矿粒运动时的附着接触角为静态时的附着接触角的 1.2～3.0 倍。

上述计算是在简化条件下进行的，所得数值只能是近似值，但有一定的参考价值。平衡接触角是小气泡附着在很大的矿粒表面的条件下测定的。因此，矿粒表面的润湿接触角数值较大，常为 20°～80°。在浮选条件下，绝大部分矿粒的粒度小于 0.1cm，相当部分矿粒的粒度小于 0.03cm；浮选机中弥散的气泡直径较大，大的气泡约 2cm，多数气泡为0.5~1.2cm。因此，实际浮选条件下所需的附着接触角不超过20°，许多微细矿粒的附着接触角小于1°。只要矿粒的润湿接触角超过附着接触角，矿粒即可附着在气泡上形成矿化气泡。矿化气泡上浮至矿浆表面，形成可浮矿粒的矿化泡沫层，将其刮出或自行溢出，可获得可浮矿物的矿物精矿。

综上所述，金属硫化矿物浮选时的可浮性与该金属硫化矿物的天然可浮性（润湿接触角）、矿物粒度组成、矿浆pH值、抑制剂种类和用量、活化剂种类和用量、捕收剂种类和用量、浮选工艺参数、浮选机性能等因素密切相关。

1.3.4 浮选速度

单位时间的回收率称为浮选速度。根据质量作用定律，浮选速度可表示为：

$$\frac{d\varepsilon}{dt} = k_1(1-\varepsilon)$$

$$\frac{d\varepsilon}{1-\varepsilon} = k_1 dt$$

$$\int_0^1 \frac{d\varepsilon}{1-\varepsilon} = \int_0^t k_1 dt$$

$$\ln\frac{1}{1-\varepsilon} = k_1 t$$

$$\ln 1 - \ln(1-\varepsilon) = k_1 t$$

$$1-\varepsilon = e^{-k_1 t}$$

$$\varepsilon = 1 - e^{-k_1 t} \tag{1-30}$$

一定时间内的平均回收率为：

$$\frac{\varepsilon}{t} = \frac{1}{t}(1 - e^{-k_1 t})$$

浮选回收率不可能达100%，即$\varepsilon_{max} < 1$。故：

$$\frac{d\varepsilon}{dt} = k_1(\varepsilon_{max} - \varepsilon) \quad 或 \quad \frac{d\varepsilon}{dt} = k_2(\varepsilon_{max} - \varepsilon)^2$$

$$\frac{\varepsilon}{t} = \frac{1}{t}(\varepsilon_{max} - e^{-k_1 t}) \quad 或 \quad \frac{\varepsilon}{t} = k_2 \varepsilon_{max}(\varepsilon_{max} - e^{-k_2 t}) \tag{1-31}$$

式中 ε——浮选回收率，%；
k_1——一级方程常数；
k_2——二级方程常数；
t——浮选时间，s；
ε_{max}——最高的浮选回收率，%。

以$\ln\frac{1}{1-\varepsilon}$为纵坐标，以$t$为横坐标作图可得一直线，直线的斜率即为$k$值。试验表明，对窄粒级、可浮性相等的纯矿物和在气泡数量充足的条件下，上述浮选速度方程较符合实际。但实际浮选过程是在矿物粒度大小不一、矿粒可浮性不相同、有用矿物与脉石矿物共存、气泡数量有限的条件下进行，故该浮选速度方程存在较大的偏差。若对各浮选槽的泡沫产品进行取样、化验，据实测数据绘制浮选速度图，可求得近似浮选速度常数，将其代入求得的浮选速度公式，称为浮选速度的经验计算式。

浮选速度与许多因素有关，许多浮选学者进行了许多试验研究工作，提出过若干浮选速度的理论计算公式和浮选速度的经验计算式。但因工艺参数太多，至今仍无法用理论公式计算浮选速度。

若浮选槽的类型和大小相同，可用槽数（n）代替时间，以 $\frac{\varepsilon}{n}$ 代替 $\frac{\varepsilon}{t}$ 为纵坐标，以槽数 n 为横坐标作图。若为直线，则说明其可浮性相同；若为折线，则说明其可浮性不相同；与横坐标的交点所对应的回收率为最大回收率。若理论回收率与实际回收率差别较大，则应分析具体原因，采取相应措施以达到最大的浮选回收率。

1.3.5 浮选速度的主要影响因素

影响浮选速度的主要因素有：原矿的化学组成与矿物组成、磨矿细度及粒度组成、浮选矿浆浓度、气泡大小与数量、矿粒与气泡的碰撞几率、矿化气泡上浮速度、矿浆 pH 值、浮选药剂制度及加药点、浮选机性能及浮选流程等。

实际浮选生产中可采用下列方法提高可浮矿粒的浮选速度：

（1）调整药方。捕收剂是主药，应合理选择捕收剂的类型和用量。在用量相同的条件下，将捕收剂的 70% ~100% 加入粗选搅拌槽以强化粗选作业，小于 30% 的捕收剂加入扫一或扫二作业，通常可大幅度提高粗选作业的回收率（达 85% ~95%）。在捕收剂足量的条件下，适当增加起泡剂用量并将其加入粗选搅拌槽以强化粗选作业，可保证泡沫的稳定和泡沫强度。但起泡剂不宜过量，否则，反而起消泡作用，会大幅度降低粗选作业的回收率。

（2）金属硫化矿物浮选时应采用低碱工艺。在低碱条件下浮选金属硫化矿可提高其可浮性，不仅可大幅度降低浮选药剂用量，而且可大幅度提高伴生有用组分矿物（如金、银、钼、镓、锗、铟等）的浮选回收率。

（3）应加强浮选设备的维修保养，使浮选机处于最佳的运行状态，保证浮选设备的搅拌强度和充气性能。

（4）在提高浮选速度的条件下，可适当降低浮选矿浆浓度以提高磨矿分级效率、提高磨矿细度和矿浆通过浮选槽的流速，配置时应防止矿浆短路。

（5）各浮选作业的浮选时间应适当，以防止槽内矿浆品位过度贫化。尤其是精选作业，精选槽体积不宜太大，否则既降低浮选速度又降低精矿品位。

浮选作业既要求高的金属回收率，又要求高的精矿品位，生产中应全面考查和调整有关工艺参数。

2 浮选药剂

2.1 概述

自然界中，单一的金属硫化矿床较少，多数金属硫化矿床皆为复合共生矿，且多为贫矿，富矿较少。金属硫化矿床中，不仅多种有用金属硫化矿物共生，有时金属硫化矿物还与金属氧化矿物共生。

采用浮选法从金属硫化矿中分离回收各种金属硫化矿物，除利用有关金属硫化矿物天然可浮性的差异外，最有效和实用的方法是采用浮选药剂调整和控制有关金属硫化矿物的表面性质，调整和控制有关金属硫化矿物的浮选行为。因此，使用浮选药剂，其目的为：

（1）调整和控制有关金属硫化矿物的表面性质，根据工艺要求提高或降低各相关矿粒表面的可浮性。

（2）调整浮选矿浆性质，使浮选药剂能有效地起作用。

（3）调整矿浆中的气泡大小、弥散度和稳定性等。

浮选药剂的使用历史与浮选方法的历史一样长，已将近 90 年的历史。因此，可以毫不夸张地说，没有浮选药剂，就没有现代的泡沫浮选。实践表明，常因高效浮选药剂的诞生和应用，引起浮选工艺的重大革新，大幅度提高浮选指标、提高矿山经济效益和环境效益。使用浮选药剂是目前生产实践中，控制矿物浮选行为最有效、最灵活和最经济的方法。

浮选药剂的种类繁多，约有 8000 多种，常用的有 100 多种。通常根据浮选药剂在浮选过程中所起的主要作用，将其分为捕收剂、起泡剂、调整剂（包括抑制剂、活化剂、介质调整剂、分散剂、絮凝剂和消泡剂等）三大类（见表 2-1）。

表 2-1　浮选药剂按其主要作用分类

种　类	类　型	性　能	代表药剂	应　用
捕收剂	巯基捕收剂	阴离子有机化合物	黄药、黑药等	金属硫化矿
	羟基捕收剂	阴离子有机化合物	羧酸、磺酸	非硫化矿
	胺类捕收剂	阳离子有机化合物	混合胺	非硫化矿
	烃类油	非极性有机化合物	煤油、轻柴油	煤及天然疏水矿物
起泡剂	醇类化合物	非离子型表面活性物	松醇油	金属矿及煤
	醚醇化合物		醚醇油	矿物浮选
	酮醇化合物	非表面活性物	双丙酮醇油	矿物浮选
	氧烷类化合物		丁醚油	矿物浮选

续表 2-1

种类		类型	性能	代表药剂	应用
调整剂	抑制剂	无机盐及有机化合物	多为阴离子	腐殖酸、CN^-、HS^-	矿物浮选
	活化剂	无机盐中的金属离子	多为阳离子	Cu^{2+}、Pb^{2+}、Ca^{2+}	矿物浮选
	介质调整剂	无机酸、无机碱		H_2SO_4、NaOH	矿物浮选
	分散剂	无机盐		Na_2SiO_3、Na_2CO_3	矿物浮选
	絮凝剂	天然或合成有机高分子化合物		淀粉、聚丙烯酰胺	矿物浮选
	消泡剂	无机盐或高级脂肪酸酯		三聚磷酸钠	矿物浮选

捕收剂能选择性作用于矿物表面，并使矿物表面疏水而提高矿物可浮性，是一种有机化合物；起泡剂主要作用于气-水界面，并能降低气-水界面的表面张力，使空气在矿浆中弥散成小气泡，能提高气泡矿化程度和气泡稳定性，是一种有机化合物；抑制剂能选择性作用于矿物表面，削弱捕收剂与矿物表面的作用，能提高矿物表面的润湿性并使矿物表面亲水而降低矿物可浮性，可以是有机化合物或无机盐类；活化剂可促进捕收剂与矿物表面作用，可提高矿物表面的可浮性，可以是有机化合物或无机盐类；介质调整剂为调整矿浆性质、改变矿粒表面的电化学性质、改变矿浆离子组成的无机酸或无机碱，此外介质调整剂还包括促使矿泥分散、絮凝或团聚的絮凝剂和分散剂，它们常为无机酸、无机碱、无机盐或高分子有机化合物。用于降低矿化泡沫稳定性、消除过多泡沫以改善矿物分选效率和改善泡沫产品运输的浮选药剂称为消泡剂，它们常为无机盐或高级脂肪酸酯类化合物。有些浮选药剂具有多种功能，其作用因使用条件而异。因此，表 2-1 中的浮选药剂分类是相对的。

2.2 捕收剂

2.2.1 概述

2.2.1.1 捕收剂的作用与分类

捕收剂的作用是选择性地作用于矿粒表面，以提高矿粒表面的疏水性，使欲浮矿物颗粒能选择性地附着于气泡上，并随气泡上浮至矿浆表面形成矿化泡沫层，最终被刮出或自行溢出，获得欲浮矿物的矿物精矿。

根据捕收剂的分子结构，可将捕收剂分为极性捕收剂和非极性捕收剂两大类。根据极性捕收剂在水中的解离情况，可将其分为离子型和非离子型两类。离子型捕收剂又可根据起捕收作用的疏水离子的电性，分为阴离子捕收剂、阳离子捕收剂及两性捕收剂三种。各种捕收剂又可分为若干类型。非极性捕收剂为烃类油有机化合物。捕收剂分类情况见表 2-2。

2.2.1.2 捕收剂的结构及其应用

极性捕收剂均为异极性的有机化合物，捕收剂分子均由极性基（如—OCSSNa、—COOH、$—NH_2$、—PSSMe、═NCSSMe、—OCSNH—、═NCSS—等）和非极性基（如 R—）两部分组成。极性捕收剂的极性基，在水中可解离为相应的阴离子和阳离子，如黄药的极性基在水中可解离为—OCSS$^-$和 Na^+，黑药的极性基在水中可解离为—PSS$^-$和 H^+，羧酸类捕收剂的极性基在水中可解离为—COO$^-$和 H^+或 Me^+，胺类捕收剂的极性基在水中可解离为—NH_2^+等，极性捕收剂的极性基中的原子价未被饱和。当捕收剂的亲固原子与矿物中的非金属元素同类时，该捕收剂即可与该矿物表面发生捕收作用。如黄药、黑药、硫氮、脂类、双硫化物类捕收剂的亲固基为硫离子，它们可与金属硫化矿物表面的金属离子起作用，可作为金属硫化矿物的捕收剂。

表 2-2 捕收剂分类

捕收剂分子结构特征			类 型	品种及组分	应用范围
极性捕收剂	离子型捕收剂	阴离子型	巯基捕收剂	黄药类 ROCSSMe 黑药类 $(RO)_2PSSMe$ 硫氮类 $R_2NCSSMe$ 硫脲类 $(RNH)_2CS$ 白药类 $(C_6H_5NH)_2CS$	捕收自然金属及金属硫化矿物
			羟基捕收剂	羧酸类 RCOOH(Me) 磺酸类 $RSO_3H(Me)$ 硫酸酯类 $ROSO_3H(Me)$ 胂酸类 $RAsO(OH)_2$ 膦酸类 $RPO(OH)_2$ 羟肟酸类 RC(OH)NOMe	捕收各种金属氧化矿及可溶盐类矿物，捕收钨、锡及稀有金属矿物，捕收氧化铜矿物
		阳离子型	胺类捕收剂	脂肪胺类 RNH_2 醚胺类 $RO(CH_2)_3NH_2$	捕收硅酸盐、碳酸盐及可溶盐类矿物
			吡啶盐类	烷基吡啶盐酸盐	
		两性型	氨基酸捕收剂	烷基氨基酸类 ROCSNHR 烷基氨基磺酸类 $RNHRSO_3H$	捕收氧化铁矿物、白钨矿、黑钨矿
	非离子型捕收剂		酯类捕收剂	硫氨酯类 ROCSNHR 黄原酸酯类 ROCSSR 硫氮酯类 R2NCSSR	捕收金属硫化矿物
			双硫化物类捕收剂	双黄药类 $(ROCSS)_2$ 双黑药类 $[(RO)_2POSS]_2$	捕收沉淀金属及金属硫化矿物
非极性捕收剂			烃类油	烃油类 C_nH_{2n+2}、C_nH_{2n}	捕收非极性矿物及用作辅助捕收剂

羧酸、磺酸、胂酸、膦酸、烷基氨基酸类捕收剂的亲固基为氧离子，它们可与硅酸盐、碳酸盐和金属氧化矿的矿物表面的亲氧原子起作用，它们可作硅酸盐、碳酸盐和金属氧化矿物的捕收剂。

极性捕收剂的非极性基中的所有原子价均已饱和，其内部为强键，表面呈现很弱的分子键，不与水的极性分子起作用，也不与其他化合物起作用。因此，极性捕收剂与矿物表面有一定的取向作用，极性捕收剂的极性基固着在矿物表面上，而非极性基朝向水，在矿物表面形成一层疏水薄膜（见图 2-1）。

极性捕收剂的捕收能力与其非极性基的烃链长度和结构有关，极性捕收剂的捕收能力随其非极性基烃链的增长而增强，碳原子数相同而带支链的非极性基的捕收能力较直链非

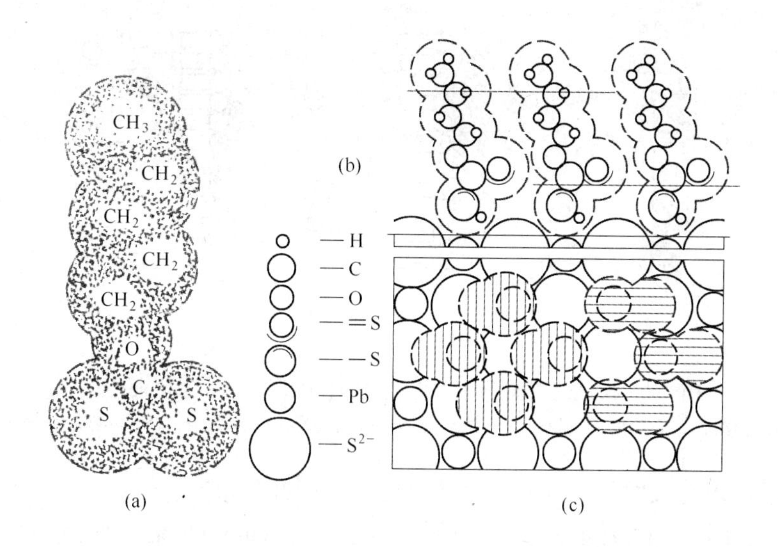

图 2-1 戊基黄药在方铅矿表面的分布（画线部分为黄药占据区）
（a）立面图；（b）侧面图；（c）平面图

极性基强。因此，随着其非极性基烃链的增长，极性捕收剂的非极性增强，极性捕收剂在矿物表面固着后的疏水性增强，在矿物表面的固着愈牢固。但随非极性基烃链的增长，极性捕收剂在水中的溶解度下降，其捕收的选择性也下降。生产实践中，常采用 $C_2 \sim C_8$ 的烃链长度的捕收剂。

非极性捕收剂主要为烃类油类捕收剂，是烃类油分子吸附于疏水性矿物表面形成油膜，使矿物表面疏水而附着于气泡上。此类捕收剂除作非极性矿物的捕收剂外，还可用作极性捕收剂的辅助捕收剂，它可增强极性捕收剂的捕收作用和适当降低极性捕收剂的用量。

2.2.1.3 捕收机理

捕收剂与矿物表面的作用机理较复杂，目前较一致的看法有下列几种：

（1）非极性分子的物理吸附。非极性烃类油在非极性矿物表面的作用属非极性分子的物理吸附，其特点是吸附热小，一般为几千焦每摩尔，吸附力为范德华力或静电力，捕收剂分子或离子与矿物表面间无电子转移。物理吸附通常无选择性或选择性差，易于解吸，其吸附量随温度升高而降低。

（2）矿物表面的双电层吸附。矿物在水中有部分离子转入溶液或某种离子吸附于矿物表面形成多余的定位离子，在溶液中则有相应的异名离子与定位离子形成双电层。双电层的内层为矿物表面多余的定位离子，外层为溶液中的异名离子。外层又分为厚度约与水化离子半径相当的紧密层（能斯特层）和扩散层。溶液内部与矿物表面间电位称为电极电位（化学电位），紧密层滑动面与矿物表面间的电位称为电动电位（ζ 电位）。捕收剂离子或其他离子可借静电力产生双电层吸附，捕收剂浓度低时呈简单离子吸附；捕收剂浓度高时可呈“半胶团”吸附，即部分捕收剂分子借范德华力及捕收剂离子借静电力共吸附于矿物表面上（见图 2-2）。

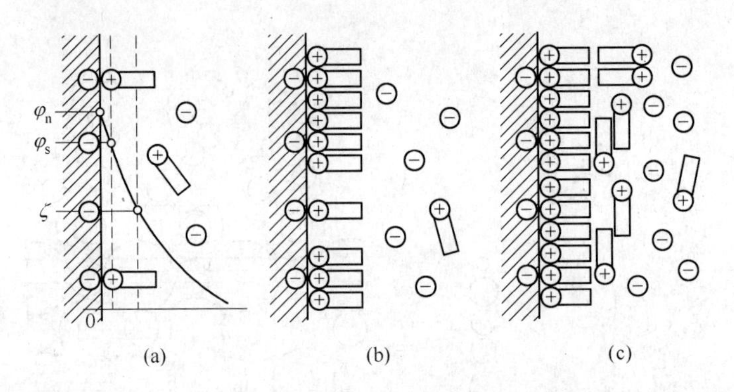

图 2-2 长链药剂离子在矿物表面的吸附形态随其浓度而变化

（a）稀溶液，简单离子吸附；（b）浓溶液，半胶团吸附；（c）离子、分子共吸附（胶团）

（3）化学吸附与表面化学反应。具体可分为下列几种形态：

1）矿物表面同电性离子的交换吸附。高登（Gaudin）、瓦克和柯克斯（Wark and Cox）研究黄药与金属硫化矿物作用时，发现溶液中残留的黄药阴离子浓度下降，而各种含硫阴离子浓度却上升。因此，他们认为是黄药阴离子与金属硫化矿物表面的含硫阴离子产生了离子交换，使黄药阴离子化学吸附于金属硫化矿物表面，而溶液中的 OH^- 可与其发生竞争吸附。

2）矿物表面的黄药分子吸附。柯克（Cook）等人认为金属硫化矿物表面带负电，黄药阴离子带负电，交换吸附的阻力大，金属硫化矿物表面吸附的为水解生成的黄原酸分子，因水解生成的黄原酸分子的吸附无此阻力。金属硫化矿物表面黄原酸的解离常数为：

$$K_a = \frac{[H^+] \cdot (c - [HX])}{[HX]}$$

在碱性液中，

$$K_a \gg [H^+]$$

故

$$[HX] = \frac{[H^+] \cdot c}{K_a}$$

式中 K_a——解离常数；

c——黄原酸浓度。

据瓦克等人的实验结果，$c \cdot [H^+]$ 为常数，表明［HX］为常数，故起有效作用的实为水解生成的黄原酸分子。

3）表面化学反应。方铅矿的纯矿物在无氧的水中磨矿，在无氧的条件下采用黄药进行浮选，发现黄药对方铅矿的纯矿物无任何捕收作用。但在有氧气的条件下进行磨矿和浮选，黄药是方铅矿良好的捕收剂。因此，氧在金属硫化矿物的浮选中起了重要的作用。

一般认为氧气在金属硫化矿物的浮选中的作用为：

（1）在金属硫化矿物表面氧化生成半氧化物。由于黄原酸铅的溶度积大于硫化铅的溶度积，方铅矿表面的 S^{2-} 不可能被黄药阴离子 X^- 交换取代。在通常浮选条件下，溶液中的黄药阴离子 X^- 浓度会下降而被方铅矿表面所吸附，溶液中的各种 $S_xO_y^{2-}$ 离子浓度会随黄药阴离子 X^- 吸附量的增大而增大，表明产生了下列交换吸附反应：

$$Pb]Pb^{2+} \cdot 2A^- + 2X^- \longrightarrow Pb]Pb^{2+} \cdot 2X^- + 2A^-$$

式中 A——SO_4^{2-}、SO_3^{2-}、CO_3^{2-} 等。

可以认为，在有氧条件下，方铅矿表面的部分 S^{2-} 被氧化转变为 SO_4^{2-}、SO_3^{2-} 等离子，然后黄药阴离子 X^- 再与它们进行交换吸附，生成溶度积较小的 PbX_2。实践表明，当方铅矿表面深度氧化至生成硫酸铅壳后，具备黄药阴离子 X^- 与硫酸根离子交换吸附的条件，但此时方铅矿的浮选回收率却比未深度氧化的方铅矿的浮选回收率低得多，其原因是硫酸铅的溶度积太大，方铅矿表面生成的 PbX_2 会随硫酸铅的溶解而脱离方铅矿表面。因此，方铅矿表面深度氧化至生成硫酸铅壳后，方铅矿的浮选回收率低；只当铅矿表面浅度氧化为“半氧化物”时，方铅矿的浮选回收率才达峰值（见图 2-3）。

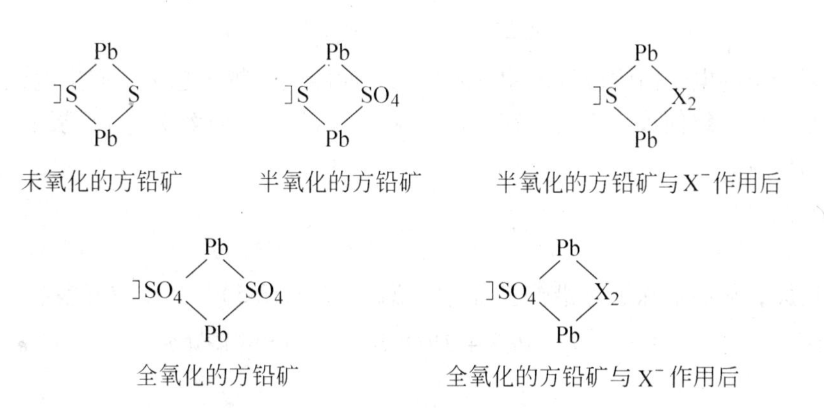

图 2-3 方铅矿表面氧化深度示意图

实验表明，矿浆中的含氧量为其饱和量的 20% 时，黄药的吸附量和分解出的元素硫量均达最大值（见图 2-4）。

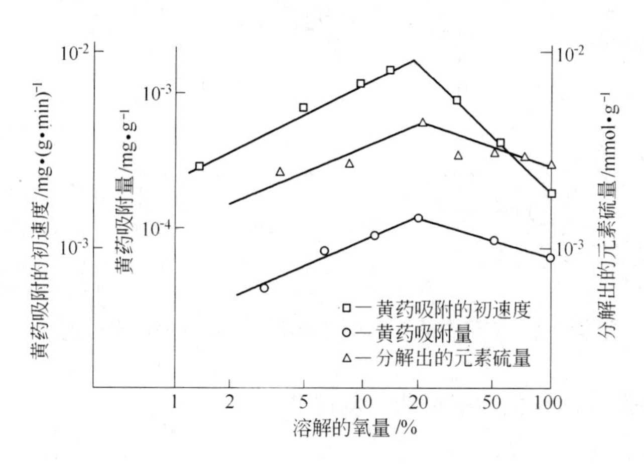

图 2-4 矿浆中氧的饱和度对黄药作用的影响

Mustafa S.（2004 年）的试验表明，乙基黄药在黄铜矿表面的吸附可表示为：

黄铜矿表面先进行氧化反应：

$$2CuFeS_2 + 6H_2O + 6O_2 \longrightarrow 2Fe(OH)_3 + Cu_2S + 3SO_4^{2-} + 6H^+$$

乙基黄药阴离子作用于黄铜矿表面：

$$Cu_2S(s) + 2X^- + 2O_2 \longrightarrow 2CuX(s) + SO_4^{2-}$$

此机理的有力证据是黄铜矿表面吸附乙基黄药时，在溶液中会生成硫酸根离子。在温度为293K，乙基黄药浓度为 $5\times10^{-5}\sim1\times10^{-3}$ mol/L 的条件下，当溶液 pH 值为 8～10 时，乙基黄药阴离子的吸附量随 pH 值的增大而增大；当 pH 值大于 11 时，乙基黄药阴离子的吸附量随 pH 值的增大而降低；吸附一般在 10min 内达平衡。

（2）消除金属硫化矿物表面的电位栅以促进电化反应的进行。金属硫化矿物总会含部分杂质和存在晶格缺陷，表面存在阴极区和阳极区。如方铅矿常含银，在氰化矿浆中，在方铅矿表面的阳极区将产生下列反应：

$$Ag + 2CN^- \longrightarrow Ag(CN)_2^- + e$$

阳极区产生的电子向阴极区流动，阴极区表面的电子越积越多，产生电位栅。由于静电排斥力的缘故，致使黄药阴离子在金属硫化矿物表面较难吸附。当矿浆中含溶解氧时，将产生下列反应：

$$\frac{1}{2}O_2 + 2H^+ + 2e \longrightarrow H_2O$$

由于氧被还原，从而消除了方铅矿表面的电位栅（见图 2-5）。其反应可表示为：

阳极区： $PbS + 2ROCSS^- \longrightarrow Pb(ROCSS)_2 + S + 2e$

阴极区： $\frac{1}{2}O_2 + 2H^+ + 2e \longrightarrow H_2O$

总反应式为： $PbS + 2ROCSS^- + \frac{1}{2}O_2 + 2H^+ \longrightarrow Pb(ROCSS)_2 + S + H_2O$

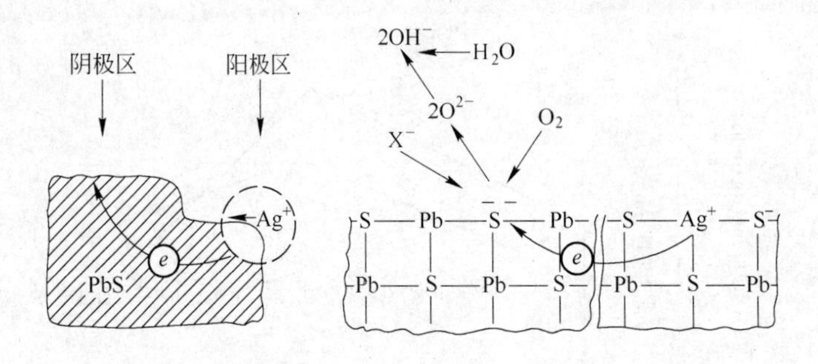

图 2-5　矿浆中的溶解氧可消除方铅矿表面的电位栅

（3）将黄药类捕收剂氧化为双黄药、双黑药等。

黄药的氧化反应可表示为：

$$2ROCSS^- + \frac{1}{2}O_2 + 2H^+ \longrightarrow (ROCSS)_2 + H_2O$$

双黄药等双硫化物类捕收剂对金属硫化矿物和自然金属有一定的捕收能力，常将其与其他金属硫化矿物捕收剂共用。

巯基类捕收剂与金属硫化矿物表面的作用主要是化学吸附和表面化学反应，它们与金属硫化矿物表面的作用形式大致为五种（见图 2-6）。

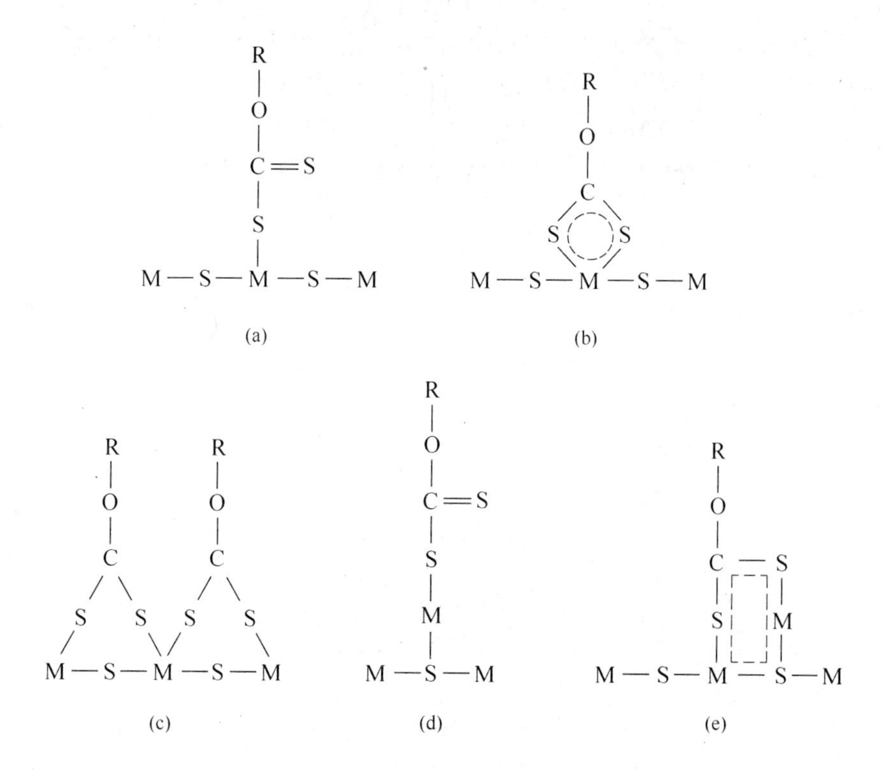

图 2-6 黄药在金属硫化矿物表面的作用形式

(a) 单配位式；(b) 螯合式；(c) 桥式；(d) 1∶1 的分子吸附式；(e) 1∶1 的离子吸附式（六员螯合式）

药剂与矿物表面的化学吸附、表面化学反应与溶液中的化学反应不同。一般认为，化学吸附是药剂离子或分子与矿物表面（不发生表面晶格金属离子的转移）间的反应，在矿物表面形成定向排列的单层药剂离子或分子，药剂与矿面有键合的电子关系，选择性较强，吸附较牢固，吸附量随温度升高而增大；表面化学反应是药剂离子或分子与矿物表面金属离子键合，在矿物表面形成独立相的金属-药剂产物，其选择性高；溶液中的化学反应是矿物表面的金属离子离开矿物表面，在溶液中与药剂离子或分子产生的化学沉淀反应。

2.2.2 黄药

2.2.2.1 成分和命名

黄药（xanthate）为黄原酸盐，学名为烃基二硫代碳酸盐，可看作碳酸盐中一个金属离子被烃基取代和两个氧原子被硫原子取代后的产物，其通式为 R—OCSSMe，如乙基钠黄药的结构式如图 2-7 所示。

黄药通式中的 R 常为脂肪烃基 C_nH_{2n+1}，其中 $n=2\sim6$，极少 R 为芳香烃基、环烷基和烷胺基等。Me 常为 Na^+、K^+，工业产品常为 Na^+。钾黄药和钠黄药的性质基本相同，但钾黄药比钠黄药稳定，钠黄药易潮解，钾黄药不潮解，钠黄药的价格比钾黄药低。两者均易溶于水、酒精及丙酮中。据黄药 R 基中碳原子数的数量，分别将其称为乙基钠黄药、丁基钠黄药等，如：

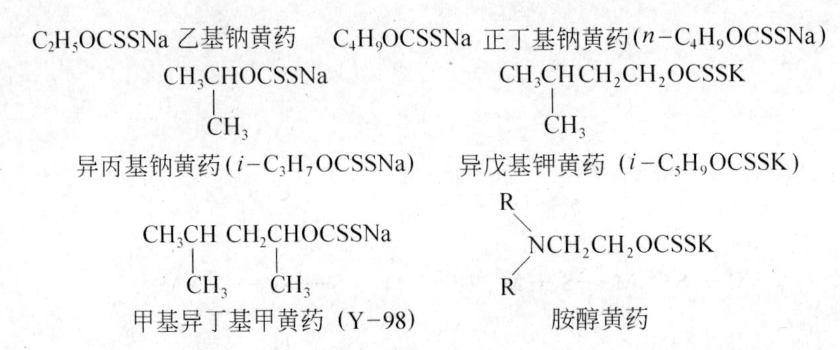

通常将甲基黄药、乙基黄药称为低级黄药，将丁基以上的黄药称为高级黄药。

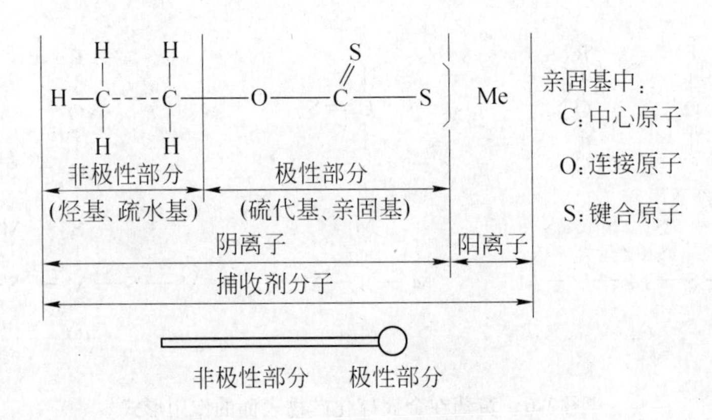

图 2-7 乙基钠黄药的结构式

2.2.2.2 合成方法

黄药可由相应的醇、苛性碱和二硫化碳合成，其反应可表示为：

$$ROH + MeOH + CS_2 \longrightarrow ROCSSMe\downarrow + H_2O$$

采用氧同位素 O^{18} 作苛性碱 NaOH 的示踪原子进行黄药的合成试验，证明黄药合成时，苛性碱 NaOH 的氧原子进入水中，而醇中的氧原子进入黄药中。

合成黄药的反应为放热反应，合成过程宜在冷却至低温的条件下进行，高温条件下会使黄药分解。有多种合成黄药的工艺，主要区别在于加料顺序、原料比例、介质或溶剂类型及反应设备等。其中主要的黄药合成工艺为：

(1) 直接合成工艺。采用强烈搅拌的混捏机和冷冻条件下，将理论比例量的醇和苛性钠粉末($ROH:NaOH:CS_2=1:1:1$)相互作用，再缓慢加入二硫化碳进行黄原酸化(简称黄化)反应，不添加任何溶剂，获得黄药粉末。若将黄药粉末经干燥处理，质量更佳。我国从 1942 年开始生产液体黄药，1950 年开始生产固体黄药，随后有了丁基黄药、戊基黄药、异戊基黄药、仲丁基黄药等的工业生产。

若先将醇与二硫化碳混合，然后缓慢有控制地加入比例量的苛性钠粉末合成黄药，此工艺称为“反加料”工艺。此工艺为沈阳选矿药剂厂(现铁岭选矿药剂厂)研创，可使反应时间缩短 50%，设备利用率可提高一倍。

(2) 结晶工艺。采用大量的苯、汽油或过量酒精等为溶剂，在溶剂中进行合成黄药的反应。生成的黄药不溶于溶剂中(或微溶)，经过滤、干燥后获得固体黄药。国外主要用此工艺合成黄药，产品质量高。此工艺具有易搅拌混匀、易冷却和易热交换等优点。其缺点为须用溶剂稀释，工艺较复杂，成本可能较高。

（3）稀释剂工艺（干燥法）。在合成黄药时（一般在制取醇淦时）加入少量水或有机稀释剂，使物料易搅拌混匀而又无需加入大量的水或有机稀释剂，以免降低产品质量和分离有机稀释剂。再经干燥后获得固体黄药。

（4）水溶液合成工艺（湿碱法）。将苛性钠水溶液与稍过量的醇及二硫化碳一起搅拌并加以冷却，可获得黄药的水溶液。此种黄药易分解，运输不便。除大型选矿厂就地生产黄药外，选矿药剂厂已少用。也可将黄药的水溶液经干燥制得固体黄药。

以上四种合成黄药的工艺中，国内外主要采用的为直接法和结晶法，而湿碱法主要用于小型土法生产。

合成黄药的原料纯度对黄药质量有直接的影响，所用碱（NaOH 或 KOH）的纯度应大于95%，其中所含的水分、碳酸钠和铁质等会降低黄药质量或加速黄药分解。合成黄药时，苛性碱须碎磨至小于 0.5mm（30 目）的细粉后才能使用。二硫化碳的纯度应大于98.5%，应无其他硫化物杂质。使用的醇应尽量不含水分，乙醇纯度应大于98%；丁醇馏程为115～118℃馏分应占总体积的95%以上；戊醇馏程为129～134.5℃馏分应占总体积的95%以上。

直接合成工艺常采用混捏机混匀物料，外用－15℃的冰盐水冷却。料比（物质的量比）为：(ROH)∶(NaOH)∶(CS_2) = 1∶1∶1。对戊基黄药而言，料比（物质的量比）调整为：(ROH)∶(NaOH)∶(CS_2) = 0.9∶1∶0.95。反应温度一般为20℃，最高不超过40℃。合成产品（黄药）采用盘式密闭罐真空干燥。乙基黄药、丁基黄药的干燥温度为55～70℃，戊基黄药的干燥温度为30～40℃，干燥时间为4～7h。

直接合成的“反加料”工艺，先将醇与二硫化碳按配料比混合，然后分批逐渐加入苛性碱细粉。利用加碱的速度快慢来控制反应温度，反应温度一般控制为10～15℃，加完碱后，再将温度升至30℃左右，直至反应完全为止。冷却后即可出料。

2.2.2.3 黄药的性质

黄原酸盐为晶状体或粉末，不纯品常为黄绿、橙红色的胶状，密度为1.3～1.7g/cm^3，有刺激性臭味，有毒（中等）。短链黄药易溶于水，可溶于丙酮、酒精中，微溶于乙醚及石油醚中，故可采用丙酮-乙醚混合溶剂法对黄药进行重结晶提纯。

钾黄药的熔点见表2-3。黄药在水中的溶解度见表2-4。

表2-3 钾黄药的熔点

非极性基	CH_3	C_2H_4	n-C_3H_7	i-C_4H_9	n-C_4H_9	i-C_4H_9	i-C_5H_{11}
熔点/℃	182～186	226	233～239	278～282	255～265	260～270	260～270

表2-4 黄药在水中的溶解度

非极性基		n-C_3H_7		i-C_3H_7		n-C_4H_9		i-C_4H_9		i-C_5H_{11}	
碱金属离子		K^+	Na^+	K^+	Na^+	K^+	Na^+	K^+	Na^+	K^+	Na^+
溶解度	0℃	43.0	17.6	16.6	12.1	32.4	20.0	10.7	11.2	28.4	24.7
	35℃	58.0	43.3	37.15	37.9	47.9	76.2	47.67	33.37	53.3	43.5

黄药为弱酸盐，在水中易解离为离子，产生的黄原酸根易水解为黄原酸，其水解速度

与其烃链长度和介质 pH 值密切相关。其反应可表示为：

$$ROCSSNa \xrightarrow{\text{解离}} ROCSS^- + Na^+$$

$$ROCSS^- + H_2O \xrightleftharpoons{\text{水解}} ROCSSH + OH^-$$

$$ROCSSH \xrightarrow{\text{酸分解}} ROH + CS_2$$

介质 pH 值愈低，黄药的酸分解速度愈快。在强酸介质中，黄药在短时间内酸分解为不起捕收作用的醇和二硫化碳。在酸性介质中，低级黄药的酸分解速度比高级黄药快。如在0.1mol/L 的盐酸液中，乙黄药全分解时间为 5 ~ 10min，丙黄药全分解时间为 20 ~ 30min，丁黄药全分解时间为 50 ~ 60min，戊黄药全分解时间为 90min；25℃条件下，乙黄药的半衰期与 pH 值的关系见表 2-5。因此，在酸性介质中浮选时，若须用黄药作捕收剂，应采用高级黄药以降低药剂耗量。

表 2-5 乙黄药的半衰期与 pH 值的关系（25℃）

介质 pH 值	5.6	4.6	3.4
乙黄药的半衰期/min	1023	115.5	10.5

黄药遇热常分解为烷基硫化物、二硫化物、羰基硫化物和碱金属的碳酸盐。其反应可表示为：

$$ROCSSH \xrightarrow{\text{热分解}} ROH + CS_2$$

温度愈高，黄药热分解速度愈快。

黄药为还原剂，易被氧化。二氧化碳、过渡元素及与黄药生成难溶盐的元素均对黄药的氧化有催化作用。黄药的氧化产物为双黄药。其反应可表示为：

$$4ROCSSNa + O_2 + 2H_2O \xrightarrow{\text{氧化}} 2ROCSS—SSCOR + 4Na^+ + 4OH^-$$

$$6ROCSSNa + 3H_2O \xrightarrow{\text{分解}} 2Na_2S + Na_2CO_3 + 5CS_2 + 6ROH$$

$$ROCSSNa + CO_2 + H_2O \xrightarrow{\text{分解}} ROH + CS_2 + NaHCO_3$$

$$2ROCSSNa + \frac{1}{2}O_2 + 2CO_2 + H_2O \xrightarrow{\text{氧化}} ROCSS—SSCOR + 2NaHCO_3$$

双黄药为黄色的油状液体，难溶于水，呈分子状态存在于水中。在弱酸性和中性矿浆中，双黄药的捕收能力比黄药强。因此，浮选金属硫化矿物时，黄药的轻微氧化可以改善浮选效果。

游离碱可促使黄药分解，其反应可表示为：

$$ROCSSNa + NaOH \xrightarrow{\text{碱分解}} ROH + NaOCSSNa$$

$$ROCSSNa + 2NaOH \xrightarrow{\text{碱分解}} ROH + NaOCOSNa + NaHS$$

$$ROCSSNa + NaHS \xrightarrow{\text{碱分解}} ROH + NaSCSSNa$$

$$NaOCSSNa + NaOCOSNa \longrightarrow NaSCSSNa + Na_2CO_3$$

黄药的稳定性随其烃链长度的增加而提高，黄药的分解速度常数 K_0 见表 2-6。

表 2-6 黄药的分解速度常数 K_0

烃基类型	甲基	乙基	正丙基	异丙基	正丁基	异丁基	正戊基
分解速度常数 K_0/L·(min·mol)$^{-1}$	213	226	214	207	209	202	211

黄药的烃链愈长，其分解速度愈慢，而疏水性愈大，其对金属硫化矿物的捕收作用愈强（见图 2-8）。

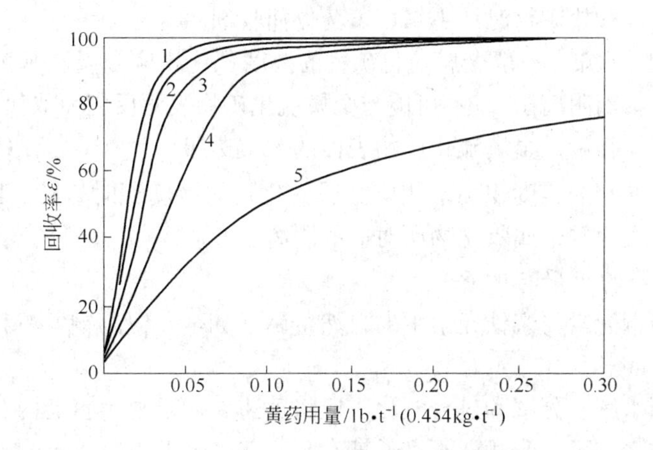

图 2-8 不同黄药浮选方铅矿的回收率

（条件：粒度 -0.15 ~ 0.28mm，松油 25g/t，碳酸钠 25g/t，黄药 454g/t）

1—异戊基钾黄药；2—正丁基钾黄药；3—丙基钾黄药；4—乙基钾黄药；5—甲基钾黄药

黄药能与重有色金属离子和贵金属离子生成相应的黄原酸难溶盐沉淀，相应的黄原酸难溶盐及相应硫化物的溶度积见表 2-7。

表 2-7 金属黄原酸难溶盐及相应硫化物的溶度积

金属阳离子	乙基黄原酸难溶盐的溶度积	相应金属硫化物的溶度积	金属阳离子	乙基黄原酸难溶盐的溶度积	相应金属硫化物的溶度积
Hg^{+}	1.15×10^{-38}	1×10^{-52}	Sn^{2+}	约 10^{-14}	—
Ag^{+}	0.85×10^{-18}	1×10^{-49}	Cd^{2+}	2.6×10^{-14}	3.6×10^{-29}
Bi^{3+}	1.2×10^{-31}	—	Co^{2+}	6.0×10^{-13}	—
Cu^{+}	5.2×10^{-20}	$10^{-44}\sim10^{-38}$	Ni^{2+}	1.4×10^{-12}	1.4×10^{-24}
Cu^{2+}	2.0×10^{-14}	1×10^{-36}	Zn^{2+}	4.9×10^{-9}	1.2×10^{-23}
Pb^{2+}	1.7×10^{-17}	1×10^{-29}	Fe^{2+}	0.8×10^{-8}	—
Sb^{3+}	约 10^{-15}	—	Mn^{2+}	$<10^{-2}$	1.4×10^{-15}

黄药对各种矿物的捕收能力和捕收选择性，与其相应的金属黄原酸盐的溶度积有密切的关系。常根据金属乙基黄原酸盐的溶度积，将常见金属矿物分为三类：

（1）亲铜元素矿物。其金属乙基黄原酸盐的溶度积小于 4.9×10^{-9}。属于此类的金属有金、银、汞、铜、铅、镉、铋等。黄药对此类元素的自然金属（如金、银、铜等）和金属硫化矿物的捕收能力最强。

（2）亲铁元素矿物。其金属乙基黄原酸盐的溶度积大于 4.9×10^{-9}，而小于 7×10^{-2}。

属于此类的金属有锌、铁、锰等。黄药对此类元素的金属硫化矿物有一定的捕收能力，但比较弱。若采用黄药作捕收剂，亲铜元素的金属硫化矿物与亲铁元素的金属硫化矿物较易实现浮选分离。钴、镍的乙基黄原酸盐的溶度积虽小于 10^{-12}，属亲铜元素，但它们常与硫化铁矿物紧密共生，常与硫化铁矿物一起浮选。

（3）亲石元素矿物。其金属乙基黄原酸盐的溶度积大于 4.9×10^{-2}，属于此类的金属有钙、镁、钡等。由于其金属乙基黄原酸盐的溶度积大，在通常浮选条件下，此类金属矿物表面无法形成疏水膜，黄药对此类金属矿物无捕收作用。因此，选别碱金属及碱土金属矿物、氧化矿物及硅酸盐矿物时均不采用黄药作捕收剂。

从表 2-7 中数据可知，一般金属硫化矿物的溶度积比相应金属乙基黄原酸盐的溶度积小，按化学原理，黄药阴离子 X^- 不可能与金属硫化矿物表面反应而取代 S^{2-}。只有当金属硫化矿物表面轻微氧化后，金属硫化矿物表面的 S^{2-} 被 OH^-、SO_4^{2-}、$S_2O_3^{2-}$、SO_3^{2-} 等离子取代后，金属黄原酸盐的溶度积小于相应金属氧化物的溶度积时，黄药阴离子 X^- 才可能取代金属硫化矿物表面的金属氧化物所对应的阴离子。

2.2.2.4　黄药的应用与贮存

黄药常用作亲铜元素与亲铁元素中的自然金属（如金、银、铜等）和金属硫化矿物的捕收剂。

为了防止黄药水解、分解和过分氧化，应将黄药贮存于密闭容器内。避免与潮湿空气和水接触，注意防水，不宜暴晒，不宜长期存放。宜存放于阴凉、干燥、通风处。配置好的黄药水溶液不宜放置过久，不应用热水配置黄药水溶液。黄药水溶液一般当班配当班用，生产用的黄药浓度常为5%。

2.2.3 黑药

2.2.3.1　成分和命名

黑药（thiophosphate）学名为烃基二硫代磷酸（盐），可将其视为磷酸的衍生物，磷酸中的两个氧原子为硫原子取代，两个氢原子为烃基取代，其通式可表示为 $(RO)_2PSSH(Me)$。常用的几种黑药的结构式如图 2-9 所示。

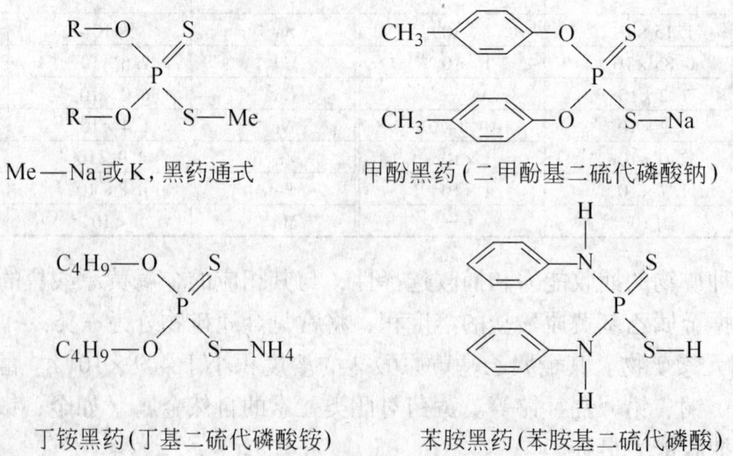

Me—Na 或 K，黑药通式　　甲酚黑药（二甲酚基二硫代磷酸钠）

丁铵黑药（丁基二硫代磷酸铵）　　苯胺黑药（苯胺基二硫代磷酸）

图 2-9　常用的几种黑药的结构式

常见黑药名称、组成及应用特点见表 2-8。

表 2-8 常见黑药名称、组成及应用特点

黑药名称	化学组成	应用及特点
一 甲酚黑药	$(CH_3C_6H_4O)_2PSSH$	金属硫化矿物捕收剂，有起泡性
25 号黑药（甲酚黑药含 25% P_2S_5）	$(CH_3C_6H_4O)_2PSSH$	选择性强，有起泡性，对黄铁矿捕收弱
15 号黑药（甲酚黑药含 15% P_2S_5）	$(CH_3C_6H_4O)_2PSSH$	含过量甲酚，起泡性强
31 号黑药（25 号黑药 +6% 白药）、33 号黑药	$(CH_3C_6H_4O)_2PSSH$	捕收闪锌矿、方铅矿、银矿、硅孔雀石
241 号黑药（25 号黑药用氨水中和）	25 号黑药的铵盐	选择性强，用于铅锌分离、铜硫分离
242 号黑药	31 号黑药的铵盐	选择性强，用于铅锌分离、铜硫分离
二 醇黑药	$(RO)_2PSSNa$	
乙基钠黑药	$(C_2H_5O)_2PSSNa$	捕收闪锌矿，对黄铁矿捕收弱
208 号黑药（乙基与异丁基钠黑药 1:1 混合）	R 为 $C_2H_5+i\text{-}C_4H_9$	为硫化铜矿和自然金、银优良捕收剂
211 号黑药	R 为异丙基 $i\text{-}C_3H_7$	主要捕收闪锌矿，捕收力较钠黑药强
238 号黑药（丁基钠黑药）	R 为仲丁基（sec，C_4H_9—）	主要用于浮选硫化铜矿物，对黄铁矿捕收弱
236 号黑药	$(CH_3(CH_2)_3O)_2PSSNH_4$	
239 号黑药(含 10% 乙醇或异丙醇黑药)	$(CH_3(CH_2)_4O)_2PSSNH_4$	
249 号黑药	R 为$(CH_3)_2CHCH_2CHCH_3^-$（即用 MIBC 为原料）	硫化铜矿物强捕收剂，有起泡性
异丁基黑药（Aero3477 号）	R 为 $i\text{-}C_4H_9$	硫化铜和硫化锌矿物的强捕收剂，选择性高，可提高贵金属回收率
异戊基黑药（Aero3501 号）	R 为 $i\text{-}C_5H_{10}$	
三 其他类型黑药		
环烷酸黑药	75 份环烷酸与 25 份 P_2S_5 的反应产物	浮选锆石、锡石
苯胺黑药	$(C_6H_4NH)_2PSSH$	不溶于水，溶于纯碱液，捕收铜铅硫化矿物，有起泡性
甲苯胺黑药	$(CH_3C_6H_4NH)_2PSSH$	白色粉末，捕收力与选择性高于乙基黄药
环己基氨基黑药	$(C_6H_{10}NH)_2PPSSH$	浮选氧化铅矿物
丁基铵黑药	$(C_4H_9O)_2PSSNH_4$	适于浮选硫化铜、铅、锌、镍矿物，捕收力强，有起泡性
194 号黑药	钠黑药 + $(C_2H_5O)_2PSSNa$	在酸性矿浆中浮铜，用于浸出—沉淀—浮选（LPF）回路
Aero4037 号	$(RO)_2PSSNa+R'NHCSOR''$	硫化铜矿物的捕收剂，优于 Z-200，只部分溶于水，对黄铁矿捕收弱
Aerophine3418A（二硫代次膦酸钠）	R_2PSSNa	浮选硫化铜、铅、锌硫化矿物，溶于水，用量为黄药的 30% ~50%
Aero404 号	巯基苯骈噻唑 + $(RO)_2PSSNa$	部分氧化的硫化铜矿物
Aero407 号		用于难选硫化铜矿物，优于 Aero404 号
Aero412 号		适于酸性矿浆浮选铜镍矿，优于 Aero407 号

我国选矿生产中最常用的为甲酚黑药、丁基铵黑药、苯胺黑药等。

2.2.3.2 黑药的制备

A 甲酚黑药的制备

将五硫化二磷与甲酚混合加热和搅拌即可制得甲酚黑药。其反应式可表示为：

$$4C_6H_4CH_3OH + P_2S_5 \xrightarrow{130 \sim 150℃(\text{隔绝空气加热})} 2(C_6H_4CH_3O)_2PSSH + H_2S$$

由于制备甲酚黑药的甲酚原料来自炼焦副产品，是邻位甲酚、对位甲酚、间位甲酚三种同分异构体甲酚的混合物，其中邻位甲酚约占总质量的35% ~40%，对位甲酚约占总质量的25% ~28%，间位甲酚约占总质量的35% ~40%。所得产品甲酚黑药也是这三种同分异构体的混合产品。若将此种同分异构体混合产品分离，间位甲酚黑药的捕收能力最强，对位甲酚黑药的捕收能力居中，邻位甲酚黑药的捕收能力最弱，捕收能力由强至弱的顺序为：间位甲酚黑药 > 对位甲酚黑药 > 邻位甲酚黑药（见图 2-10 和图 2-11）。

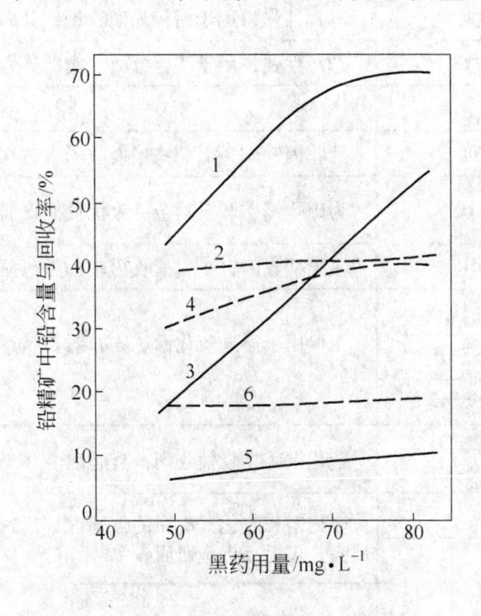

图 2-10 不同甲酚黑药的浮选效果

1—间位甲酚黑药的金属回收率；2—间位甲酚黑药的精矿品位；3—对位甲酚黑药的金属回收率；4—对位甲酚黑药的精矿品位；5—邻位甲酚黑药的金属回收率；6—邻位甲酚黑药的精矿品位

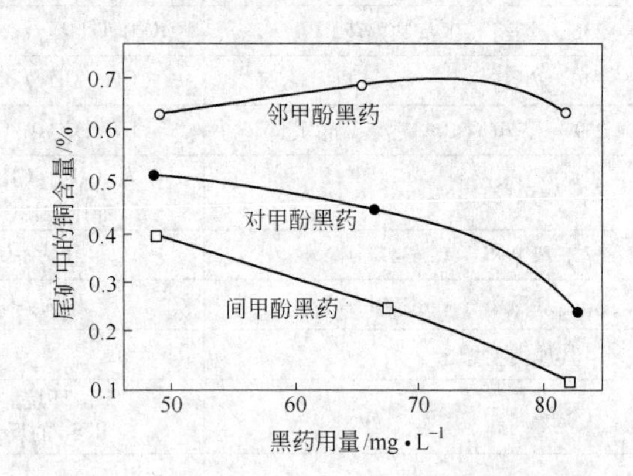

图 2-11 不同甲酚黑药用量与铜浮选尾矿品位的关系

不同牌号的黑药中，所含五氧化二磷的量不同。25 号黑药是用甲酚和占原料质量25%的五氧化二磷反应的产物；15 号黑药是用甲酚和占原料质量 15% 的五氧化二磷反应的产物，故 15 号黑药中含有过量的甲酚，其起泡性比 25 号黑药大。其他黑药的组成见表 2-8。

除采用甲酚外，也可采用二甲酚为原料，与五硫化二磷合成二甲酚黑药 $(CH_3C_6H_2O)_2PSSH$。二甲酚黑药的性能及捕收作用与甲酚黑药相似，同样为黑色的油状液体。

B 丁基铵黑药的制备

丁基铵黑药为醇基黑药，合成时先将正丁醇与五硫化二磷按质量比为4∶1 制备二丁基二硫代磷酸（丁基黑药），然后通入氨气中和，可得丁基铵黑药。其反应可表示为：

$$4CH_3(CH_2)_3OH + P_2S_5 \xrightarrow{70 \sim 80℃,\text{搅拌}2h} 2[CH_3(CH_2)_3O]_2PSSH + H_2S$$

$$[CH_3(CH_2)_3O]_2PSSH + NH_3 \xrightarrow{20 \sim 35℃} [CH_3(CH_2)_3O]_2PSSNH_4$$

以前曾用轻汽油作溶剂制备丁基铵黑药，其质量比为：汽油：丁基黑药 = 3∶1。但此工艺因安全和环保原因而被淘汰，现已采用水作溶剂制备丁基铵黑药。

丁基铵黑药的纯品为白色结晶，工业品纯度约90%，为白色或灰色粉末。除丁基铵黑药外，常用的还有醇基钠黑药，如乙基钠黑药、丁基钠黑药，只是制成醇基黑药后，再用碳酸钠或氢氧化钠进行中和反应。

C 胺黑药的制备

胺黑药为相应的胺类化合物与五硫化二磷反应的产物，主要有苯胺黑药、甲苯胺黑药、环己胺黑药等。

(1) 苯胺黑药与甲苯胺黑药。苯胺黑药为苯胺与五硫化二磷反应的产物，苯胺与五硫化二磷的配料比为（物质的量比）8∶1，苯胺用量为五硫化二磷质量的12～13倍。反应产物经分离、洗涤，真空干燥得成品。其反应可表示为：

$$4C_6H_5NH_2 + P_2S_5 \xrightarrow{\text{甲苯溶剂},40 \sim 50℃,1.5h} 2(C_6H_5NH)_2PSSH + H_2S$$

苯胺黑药又称磷胺4号，化学名称为N,N′-二苯基二硫代氨基磷酸。甲苯胺黑药又称磷胺6号，其配料比为（物质的量比）6∶1，甲苯用量为五硫化二磷质量的16～17倍，反应温度为30～40℃，反应时间为2h。苯胺黑药与甲苯胺黑药均为北京矿冶研究总院研制，这两种黑药的性能相似，不溶于水，能溶于酒精和稀碱液。有臭味，为白色粉末，其对光和热的稳定性差，遇潮湿空气易分解变质。

(2) 环己胺黑药。为环己胺与五硫化二磷反应的产物，其配料比为4∶1，用轻汽油作溶剂，反应温度为80℃，反应时间为3h。产物在50～60℃条件下烘干，纯度一般为70%～80%。其反应可表示为：

$$4C_6H_{11}NH_2 + P_2S_5 \xrightarrow{80℃,3h} 2(C_6H_{11}NH)_2PSSH + H_2S$$

环己胺黑药为广州有色金属研究院于1975年研制成功。产品为浅黄色粉末，熔点为178～185℃，微溶于水，能溶于无机酸和稀碱液。有气味，可与多种金属阳离子生成沉淀。环己胺黑药对氧化铅矿物（如$PbSO_4$、PbO、$PbCO_3$等）有较强的捕收能力。

(3) 环烷酸黑药。环烷酸黑药为采用精炼石油时的副产品环烷酸（75份）与五硫化二磷（25份）反应的产物，反应温度为80～90℃。主要用作锆英石、锡石、天青石的捕收剂。

(4) 其他黑药。苄基硫醇与五硫化二磷反应的产物为四硫代磷酸酯和硫代磷酸酯，可用作选矿捕收剂。其反应可表示为：

$$5C_6H_5CH_2SH + P_2S_5 \longrightarrow \underset{\text{四硫代磷酸酯}}{(C_6H_5CH_2S)_3PS} + \underset{\text{硫代磷酸酯}}{(C_6H_5CH_2S)_2PSSH} + 2H_2S$$

二烷基二硫代磷酸钠与光气（$COCl_2$）的反应产物可用作铜矿物的捕收剂。其反应可表示为：

$$2(RO)_2PSSNa + COCl_2 \longrightarrow (RO)_2PSSCOSSP(OR)_2 + 2NaCl$$

丁基氧乙烯醇黑药($C_4H_9(C_2H_4O)_2PSSH$)为环氧乙烷先聚合成烯醇，由烯醇与五硫化二磷反应的产物，属醇基黑药，但其可充分溶于水，使用方便，可用作氧化铜与硫化铜混合矿的铜矿物的捕收剂。

2.2.3.3 黑药的性质

黑药与黄药比较，由于其中心原子磷与硫的键合较强，亲固基的极性较弱，其与矿物表面的作用力较弱，相应的金属黑药盐的溶度积较金属黄原酸盐的溶度积大（见表2-9）。因此，黑药对金属硫化矿物的捕收能力比黄药弱，但浮选选择性较好，对黄铁矿的捕收能力弱。

表2-9 黄原酸盐、黑药盐与金属硫化物的溶度积

金属阳离子	溶度积（25℃）				
	乙基黄药盐	二硫代磷酸盐（黑药盐）			硫化物
		二乙基	二丁基	二甲酚基	
Hg^+	1.15×10^{-38}	1.15×10^{-32}			1×10^{-52}
Ag^+	0.85×10^{-18}	1.3×10^{-16}	0.47×10^{-18}	1.15×10^{-19}	1×10^{-40}
Cu^+	5.2×10^{-20}	5.5×10^{-17}			$10^{-38}\sim10^{-44}$
Pb^{2+}	1.7×10^{-17}	6.2×10^{-12}	6.1×10^{-16}	1.8×10^{-17}	1×10^{-29}
Sb^{3+}	约10^{-24}				
Cd^{2+}	2.6×10^{-14}	1.5×10^{-10}	3.8×10^{-13}	1.5×10^{-12}	3.6×10^{-29}
Ni^{2+}	1.4×10^{-12}	1.7×10^{-4}			1.4×10^{-24}
Zn^{2+}	4.9×10^{-9}	1.5×10^{-2}			1.2×10^{-23}
Fe^{2+}	0.8×10^{-8}				
Mn^{2+}	$<10^{-2}$				1.4×10^{-15}

甲酚黑药为暗绿色油状液体，微溶于水，密度为1.2g/cm^3，有硫化氢的难闻臭味，能灼伤皮肤。因含甲酚，有起泡性，易燃。其毒性比黄药低。

丁基铵黑药为白色或灰色粉末，易溶于水，易潮解，潮解后变黑，有一定的起泡性，对皮肤有一定的腐蚀性。

苯胺黑药为白色粉末，不溶于水，溶于酒精和稀碱液（碳酸钠或苛性钠溶液），光和热稳定性差，有臭味，易潮解。

与黄药比较，黑药较稳定，在酸性矿浆中较难分解，较难氧化，毒性较低。

与黄药相似，黑药氧化即变为双黑药。制备双黑药一般先将醇或酚与五硫化二磷反应生成黑药，然后将黑药溶于100～200g/L的苛性钠溶液中，冷却并用苯抽提出无色透明的液体。在冷却搅拌条件下，通氯气进行氧化可得双黑药。其反应可表示为：

$$4ROH + P_2S_5 \longrightarrow 2(RO)_2PSSH + H_2S$$

$$(RO)_2PSSH + Cl_2 \longrightarrow (RO)_2PSSCl + HCl$$

$$(RO)_2PSSCl + (RO)_2PSSH \longrightarrow (RO)_2PSS—SSP(OR)_2 + HCl$$

双黑药较难溶于水，为油状或黏稠状，随烃链的增长，其黏稠度增加。双黑药在硫化钠溶液或高pH值条件下，将分解为钠黑药，pH值愈高，其分解速度愈快。双黑药与双黄药相似，可用作金属硫化矿物和沉积铜等金属的捕收剂，选择性高是其重要特点，分离浮选效果比黄药和黑药好。

2.2.3.4 黑药的使用与贮存

黑药一般用作金属硫化矿物的捕收剂。甲酚黑药一般为原液加入球磨机中，用量小时可配成稀水溶液加于搅拌槽中。

丁基铵黑药一般配成5%的水溶液加于搅拌槽中，可每天（或每班）配一次。

一般将苯胺黑药溶于1%左右的碳酸钠溶液中，一般配成5%的溶液使用。

为了防止黑药水解、分解和过分氧化，应将黑药贮存于密闭容器内。避免与潮湿空气和水接触，注意防水，不宜暴晒，不宜长期存放。宜贮存于阴凉、干燥、通风处。配置好的黑药水溶液不宜放置过久，不应用热水配置黑药水溶液。

2.2.4 烃基氨基二硫代甲酸盐

此类捕收剂在国内通称为“硫氮”或“硫氮类”，可将其看作烃基氨基甲酸的衍生物，是甲酸中的两个氧被硫取代后的产物。如：

$R_2—NH—COOH$ 烃基氨基甲酸

$R_2—NH—CSOH(Na、K)$ 烃基一硫代（硫逐）氨基甲酸盐

$R_2—NH—CSSH(Na、K)$ 烃基二硫代氨基甲酸盐

$(C_2H_5)_2—N—CSSNa$ N,N-二乙基二硫代氨基甲酸钠

N,N-二乙基二硫代氨基甲酸钠俗称“乙硫氮”或SN-9号，1946年开始用作选矿捕收剂。国内1966年研制成功。“乙硫氮”以乙二胺、二硫化碳和苛性钠为原料，其配料比（物质的量比）为：$(C_2H_5)_2NH:CS_2:NaOH = 1:1:1$，用稀释剂将乙二胺稀释后，将二硫化碳和50%苛性钠水溶液缓慢加入，在反应温度为30℃条件下搅拌一定时间。其反应可表示为：

$$(C_2H_5)_2NH + CS_2 + NaOH \longrightarrow (C_2H_5)_2NCSSNa + H_2O$$

然后经过滤、干燥（低于40℃）可得松散的结晶产品。产品一般含3个结晶水，熔点为87℃，易潮解，易溶于水，在酸性介质中易分解，可与重金属离子生成难溶盐。

此类捕收剂除“乙硫氮”外，还有丁硫氮（N,N-二丁基二硫代氨基甲酸钠）、异丁硫氮、环己烷基硫氮等。

“硫氮类”捕收剂性能与黄药、黑药相似，它们均可与重金属离子生成难溶盐，但硫氮重金属难溶盐的溶度积比黄药、黑药的相应重金属难溶盐的溶度积小。硫氮、黄药、黑药的银盐的溶度积见表2-10。

表2-10 硫氮、黄药、黑药的银盐的溶度积

非极性基	黄 药	黑 药	二烃基硫氮
乙 基	4.4×10^{-19}	1.2×10^{-16}	4.2×10^{-21}
丙 基	2.1×10^{-19}	6.5×10^{-18}	3.7×10^{-22}
丁 基	4.2×10^{-20}	5.2×10^{-19}	5.3×10^{-23}
戊 基	1.8×10^{-20}	5.1×10^{-20}	9.4×10^{-24}

从表2-10中的数据可知，硫氮的浮选性能和捕收能力均比黄药和黑药好，无起泡性，

对黄铁矿的捕收能力很弱。多金属硫化矿物低碱介质分离浮选时，硫氮具有较高的选择性。

采用石油环烷酸为原料可合成一系列环烷酸二硫代氨基甲酸盐，其捕收能力随环烷酸相对分子质量的增大而减弱。

日本专利报道，采用相对分子质量较低的烷基或环丁基二硫代氨基甲酸钠盐，可用作离子浮选的捕收剂。如采用环丁基二硫代氨基甲酸铵作捕收剂，处理某含镉 $10\times10^{-4}\%$、含锌 $100\times10^{-4}\%$、含铁 $1000\times10^{-4}\%$ 的溶液，当环丁基二硫代氨基甲酸铵用量为镉离子量的50个当量时，进行充气浮选，可将99%的镉离子与锌、铁离子分离，获得含镉离子的泡沫产品。

2.2.5 硫脲类捕收剂

2.2.5.1 概述

硫脲（thiourea）可看作是尿素 $CO(NH_2)_2$ 中的氧被硫取代后的产物，其通式为 $CS(NH_2)_2$，有两种异构体，即 $H_2N—C(S)—NH_2$ 和 $H_2N—C(SH)═NH$。由于硫脲中无极性基，所以不能用作捕收剂。可用作捕收剂的是硫脲的烃基衍生物，有烃基硫脲（N-取代硫脲）和烃基异硫脲（S-取代硫脲），其通式分别为 R—NH—C—NSH—R′和 R—S—CNH—NH_2，式中 R 为烃基（含芳烃），R′为 R 或 H。某些烃基硫脲和烃基异硫脲见表2-11。

表2-11 某些烃基硫脲和烃基异硫脲的浮选性质

类型	药剂名称	结构式	浮选性能	备注
烃基硫脲	N,N′-二苯基硫脲（白药）	$C_6H_5—NH—C(═S)—NH—C_6H_5$	浮选铜钼硫化矿时，其性能与丁黄药相似，但浮选速度慢	白色晶体，不溶于水，熔点为150℃
	N,N′-亚乙基硫脲	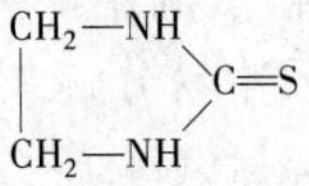 $CH_2—NH$ / $CH_2—NH$（环）$>C═S$	浮选铜钼硫化矿时，其性能与丁黄药相似	水溶性和浮选性能较好
	N,N′-亚丙基硫脲	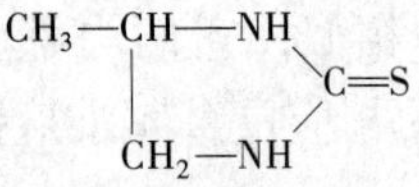 $CH_3—CH—NH$ / $CH_2—NH$（环）$>C═S$	浮选铜钼时，其性能与丁黄药相似，对黄铁矿捕收弱，选择性较好	
烃基异硫脲	S-乙基异硫脲	$NH_2—C(—S—C_2H_5)—NH\cdot HCl$	对黄铁矿捕收弱，选择性较好	
	S-异丙基异硫脲	$NH_2—C(—S—CH(CH_3)_2)—NH\cdot HCl$	用于铜硫化矿和金浮选	
	S-丁基异硫脲氯化物	$NH_2—C(—S—C_4H_9)═NH\cdot HCl$	用于铜硫化矿和金浮选，效果优于丁黄药	

续表 2-11

类型	药剂名称	结构式	浮选性能	备注
烃基异硫脲	S-正戊基异硫脲氯化物	$NH_2-C(=NH\cdot HCl)-S-C_5H_{11}$	用于铜硫化矿和金浮选，效果优于丁黄药	
	S-异戊基异硫脲氯化物	$NH_2-C(=NH\cdot HCl)-S-C_5H_{11}$	对非金属矿物有较强的捕收能力，泡沫稳定，但选择性比阳离子捕收剂差	
	S-正癸基异硫脲氯化物	$NH_2-C(=NH\cdot HCl)-S-C_{10}H_{21}$		
	S-十二烷基异硫脲氯化物	$NH_2-C(=NH\cdot HCl)-S-C_{12}H_{25}$		
	S-十四烷基异硫脲氯化物	$NH_2-C(=NH\cdot HCl)-S-C_{14}H_{29}$		
	S-(2-乙基已基)异硫脲氯化物	$NH_2-C(=NH\cdot HCl)-S-CH_2CH(C_2H_5)-(CH_2)_3CH_3$	用于铜硫化矿和金浮选	
	S-苯基异硫脲氯化物	$NH_2-C(=NH\cdot HCl)-S-C_6H_5$		
	S-苄基异硫脲氯化物	$NH_2-C(=NH\cdot HCl)-S-CH_3-C_6H_5$	用于铜硫化矿和金浮选	
	S-丙烯基异硫脲氯化物	$NH_2-C(=NH\cdot HCl)-S-CH_2-CH=CH_2$	浮选铜、钼硫化矿	昆明冶金所研制，用氯丙烯与硫脲合成
	S-氯丁烯异硫脲氯化物	$NH_2-C(=NH\cdot HCl)-S-CH_2-CH=C(Cl)-CH_3$		
	S-正辛基异硫脲氯化物	$NH_2-C(=NH\cdot HCl)-S-C_8H_{17}$	用于铜硫化矿和金浮选	

2.2.5.2 白药

白药（thiocarbanilide）的学名为二苯硫脲，可看作为碳酸盐的衍生物，其组成为（$(C_6H_5NH)_2CS$），采用苯胺和二硫化碳反应而得的白色结晶产品，其反应可表示为：

$$2C_6H_5NH_2 + CS_2 \xrightarrow{90\sim100℃,4\sim6h} (C_6H_5NH)_2CS + H_2S$$

白药微溶于水，在水中形成两种同分异构体：

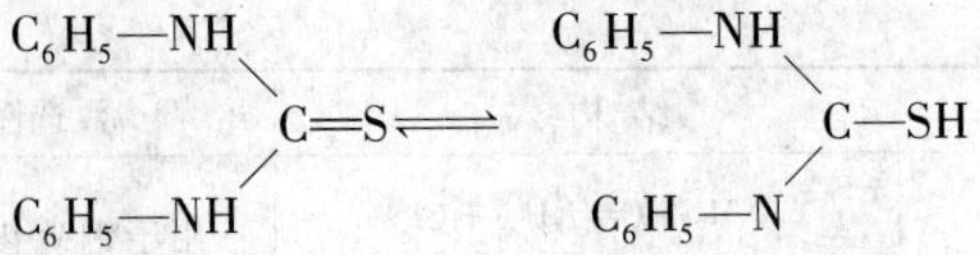

$$\begin{matrix} C_6H_5-NH \\ \quad\quad\quad \backslash \\ \quad\quad\quad\quad C=S \\ \quad\quad\quad / \\ C_6H_5-NH \end{matrix} \rightleftharpoons \begin{matrix} C_6H_5-NH \\ \quad\quad\quad \backslash \\ \quad\quad\quad\quad C-SH \\ \quad\quad\quad // \\ C_6H_5-N \end{matrix}$$

白药因其难溶于水，使用时多添加于球磨机中。也可与苯胺或甲苯胺配成10%～20%的溶液（称PA或TT混合液）使用。或用木素磺酸钙、皂素等混合成含量为5%～10%的乳化液使用。它对金属硫化矿矿物有较好的捕收性能，对黄铁矿的捕收能力很弱，有较强的捕收选择性。

2.2.5.3 烃基硫脲

烃基硫脲采用脂肪伯胺或仲胺与二硫化碳反应而成，第一步制备烃基二硫代氨基甲酸盐，然后再中和为烃基硫脲。其反应可表示为：

$$RNH_2 + CS_2 + NaOH \longrightarrow RNHCSSNa + H_2O$$

$$RNHCSSNa + RNH_2 \longrightarrow RNHCSNHR + H_2S$$

有文献报道可采用二胺与二硫化碳反应制备环状烃硫脲。其反应可表示为：

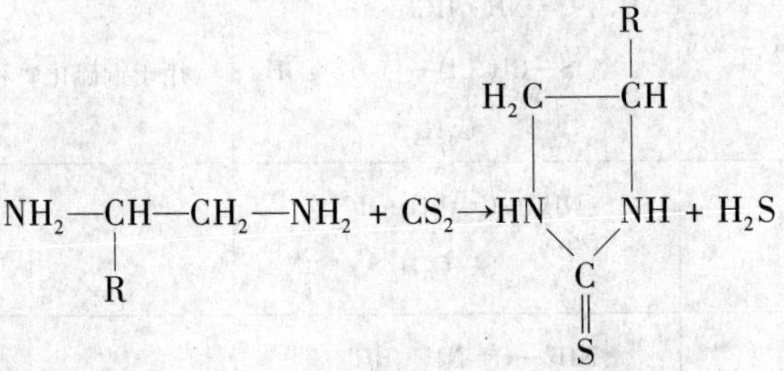

$$\underset{\displaystyle R}{NH_2-\underset{|}{CH}-CH_2-NH_2} + CS_2 \rightarrow \begin{matrix} & & R & \\ & & | & \\ & H_2C & - & CH \\ & | & & | \\ HN & & & NH \\ & \backslash & & / \\ & & C & \\ & & \| & \\ & & S & \end{matrix} + H_2S$$

表2-11中的N,N′-亚乙基硫脲、N,N′-亚丙基硫脲均为环状烃硫脲。浮选多金属硫化矿（铜、钼）具有很高的选择性，它们对黄铁矿的捕收能力很弱，其选择性远高于丁基黄药。

2.2.5.4 烃基异硫脲

烃基异硫脲又称S-取代硫脲，烃基异硫脲可采用硫脲与卤代烷或硫脲与酯类（硫酸酯、硝酸酯、硫氰酸酯等）反应而制得。硫脲与卤代烷的反应可表示为：

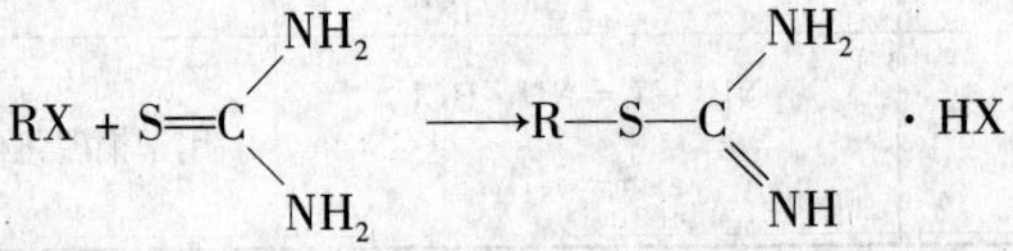

$$RX + S{=}C\begin{matrix} NH_2 \\ NH_2 \end{matrix} \longrightarrow R-S-C\begin{matrix} NH_2 \\ {=}NH \end{matrix} \cdot HX$$

式中，X为卤素。除卤代烷外，脂环族卤代物、二卤化物、卤代酸等均可与硫脲反应生成异硫脲。昆明冶金研究所采用氯丙烯与硫脲反应制得S-丙烯基异硫脲盐酸盐，其反应可表示为：

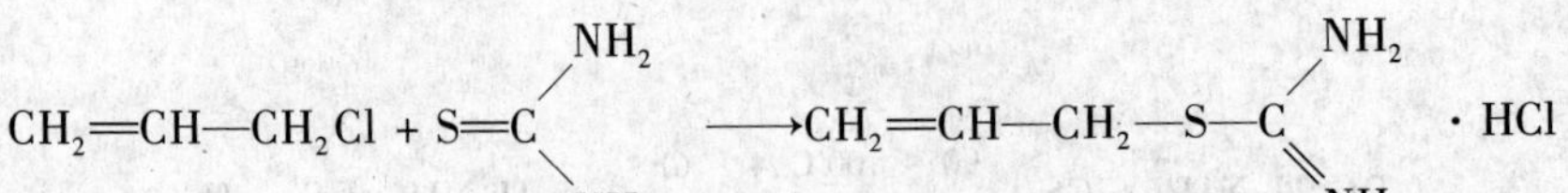

$$CH_2{=}CH-CH_2Cl + S{=}C\begin{matrix} NH_2 \\ NH_2 \end{matrix} \longrightarrow CH_2{=}CH-CH_2-S-C\begin{matrix} NH_2 \\ {=}NH \end{matrix} \cdot HCl$$

其配料比为：硫脲∶氯丙烯 = 1∶（1.01～1.04），采用酒精或异丙醇作溶剂，反应温度为35～42℃，反应时间为1h。充分搅拌，冷却结晶可得产品。产品纯度可达94%～98%。

烃基异硫脲对重金属硫化矿物和自然金的捕收能力强，对黄铁矿的捕收能力很弱，其选择性远高于丁基黄药。

2.2.6 硫醇、硫酚及硫醚

2.2.6.1 概述

硫醇、硫酚可看作是醇基和酚基中的氧被硫取代后的产物，其通式为RR—SH。硫醚同样可看作是醚分子中的氧被硫取代后的产物。此外，还有巯基苯骈噻唑、巯基苯骈咪唑等。某些硫醇、硫酚捕收剂见表2-12。

表2-12 某些硫醇、硫酚捕收剂

序 号	名 称	组 成
1	二-正丁基-2-硫醇基-乙胺盐酸盐	$(nC_4H_9)_2$—N—CH_2CH_2—SH·HCl
2	N-苯基-双(2-硫醇乙基)胺盐酸盐	C_6H_5—N—$(CH_2CH_2$—SH$)_2$·HCl
3	N-丁基-N-二(2-硫醇乙基)胺	nC_4H_9—N—$(CH_2CH_2$—SH$)_2$
4	N-仲丁基-N-二(2-硫醇乙基)胺	2-C_4H_9—N—$(CH_2CH_2$—SH$)_2$
5	N-(乙基硫醇-2)-N-甲基苯胺盐酸盐	C_6H_5—NCH_3—CH_2CH_2—SH·HCl
6	N-双(乙基硫醇-2)-苯胺	C_6H_5—N—$(CH_2CH_2$—SH$)_2$
7	N-(2-硫醇基乙基)-对甲氧基苯胺	CH_3O—C_6H_5—N—CH_2CH_2—SH
8	S-(2-硫醇基乙基)-邻氨基硫代苯酚	C_6H_4—NH_2—S—CH_2CH_2—SH
9	辛基硫醇	C_8H_{17}—SH
10	丁基硫醇	C_4H_9—SH
11	苄基硫醇	C_6H_5—CH_2—SH
12	N-(2-硫醇基乙基胺)-哌啶盐酸盐	C_5H_{10}—NH—CH_2CH_2—SH·HCl
13	N-(2-硫醇基丙基胺)-哌啶盐酸盐	C_5H_{10}—NH—$CH_2CH_2CH_2$—SH·HCl
14	氨基乙硫醇盐酸盐	H_2N—CH_2CH_2—SH·HCl
15	环己基-(2-硫醇基乙基胺)盐酸盐	C_6H_{10}—NH—CH_2CH_2—SH·HCl
16	N-(2-硫醇基乙基胺)-吗啉盐酸盐	OC_4H_8—NH—CH_2CH_2—SH·HCl
17	苯硫酚	C_6H_5—SH
18	1-萘硫酚	$C_{10}H_7$—SH
19	2-萘硫酚	$C_{10}H_7$—SH
20	4-硝基-1-萘硫酚	$C_{10}H_6$—NO_2—SH
21	4-氨基-1-萘硫酚	$C_{10}H_6$—NO_2—SH

2.2.6.2 硫醇、硫酚的制备

可采用KSH与各种烃基化试剂作用或采用卤代烷与硫脲作用而制得硫醇。其反应可表示为：

$$C_2H_5OSO_2OK + KSH \xrightarrow{\triangle} C_2H_5SH + K_2SO_4$$

$$(C_2H_5)_2SO_4 + KSH \xrightarrow{\triangle} C_2H_5SH + K_2SO_4$$

$$C_2H_5Cl + KSH \xrightarrow{\triangle} C_2H_5SH + KCl$$

$$RCl + SC(NH_2)_2 \xrightarrow{\triangle} RSCNHNH_2 \cdot HCl$$

$$RSCNHNH_2 + H_2O \xrightarrow{OH^-} RSH + CO_2 + 2NH_3$$

也可采用磺酰氯还原法制得硫醇。采用烃基磺酰氯或芳基磺酰氯还原制得硫醇或硫酚。其反应可表示为：

$$RSO_2Cl \xrightarrow{Zn + H_2SO_4 \longrightarrow ZnSO_4 + H_2\uparrow} RSH$$

$$ArSO_2Cl \xrightarrow{Zn + H_2SO_4 \longrightarrow ZnSO_4 + H_2\uparrow} ArSH$$

式中，R 为烃基，Ar 为芳基。

采用环硫乙烷和胺类化合作用可制得氨基硫醇。其反应可表示为：

$$C_6H_5—NH_2 + (CH_2)_2—S \longrightarrow C_6H_5—NH—CH_2CH_2—SH$$

2.2.6.3 硫醇、硫酚的性质

硫醇和硫酚在水中可解离 $RSH \rightarrow RS^- + H^+$，故可作为金属硫化矿物、自然金属（金、铜）和重金属氧化矿物的捕收剂，捕收性能随其烃链的增长而增加。

硫醇和硫酚难溶于水，需较长的搅拌时间，常将其加入球磨机中。

硫醇和硫酚具有难闻的臭味，并随其相对分子质量的增大而降低。

巯基苯骈噻唑、巯基苯骈咪唑等为黄色粉末，无毒，纯品为白色针状或片状结晶，不溶于水，微溶于乙醇、乙醚和冰醋酸，溶于苛性钠和碳酸钠溶液。因此，工业生产中常使用其钠盐。常用作金属硫化矿物的捕收剂。

2.2.7 烃基氨基硫代甲酸酯

2.2.7.1 一硫代氨基甲酸酯

A 概述

一硫代氨基甲酸酯又称硫氨酯，最早用作螯合剂，1946 年开始用作浮选的捕收剂。其通式为：R—NH—CSOR′，式中 R、R′为烷基。此类药剂性质较稳定，不溶于水，常温下为油状，使用时常将原液加于球磨机中，为硫化铜矿物的高效捕收剂。常见的一硫代氨基甲酸酯药剂见表 2-13。

表 2-13 常见的一硫代氨基甲酸酯药剂

药剂名称	化学组成	用量/g·t^{-1}
乙硫氨酯（乙基一硫代氨基甲酸乙酯）	$C_2H_5—NH—CSO—C_2H_5$	约 15
（丙）乙硫氨酯(200 号)（0-异丙基-N-乙基一硫代氨基甲酸酯）	$C_2H_5—NH—CSO—CH(CH_3)_2$	6.5 ~ 15

续表 2-13

药剂名称	化学组成	用量/$g \cdot t^{-1}$
丙硫氨酯 （丙基一硫代氨基甲酸乙酯）	$C_3H_7—NH—CSO—C_2H_5$	约 15
丁硫氨酯 （丁基一硫代氨基甲酸乙酯）	$C_4H_9—NH—CSO—C_2H_5$	约 15
（丁戊）醚氨硫酯	$C_2H_5O(CH_2)_3—NH—CSO—C_4H_9$	
0-异丙基-N-甲基一硫代氨基甲酸酯	$CH_3—NH—CSO—CH(CH_3)_2$	

表中的0-异丙基-N-乙基一硫代氨基甲酸酯，美国道化学公司的牌号称为 Z-200 号，Minerec 称 161 号，国内常将其称为（丙）乙硫氨酯或 200 号。

B 合成方法

硫氨酯（以 200 号为例）的合成均先将黄药酯化，在巯基的硫原子上接上易反应的基团，然后再与适当的胺反应去除—SR，在碳原子上接上—NHR 基团。根据黄药的酯化方法，其合成方法可分为两种：

（1）一氯甲烷酯化法。

1）先合成黄药：

$$\underset{\text{异丙醇}}{(CH_3)_2CHOH} + NaOH + CS_2 \longrightarrow \underset{\text{异丙基黄药}}{(CH_3)_2CH—OCSSNa}$$

2）黄药酯化：

$$(CH_3)_2CH—OCSSNa + CH_3Cl \xrightarrow{60℃,0.5h} (CH_3)_2CH—OCSSCH_3 + NaCl$$

3）用乙基胺胺化：

$$(CH_3)_2CH—OCSSCH_3 + \underset{\text{乙基胺}}{C_2H_5NH_2} \xrightarrow{15 \sim 25℃} \underset{\text{0-异丙基-N-乙基一硫代氨基甲酸酯(200号)}}{(CH_3)_2CH—OCSNHC_2H_5} + CH_3SH$$

其配料比为：异丙醇：NaOH：CS_2：CH_3Cl：$C_2H_5NH_2$ = 4：1：1：1.01：1.01

（2）一氯醋酸酯化法。

1）先合成黄药：

$$(CH_3)_2CHOH + NaOH + CS_2 \longrightarrow (CH_3)_2CH—OCSSNa$$

2）黄药酯化：

$$2ClCH_2COOH + Na_2CO_3 \longrightarrow 2ClCH_2COONa + H_2CO_3$$

$$\underset{\text{异丙基黄药}}{(CH_3)_2CH—OCSSNa} + \underset{\text{一氯醋酸钠}}{ClCH_2COONa} \xrightarrow{20 \sim 25℃,1.5h} (CH_3)_2CH—OCSSCH_2COONa + NaCl$$

3）用乙基胺胺化：

$$(CH_3)_2CH—OCSSCH_2COONa + C_2H_5NH_2 \xrightarrow{25 \sim 30℃,4.5h}$$

$$(CH_3)_2CH—OCSNHC_2H_5 + SHCH_2COONa$$

美国专利报道，新的合成方法是将黄药和脂肪胺在镍盐（$NiSO_4 \cdot 6H_2O$）和钯盐（$PdCl_3$）存在的条件下，直接反应生成烃基一硫代氨基甲酸酯。其反应可表示为：

$$ROCSSNa + R'NH_2 \xrightarrow{\text{镍盐和钯盐催化剂},60 \sim 90℃} R—OCSNHR' + NaHS$$

C 烃基氨基硫代甲酸酯（硫氨酯类）的性质

烃基氨基硫代甲酸酯捕收剂的特点是对铜、铅、锌、钼、钴、镍等硫化矿物有较好的捕收性能，而对黄铁矿的捕收能力极弱。因此，在多金属硫化矿物分离浮选时，具有很好的选择性，是多金属硫化矿物低碱介质分离浮选时较理想的捕收剂。在化学选矿过程中，此类捕收剂可用于离子浮选、浮选沉积铜、离析铜、自然铜、自然金、自然银等。

有人曾用^{35}S作示踪原子合成0-异丙基-N-乙基硫代氨基甲酸酯（200 号）和异丙基黄药等捕收剂。试验表明，0-异丙基-N-乙基硫代氨基甲酸酯（200 号）在黄铁矿表面的吸附量只有异丙基黄药吸附量的1/4 ~ 1/3，而且吸附于黄铁矿表面的0-异丙基-N-乙基硫代氨基甲酸酯（200 号）易被水冲洗、易解吸，吸附于黄铁矿表面的异丙基黄药则不易解吸；吸附于黄铜矿表面的0-异丙基-N-乙基硫代氨基甲酸酯（200 号）则相当牢固，不易被水冲洗和解吸。因此，认为0-异丙基-N-乙基硫代氨基甲酸酯（200 号）在黄铜矿和辉钼矿等硫化矿物表面的吸附是化学吸附，在黄铁矿矿物表面的吸附是物理吸附；而异丙基黄药在黄铜矿、辉钼矿和黄铁矿等硫化矿物表面的吸附均是化学吸附，其吸附能力从酸性介质至碱性介质逐渐减弱。

对澳大利亚和加拿大的硫化镍矿的浮选试验表明，该类捕收剂的捕收性能好，而二硫代酯类捕收剂比一硫代酯类捕收剂的捕收能力更强。

2.2.7.2 二硫代氨基甲酸酯（硫氮酯）

二硫代氨基甲酸盐为RR′—NCSS—R″(Me)，当R、R′为相同的烷基，Me为Na^+、K^+，则为二烃基二硫代氨基甲酸盐，即硫氮类捕收剂。二硫代氨基甲酸酯可分为RR′—NCSS—R″和RXR′—NCSS—R″两种类型，其中R为烷基，R′为烷基，R与R′可相同或不同，R″为烃基、烯腈基等，X为氧或硫。

再将二烃基二硫代氨基甲酸盐进行脂化反应，可得烃基二硫代氨基甲酸酯。如：白银矿冶研究院研制的二乙氨基二硫代氨基甲酸氰乙酯（酯-105或“43硫氮氰酯”），其制备方法是先合成硫氮9号，再与丙烯腈反应即生成“酯-105”。其反应可表示为：

$$(C_2H_5)_2NCSSNa + CH_2CHCN + H_2O \xrightarrow{30 \sim 35℃,2h} (C_2H_5)_2NCSS(CH_2)CN + NaOH$$

昆明冶金研究院研制的二甲基二硫代氨基甲酸丙烯酯也属此类捕收剂。

此外，RXR′—NCSS—R型的二硫代氨基甲酸酯有：$CH_3SC_2H_4$—NH—CSS—$CH(CH_3)_2$、HOC_2H_4—NH—CSS—$CH(CH_3)_2$、$C_8H_{17}SC_2H_4$—NH—CSS—$CH(CH_2)_2$、$C_2H_5OC_2H_4$—NH—CSS—$CH(CH_3)_2$、$C_6H_5SC_2H_4$—NH—$CSSC_6H_{11}$、$C_6H_5C_2H_4$—NH—CSS—$CH(CH_3)_2$等。

2.2.8 黄原酸酯

2.2.8.1 概述

黄原酸酯又称黄药酯，其通式为：RO—CSS—R′，式中R为黄药的烷基，R′为黄药的碱金属离子（Na^+、K^+）被烷烃及其衍生物所取代生成的酯基。同属黄药酯的另一种药剂为黄药甲酸酯，其通式为：RO—CSS—COO—R′。常见的黄药酯和黄药甲酸酯见表2-14。

表 2-14 常见的黄药酯和黄药甲酸酯

类型	药名	组成	用量/g·t⁻¹	商品名
黄药酯	乙黄烯酯（乙基黄原酸丙烯酯）	$C_2H_5O—CSS—CH_2CHCH_2$	15~20（辉钼矿）	国内 OS-23
	丁黄烯酯（正丁基黄原酸丙烯酯）	$C_4H_9O—CSS—CH_2CHCH_2$	10~50（辉钼矿）	国内 OS-43
	异戊基黄原酸丙烯酯	$C_5H_{11}O—CSS—CH_2CHCH_2$	约9	美氰氨公司 AP3302（3461）
	丁黄腈酯（正丁基黄原酸丙腈酯）	$C_4H_9O—CSS—CH_2CH_2CN$	约5（硫化铜矿）	国内 OSN-43
	乙黄腈酯（乙基黄原酸丙腈酯）	$C_2H_5O—CSS—CH_2CH_2CN$	约8（硫化铜矿）	—
黄药甲酸酯	乙基黄原酸甲酸乙酯	$C_2H_5O—CSS—COOC_2H_5$	约9	美国 MinerecA、B、748，俄罗斯 СЦМ-2
	丁基黄原酸甲酸甲酯	$C_4H_9O—CSS—COOCH_3$	约9	

2.2.8.2 合成方法

A 黄药酯的合成

将黄药与氯丙烯或丙烯腈水溶液直接搅拌反应可得黄色油状液体产品。其反应可表示为：

$$ROCSSNa + ClCH_2CHCH_2 \xrightarrow{小于35℃} ROCSS—CH_2CHCH_2 + NaCl$$

$$ROCSSNa + CH_2CHCN + H_2O \xrightarrow{小于35℃} ROCSS—CH_2CH_2CN + NaOH$$

已研发的黄药酯有：乙基黄原酸丙烯酯、乙基黄原酸丙腈酯、丙基黄原酸丙烯酯、异丙基黄原酸丙烯酯、丁基黄原酸丙烯酯、丁基黄原酸丙腈酯、戊基黄原酸丙烯酯、戊基黄原酸丙腈酯和黄原酸氧乙烯酯（$ROCSS(CH_2CH_2O)_n—H$），式中 R 为 $C_{4\sim8}$的烃基，$n=1$、2、3、4 等。

国外专利报道了一种称为次乙基双黄原酸丙烯酯（$CH_2OCSS—CH_2CHCH_2)_2$ 的黄药酯，可作金属硫化矿矿物的捕收剂。

B 黄药甲酸酯的合成

黄药甲酸酯采用黄药与氯代甲酸酯缩合而成。戊基黄药甲酸乙酯和己基黄药甲酸乙酯的反应可表示为：

$$C_5H_{11}OCSS—K + Cl—COOC_2H_5 \xrightarrow{缩合} C_5H_{11}OCSS—COOC_2H_5 + KCl$$

$$C_6H_{13}OCSS—K + Cl—COOC_2H_5 \xrightarrow{缩合} C_6H_{13}OCSS—COOC_2H_5 + KCl$$

2.2.8.3 黄原酸酯的性质

黄原酸酯类捕收剂为黄色油状液体，性质稳定，几乎不溶于水。使用时需较长的搅拌时间，也可将其加入球磨机中或将其乳化为乳化液使用。

黄原酸酯类捕收剂为金属硫化矿矿物的高效捕收剂。其用量较小，可提高金属硫化矿物的浮选回收率和降低浮选尾矿中相应金属的损失率。

2.2.9 双硫化物捕收剂

2.2.9.1 双黄药

黄药为还原剂，易被氧化。二氧化碳、过渡元素及与黄药生成难溶盐的元素均对黄药的氧化有催化作用。黄药的氧化产物为双黄药。其反应可表示为：

$$4ROCSSNa + O_2 + 2H_2O \xrightarrow{\text{氧化}} 2ROCSS—SSCOR + 4Na^+ + 4OH^-$$

$$6ROCSSNa + 3H_2O \xrightarrow{\text{分解}} 2Na_2S + Na_2CO_3 + 5CS_2 + 6ROH$$

$$ROCSSNa + CO_2 + H_2O \xrightarrow{\text{分解}} ROH + CS_2 + NaHCO_3$$

$$2ROCSSNa + \frac{1}{2}O_2 + 2CO_2 + H_2O \xrightarrow{\text{氧化}} ROCSS—SSCOR + 2NaHCO_3$$

双黄药为黄色的油状液体，难溶于水，呈分子状态存在于水中。在弱酸性和中性矿浆中，双黄药的捕收能力比黄药强。因此，浮选金属硫化矿物时，黄药的轻微氧化可以改善浮选效果。

2.2.9.2 双黑药

与黄药相似，黑药氧化即变为双黑药。制备双黑药一般先将醇或酚与五硫化二磷反应生成黑药，然后将黑药溶于100~200g/L的苛性钠溶液中，冷却并用苯抽提出无色透明的液体。在冷却搅拌条件下，通氯气进行氧化可得双黑药。其反应可表示为：

$$4ROH + P_2S_5 \longrightarrow 2(RO)_2PSSH + H_2S$$

$$(RO)_2PSSH + Cl_2 \longrightarrow (RO)_2PSSCl + HCl$$

$$(RO)_2PSSCl + (RO)_2PSSH \longrightarrow (RO)_2PSS—SSP(OR)_2 + HCl$$

双黑药较难溶于水，为油状或黏稠状，随烃链的增长，其黏稠度增加。双黑药在硫化钠溶液或高pH值条件下，将分解为钠黑药，矿浆pH值愈高，其分解速度愈快。双黑药与双黄药相似，可用作金属硫化矿物和沉积铜等金属的捕收剂，选择性高是其重要特点，分离浮选效果比黄药和黑药好。

2.2.10 非极性油类捕收剂

从非极性油类捕收剂的结构，可将其分为脂肪烃、脂环烃和芳香烃三类。其共同特点是分子中的碳、氢原子皆由共价键结合在一起，难溶于水，不能解离为离子。因此，非极性油类捕收剂的活性低，一般不与矿物表面发生化学作用，常将其称为非极性油类捕收剂或中性油类捕收剂。

非极性油类捕收剂的来源有两个：一是石油工业产品，如煤油、柴油、燃料油等；二是炼焦工业副产品，如焦油、重油、中油等。炼焦工业副产品的成分较复杂，且成分不稳定，含一定量的酚类物质，毒性较大，目前已很少使用。常用的中性油类捕收剂为煤油、柴油、燃料油等。

石油成分复杂，其成分随产地而异。按其成分可分为三类：即烷属石油、环烷属石油和芳香属石油。因此，石油工业产品中作为选矿用的中性油类捕收剂的种类较多，其成分各异。与选矿有关的石油部分分馏产物见表2-15。

表2-15 与选矿有关的部分石油分馏产物

名 称	组 成	馏程/℃	主要直接用途
石油醚	C_5H_{11} ~ C_7H_{15}	40~100	溶剂
汽 油	C_6H_{13} ~ $C_{12}H_{25}$	30~205	萃取助剂
煤 油	$C_{13}H_{27}$ ~ $C_{15}H_{31}$	200~300	浮选，制氧化煤油、高级醇等
航空煤油	正构烷烃		航空、浮选
灯用煤油	以正构烷烃为主	180~310（270℃占70%）	照明、浮选
拖拉机煤油		110~300	拖拉机用油
溶剂煤油	芳烃不超过10%		选煤、萃取
柴 油			浮选、动力用油
轻柴油		主馏程为280~290	选煤、选石墨
重柴油	页岩油		动力用油
燃料油	从石油烃、页岩油得重质油		锅炉等用油
汽油（瓦斯油）		180~450	浮选、助剂
白精油		150~250	浮选可代替松醇油
重 油		>300	浮选或送裂解
太阳油	国外产品（凝固点24~40℃）		
润滑油	$C_{16}H_{33}$ ~ $C_{20}H_{41}$	275~400	防蚀剂、润滑剂
凡士林	$C_{18}H_{37}$ ~ $C_{22}H_{45}$		防蚀剂
石 蜡	$C_{20}H_{41}$ ~ $C_{24}H_{49}$	高于液体石蜡	选矿、制脂肪酸（氧化石蜡、浮选）
液体石蜡(轻蜡)	$C_{20}H_{41}$ ~ $C_{24}H_{49}$	240~280（$C_{13\sim17}$约占9%）	浮选、制脂肪酸
沥 青		残余物	

单独使用中性油类捕收剂可浮选可浮选性好的非极性矿物，如石墨、硫黄、辉钼矿、滑石、左黄等矿物。一般中性油类捕收剂的用量较大，为0.2~1kg/t，但其选择性较好。

中性油类捕收剂可作为乳化剂和辅助捕收剂使用，可与阴离子捕收剂或阳离子捕收剂混用，可以提高浮选指标。

由于非极性矿物表面只有残余的分子键，可以通过分散效应（瞬时偶极相吸引）与中性油类捕收剂起作用。中性油类捕收剂分子可以在非极性矿物表面产生物理吸附，吸附的油滴可在非极性矿物表面逐渐展开形成油膜，从而使非极性矿物表面更疏水，更易选择性附着于气泡上浮。

当中性油类捕收剂用量较大时，由于其在气液界面的吸附，置换了部分被吸附的起泡剂分子并使泡壁间的水层不稳定，可加速气泡的兼并和破灭过程。因此，中性油类过量时可起消泡作用，浮选非极性矿物时，中性油类捕收剂用量应与起泡剂保持一定的比例。

当中性油类与阴离子捕收剂或阳离子混用时，可与极性捕收剂的非极性端起作用，增强极性捕收剂非极性端的疏水性，从而可增强阴离子捕收剂或阳离子捕收剂的捕收作用，可适量降低阴离子捕收剂或阳离子捕收剂的用量。

根据相似相溶原理，许多难溶于水的油状捕收剂在中性油中可生成乳浊液，故生产中可采用中性油作乳化剂以降低相应捕收剂的用量。

2.2.11 非硫化矿物捕收剂

2.2.11.1 概述

非硫化矿物捕收剂用于浮选非硫化矿物，如有色金属氧化矿矿物、氧化物矿物、硅酸盐矿物、铝硅酸盐矿物、碱土金属和碱金属可溶盐矿物等。这类捕收剂的共同点是亲固基中不含硫。其中除胺类捕收剂不含羟基（氢氧基）外，其他非硫化矿捕收剂均含羟基（氢氧基）。这类捕收剂的极性基有：—COOH（羧基）、$—HSO_4$（硫酸基）、$—HSO_3$（磺酸基）、$—HPO_4$（膦酸基）、$—H_2PO_3$（偏磷酸基）、$—COHNOH_9$（羟肟酸基）、$—AsO_3H_2$（胂酸基）、$—COH—(PO_3H_2)_2$（双膦酸基）、$—NH_2$（第一胺）、═NH（第二胺）、≡N（第三胺）等。

常见的非硫化矿物捕收剂见表2-16。

表2-16 常见的非硫化矿物捕收剂

类 别	药 名	组 成	典型药剂	应 用
羟基酸类	羧酸(盐)	RCOOH(Na、K)	油酸及油酸钠 氧化石蜡皂 妥尔油 环烷酸	浮选含碱土金属阳离子的极性盐类矿物(如萤石、白钨矿、磷灰石等),有色金属氧化矿物(如孔雀石、白铅矿等)及经活化的硅酸盐矿物
	磺酸(盐)	RSO_3H(Na、K)	石油磺酸(盐) 烷基磺酸钠 烷基芳基磺酸(盐) 磺化煤油	浮选氧化铁矿物及稀有金属矿物(如绿柱石、锂辉石、锆英石等)
	硫酸酯	$ROSO_3$(Na、K)	烷基硫酸酯 大豆油硫酸化皂	浮选重晶石、硅线石及钾盐等 浮选萤石、赤铁矿等
	胂 酸	$RAsO_3H_2$	甲苯胂酸 苄基胂酸	浮选黑钨矿及锡石等
	膦 酸	RPO_3H_2	苯乙烯膦酸	浮选黑钨矿及锡石等
	羟肟酸	RC(OH)NOH(Na)	羟肟酸（钠）	浮选黑钨矿、锡石、氧化铁矿、白铅矿、氧化铜矿及稀有金属矿物
胺 类	脂肪胺	RNH_2、RNH_3、RNH_3^+	十二胺、混合胺 椰油胺	浮选石英、硅酸盐、铝硅酸盐(红柱石、锂辉石、长石、云母等)、菱锌矿及钾盐等矿物
	醚 胺	$RO(CH_2)_3NH_2$		

2.2.11.2 脂肪酸类捕收剂

脂肪酸是分子中含有羧基的有机酸的总称，其通式为 RCOOH，式中 R 为直链或带支链的烷烃基、烯烃基或环烃基，其性质与碳链长短有关。脂肪酸除用作捕收剂外，还可用作起泡剂、抑制剂和分散剂等。

天然的植物油脂、动物油脂和石油是制备脂肪酸的主要原料。将油脂进行水解可得脂肪酸，脂肪酸皂化可得脂肪酸皂，将脂肪酸皂酸化可得脂肪酸。用碱洗涤某些粗石油馏分可得环烷酸皂，经酸化可得环烷酸。精制加工后的煤油、石蜡等烃类化合物经深度氧化、分离，可得混合脂肪酸或纯度较高的单一脂肪酸。

根据脂肪酸中碳链长短，将其分为低级脂肪酸和高级脂肪酸两类。脂肪酸中碳链中原子数小于10的为低级脂肪酸，碳原子数大于10的为高级脂肪酸。脂肪酸碳链中含有不饱和键（双键）的称为不饱和脂肪酸，无不饱和键（双键）的称为饱和脂肪酸。

天然的不饱和脂肪酸主要有：油酸、亚油酸、亚麻酸及蓖麻酸。天然的饱和脂肪酸主要有：硬脂酸、软脂酸、豆寇酸、月桂酸、癸酸、辛酸和己酸等。在浮选中不饱和脂肪酸比饱和脂肪酸更重要。高级脂肪酸比低级脂肪酸的泡沫更稳定。

某些饱和脂肪酸的物理化学常数见表2-17。

表2-17 某些饱和脂肪酸（RCOOH）的物理化学常数

名 称	己酸	辛酸	癸酸	月桂酸	豆蔻酸	软脂酸	硬脂酸
烷基R	C_5H_{11}—	C_7H_{15}—	C_9H_{19}—	$C_{11}H_{23}$—	$C_{13}H_{27}$—	$C_{15}H_{31}$—	$C_{17}H_{35}$—
相对分子质量	116.09	144.12	172.16	200.19	228.22	256.25	284.28
凝固点/℃	-3.2	16.3	31.2	43.9	54.1	62.8	69.3
熔点/℃	-3.4	16.7	31.6	44.2	53.9	63.1	69.6
密度(80℃)/$g\cdot cm^{-3}$	0.8751	0.8615	0.8477	0.8477	0.8439	0.8414	0.8390
水中溶解度/$mol\cdot L^{-1}$	8.3×10^{-2}	4.7×10^{-3}	8.7×10^{-4}	2.7×10^{-4}	8.8×10^{-5}	2.8×10^{-5}	1.0×10^{-5}
临界胶团浓度/$mol\cdot L^{-1}$	1.0×10^{-1}	1.4×10^{-1}（27℃）	2.4×10^{-2}（27℃）	5.7×10^{-2}（27℃）	1.3×10^{-2}（27℃）	2.8×10^{-3}（27℃）	4.5×10^{-4}（27℃）
临界胶团浓度（钠盐）/$mol\cdot L^{-1}$	7.3×10^{-1}（20℃）	3.5×10^{-1}（25℃）	9.4×10^{-2}（25℃）	2.6×10^{-2}（25℃）	6.9×10^{-3}（25℃）	2.1×10^{-3}（25℃）	1.8×10^{-3}（25℃）
临界胶团浓度（钾盐）/$mol\cdot L^{-1}$	1.49×10^{-3}	0.4×10^{-3}	0.97×10^{-3}	0.24×10^{-4}	0.6×10^{-5}		
HLB（亲油水平衡）	6.7	5.8	4.8	3.8	2.9	2.0	1.0
钙盐溶度积K_{SP}		2.7×10^{-7}	3.8×10^{-10}	8.0×10^{-13}	1.0×10^{-15}	1.6×10^{-16}	1.4×10^{-18}

从表2-17的数据可知，对饱和脂肪酸而言，烃链愈长，其凝固点愈高，且凝固点与熔点相近；烃链愈长，其水中溶解度和临界胶束浓度愈小，且其钠盐的临界胶束浓度比钾盐的临界胶束浓度大；烃链愈长，其钙盐的溶度积愈低。

某些不饱和脂肪酸的物理化学常数见表2-18。

表2-18 某些不饱和脂肪酸的物理化学常数

名 称	油 酸	异油酸	亚油酸	亚麻酸	蓖麻酸
烯烃基R—	$C_{17}H_{33}$—	$C_{17}H_{33}$—	$C_{17}H_{31}$—	$C_{17}H_{29}$—	$C_{17}H_{22}$—OH—
相对分子质量	282.44	282.44	280.44	287.42	298.45

续表 2-18

名 称	油 酸	异油酸	亚油酸	亚麻酸	蓖麻酸
熔点/℃	13.4	43.7	-5.2 ~ -5	-11.3 ~ -11	5
烃基断面积/nm^2	0.566		0.599	0.682	
酸 值	198.63	198.63	200.06	201.51	187.98
理论碘值	89.87	89.87	181.03	273.51	85.04
水中溶解度/$mol \cdot L^{-1}$					
临界胶团浓度/$mol \cdot L^{-1}$	1.2×10^{-3}	1.5×10^{-3}			
临界胶团浓度(钠盐)/$mol \cdot L^{-1}$	2.1×10^{-3} 2.7×10^{-3} (25℃)	1.4×10^{-3} 2.5×10^{-3} (40℃)	0.15g/L	0.20g/L	0.45g/L
临界胶团浓度(钾盐)/$mol \cdot L^{-1}$	8.0×10^{-4} (25℃)				
HLB（亲油水平衡）	$19^{4.5}$ （Na）				
pK_{SP}（20℃）	12.4	14.3	12.4	12.2	

注：碘值为100g试样中的双键或三键与氯化碘产生加成反应所消耗碘的克数。

从表2-18中的数据可知，对不饱和脂肪酸而言，不饱和键（双键）的数量对其熔点和临界胶束浓度的影响比烃链长度的影响大，不饱和键愈多，熔点愈低，临界胶束浓度愈大，对浮选愈有利。

某些高级脂肪酸金属皂及该金属氢氧化物的 pK_{SP} 值见表2-19。

表2-19 某些高级脂肪酸金属皂及该金属氢氧化物的 pK_{SP} 值

金属离子	H^+	Na^+	K^+	Ag^+	Pb^{2+}	Cu^{2+}	Zn^{2+}	Cd^{2+}
棕榈酸	12.8	5.1	5.2	12.2	22.9	21.6	20.7	20.2
硬脂酸	13.8	6.0	6.1	13.1	24.4	23.0	22.2	
油 酸	12.3		5.7	10.9	19.8	19.4	18.1	17.3
氢氧化物				7.9	15.1	18.2		
金属离子	Fe^{2+}	Ni^{2+}	Mn^{2+}	Ca^{2+}	Ba^{2+}	Mg^{2+}	Al^{3+}	Fe^{3+}
棕榈酸	17.8	18.3	18.4	18.0	17.6	16.5	31.2	34.3
硬脂酸	19.6	19.4	19.7	19.6	19.1	17.7	33.6	
油 酸	15.4	15.7	15.3	15.4	14.9	13.8	30.0	34.2
氢氧化物		14.8	13.1	4.9				

从表2-19中的数据可知，就高级脂肪酸金属皂及该金属氢氧化物的 pK_{SP} 值而言，其顺序为：油酸皂>棕榈酸皂>硬脂酸皂；一价金属皂>二价金属皂>三价金属皂；碱土金属皂>重金属皂；高级脂肪酸金属皂的溶解度随温度的提高而增大，其浮选效果和选择性均随温度的提高而增大。

高级脂肪酸及其皂类主要用于浮选：碱金属及碱土金属矿物如白钨矿、萤石、方解石、磷灰石、重晶石等；有色金属氧化矿物如孔雀石、赤铜矿、白铅矿、菱锌矿、硅锌矿、锡石等；黑色金属氧化矿物如赤铁矿、磁铁矿、菱铁矿、钛铁矿、软锰矿、菱锰矿等；稀有金属矿物如绿柱石、锂辉石、石榴石、黑钨矿、锆英石、钽铁矿、铌铁矿、独居石、金红石等；硅酸盐及铝硅酸盐矿物如石英、辉石、长石、云母、高岭土、石棉等；可溶盐矿物如石盐、钾盐、硼砂、芒硝等。

常用的高级脂肪酸（皂）有油酸（钠）、塔尔油、氧化石蜡（皂）和环烷酸。现简述如下：

（1）工业油酸。工业油酸一般不纯，各厂产品组成不一，油酸（17℃，一烯）含量为68%～78%，亚油酸（18℃，二烯）含量为1.9%～12.6%，不皂化物为0.25%～0.44%，碘值为87.6～94.0。

（2）塔尔油。塔尔油为硫酸法造纸的纸浆废液经浓缩、酸化后的产物，为脂肪酸和松脂酸的混合物。脂肪酸含量为40%～55%（其中油酸约45%，亚油酸约48%），松脂酸含量约40%（见表2-20）。

表2-20 粗制塔尔油的物化数据

名 称	数 值	名 称	数 值
密度/$g \cdot cm^{-3}$	0.95～1.024	石油醚不溶物含量/%	0.1～8.5
酸 值	107～179	脂肪酸含量/%	18～60
皂化值	142～185	松脂酸含量/%	28～65
碘 值	135～216	非酸性物质/%	5～24
灰分/%	0.39～7.2	黏度(18℃)/Pa·s	$0.76\times10^{3}\sim15\times10^{3}$

塔尔油的用途与脂肪酸（皂）相同，但价格比油酸低，缺点是选择性差，常与磺酸盐等药剂混用以提高其选择性。

（3）氧化石蜡（皂）。将石蜡进行催化氧化可制得$C_{10}\sim C_{22}$的混合脂肪酸，常将其称为氧化石蜡，其钠皂称为氧化石蜡皂。

"731"氧化石蜡皂为大连石油化工七厂以一榨蜡为原料制得的氧化石蜡皂。氧化石蜡皂的馏程为262～350℃，熔点为39.7℃，含烃油量为20.07%，正构烷烃含量为84.10%，异构烷烃含量为14.8%。由该厂氧化石蜡加工所得氧化石蜡皂的质量指标见表2-21。

表2-21 氧化石蜡皂的质量指标

组 成	羧 酸	游离碱	羟基酸	水 分	不皂化物	碘 值
指 标	31.5	0.397	10.22	22.0	16.71	3.46

"731"氧化石蜡皂为酱色膏体，成分欠稳定。"733"氧化石蜡皂为粉状固体，成分更稳定。

氧化石蜡皂广泛用作脂肪酸（皂）的代用品，用于浮选赤铁矿、萤石、重晶石、磷灰石、钛铁矿、锆英石、金红石、黑钨矿和白钨矿等。近年来，随着螯合型捕收剂和选择性更高的阴离子捕收剂的推广应用，氧化石蜡皂已逐渐被这些高效捕收剂所取代。

（4）环烷酸。用苛性碱液精制石油馏出物时，其中所含的环烷酸被皂化而溶于水，生成碱性废液，将其浓缩盐析可得环烷酸皂，经硫酸酸化可得环烷酸，其组成为$C_nH_{2n-1}COOH$，如环己酸为$CH_3(CH_2CH_2)_2CHCOOH$。环烷酸的酸值为170～200，除环烷酸外，还含9%～15%的不皂化有机物。环烷酸有刺鼻臭味，为非硫化矿物的强捕收剂，具有很强的起泡性，选择性差。

2.2.11.3 烃基硫酸盐和烃基磺酸盐

烃基硫酸盐和烃基磺酸盐可看作硫酸的衍生物。

A 烃基硫酸盐

烃基硫酸盐的通式为$RSO_4H(Na)$。常用烃基硫酸盐的主要性质见表2-22。

表2-22 常用烃基硫酸盐的主要性质

名 称	分子式	溶解度/g·L^{-1}	CMC/mmol·L^{-1}
十二烷基硫酸钠	$C_{12}H_{25}SO_4Na$	280(25℃)	6.8
十四烷基硫酸钠	$C_{14}H_{29}SO_4Na$	160(35℃)	1.5
十六烷基硫酸钠	$C_{16}H_{33}SO_4Na$	525(55℃)	0.42
十八烷基硫酸钠	$C_{18}H_{37}SO_4Na$	50(60℃)	0.11

用作捕收剂的烃基硫酸盐的烃基为C_8～C_{18}，主要采用长链烷醇在低温条件下与硫酸或氯磺酸作用，然后用苛性钠中和可得烃基硫酸盐。其价格远高于相应的烃基磺酸盐，捕收能力比相同碳原子数的脂肪酸稍弱，但较耐硬水，选择性优于脂肪酸。烃基硫酸盐为重晶石的选择性捕收剂，还可作硝酸钠、硫酸钠、硫酸钾、磷酸盐等可溶盐及萤石、烧绿石、针铁矿、黑钨矿、锡石等的浮选捕收剂。

B 烃基磺酸盐

烃基磺酸盐又称石油磺酸盐，其通式为RSO_3Na，R为烷基或芳香基。工业产的烃基磺酸盐为烷基磺酸盐和芳香基磺酸盐的混合物。石油磺酸盐的用途较广，在浮选中广泛用作捕收剂和起泡剂，美国氰胺公司的Aerosol 800号浮选药剂为石油磺酸类药剂。由于石油磺酸及其盐类来源广，为用途广泛的阴离子型表面活性剂，可代替脂肪酸，其捕收能力比相同碳原子数的脂肪酸稍弱，但较耐硬水，选择性好于脂肪酸。主要用作辉铜矿、铜蓝、黄铜矿、斑铜矿、方铅矿及金红石、钛铁矿、磁铁矿、矾土的浮选捕收剂。可在酸性或碱性矿浆中实现浮选。此外，还可用作石榴子石、铬铁矿、蓝晶石、钾辉石、重晶石、方解石、天青石、白云石、磷酸盐矿物、石膏、菱镁矿、白钨矿、滑石等的浮选捕收剂。

2.2.11.4 膦酸、胂酸、羟肟酸类捕收剂

A 膦酸类捕收剂

膦酸类捕收剂包含烃基膦酸（如苯乙烯膦酸$C_6H_5—C_2H_2PO_3H_2$）和烃基双膦酸$RCOH(PO_3H_2)_2$。

（1）苯乙烯膦酸$C_6H_5—C_2H_2PO_3H_2$。苯乙烯膦酸用作钨、锡细泥的捕收剂，取得非常理想的浮选指标。如用作锡石细泥的捕收剂时，用碳酸钠和氟硅酸钠作调整剂，松油作起泡剂，在pH值为6.5的条件下，当给矿锡含量为0.67%～0.72%，可得锡含量为24.26%～26.4%、回收率为44.79%～52.14%的合格锡精矿和锡含量为3.02%～3.56%、回收率为33.48%～34.38%的富锡中矿，锡总回收率可达82.87%～86.51%。

（2）烷基-α-羟基-1,1-双膦酸$RCOH(PO_3H_2)_2$。据报道，将其与ИМ-50、A-22、甲苯胂酸等进行浮选锡石的对比试验，结果表明，烷基-α-羟基-1,1-双膦酸是锡石浮选的最佳捕收剂。

属于烃基双膦酸的还有烷基亚氨基二甲基双膦酸 $RN(CH_2PO_3H_2)_2$ 和 α-羟基-亚辛基-1,1-双膦酸 $C_7H_{15}—COH(PO_3H_2)_2$。据报道，此两种烃基双膦酸从含有大量氢氧化铁和电气石的矿泥中浮选回收锡石可获得较高的浮选指标。

膦酸类捕收剂捕收能力的顺序为：苯乙烯膦酸 < 羟基亚辛基双膦酸 < α-氨基亚己基-1,1-双膦酸。

B 胂酸类捕收剂

胂酸类捕收剂主要有对-甲苯胂酸（混合甲苯胂酸）$p—CH_3—C_6H_4AsO_3H_2$、间-甲苯胂酸 $m—CH_3—C_6H_4AsO_3H_2$、邻-甲苯胂酸 $o—CH_3—C_6H_4AsO_3H_2$、苄基胂酸 $C_6H_5CH_2AsO_3H_2$、甲苄胂酸 $CH_3C_6H_4CH_2AsO_3H_2$ 等。苄基胂酸和甲苄胂酸为朱建光教授所研制。

甲苯胂酸和苄基胂酸均能与 Fe^{2+}、Fe^{3+}、Mn^{2+}、Sn^{2+}、Sn^{4+}、Cu^{2+}、Pb^{2+}、Zn^{2+} 等阳离子生成沉淀，而对 Ca^{2+}、Mg^{2+} 不敏感。因此，甲苯胂酸和苄基胂酸可用作锡石、黑钨矿和铜、铅、锌、铁硫化矿物的捕收剂，对钙、镁矿物的捕收能力很弱，浮选锡石、黑钨矿的选择性较好。

浮选锡石的对比试验表明，其效果为：对-甲苯胂酸 > 苯乙烯膦酸 > A-22（磺化丁二酰胺四钠盐） > 油酸钠与异己基膦酸混用。

大厂长坡选矿的生产实践表明：胂酸 > 膦酸 > A-22 > 油酸 > 烷基硫酸钠。

试验表明，甲苯胂酸的浮选指标优于或近似于苄基胂酸的浮选指标，但其用量较低，而苄基胂酸的合成工艺较简单，成本较低，已在国内使用多年。主要用于浮选黑钨和锡石细泥。

苄基胂酸为白色晶体，常温下稳定，溶于热水，难溶于冷水，196 ~ 197℃分解。其为二元酸，水溶液呈酸性。可溶于碱，配制苄基胂酸溶液时，可用碳酸钠溶液作溶剂。

胂酸类捕收剂的最大缺点是其毒性较大。

C 羟肟酸类捕收剂

羟肟酸的通式为 R—C(OH)—N—OH，其分子重排后的异构体称为异羟肟酸，其通式为 R—C(O)—NH—OH，式中 R 为烷基、芳基及其衍生物，异羟肟酸中氮原子上的氢也可为苯基、甲苯基等所取代（以 R′表示）。羟肟酸含有两种互变异构体，其中主要成分为异羟肟酸。异羟肟酸含有双配位基，可与金属阳离子生成金属螯合物（羟肟酸盐）。

金属肟酸盐的稳定常数见表 2-23。

表 2-23 金属肟酸盐的稳定常数（20℃，离子强度 $I=1.0$）

金属离子	H^+	Ca^{2+}	Fe^{2+}	La^{3+}	Ce^{3+}	Sm^{3+}	Gd^{3+}	Dy^{3+}	Yb^{3+}	Al^{3+}	Fe^{3+}
$\lg K_1$	0.23	2.4	4.8	5.16	5.45	5.96	6.10	6.52	6.61	7.95	11.42
$\lg K_2$			3.7	4.17	4.34	4.77	4.76	5.39	5.59	7.34	9.68
$\lg K_3$				2.55	3.0	3.68	3.07	4.04	4.29	6.18	7.23

$C_{7\sim9}$烷基异羟肟酸一般为浅黄色硬油脂状或黄色黏稠液体，密度为 $0.988g/cm^3$，电离常数为 2.0×10^{-10}，为极弱的有机酸。与苛性碱生成盐，为白色鳞片状晶体，可溶于水，其溶解度随碳链增长而下降。工业羟肟酸为红棕色油状液体，其钠盐为红棕色黏稠液体（含水 50% ~60%），两者均有较强的起泡性能。

异羟肟酸盐水解生成异羟肟酸及碱，异羟肟酸为不稳定化合物，它将进一步水解为脂肪酸和羟胺。

羟肟酸及其盐类于1940年首次用作矿物浮选捕收剂，可用辛基羟肟酸或$C_{7\sim9}$烷基羟肟酸及其盐类，单用或与黄药或非极性油类捕收剂混用，用作铁矿物、铜-钴矿物、软锰矿、锡石、黑钨矿、氟碳铈矿、钽铌矿、孔雀石、硅孔雀石、石英、长石等的浮选捕收剂。其他羟肟酸类药剂，如H_{205}、水杨羟肟酸等用作稀土矿物和锡石的浮选，效果较佳。

2.2.11.5 胺类捕收剂

A 脂肪胺类捕收剂

根据氨中氢被烃基取代的个数分别称为伯胺RNH_2、仲胺$RN(R')H$、叔胺$RN(R')R''$。胺盐为伯胺盐RNH_3Cl、仲胺盐$RN(R')H_2Cl$、叔胺盐$RN(R')R''HCl$和季胺盐$R(R')_2R''Cl$。式中，R为长链的烃基或芳烃基，R′、R″常为短链的烃基，一般为甲基CH_3—。浮选用的脂肪胺主要为$C_{8\sim18}$的烷基伯胺及其胺盐，如十二胺$C_nH_{2n+1}NH_2$，$n=10\sim13$、混合胺$n=10\sim20$。脂肪伯胺的物化性质见表2-24。

表2-24 脂肪伯胺RNH_2的物化性质

名　称	碳原子数	凝固点（醋酸盐）/℃	临界胶团c_M浓度/$mol\cdot L^{-1}$
月桂胺（季胺盐）	12	68.5~69.5	（盐酸盐）9.38×10^{-2}
肉豆蔻胺	14	74.5~76.5	2.8×10^{-3}
软脂胺	16	80.0~81.5	8.0×10^{-4}
硬脂胺	18	84.0~85.0	3.0×10^{-5}

脂肪伯胺为弱电解质，不易溶于水，可与各种酸生成胺盐，使用时常配成盐酸盐或醋酸盐溶液。在水中会产生带疏水烃基的阳离子，故常将其称为阳离子捕收剂。

十二胺与各种酸生成胺盐的溶解度顺序为：钼酸、钒酸、硅酸$<2.5\times10^{-4}$mol/L，$S_2O_3^{2-}<HCO_3^-$、SO_3^{2-}、$HAsO_4^{2-}<1.25\times10^{-4}$mol/L，$SO_4^{2-}<25\times10^{-4}$mol/L，$F^-$、硼酸、$Cl^-$、$S^{2-}$、$HPO_4^{2-}>2.5\times10^{-4}$mol/L。

因此，胺类捕收剂实际上不溶于水，一般是用盐酸或醋酸中和配成乳状液使用，或与煤油、松油、酒精等溶剂或起泡剂配成乳状液使用。

长链胺在煤油中的溶解度为5%~20%（25℃）和50%~100%（60℃）。在松油、酒精中的溶解度为50%~100%（25℃）。当使用煤油为溶剂时会降低胺捕收剂的选择性，宜用于使用抑制剂的分离浮选，如采用氟化物作抑制剂，可使用煤油为溶剂从石英中浮选长石。当使用松油、酒精为溶剂时，对胺捕收剂选择性的影响小，如从磷灰石中浮选石英时，可使用松油、酒精为溶剂。胺类捕收剂的起泡性比脂肪酸强，故使用胺类捕收剂时一般不再添加起泡剂。矿泥含量高时，常须预先脱泥，以免形成大量黏性泡沫而消耗大量的胺类捕收剂。胺类捕收剂的用量不宜太大，一般为0.05~0.25kg/t。

胺类捕收剂可用于浮选硅酸盐矿物、铝硅酸盐矿物、碳酸盐矿物及可溶盐矿物，如浮选石英、绿柱石、锂辉石、长石、云母、菱锌矿、钾盐等。

B 醚胺

醚胺可看作胺的衍生物，是在胺的烷基上加上醚基，可分为醚一胺和醚二胺两种。它们的组成与胺的对应关系为：

胺的类型	组成	简式
第一胺	$CH_3CH_2CH_2CH_2\cdots NH_2$	RNH_2
醚一胺	$ROCH_2CH_2CH_2CH_2\cdots NH_2$	$ROR'—NH_2$
醚二胺	$RO(CH_2)_3\cdots NH(NH_2)_3\cdots NH_2$	$ROR'—NHR''—NH_2$

由于醚胺中含有醚基，与胺比较，醚胺可使胺转变为液体，在矿浆中易于弥散，浮选效果比胺好。醚胺常制成醋酸盐使用，纯品为琥珀色，含痕量的镍时为微绿色。

使用胺类捕收剂时须注意：①一般只在碱性介质中使用；②有一定的起泡性，一般不再添加起泡剂；③对水的硬度有一定的适应性，但硬度过高会增加胺的耗量；④胺可优先吸附在矿泥表面上，一般要求预先脱泥，以降低耗量和提高选择性；⑤不可与阴离子捕收剂混用；⑥可与中性油类捕收剂混用。

2.2.12 其他捕收剂

我国许多研究院所、选矿药剂厂、选矿厂和大专院校在选矿新药剂研发方面做了大量工作，取得了非常可观的成果，涌现了许多选矿新药剂。如金属硫化矿物的捕收剂有Y-89、MA、36号黑药、MOS-2、Mac-10、P-60、PN、ZY101、SK-1、XF-3、BK-302、AP、PAC（Aero-5100）、SB_1、SB_2、SB_3、Lp等；氧化矿物的捕收剂有RST、RA、ROB、MOS、TF-2、F960、R-2、P303、GY-2、Y-17、F303等。

研制这些新药剂的方法可大致总结为：

（1）以石油化工或油脂化工产品中的同系物、衍生物为原料，依其组成、捕收性和选择性的特点，添加必要的有效成分经加工精制而成。

（2）以两种或两种以上的同类或不同类药剂组合复配而成。

（3）以某种高效药剂为主，添加一定比例的增效剂、活化剂、乳化剂、分散剂后复配而成。

（4）对常规高效药剂改性，在常规药剂结构中加入新的基团，如羟基、氨基、硝基、膦酸基、硫酸基、磺酸基、羟肟基、醚基等，从而提高了药剂的捕收能力和选择性。

国内外研制新的浮选药剂的目的是开发高效、高选择性、无毒低毒、易生物降解、无污染的环境友好型药剂；其次是用好现有的高效、高选择性、无毒低毒的药剂，改革生产工艺，降低药耗，提高药效，实现循环利用，减少三废排放。

2.3 起泡剂

2.3.1 概述

泡沫浮选是矿浆中的欲浮选矿颗粒选择性附着于气泡上，并随气泡上浮至矿浆液面上，形成矿化泡沫，将矿化泡沫刮出或溢出获得泡沫产品，以达到欲浮矿物与未浮矿物的分离富集。因此，气泡和泡沫在泡沫浮选过程中起着非常重要的作用。

单个气泡是内部充满气体（一般为空气），外部覆盖一层水膜。泡沫是许多气泡的集合体。两相泡沫是指只由气相和液相构成的泡沫，三相泡沫是指由气相、液相和固相构成的泡沫，即气泡表面黏附有大量矿粒的泡沫。

为了达到浮选分离矿粒的目的，浮选时须在浮选矿浆中形成大量而足够的气液界面

（气泡），以便将欲浮选矿粒选择性附着于气液界面上，并将其上浮至矿浆液面上形成矿化泡沫，且能顺利刮出或溢出。要求刮出或溢出的矿化泡沫在泡沫槽中能快速破裂兼并而利于泡沫产品的输送。因此，浮选时矿浆中形成的气泡应满足下列要求：①数量足够；②气泡大小适当；③气泡应有适度的弹性；④气泡应有适度的寿命。

为了使矿浆中形成的气泡能满足上述要求，现代泡沫浮选毫无例外地使用起泡剂。起泡剂一般为异极性的有机表面活性化合物，在其分子结构中有极性基和非极性基。起泡剂的极性基亲水疏气，易与水分子缔合，其亲固性能很弱，故理想的起泡剂对矿粒基本上无捕收作用。起泡剂的非极性基亲气疏水。因此，矿浆中加入起泡剂后，起泡剂分子将富集于气-液界面，并在气泡表面作定向排列。起泡剂的非极性基朝气泡内，起泡剂的极性基朝向水，与水分子缔合，在气泡表面形成一层水化膜。气泡表面的水化膜不易流失，可对气泡起稳定作用。

起泡剂又是有机表面活性化合物，能降低气-液界面的表面张力，使表面附着起泡剂分子的气泡具有适度的寿命（稳定性），不抑兼并破裂而形成大气泡，使其具有适度的弹性。

非离子型起泡剂的极性基（如醇基、醚基、醚醇基）的亲固性能很弱，一般无捕收性能，较易调整起泡剂用量，是较理想的起泡剂。

起泡剂的起泡性能与起泡剂非极性基的碳链长短、相对分子质量大小、结构特性、几何形状等密切相关。一般而言，极性基相同的条件下，随起泡剂非极性基碳链的增长，其表面活性增加，起泡能力增强，但其水溶性逐渐降低；烃基为芳香烃时，其表面活性较弱，起泡能力比直链烃弱。低级醇（如甲醇、乙醇）可与水完全以任何比例混溶，不可能富集于气-液界面上，故低级醇无起泡能力。$C_{6\sim10}$的脂肪醇可部分溶于水，主要吸附于气-液界面而可显著降低气-液界面的表面张力，具有较强的起泡能力；12 个碳以上的脂肪醇在常温下为固体，在水中不易溶解分散，故不宜用作起泡剂。因此，在浮选试验研究和生产实践中，对烃基不含双键的脂肪醇而言，非极性基的碳链以 $C_{5\sim8}$为宜；对含双键的脂肪醇而言，因其溶解度较大，非极性基的碳链可以长些。

起泡剂的起泡性能常采用起泡能力（泡沫高度）、泡沫稳定性（泡沫破裂时间）、气泡比表面积（气泡大小）、气泡弹性（抗张力强度）、溶解度等指标进行衡量。

几种常见的起泡剂的溶解度见表 2-25。

表 2-25　几种常见起泡剂的溶解度

起泡剂名称	溶解度/$g \cdot L^{-1}$	起泡剂名称	溶解度/$g \cdot L^{-1}$	起泡剂名称	溶解度/$g \cdot L^{-1}$
正戊醇	21.9	甲酚酸	1.66	松　油	2.50
正己醇	6.24	聚丙烯乙二醇	全溶	樟脑油	0.74
正庚醇	1.81	异戊醇	26.9	1,2,3,三乙氧丁烷	约 8
正壬醇	0.586	甲基戊醇	17.0	壬醇-(2)	1.28
α-萜烯醇	1.98	庚醇-(3)	4.5		

具有起泡性能的化合物比较多，依其来源可分为天然起泡剂（如松油、2 号油）和合成起泡剂（如 MIBC、TEB 等）两大类。依起泡剂结构和官能团特点，可将其分为非离子型起泡剂和离子型起泡剂两大类（见表 2-26）。

表 2-26 起泡剂分类

类 型	类 别	极性基	实例名称与结构	备 注
非离子型起泡剂	醇 类	—OH（醇基）	直链脂肪醇 $C_nH_{2n+1}OH$（$C_{6\sim9}$混合）	杂醇油（副产）
			甲基异丁基甲醇 $CH_3-CH(CH_3)-CH_2-CH(OH)-CH_3$	MIBC（英文缩写） Aerofroth70（国外代号）
			萜烯醇（terpineol） $H_3C-C\langle^{CH-CH_2}_{CH-CH_2}\rangle CH-C(OH)\langle^{CH_3}_{CH_3}$	2 号油主要成分
			桉叶醇（Eucalyptol） CH_2-CH_2 $H_3C-C-O-C(CH_3)_2-CH$ CH_2-CH_2	桉树油主要成分
			樟脑（莰酮）及莰醇 $CH_2-C{=}O$ $H_3C-C-O-C(CH_3)_2-CH$ CH_2-CH_2 $CH_2-CH-OH$ $H_3C-C-O-C(CH_3)_2-CH$ CH_2-CH_2	樟脑油主要成分
	醚 醇	—O— —OH	丙二醇醚醇（$R=C_{1\sim4}$，$n=1\sim3$） $R(OCH_2-CH(CH_3))_nOH$	三聚丙二醇甲醚，美国商品名 Dow-fruth250
			芳香基醚醇（$n=1\sim4$） ⬡$-CH_2O(CH_2CH_2O)_nH$	苄醇与环氧乙烷缩合
	醚类（烷氧类）	—O—	三乙氧基丁烷 $CH_3-CH(OC_2H_5)-CH_2-CH(OC_2H_5)_2$	TEB（英文缩写）
	脂 类	—COOR′	脂肪酸脂（R 常为 $C_{3\sim10}$混合酸，R′为 $C_{1\sim2}$混合酸） $R-C(=O)-OR'$	烃油氧化低碳酸脂化

续表 2-26

类型	类别	极性基	实例名称与结构	备注
离子型起泡剂	羧酸及其盐类	—COOH —COONa	脂肪酸及其盐类 $C_nH_{2n+1}COOH$（Na） 松香酸等 HOOC CH_3 CH_3 $CH(CH_3)_2$	饱和酸及不饱和酸（低碳酸） 松香的主要成分， 粗塔尔油的成分之一
	烷基磺酸及其盐类	$—SO_3H$ $—SO_3Na$	烷基苯磺酸钠等 $R—C_6H_4SO_3Na$	国外牌号为 R-800
	酚类	—OH	甲酚等 $CH_3—C_6H_4—OH$	如杂酚油（邻、对、间位）
	吡啶类	≡N	吡啶类	焦油馏分

2.3.2 松油

松油是松根、松支干馏或蒸馏而得的油状液体，主要成分为萜烯醇、仲醇和醚类化合物的混合物。起泡性能强，一般无捕收能力，但常因含某些杂质而具有一定的捕收能力。可单独采用松油作起泡剂浮选辉钼矿、石墨、煤等，用量一般为 10～60g/t。但因来源有限，泡沫黏，已逐渐被合成起泡剂所取代。

2.3.3 2 号油（松醇油）

2 号油为以松油为原料，硫酸为催化剂，平平加（一种表面活性物质）为乳化剂进行水解而得的油状液体。主要成分为 α-萜烯醇（约占 50%），还含萜二醇、烃类化合物和杂质等。为淡黄色油状液体，有刺激作用，密度为 0.9～0.913g/cm^3，可燃，微溶于水。空气可将其氧化，氧化后黏度增大。有较强的起泡性，可生成大小均匀、结构致密、黏度适中的稳定泡沫，是国内使用最广泛的起泡剂。但用量过大时，气泡变小变脆，恶化浮选指标，甚至转变为消泡剂。其起泡性能随矿浆 pH 值的降低而减小，采用低碱介质分离金属硫化矿物时，不宜采用 2 号油作起泡剂。

2 号油为易燃品，储存时应远离火源，注意防火。使用时，一般原状直接加入矿浆搅拌槽中，用量一般为 20～150g/t。

2.3.4 樟油

樟油用樟树的枝叶、根茎干馏可得粗樟油，经分馏可得白油、红油和蓝油三种不同馏分的樟油。其中，白油可代替松油作起泡剂，多用于对精矿质量要求高的精选和优先浮选作业。白油的浮选选择性比松油好。红油生成的泡沫较黏，蓝油具有起泡和捕收性能，多用于浮选煤或与其他起泡剂混用。

2.3.5 甲基戊醇

甲基戊醇的化学名称为 4-甲基戊醇-(2)，国外称为甲基异丁基卡必醇（MIBC）。纯品为无色液体，折光指数为 1.409，密度为 0.813g/cm^3，沸点为 131.5℃，水中溶解度为 1.8%。可与酒精或乙醚以任何比例混溶。是一种优良的起泡剂，国外已广泛用于浮选工业的生产中。

此产品于 1935 年用丙酮缩合为二缩烯丙酮，再经加氢后制得。其反应式可表示为：

$$2(CH_3)_2CO \xrightarrow{-H_2O} (CH_3)_2CH_2C(O)CH_3 \xrightarrow{H_2} (CH_3)_2CHCH_2CH(OH)CH_3$$

继 MIBC 广泛应用后，据报道国外研制了“溶剂 L”（1958 年），为制造酮基溶剂的残留副产物，主要成分为二异丙基丙酮$[(CH_3)_2CHCH_2]_2CO$（沸点 165℃）和二异丁基甲醇$[(CH_3)_2CHCH_2]_2COH$（沸点 173℃）。“溶剂 L”与 MIBC 比较，价更廉，更有效，其选择性更高，生成的泡沫更致密，对浮选粗粒矿物更有利。

2.3.6 杂醇油

工业生产各种醇类产品的过程中，会产出各种含醇类物质的副产物，依其各自的组分特点，可直接或经蒸馏切割及再加工后作起泡剂使用，均为重要而有效的醇类起泡剂。其中，已在工业生产中使用的高沸点馏分（沸程）产品有：

（1）沸程为 130～150℃，密度为 0.836g/cm^3 的含伯醇 60%～65% 的产物。其中，主成分为 2-甲基戊醇-1，含 15%～20% 的仲醇、18%～20% 的酮类化合物及约 2% 的脂类化合物。

（2）沸程为 150～160℃，平均相对分子质量约 123，含伯醇 40%～45% 的产物。其中，主成分为 2,4-二甲基戊醇-1，含 40%～45% 的仲醇和 8%～12% 的酮类化合物。

（3）沸程为 160～195℃，含伯醇 44%～47% 的产物。其中，主成分为 4-甲基己醇-1 和 4-甲基庚醇-1，含 32%～36% 的仲醇、17%～19% 的酮类化合物及 1%～4% 的脂类化合物。

（4）沸程高于 195℃ 的最后碱液，最终产物的沸点为 315℃，此后的产物为焦油。195～315℃的沸程产物含 65%～70% 的伯醇、12%～17% 的酮类化合物、10%～15% 的酚类化合物及 2%～6% 的烃类化合物。

上述四种产品中，沸程为 130～150℃的产物可单独用作起泡剂；其他沸程的产物可与其他起泡剂混用以提高起泡性能，沸程为 150～160℃的产物可增强泡沫的稳定性；沸点高于 160℃的产物可显著降低泡沫的稳定性，可用作消泡剂。

北京有色金属研究总院利用酒精厂的蒸馏残液“杂醇油”，通过碱性催化缩合法制得的高级混合醇可代替松油用作金属硫化矿物和氧化铁矿物的浮选起泡剂，其选择性比松油高，缺点是有臭味。

2.3.7 混合醇

2.3.7.1 伯醇

混合伯醇的来源较广，不同来源 $C_{6\sim8}$混合醇的物理性能见表 2-27。

表 2-27 不同来源 $C_{6\sim8}$ 混合醇的物理性能

名 称	沸点/℃	密度/g·cm^{-3}	闪点/℃	水中溶解度/%
丁醇蒸残液	148～185	0.829～0.834	74	0.4
辛醇蒸残液	180～280	0.83～0.89	80	0.3
羰基合成醇	146～200	0.838		羟基值（mg KOH/g）470

注：1. 丁醇蒸残液为以乙炔为原料生产丁、辛醇时的副产物 $C_{6\sim8}$ 混合醇；
2. 辛醇蒸残液为电石厂生产丁、辛醇时的副产物 $C_{4\sim8}$ 混合醇经分馏去除低沸物而截取的 $C_{6\sim8}$ 混合醇；
3. 羰基合成醇系由石油裂解副产物戊烯、己烯、庚烯的混合物经羰基合成的 $C_{6\sim8}$ 混合醇。

$C_{6\sim8}$ 混合醇可用作金属硫化矿物和赤铁矿浮选的起泡剂，其用量比松油或甲酚低，选择性比松油或甲酚高。

北京矿冶研究总院从炼油副产品中生产的 YC-111 起泡剂的主成分为混合高级醇和混合酯类化合物。生产实践表明，YC-111 起泡剂的起泡速度快，泡沫不发黏，可提高精矿品位和金属回收率。

2.3.7.2 仲醇

$C_{6\sim7}$ 混合仲醇为石油工业副产品，密度 0.834g/cm^3，酸值 3.4，碘值 5.7，常压 133～187℃时的蒸出量为 80%。醇含量为 85.5%，其余为二元醇、酮及醚类化合物，此 $C_{6\sim7}$ 混合仲醇主成分为带有支链结构的仲醇及叔醇。

$C_{6\sim7}$ 混合仲醇起泡剂的毒性与己醇、庚醇相同，比酚类起泡剂低，其价格比甲酚、松油低，用量比松油或甲酚低 20%～30%。主要缺点是有强烈的刺激臭味。

2.3.7.3 二烷基苄醇（芳香烃基醇）

据报道，$C_{9\sim12}$ 的芳香烃基仲醇或叔醇可用作浮选的起泡剂，其中包括 1,1-二甲基苄醇式（Ⅰ）、1-乙基苄醇式（Ⅱ）、甲基乙基苄醇式（Ⅲ）、1,1-二甲基-对甲基苄醇式（Ⅳ）、1-甲基-对甲基苄醇式（Ⅴ）、对位双异丙醇基苯式（Ⅵ）和 1-甲基-1-乙基-对甲基苄醇式（Ⅶ）。

1,1-二甲基苄醇式（Ⅰ）为石油化工厂生产苯酚丙酮的中间体过氧化异丙苯，经亚硫酸钠还原而制得，产品为无色液体，冷却时有菱形晶体析出，不溶于水，可溶于乙醇、苯、乙醚和醋酸中。试验表明，作起泡剂时，其起泡性和选择性均超过甲酚起泡剂，用量仅为甲酚的 50%。

2.3.8 醚醇起泡剂

醚醇起泡剂首先由美国道化学公司和氰胺化学公司开发生产。此类起泡剂的商品名称为 Dowfroths（道化学公司）、Aerofroths（氰胺化学公司）、Teefroths（英国帝国化学公司）、ОПС（俄罗斯）。

醚醇起泡剂分子中含有醇基和醚基，醇基中的氧原子和醚基中的氧原子的孤对电子均可与水分子亲水结合，醚醇起泡剂分子中的烃基亲气疏水，故醚醇起泡剂可溶于水，又能富集于气-液界面，降低水的表面张力，是良好的起泡剂，在国外已广泛用于生产实践，据市场调查，2008 年国外醚醇起泡剂和 MIBC 起泡剂在浮选中的用量已占金属矿物浮选起泡剂用量的 90%。

环氧乙烷和环氧丙烷等环氧烃类化合物是合成醚醇起泡剂的基本原料。在酸性条件下

（微量硫酸或磷酸催化），环氧乙烷与醇类作用，可合成乙二醇烷基醚。环氧丙烷与相应醇作用，可合成丙二醇烷基醚。常见的醚醇起泡剂有二聚乙二醇甲醚（式Ⅰ，俗称 Methyl Carbitol）、二聚乙二醇丁醚（式Ⅱ，Butyl Carbitol）、三聚丙二醇甲醚（式Ⅲ，俗称 ОПС-м、Dowfroths200）、三聚丙二醇丁醚（式Ⅳ，俗称 ОПС-Б、Dowfroths250）。

纯二聚乙二醇甲醚为无色液体，相对分子质量为 120.09，密度为 1.035g/cm^3，沸点为 193.2℃，可与水任意比例混溶，易溶于酒精，难溶于乙醚。二聚乙二醇丁醚也为无色液体，相对分子质量为 162.14，密度为 0.9553g/cm^3，沸点为 231.2℃，溶解度与二聚乙二醇甲醚相似。聚多丙二醇烷基醚的起泡性随聚合度（n）的增大而增大，n 大于 2 时起泡性无显著增大；起泡性随烷基碳链的增长而增大；低浓度时，泡沫稳定性随聚合度（n）增大而增大；高浓度时，聚合度（n）对泡沫稳定性的影响不明显；聚丙二醇烷基醚的起泡性在 pH 值为 4 ~ 8 时均较强，pH 值为 10 时，与酸性介质比较，其起泡性稍强，泡沫稳定性则不受介质 pH 值影响。聚丙二醇烷基醚水溶液的表面张力随其浓度、n 值、烷基碳链长度的增大而下降。

醚醇起泡剂的另一特点是无毒，可为微生物降解，对环境无污染。

2.3.9 醚类起泡剂

醚类化合物可看作是醇类化合物醇基中的氢原子被烷基所取代后的产物，其通式为 R—O—R，式中 R 可以是链状或环状烃基，两个 R 可相同或不同。若醚类化合物中的氧原子换为硫原子，则称为硫醚，其通式为 R—S—R。

醚类化合物用作起泡剂开始于 20 世纪 50 年代，醚类化合物化学性质较稳定，不活泼，醚基亲水，可溶于水。

2.3.9.1 三乙氧基丁烷

三乙氧基丁烷的全称为 1,1,3-三乙氧基丁烷，英文缩写为 TEB，国内称为 4 号浮选油。它是最重要的醚类起泡剂，是合成起泡剂的“先驱”和佼佼者，它与醚醇起泡剂几乎同时出现，起泡性能好，对浮选介质 pH 值的适应性强，为金属矿物和非金属矿物浮选的优良起泡剂，也是使用较普遍的一种起泡剂。

合成三乙氧基丁烷的原料为巴豆醛和乙醇（两者均为乙炔的反应产物），配料比为巴豆醛∶乙醇 = 1∶6，加入少量盐酸（1.2%）及二氯甲烷或苯作催化剂，反应温度为 65℃，反应时间为 2h，反应完成后，用碱中和至 pH 值为 7 ~ 8，蒸馏除去多余酒精，残留物即为粗制的三乙氧基丁烷，其中尚含 1.5% ~ 2.0% 高沸点胶质杂质。为保证产品质量，可加入少量抗氧化剂（如氢苯醌等）。

纯品 1,1,3-三乙氧基丁烷由粗产品经真空蒸馏精制而得，为无色透明油状液体，密度为 0.875g/cm^3，折光率为 1.4080，沸点为 87℃/2.793kPa（21mmHg）。工业品为棕黄色油状液体（因含杂质），20℃时的水中溶解度为 0.8%。在弱酸性介质中可水解为羟基丁醛和乙醇。

三乙氧基丁烷可代替 2 号油等起泡剂，用于金属矿物和非金属矿物的浮选，可提高精矿品位，用量比 2 号油小。

2.3.9.2 其他醚类起泡剂

据报道，在结构上与三乙氧基丁烷相似的化合物有：1,1,4,4-四丙氧基丁烷

$(CH_3CH_2CH_2O)_2CHCH_2CH_2CH(OCH_2CH_2CH_3)_2$、1，1，4，4-四异丙氧基丁烷 $[(CH_3)_2CHO]_2CHCH_2CH_2CH[OCH(CH_3)_2]_2$，为金属硫化矿物浮选良好的起泡剂。

四烷氧基醚 $(RO)_2CH(CH_2)_nCH(RO)_2$，R 为甲基、乙基、丙基或异丙基，$n=0\sim3$；

聚乙二醇烷基醚 $RO—(CH_2CH_2O)_nR$，R 为甲基等烷基，$n=1\sim3$；

乙烯二醇烷基醚 $R—O—CH═CH—O—R$，R 为甲基、乙基、丙基或异丙基；

丙烯二醇烷基醚 $R—O—CH═CH—CH_2—O—R$，R 为甲基、乙基、丙基或异丙基及叔丁基；

多缩乙二醇二苄基醚 $C_6H_5—CH_2O—(CH_2CH_2O)_n—CH_2—C_6H_5$，$n=1\sim4$；

1,1,3-三乙氧基丙烷 $C_2H_5O—CH_2CH_2CH—(OC_2H_5)_2$；

四乙氧基烷基硫醚类 $(C_2H_5O)_2—CH(CH_2)_n—S—(CH_2)_nCH—(OC_2H_5)_2$，$n=1$、2、3；

……

均为金属硫化矿物浮选良好的起泡剂。

2.3.9.3 芳香烃醚

甘苄油（多缩乙二醇苄基醚）最早由株洲选矿药剂厂研制，与原中南矿冶学院共同完成工艺试验，于 1982 年后推广应用于工业生产。

多缩乙二醇（蒸馏乙二醇后的下脚料）与苛性钠作用生成醇钠，然后再与苄氯进行醚基化反应即得甘苄油（以多缩乙二醇苄基醚为主）。甘苄油为棕褐色油状液体，微溶于水，溶于甲苯及多种有机溶剂，其主成分为醚及醚醇类化合物，可溶解油漆及某些有机物。甘苄油粗产品蒸馏时，100～200℃的馏分主要是水及低沸点化合物，其量为 15%～25%；200～290℃的馏分为有效成分，其量为 70%～80%。

甘苄油的密度为 1.0934～1.1179g/cm³，折光率为 1.5040～1.5168。甘苄油的泡沫量（泡沫高度）随其浓度的增大而增大，其泡沫高度略高于松醇油的泡沫高度。其泡沫寿命比松醇油短，起泡性能不受矿浆 pH 值影响，可用于不同 pH 值的矿浆。

甘苄油可完全代替松醇油或樟油，且其起泡性能强，用量少，毒性低，三废污染较轻。

有报道的芳香烃醚起泡剂不少，如前述的十二烷基酚基醚、二乙氧基苯、三乙氧基苯和四二乙氧基苯等，均可用作起泡剂。

2.3.10 酯类起泡剂

酯类起泡剂一般为脂肪酸或芳香酸与醇反应的产物，其通式为 RCOOR′。式中，R 为脂肪烃基或芳香烃基，R′一般为低碳链（如乙基等），R 的碳链比 R′长，但不宜太长。

2.3.10.1 邻苯二甲酸酯类起泡剂

邻苯二甲酸酯类起泡剂包括邻苯二甲酸双-3-甲氧基丙酯 $C_6H_4[C(O)—O—(CH_2)_3OCH_3]_2$、邻苯二甲酸双-2-乙氧基乙酯 $C_6H_4[C(O)—O—(CH_2)_2OC_2H_5]_2$、邻苯二甲酸双-2,3-二甲氧基丙酯 $C_6H_4[C(O)—O—CH_2CH(OCH_3)CH_2OCH_3]_2$，它们均为醚酯化合物（含醚链和酯基）。

邻苯二甲酸二乙酯为我国昆明冶金研究院研制并投入生产，俄罗斯商品名为 д-3 起泡剂，称为苯乙酯油。其合成反应为：

$$C_6H_4(CO)_2O + 2C_2H_5OH \xrightarrow{H_2SO_4,催化} C_6HH_4[C(O)OC_2H_5]_2 + 2H_2O$$

邻苯二甲酸二乙酯为无色或淡黄色透明液体，密度为1.12g/cm³，沸点为296.1℃，不溶于水，溶于醇、醚、苯等有机溶剂。作为起泡剂要求酯含量大于95%，酸值小于10，密度为1.116~1.120g/cm³。起泡能力优于2号油，用量小于2号油。可作为金属硫化矿物、氧化铁矿物、石墨矿的浮选起泡剂。

2.3.10.2 混合脂肪酸乙酯

混合脂肪酸乙酯系采用石蜡氧化制取高级脂肪酸时依馏程切取$C_{5\sim6}$和$C_{5\sim9}$两种低碳混合脂肪酸，将$C_{5\sim6}$或$C_{5\sim9}$混合脂肪酸与乙醇在浓硫酸催化作用下反应，即生成$C_{5\sim6}$混合脂肪酸乙酯或$C_{5\sim9}$混合脂肪酸乙酯。其合成反应为：

$$RCOOH + C_2H_5OH \xrightarrow{H_2SO_4,75\sim90℃,8\sim10h} RCOOC_2H_5 + H_2O$$

$C_{5\sim6}$混合脂肪酸乙酯称为56号起泡剂，$C_{5\sim9}$混合脂肪酸乙酯称为59号起泡剂。两种起泡剂均为淡黄色透明液体，微溶于水，溶于醇、醚等有机溶剂。密度为0.865g/cm³，折光率分别为1.4160和1.4168，酸值小于10。易燃，具有良好的起泡能力，可作为金属硫化矿物的浮选起泡剂。

2.3.10.3 其他酯类

工业上合成乙烯乙酸酯过程中，产出的聚乙烯及聚乙烯乙酸酯乳剂、乙烯乙酸酯的蒸馏残留物（含乙烯乙酸酯、乙酸等）可作浮选煤的起泡剂。

聚乙二醇脂肪酸酯可作为磷灰石-霞石（P_2O_5含量为22.5%）、其他金属矿物的浮选起泡剂。

2.3.11 其他类型合成起泡剂

2.3.11.1 含杂原子的合成起泡剂

常用起泡剂一般为碳、氢、氧的化合物，仅重吡啶有氮原子，但因其臭味而被淘汰。

现已出现含硫、氮、磷、硅等杂原子的高分子合成起泡剂：

如含杂原子氮可用作多金属硫化矿的浮选起泡剂的有：三氯乙醛脲素$CCl_3—CHO·NH_2C(O)NH_2$、三氯乙醛异硫脲$CCl_3—CHO·NH_2C(SR)=NH_2$、水合三氯乙醛$CCl_3—CHO·H_2O$、乙二氨丁基醚醇$C_4H_9O—CH(CH_3)O(CH_2)_2OCH_2CH(OH)CH_2N(C_2H_5)_2$、2-氨基乙基乙烯醚$CH_2=CH—O—CH_2CH_2—NH_2$、二缩丙酮肟$CH_3—C—(NOH)—CHC(CH_3)_2$、2-乙基己醛肟$CH_3—(CH_2)_3—CH—C(C_2H_5)=NOH$、N-苯基环乙烷亚胺$C_6H_5—N=(CH_2)_2$。

含杂原子硫可用作多金属硫化矿的浮选起泡剂的有：4-羟基丁基辛基亚砜$C_8H_{17}—S(O)—(CH_2)_4OH$、羟丁基辛基亚砜$C_8H_{17}—S(O)—(CH_2)_4OH$、硫化醚醇$S[(—CH(CH_3)CH_2O—)_nH]_2$、聚烷氧基苄基硫醚$C_6H_5—CH[S(CH_2CH_2O)_nH]_2$、含硫丁酮（硫酮醚）$C_4H_9—S—CH_2CH(CH_3)C(O)CH_3$。

含杂原子氮、硫可用作多金属硫化矿的浮选起泡剂的有：硫醚腈$(CH_3)_2CHCH_2SCH_2CH_2C≡N$、硫氮腈酯（酯-105）$(CH_3CH_2)_2N—C(S)S—CH_2CH_2—CN$、异丁基-氰乙基硫醚$(CH_3)_2CH_2CH_2—S—CH_2CH_2CN$。

含杂原子氮、磷可用作多金属硫化矿的浮选起泡剂的有：TEM-TM $HOCH_2CH_2—N—(CH_2CH_2O)_2P(O)R$。

含杂原子硅可用作多金属硫化矿的浮选起泡剂的有：四甲基二甲硅醚类。

2.3.11.2 复合型起泡剂

A RB 起泡剂

RB 起泡剂为朱建光和朱玉霜教授研制的系列起泡剂，有 $RB_1 \sim RB_8$ 共 8 种。以工业废料与粗苄醇或苄醇代用品以及其他化合物为原料化合而成。其合成示意图为：

$$原料 A + 原料 B \xrightarrow{催化剂,加热,搅拌} 中间产物 \xrightarrow{原料 C,搅拌} 成品$$

BR 为棕色油状液体，密度为 0.9 ~ 1.0g/cm³，微溶于水。其黏度随温度升高而降低，且随其号数的增加而降低，即就其黏度而言，其递降序为 $RB_1 > RB_2 > RB_3 > RB_4 > RB_5 > RB_6 > RB_7 > RB_8$。

工业试验结果表明，BR 起泡剂可代替松油作多金属硫化矿物的浮选起泡剂，其用量为松油的 30% ~50%。为确保浮选指标，冬季宜选用流动性较好的产品，如 RB_3、RB_4 等。

B 730 起泡剂

730 系列起泡剂为近年开发应用的新型复合起泡剂，报道较多的为 730A，其次为 730E，为昆明冶金研究院新材料公司研制的产品。

730A 的主成分为 2,2,4-三甲基-3-环已烯-1-甲醇，1,1,3-三甲双环(2.2.1)庚-2-醇，樟脑和 $C_{6\sim8}$醇、酮、醚等。它的起泡能力比松醇油高，泡沫均匀，是稳定性和黏度适中的低毒起泡剂。小鼠急性毒性试验表明，730A 的致死量为每千克体重 3201.85mg，而松醇油的致死量为每千克体重 1671mg。依据我国工业毒急性毒性分级标准，730A 属低毒物质。

2.4 抑制剂

2.4.1 概述

为了提高浮选过程的选择性，增强捕收剂、起泡剂的作用，降低有用组分矿物的互含，改善浮选矿浆的条件，在浮选过程中常使用调整剂。浮选过程的调整剂包括许多药剂，根据其在浮选过程中的作用，可将它们分为抑制剂、活化剂、介质调整剂、消泡剂、絮凝剂、分散剂等。它们在浮选过程中的作用形式多种多样，本章仅对其基本形式和主要机理作简要介绍。

2.4.2 抑制剂的作用及其抑制机理

2.4.2.1 抑制剂的作用

在泡沫浮选过程中，抑制剂为能阻止或降低非浮选目的矿物表面对捕收剂的吸附或作用，而在其矿物表面形成亲水膜的一类药剂。按化学组成可将其分为无机化合物和有机高分子化合物两大类。

2.4.2.2 抑制剂的抑制作用机理

抑制剂的抑制作用机理如下：

(1) 在非浮选目的矿物表面形成亲水化合物膜。如重铬酸盐抑制方铅矿等。

（2）在非浮选目的矿物表面形成亲水胶体吸附膜。如硫酸锌在碱性矿浆中生成氢氧化锌吸附于闪锌矿（铁闪锌矿）表面而使其被抑制；硅酸盐、淀粉等也易在非浮选目的矿物表面形成亲水胶体吸附膜。

（3）在非浮选目的矿物表面形成亲水离子吸附膜。如硫化钠在碱性矿浆中解离生成的 HS^-、S^{2-} 可吸附于非浮选硫化矿物表面形成亲水离子吸附膜。

（4）某些强氧化剂分解非浮选硫化矿物表面所吸附的捕收剂膜而使其露出亲水表面。

2.4.3 石灰

石灰为矿浆 pH 值调整剂，又是黄铁矿的有效抑制剂。在多金属硫化矿物的高碱介质分离浮选中起着非常重要的作用。

石灰石在 900～1200℃ 条件下煅烧可得生石灰 CaO，俗称石灰。其反应可表示为：

$$CaCO_3 \xrightarrow{900 \sim 1200℃} CaO + CO_2 \uparrow$$

石灰为白色固体，易吸水，与水作用生成熟石灰 $Ca(OH)_2$。熟石灰较难溶于水，为强碱。其反应可表示为：

$$CaO + H_2O \longrightarrow Ca(OH)_2$$

$$Ca(OH)_2 \rightleftharpoons Ca(OH)^+ + OH^-$$

$$Ca(OH)^+ \rightleftharpoons Ca^{2+} + OH^-$$

目前，采用高碱介质浮选工艺，采用黄药、2 号油、石灰浮选分离多金属硫化矿矿物时，毫无例外地均采用石灰将矿浆 pH 值升至 11 以上以抑制黄铁矿，有的硫化铅锌矿选矿厂甚至在 pH 值为 13～14 的高 pH 值条件下进行铅、锌、硫的分离浮选。

石灰抑制黄铁矿时，除 OH^- 的作用外，Ca^{2+} 也起作用。石灰抑制黄铁矿时，某些化合物的溶度积见表 2-28。

表 2-28 石灰抑制黄铁矿时某些化合物的溶度积

化合物	$Fe(OH)_3$	$Fe(OH)_2$	$CaCO_3$	$Fe(C_2H_5CSS)_2$	$CaSO_4$
溶度积	3.8×10^{-38}	4.8×10^{-16}	0.99×10^{-8}	7×10^{-8}	6.1×10^{-5}

若石灰对黄铁矿的抑制作用仅靠 OH^- 的作用，在矿浆 pH 值相同的条件下，石灰与苛性钠对黄铁矿的抑制作用应该相同。实践表明，采用苛性钠时，pH 值为 9 时黄铁矿的回收率可达 80%，而采用石灰作抑制剂时，pH 值为 9 时黄铁矿的回收率仅为 18%（见图 2-12）。

根据作者研发的低碱工艺，采用 SB_1、SB_2 之类的捕收药剂，浮选分离多金属硫化矿矿物时，石灰用量可大幅度降低，矿浆 pH 值为 7～8 即可完全抑制黄铁矿。这既可降低生产成本，又可提高相应金属的回收率和精矿品位。

根据作者的试验结果，石灰不仅是黄铁矿的有效抑制剂，用量低时还是闪锌矿（铁闪锌矿）的活化剂。作者在某矿的小试结果见表 2-29。

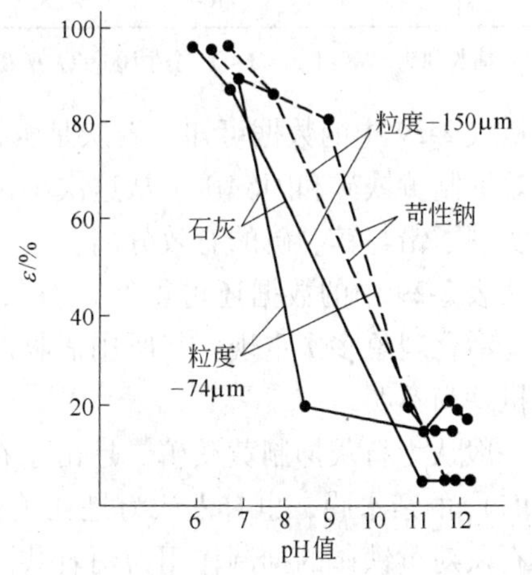

图 2-12 石灰及苛性钠对黄铁矿的抑制作用

表 2-29 铅粗选时石灰用量对铅、锌、硫回收率的影响

石灰用量 /g·t^{-1}	产品名称	产率/%	品位/%			回收率/%		
			铅	锌	硫	铅	锌	硫
0	粗精矿	15.308	15.69	3.47	32.24	44.40	6.66	21.36
	尾　矿	84.692	3.55	10.05	21.45	55.60	93.34	78.64
	原　矿	100	5.41	9.12	23.10	100	100	100
500	粗精矿	22.541	19.5	23.40	15.55	82.66	45.67	15.55
	尾　矿	77.459	1.29	8.10	24.65	17.34	54.33	84.45
	原　矿	100	5.32	11.55	22.60	100	100	100
1000	粗精矿	21.509	20.20	22.90	15.45	81.46	43.65	14.66
	尾　矿	78.491	1.26	8.10	24.65	18.54	56.35	85.34
	原　矿	100	5.33	11.28	22.67	100	100	100
2000	粗精矿	22.201	20.35	21.20	17.15	84.44	41.30	16.76
	尾　矿	77.799	1.07	8.60	24.30	15.56	58.70	83.24
	原　矿	100	5.35	11.40	22.71	100	100	100
4000	粗精矿	23.509	21.15	17.35	19.20	87.21	33.12	17.92
	尾　矿	78.491	0.85	9.60	24.10	12.79	66.88	82.08
	原　矿	100	5.22	11.27	23.05	100	100	100
6000	粗精矿	20.755	20.20	14.25	20.65	88.31	25.95	19.00
	尾　矿	79.245	0.77	10.65	23.05	11.69	74.05	81.00
	原　矿	100	5.22	11.40	22.55	100	100	100
8000	粗精矿	21.509	21.65	14.30	20.85	88.51	26.81	19.86
	尾　矿	78.491	0.77	10.70	23.08	13.49	73.19	80.14
	原　矿	100	5.26	11.47	22.85	100	100	100
10000	粗精矿	18.999	24.40	11.50	21.80	87.74	19.27	18.16
	尾　矿	81.001	0.80	11.30	23.05	12.26	80.73	81.84
	原　矿	100	5.28	11.34	22.81	100	100	100

注：捕收剂为 SN：丁$_x$ = 1：1 混药 100g/t，磨矿细度为 -0.074mm 占 85%。

从表 2-29 中的数据可知，石灰是黄铁矿和闪锌矿的有效抑制剂，石灰用量为 5kg/t 即可有效抑制黄铁矿和闪锌矿。从这次小试后，该矿的铅浮选作业只添加石灰不再添加硫酸锌，实现了铅与锌、硫的有效分离。

从表 2-29 中的数据还可得知，石灰用量为 0.5kg/t 时，对闪锌矿起了很好的活化作用，此活化现象多次重现，与所用捕收剂无关，与闪锌矿或铁闪锌矿的存在形态无关。其活化机理尚不明。

一般认为石灰抑制黄铁矿，是由于在碱性介质中，在黄铁矿表面生成了 $Fe(OH)_2$ 和 $Fe(OH)_3$ 的亲水膜，也有人认为是在黄铁矿表面生成了 $CaSO_4$、$CaCO_3$ 和 CaO 的亲水膜。其实石灰对黄铁矿的抑制作用为两者共同作用的结果。

生产中根据所需石灰用量，常配成不同浓度的石灰乳使用。

2.4.4 硫酸锌

硫酸锌为强酸弱碱盐，常带7个结晶水（$ZnSO_4 \cdot 7H_2O$），纯品（无水），白色晶体，易溶于水，其饱和液中硫酸锌含量为29.4%，水溶液呈酸性。生产中常配成5%的水溶液使用。

硫酸锌与石灰混用时，为硫化锌矿物（闪锌矿或铁闪锌矿）的抑制剂。矿浆pH值愈高，硫酸锌对硫化锌矿物的抑制作用愈强。

一般认为硫酸锌对硫化锌矿物的抑制作用，是由于在碱性介质中生成的$Zn(OH)_2$、$HZnO_2^-$或ZnO_2^{2-}等吸附于硫化锌矿物表面生成了亲水膜所致。

有时也将硫酸锌与氰化物、石灰混用，它们抑制金属硫化矿物时的递降顺序为：闪锌矿>黄铁矿>黄铜矿>白铁矿>斑铜矿>黝铜矿>铜蓝>辉铜矿。因此，多金属硫化矿物分离时，须严格控制抑制剂的用量。

2.4.5 氰化物

氰化物为黄铁矿、闪锌矿和黄铜矿的抑制剂，其抑制递降顺序为：黄铁矿>闪锌矿>黄铜矿。

浮选中常用的氰化物为氰化钠或氰化钾，有时也用黄血盐（亚铁氰化钾或亚铁氰化钠）和赤血盐（铁氰化钾或铁氰化钠）。氰化钠为无色立方体晶体，工业品为白色或微灰色块状或粉状结晶，易溶于水、氨、乙醇中。0℃时氰化钠饱和液中含氰化钠43.4%，34.7℃时氰化钠饱和液中含氰化钠82.0%。氰化钠比氰化钾价廉，选矿一般用氰化钠，有粉状和球状两种，常盛于铁桶中。氰化物剧毒，现选矿厂均采用无氰工艺代替原有氰工艺，使用氰化物的选矿厂愈来愈少，在非使用不可时，应特别注意安全。

氰化物为强碱弱酸盐，在水中可完全解离为CN^-，其反应可表示为：

$$NaCN + H_2O \rightleftharpoons NaOH + HCN \uparrow$$

$$HCN \longrightarrow H^+ + CN^-$$

从以上反应式可知，氰化钠水解后的产物与矿浆pH值密切相关。试验表明，矿浆pH值为7.0时，氰化钠几乎全部水解转变为氰氢酸气体；矿浆pH值为12.0时，氰化钠几乎全部解离为CN^-；矿浆pH值为9.3时，氰氢酸和CN^-的比例为1∶1。因此，多金属硫化矿物分离浮选时，使用氰化物作抑制剂，矿浆pH值须大于11.0。

氰化物抑制硫化矿物的机理有三个方面：

（1）氰化物抑制硫酸铜活化后的闪锌矿，是由于氰化物可溶解闪锌矿表面的硫化铜膜，露出的闪锌矿表面可浮性差，较难被捕收剂捕收。

（2）氰化物抑制硫化矿物是由于氰化物的CN^-可与SO_4^{2-}、$ROCSS^-$等进行交换吸附，在闪锌矿表面生成$Zn(CN)_2$的亲水膜，阻碍闪锌矿表面与捕收剂作用。

（3）认为氰化物对金属黄原酸盐具有较强的溶解配合作用。

根据氰化物对金属黄原酸盐具有的溶解配合作用大小，可将常见金属及其矿物分为三类：

（1）铅、铊、铋、锑、砷、锡、锗的矿物，它们不能与氰化物生成稳定的氰配合物，氰化物对上述矿物无抑制作用。

（2）铂、汞、银、镉、铜的矿物，它们能与氰化物生成稳定的氰配合物，氰化物对上述矿物有抑制作用，但须采用较高的氰化物用量。

（3）锌、钯、镍、金、铁的矿物，它们能与氰化物生成稳定的氰配合物，氰化物对上述矿物的抑制作用最有效，少量氰化物即可将其抑制。

鉴于氰化物对金、银、铜、锑、砷等矿物有溶解和分解作用，含上述矿物的分离浮选时，应尽量避免采用氰化物作抑制剂，应尽力采用无氰工艺。

赤血盐和黄血盐可用作次生铜矿物的抑制剂，如铜钼混合精矿浮选分离时进行抑铜浮钼；铜、锌硫化矿物分离时可代替氰化物在 pH 值为 6 ~ 8 的矿浆中进行抑铜浮锌。赤血盐（黄血盐）抑制次生铜矿物的机理，是由于铁氰根（或亚铁氰根）在次生铜矿物表面生成亲水的铁氰化铜或亚铁氰化铜的配合物胶体沉淀而被抑制。试验表明，这种胶粒吸附不排除矿物表面吸附的黄药，而是固着于未吸附黄药的表面上，两者共存于矿物表面上，由于铁氰化铜或亚铁氰化铜的强亲水性掩盖了黄药的疏水性而表现出抑制作用。

采用低碱介质浮选工艺路线，分离浮选多金属硫化矿物时，不宜采用氰化物作抑制剂。

2.4.6 亚硫酸盐

亚硫酸盐抑制剂包括亚硫酸钠、亚硫酸、二氧化硫、硫代硫酸盐等。

亚硫酸钠、亚硫酸、二氧化硫、硫代硫酸盐等均为强还原剂，在矿浆中可与 Cu^{2+} 等高价阳离子反应，可消除这些高价阳离子的活化作用。其还原反应可表示为：

$$SO_3^{2-} + 2Cu^{2+} + H_2O \longrightarrow 2Cu^+ + SO_4^{2-} + 2H^+$$

$$2S_2O_3^{2-} + 2Cu^{2+} \longrightarrow 2Cu^+ + S_4O_6^{2-}$$

$$2Cu^+ + 2S_2O_3^{2-} \longrightarrow Cu_2(S_2O_3)_2^{2-}$$

$$Cu^+ + e \longrightarrow Cu\downarrow$$

当浮选矿浆大量充气时，黄药阴离子与亚硫酸和氧作用生成醇及二氧化碳，亚硫酸则转变为硫代硫酸。其反应式可表示为：

$$ROCSS^- + HSO_3^- + SO_3^{2-} + O_2 \longrightarrow ROH + CO_2\uparrow + 2S_2O_3^{2-}$$

试验表明，亚硫酸及其盐类可作闪锌矿和硫化铁矿物的抑制剂，但其抑制能力比氰化物弱。为加强亚硫酸及其盐类的抑制作用，一般可采用下列措施：

（1）将矿浆 pH 值降至 4.5 ~ 6.0，可强烈抑制闪锌矿。

（2）与石灰、硫酸锌或硫化钠混用，可加强亚硫酸及其盐类的抑制作用。

（3）与石灰混用，可强烈抑制黄铁矿。

（4）在矿浆 pH 值降至 4 左右时，可在方铅矿表面生成亲水的亚硫酸铅膜而抑制方铅矿。

亚硫酸及其盐类对硫化铜矿物无抑制作用，甚至有一定的活化作用。

亚硫酸及其盐类抑制剂在矿浆中易氧化失效，为使浮选指标稳定，其溶液须当天配当天用，且常采用多点添加的方式加至搅拌槽和浮选机中，须严格控制其使用条件和用量。

此类抑制剂最大优点是无毒，不溶解金、银，尾矿水易处理。其缺点是抑制作用较弱，较敏感，指标稳定性较差。

2.4.7 重铬酸盐

重铬酸盐（红矾钾与红矾钠）为强氧化剂，其氧化性随矿浆 pH 值的降低而增强。在弱酸性矿浆中即可氧化金属硫化矿物。氧化方铅矿的反应式可表示为：

$$3PbS + Cr_2O_7^{2-} + 2H^+ + 4H_2O \longrightarrow 3PbSO_4 + 8Cr(OH)_3$$

因此，若矿浆酸性过强，重铬酸根离子中 +6 价铬离子迅速夺取电子还原为 +3 价铬离子而失去抑制作用。但矿浆 pH 值也不宜过高，否则，其氧化能力过低也不宜起抑制作用。重铬酸盐作为抑制剂使用的矿浆 pH 值一般为 7～8，宜在低碱介质矿浆中使用。

在低碱介质矿浆中，重铬酸根离子转变为铬酸根离子。其反应式可表示为：

$$Cr_2O_7^{2-} + 2OH^- \longrightarrow 2CrO_4^{2-} + H_2O$$

重铬酸盐主要用作方铅矿的抑制剂，用于铜、铅硫化矿混合精矿抑铅浮铜的分离浮选作业。抑制方铅矿的机理是由于铬酸根离子与方铅矿表面氧化生成的硫酸铅作用，在方铅矿表面生成铬酸铅的亲水膜使其被抑制。其反应式可表示为：

$$PbS]PbSO_4 + CrO_4^{2-} \longrightarrow PbS]PbCrO_4 + SO_4^{2-}$$

从上式可知，重铬酸盐抑制方铅矿的前提是须将方铅矿表面的捕收剂疏水膜去除，方铅矿表面应有硫酸铅氧化膜，然后再生成铬酸铅的亲水膜。因此，重铬酸盐抑制方铅矿时，矿浆与重铬酸盐的调浆时间宜长些，一般为 0.5～1.0h。此时的反应为：

$$PbS]Pb(ROCSS)_2 + CrO_4^{2-} + H_2O \longrightarrow PbS]PbCrO_4 + 2ROCSS^-$$

$$2PbS + 2O_2 \longrightarrow PbS]PbSO_4$$

$$PbS]PbSO_4 + CrO_4^{2-} \longrightarrow PbS]PbCrO_4 + SO_4^{2-}$$

重铬酸盐为方铅矿的强抑制剂，被抑制后的方铅矿较难活化，一般均不再活化。若需活化，可采用硫酸亚铁、盐酸、亚硫酸钠等还原剂作活化剂使其重新活化。

重铬酸盐难以抑制被 Cu^{2+} 活化的方铅矿，故铜铅硫化矿中含有氧化铜矿物和次生硫化铜矿物时，重铬酸盐抑制方铅矿的效果欠佳。

因此，采用重铬酸盐进行抑铅浮铜的效果与分离矿浆 pH 值、混选和分离时的捕收剂类型与用量、难免活化离子含量、重铬酸盐用量、分离调浆时间和分离精扫选次数等因素密切相关，一般均采用低碱介质、较长调浆时间、多次精扫选的方法进行抑铅浮铜。重铬酸盐的用量以混合精矿计算，一般为 0.5～2.5kg/t。

重铬酸盐还可用作重晶石的抑制剂。当萤石矿中含有重晶石时，可采用重铬酸盐作重晶石的抑制剂将萤石与重晶石分离。

由于重铬酸盐可氧化分解黄原酸及黄原酸盐，其对黄铁矿也有一定的抑制作用。

2.4.8 硫化物

金属硫化矿物浮选过程中常用的硫化物为硫化钠、硫氢化钠、硫化氢、硫化钙等。

硫化物为弱酸或弱酸盐，易溶于水。常用的硫化钠为强碱弱酸盐，在水中解离生成

OH^-、HS^-、S^{2-}和H_2S，其水溶液呈碱性。其反应式可表示为：

$$Na_2S + 2H_2O \longrightarrow 2Na^+ + 2OH^- + H_2S$$

$$H_2S \longrightarrow H^+ + HS^- \qquad K_1 = 3.0 \times 10^{-7}$$

$$HS^- \longrightarrow H^+ + S^{2-} \qquad K_2 = 2.0 \times 10^{-15}$$

硫化钠水溶液中，各种离子的含量除与硫化钠浓度有关外，还与溶液 pH 值有关。溶液pH值愈高，溶液中HS^-和S^{2-}的浓度愈高，但S^{2-}浓度比HS^-浓度低。

硫化物在金属硫化矿物浮选过程中的作用为：

（1）用作抑制剂。用于抑制各种金属硫化矿物，硫化钠对常见金属硫化矿物抑制作用强弱的递降顺序为：方铅矿 > Cu^{2+} 活化的闪锌矿 > 黄铜矿 > 斑铜矿 > 铜蓝 > 黄铁矿 > 辉铜矿。硫化钠的抑制作用取决于硫化钠的浓度及 pH 值（见图 2-13）。

根据图 2-13 中各曲线点相应的 pH 值及 $Na_2S \cdot 9H_2O$ 浓度，可计算出溶液中 H_2S、HS^-、S^{2-}的浓度。以黄铜矿为例的计算结果见表 2-30。

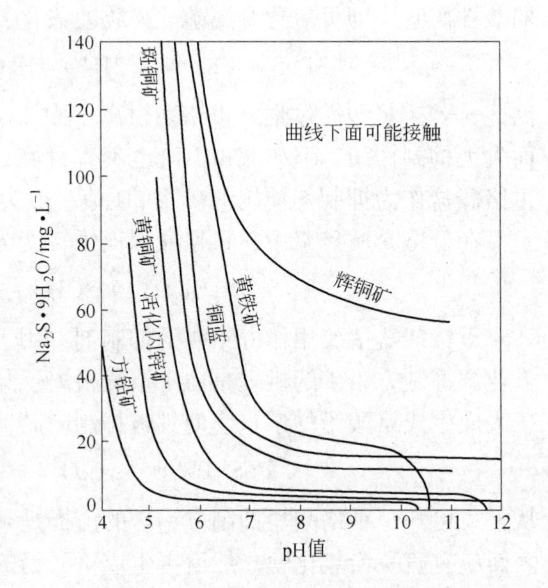

图 2-13 硫化钠的抑制作用取决于硫化钠的浓度及 pH 值

表 2-30 黄铜矿曲线点上相应的 H_2S、HS^-、S^{2-}的浓度

pH 值	相应的 $Na_2S \cdot 9H_2O$ 浓度/$mg \cdot L^{-1}$	H_2S 浓度 /$mg \cdot L^{-1}$	HS^- 浓度 /$mg \cdot L^{-1}$	S^{2-} 浓度 /$mg \cdot L^{-1}$
5.0	150	21	0.21	4×10^{-11}
6.0	21	2.7	0.25	6×10^{-10}
7.0	4	0.3	0.28	5.2×10^{-9}
8.0	3	0.04	0.37	7.8×10^{-8}
9.0	3	0.004	0.41	7.8×10^{-7}
10.0	2.5	0.00035	0.34	6.5×10^{-6}
11.0	2.5	0.000035	0.34	6.5×10^{-5}

从表 2-30 中的数据可知，曲线上各点对应的 H_2S、S^{2-}浓度变化大，而 HS^-浓度变化较小，平均约为 0.3mg/L，可见硫化钠抑制黄铜矿与 HS^-浓度有关。S^{2-}浓度虽然较低，但随液相 pH 值的提高而大幅度增大，液相 pH 值每提高 1.0，液相中的 S^{2-}浓度约增大 10 倍（即增大 1 个数量级）。因此，采用硫化物作浮选药剂时，当药剂用量为某值的条件下，可采用调整矿浆液相 pH 值的方法调节 HS^-、S^{2-}的浓度，以强化硫化物的作用和降低硫化物的耗量。

硫化钠可抑制各种金属硫化矿物是由于其水解产生的大量亲水的 HS^-、S^{2-}能吸附于金属硫化矿物表面。试验研究结果表明，在某一捕收剂用量条件下，刚被硫化钠抑制时 $[HS^-]/[X^-]$ 的比值为一常数（X^- 为捕收剂阴离子）。当比值大于此临界值时，HS^- 在金属硫化矿物表面的吸附占优势，金属硫化矿物被抑制；当比值小于此临界值时，捕收剂阴离子在金属硫化矿物表面的吸附占优势，金属硫化矿物可上浮。根据计算，抑制各种金属硫化矿物的临界 HS^- 浓度见表 2-31。

表 2-31 抑制各种金属硫化矿物的临界 HS^- 浓度

矿　物	HS^- 临界浓度 /mg·L^{-1}	矿　物	HS^- 临界浓度 /mg·L^{-1}	矿　物	HS^- 临界浓度 /mg·L^{-1}
方铅矿	0.01	斑铜矿	1.3	黄铁矿	2.5
黄铜矿	0.3	铜　蓝	1.7	辉铜矿	6.4

采用 $Na_2S \cdot 9H_2O$ 浓度为 25mg/L 的溶液在不同 pH 值条件下，以乙基黄药浮选方铅矿时的铅回收率与 $[HS^-]$ 及 pH 值的关系如图 2-14 所示。

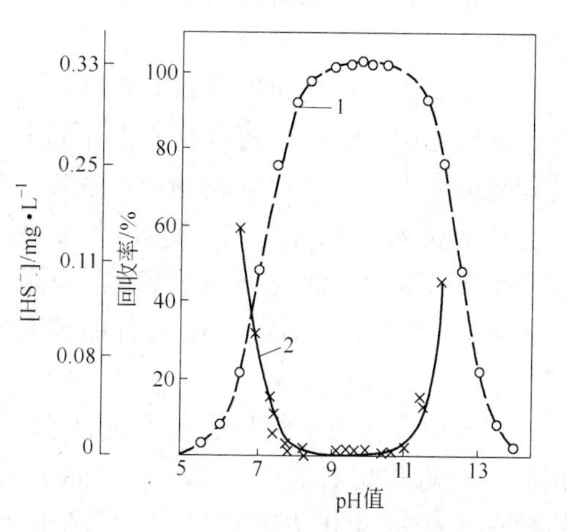

图 2-14 铅回收率与 $[HS^-]$ 及 pH 值的关系

1—浮选铅回收率曲线；2—HS^- 浓度曲线

硫化钠可抑制各种金属硫化矿物的机理主要是 HS^- 可排除（解吸）金属硫化矿物表面所吸附的捕收剂（如黄药阴离子），在金属硫化矿物表面生成亲水膜。

硫化钠作抑制剂时的用量较大，常大于 15kg/t。

（2）用作活化剂。硫化物可用于活化（硫化）各种有色金属氧化矿物。其活化作用是由于在有色金属氧化矿物表面产生 S^{2-} 与氧化物阴离子的置换反应，生成类似于硫化矿物的硫化物膜，采用浮选有色金属硫化矿物的捕收剂即可浮选有色金属氧化矿物。如硫化钠对孔雀石和白铅矿的硫化反应可表示为：

$$CuCO_3 \cdot Cu(OH)_2]CuCO_3 \cdot Cu(OH)_2 + 2Na_2S \longrightarrow$$

$$CuCO_3 \cdot Cu(OH)_2]2CuS + 2NaOH + Na_2CO_3$$

$$PbCO_3]PbCO_3 + Na_2S \longrightarrow PbCO_3]PbS + Na_2CO_3$$

硫化钠对孔雀石和白铅矿的硫化作用与硫化剂浓度、矿浆的 pH 值、温度等因素有关。试验表明，白铅矿的硫化是 S^{2-} 和 CO_3^{2-} 的置换，反应速度取决于 CO_3^{2-} 自薄膜内向外扩散和 S^{2-} 自溶液本体向薄膜内的扩散速度。硫化铅的密度为 7.5g/cm^3，白铅矿的密度为 6.5g/cm^3，故白铅矿表面的硫化物膜比较疏松，有利于 S^{2-} 和 CO_3^{2-} 的扩散。硫化剂浓度低和低温时，硫化反应速度主要取决于化学反应速度；硫化剂浓度高和升高温度时，硫化反应速度主要取决于薄膜的扩散速度，硫化物膜的增长速度较大。

孔雀石对 S^{2-} 的吸附能力远大于白铅矿，如在 4℃时，每克孔雀石吸附 S^{2-} 的量比白铅矿吸附 S^{2-} 的量多 9 倍，其原因可能是孔雀石表面的硫化物膜较稳固、不易脱落所致。

据实验和计算，孔雀石和白铅矿表面的硫化物膜的最适宜厚度约十几层才能保证所需的捕收剂量为最低值。硫化钠浓度过高，易在溶液中生成胶状硫化铅，反而降低了硫化效果。

白铅矿硫化宜在矿浆 pH 值为 9 ~ 10 的条件下进行，此时硫化速度最高，表面生成的硫化物膜最厚。此时，硫化钠溶液中解离的 HS^- 浓度最高，可能此时提供了较多的 S^{2-}；矿浆 pH 值高于 10 时，白铅矿表面生成疏松的铅酸盐，硫化时生成易脱落的胶状硫化铅，从而使硫化效果下降。其反应可表示为：

$$PbCO_3]PbCO_3 + 4NaOH \longrightarrow PbCO_3]Na_2PbO_2 + Na_2CO_3 + 2H_2O$$

$$PbCO_3]Na_2PbO_2 + Na_2S + 2H_2O \longrightarrow PbCO_3]PbS + 4NaOH$$

矿浆 pH 值为 6 ~ 12 时，随矿浆 pH 值的下降，孔雀石表面生成的硫化物膜厚度增厚的趋势不明显。

温度对硫化速度的影响如图 2-15 所示。有色金属氧化矿物的硫化通常在常温下进行，升高硫化温度可提高硫化物膜的增长速度。对某些有色金属氧化矿物（如菱锌矿等），须将温度升至 70℃时才能有效地进行硫化。因此，菱锌矿等的硫化比较困难，孔雀石的硫化较易进行。

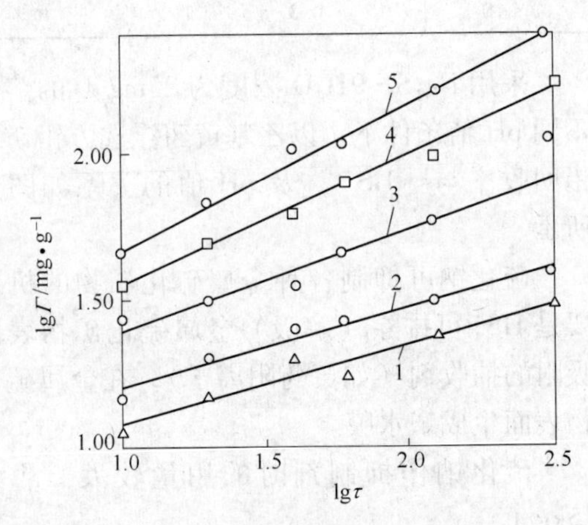

图 2-15　温度对白铅矿吸附 S^{2-} 等温线与时间（τ）的关系

1—4℃；2—23℃；3—40℃；4—60℃；5—70℃

矿浆中存在的某些其他离子对有色金属氧化矿物的硫化也有影响，如 Ca^{2+}、Mg^{2+} 浓度将使白铅矿的硫化失效；Cl^- 也可降低 HS^-、S^{2-} 的附着；硫酸铵可加速氧化铜矿物的硫化速度，因铵盐的团聚作用降低了胶状硫化铜的生成，加速 S^{2-} 在氧化铜矿物表面的附着，同时铵盐还可提高硫化后的孔雀石对捕收剂的吸附能力。硫化钠用量与孔雀石浮选回收率的关系如图 2-16 所示。

有色金属氧化矿物表面生成的硫化膜不是很牢固，强烈搅拌可使其脱落。因此，采用

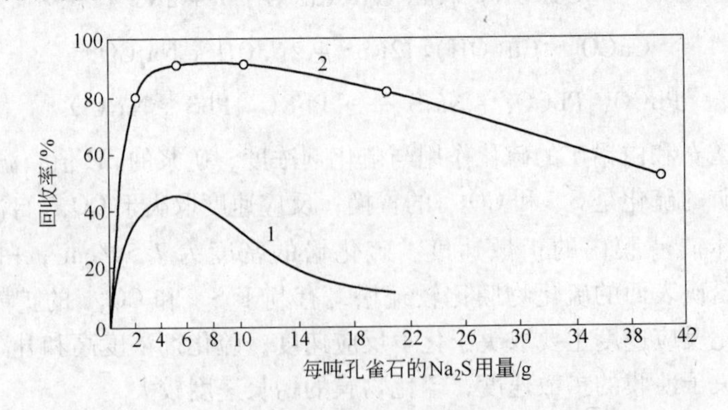

图 2-16　硫化钠用量与孔雀石浮选回收率的关系

1—乙基黄药；2—异戊基黄药

硫化法浮选有色金属氧化矿物时，浮选机搅拌强度应适当减弱，精选次数应少。

硫化钠作硫化剂时，常配成5%的溶液使用，用量为250~2500g/t，因易氧化失效，宜用多点方式添加。

（3）用作脱药剂。硫化物可用于脱除金属硫化矿混合精矿矿物表面所吸附的捕收剂。

（4）用作调整剂。硫化物可用于调整矿浆中的离子组成和调整矿浆的pH值。如可使矿浆中的重金属离子（如铜、铁、铅等）沉淀，可提高矿浆pH值。

因此，硫化物在金属硫化矿物浮选过程中的作用是多方面的，其主要作用依使用条件和硫化物用量而异。

2.4.9 水玻璃

水玻璃为无机胶体，采用纯碱与石英砂共熔，所得烧结块溶于水即可制得。其反应可表示为：

$$SiO_2 + Na_2CO_3 \longrightarrow Na_2SiO_3 + CO_2\uparrow$$

生产中使用的水玻璃为各种硅酸钠的混合物，可以 $m\text{Na}_2\text{O}\cdot n\text{SiO}_2$ 表示。其中，包括偏硅酸钠（Na_2SiO_3）、正硅酸钠（Na_4SiO_4）、二偏硅酸钠（$Na_2Si_2O_5$）和 SiO_2 胶粒。常以 $n\text{SiO}_2\cdot m\text{Na}_2\text{O}$ 表示其组成，n/m 值称为水玻璃的模数。适用于浮选的水玻璃的模数为2.2~3.0。模数太小，其抑制和分散作用弱；模数太大，其水溶性小。

采用脂肪酸类捕收剂浮选分离萤石与方解石、白钨与方解石等矿物时，常采用水玻璃作方解石的选择性抑制剂；当用量很大时，水玻璃也可抑制金属硫化矿物；浮选金属硫化矿物过程中，水玻璃常用作矿泥的分散剂。

水玻璃在矿浆中可生成胶粒，也可解离、水解而生成 Na^+、OH^-、$HSiO_3^-$、SiO_3^{2-} 等离子和 H_2SiO_3 分子。其反应可表示为：

$$Na_2SiO_3 + 2H_2O \longrightarrow 2Na^+ + 2OH^- + H_2SiO_3$$

$$H_2SiO_3 \longrightarrow H^+ + HSiO_3^- \qquad K_1 = 10^{-9}$$

$$HSiO_3^- \longrightarrow H^+ + SiO_3^{2-} \qquad K_2 = 10^{-13}$$

矿浆中各组分的含量随条件而异。水玻璃浓度、模数、温度愈高，形成硅酸胶粒的含量愈高；矿浆pH值对其各组分的含量也有显著影响。浓度为1mg/L $\text{Na}_2\text{O}\cdot 3\text{SiO}_2$ 的溶液中，不同pH值对解离组分的影响见表2-32。

表2-32　1mg/L $\text{Na}_2\text{O}\cdot 3\text{SiO}_2$ 的溶液中不同pH值对解离组分的影响

pH值	SiO_3^{2-}	$HSiO_3^-$	H_2SiO_3
6.5	9.4×10^{-10}	0.0099	0.932
7.0	9.3×10^{-9}	0.0093	0.926
8.0	8.5×10^{-6}	0.0851	0.851
9.0	4.7×10^{-5}	0.468	0.468
10.0	8.5×10^{-4}	0.851	0.085
12.0	0.085	0.951	8.5×10^{-4}
13.0	0.468	0.068	4.7×10^{-5}

从表2-32中数据可知，当矿浆pH值小于8.0时，以未解离的硅酸为主；pH值为10.0时，以$HSiO_3^-$为主；pH值大于13.0时，以SiO_3^{2-}为主。

水玻璃可作为脉石矿物（硅酸盐和铝硅酸盐矿物）和某些钙镁矿物的抑制剂和矿泥的分散剂。起抑制作用和分散作用的主成分是$HSiO_3^-$和H_2SiO_3分子及其胶粒，它们可选择性吸附于非硫化矿物表面形成亲水膜和排除及阻止捕收剂的吸附，是低碱介质分离浮选金属硫化矿物的较理想的脉石矿物和某些钙镁矿物的抑制剂以及矿泥的分散剂。

水玻璃在非硫化矿物表面的吸附量与其浓度的关系如图2-17所示。

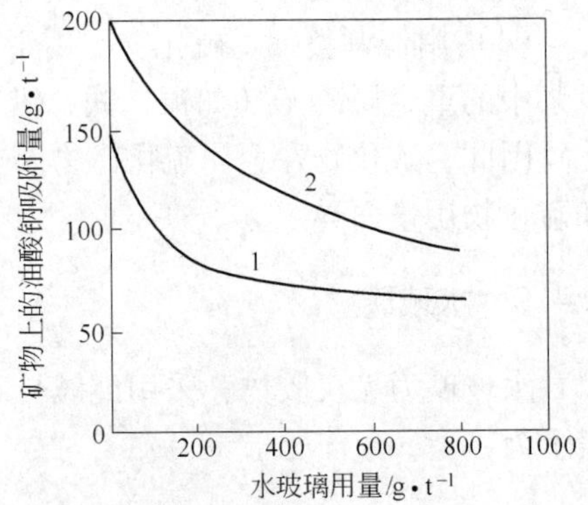

图2-17 水玻璃在非硫化矿物表面的吸附量与其浓度的关系
1—方解石；2—萤石

当水玻璃用量较低时（200～300g/t），抑制的选择性较高；当水玻璃用量较高时，其吸附选择性较低，甚至失去吸附选择性。水玻璃在各种矿物表面的吸附强度不同，如在石英、方解石、重晶石表面的吸附量大，且固着强度高，而在萤石表面吸附的水玻璃则较易洗脱。当非硫化矿物表面生成水玻璃亲水膜后，非硫化矿物表面的亲水性则显著增加。

浮选分离非金属硫化矿物时，为了强化水玻璃的抑制作用，常采用的方法如下：

（1）水玻璃与碱（如碳酸钠）配合使用。

（2）加温法。如浮选分离白钨矿和方解石时，在浓矿浆中加入8～15kg/t的水玻璃，加温至60～80℃，搅拌30～60min以解吸方解石表面的脂肪酸，再浮选时，方解石被抑制，可得白钨矿精矿。相似的方法也可用于方解石与硅酸钙混合精矿的分离。

（3）水玻璃与弱碱金属离子（如Cu^{2+}、Fe^{3+}、Al^{3+}、Ni^{2+}、Cr^{3+}等离子）混用。水玻璃与弱碱金属离子生成难溶氢氧化物沉淀和大量硅酸胶粒，两者紧密结合，产生强烈的选择性抑制作用。

硅酸钠烧结块溶于水，形成不同浓度的糊状液体水玻璃，使用时应配成浓度为5%～10%的液体。水玻璃的用量一般为250～1500g/t，有时（如白钨粗精矿精选）可达15kg/t以上。

2.4.10 聚偏磷酸钠

浮选中所用的聚偏磷酸钠$(NaPO_3)_n$可为三偏磷酸钠、四偏磷酸钠、六偏磷酸钠，但常用六偏磷酸钠。六偏磷酸钠可由正磷酸盐加热制得，其反应可表示为：

$$NaH_2PO_4 \cdot H_2O \xrightarrow{\triangle} NaH_2PO_4 + H_2O$$

$$2NaH_2PO_4 \xrightarrow{\triangle} Na_2H_2P_2O_7 + H_2O$$

$$3Na_2H_2P_2O_7 \xrightarrow{\triangle} 2(NaPO_3)_3 + 3H_2O$$

$$2(NaPO_3)_3 \xrightarrow{\triangle} (NaPO_3)_6$$

六偏磷酸钠为玻璃状固体，易溶于水，其水溶液 pH 值约为 6，易水解为正磷酸盐。六偏磷酸钠是磷灰石、方解石、重晶石、碳质页岩和泥质脉石的抑制剂和分散剂。其抑制和分散作用是由于六偏磷酸钠在水中解离后的阴离子可与矿物表面的 Ca^{2+} 生成稳定的亲水配合物，其反应可表示为：

$$(NaPO_3)_6 \longrightarrow Na_4P_6O_{18}^{2-} + 2Na^+$$

$$Na_4P_6O_{18}^{2-} + Ca^{2+} \longrightarrow CaNa_4P_6O_{18}$$

六偏磷酸钠在空气中易吸湿、潮解而逐渐转变为焦磷酸钠和正磷酸钠，抑制作用下降。因此，六偏磷酸钠应密封包装，储存于干燥通风处，应当天配制当天使用。

2.4.11 氟硅酸钠

氟硅酸钠（Na_2SiF_6）可由氟硅酸与氯化钠反应生成，其反应可表示为：

$$H_2SiF_6 + 2NaCl \longrightarrow Na_2SiF_6 \downarrow + 2HCl$$

纯氟硅酸钠为无色结晶体，难溶于水，在碱性介质中易解离，其反应可表示为：

$$Na_2SiF_6 \longrightarrow 2Na^+ + SiF_6^{2-}$$

$$SiF_6^{2-} \longrightarrow SiF_4 + 2F^-$$

$$SiF_4 + (n+2)H_2O \longrightarrow SiO_2 \cdot nH_2O + 4HF$$

氟硅酸钠可作为脉石矿物（硅酸盐和铝硅酸盐矿物）和某些钙镁矿物的抑制剂以及矿泥的分散剂，其抑制作用比水玻璃强，仅次于六偏磷酸钠。

2.4.12 某些氧化剂

某些氧化剂（如高锰酸钾、漂白粉、次氯酸钾、双氧水等）可使某些易氧化的金属硫化矿物表面氧化，使其亲水而被抑制；某些氧化剂可使金属硫化矿混合精矿矿物表面的捕收剂膜氧化分解，增加各金属硫化矿物的可浮性差异而易浮选分离，可起脱药作用。

金属硫化矿物被氧化的还原电位递降顺序为：辰砂（HgS）> 辉银矿（Ag_2S）> 铜蓝（CuS）> 辉铜矿（Cu_2S）> 雌黄（As_2S_3）> 辉锑矿（Sb_2S_3）> 黄铁矿（FeS_2）> 方铅矿（PbS）> 针硫镍矿（NiS）> 硫镉矿（CdS）> 硫锡矿（SnS）> 闪锌矿（ZnS）> 黄铜矿（$CuFeS_2$）> 硫钴矿（CoS）> 硫锰矿（MnS）。高价铁盐氧化酸浸金属硫化矿物从难至易的递降顺序为：辉钼矿（MoS）> 黄铁矿（FeS_2）> 黄铜矿（$CuFeS_2$）> 镍黄铁矿（FeS_2）> 辉钴矿（CoS）> 闪锌矿（ZnS）> 方铅矿（PbS）> 辉铜矿（Cu_2S）> 磁黄铁矿（Fe_5S_6）。还原电位愈高愈难被氧化，愈易被氧化的金属硫化矿物愈易被氧化剂所抑制，但金属硫化矿物的氧化酸浸顺序与其还原电位递降顺序有所不同，这可能是氧化速度不同的原因。

氧化剂类抑制剂宜用于低碱介质矿浆中，矿浆 pH 值愈低，氧化剂抑制剂的还原电位愈高，金属硫化矿物愈易被氧化抑制。此类抑制剂主要用于金属硫化矿物混合精矿的分离和作磁黄铁矿及砷黄铁矿（毒砂）的抑制剂。

作者配制的 K_{200} 系列抑制剂属氧化剂类抑制剂，采用低碱介质分离浮选铜硫混合精矿、铜钼混合精矿、铅锌硫混合精矿、铜铅锌硫混合精矿，效果显著，具有使用方便、指标稳定等特点。

2.4.13 诺克斯抑制剂

诺克斯抑制剂有磷诺克斯和砷诺克斯两种。

（1）磷诺克斯。磷诺克斯是 P_2S_5 与 NaOH 的混合物，其反应可表示为：

$$P_2S_5 + 10NaOH \longrightarrow Na_3PO_2S_2 + Na_3PO_3S + 2Na_2S + 5H_2O$$

硫代磷酸钠与金属硫化矿物表面的金属离子作用，生成亲水而难溶的硫代磷酸盐使金属硫化矿物被抑制。反应生成的硫化钠解离和水解产生的 HS^-、S^{2-} 可强化其对金属硫化矿物的抑制作用。

（2）砷诺克斯。砷诺克斯是硫化钠与氧化砷的混合物，其反应可表示为：

$$As_2O_3 + 3Na_2S + 2H_2O \longrightarrow Na_3AsO_2S_2 + Na_3AsO_3S + 4H^+$$

$$As_2O_3 + 3Na_2S + 2H_2O \longrightarrow Na_3AsO_4 + Na_3AsOS_3 + 4H^+$$

硫代砷酸钠和砷酸钠与金属硫化矿物表面的金属离子作用，生成亲水而难溶的硫代砷酸盐使金属硫化矿物被抑制。

辉钼矿与其他金属硫化矿物的混合精矿分离时，在矿浆 pH 值为 8～11 的条件下，可用诺克斯抑制铜、铅、锌、铁的硫化矿物而浮选辉钼矿；铜铅硫化矿物分离时，用诺克斯抑制方铅矿的效果优于重铬酸盐；诺克斯可有效地抑制次生硫化铜矿物。

诺克斯有毒，药剂配制和使用的场所应加强通风，现配现用。废水应妥善处理。

2.4.14 羧甲基纤维素

自然界中的棉、麻、甘蔗渣、稻草、麦秆、玉米秆、灌木、乔木等经加工均可获得纤维素，木材中含 40%～50% 的纤维素。将木材用强碱或强酸处理以溶解其中的木质素，即可获得较纯净的纤维素。

纤维素不溶于水，用无机酸共煮后可得理论量的葡萄糖。葡萄糖用浓硫酸水解可生成纤维二糖、纤维三糖、纤维四糖等，故纤维素是多个纤维二糖的聚合体。在纤维二糖中，两个 β-葡萄糖 1.4 脱水相连，并扭转 180°，纤维素的结构如图 2-18 所示。

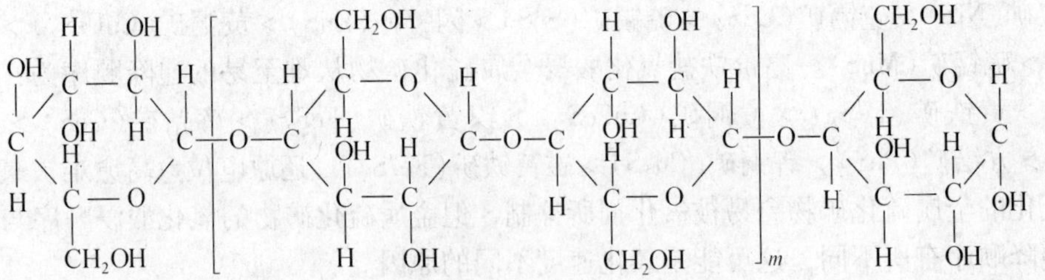

图 2-18 纤维素的结构

从图 2-18 可知，纤维素分子是由 $2m$ 个 β-葡萄糖单位结合而成，其相对分子质量为几千至几十万单位。纤维素分子是一条螺旋状的长链，再由 100～200 条这种互相平行的长链通过氢键结合而成纤维束。纤维素虽然不溶于水，但经化学改性可成为水溶性的纤维素衍生物，如羧乙基纤维素、羧甲基纤维素等。

羧乙基纤维素又称3号纤维素，其学名为α-羟基乙基纤维素，可由纤维素与环氧乙烷作用而制得。其反应可表示为：

$$[C_6H_{10}O_5]_m + 2mCH_2(O)CH_2 \longrightarrow [C_6(CH_2OCH_2)H_{10}O_5]_m$$

也可先将纤维素用苛性钠碱化，再与氯化醇反应制得羟基乙基纤维素。

羧乙基纤维素为白色或黄色纤维状固体，为非离子型极性化合物。它有可溶于苛性钠溶液而不溶于水和可溶于水（羧乙基纤维素含量大于28%）的两种产品。羧乙基纤维含量为4%～10%的羧乙基纤维素，可溶于稀苛性钠溶液。羧乙基纤维含量高的可溶于水。

羧乙基纤维素为透闪石、阳起石、绿泥石、次闪石、辉石、白云母、橄榄石等脉石矿物的抑制剂。

羧甲基纤维素是一种应用极广的水溶性纤维素，羧甲基纤维素又称为1号纤维素，英文缩写为CMC。纤维素经苛性碱处理使纤维素中的伯醇基转变为醇钠，再与一氯醋酸进行缩合反应而制得羧甲基纤维素。其反应可表示为：

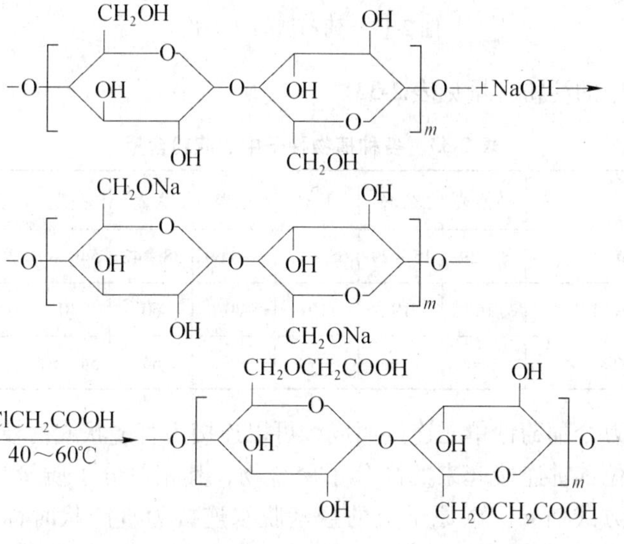

CH_2OH, OH, —O—, OH, O, OH, O, —O—, $_m$, OH, CH_2OH + NaOH ⟶

CH_2ONa, OH, —O—, OH, O, OH, O, —O—, $_m$, OH, CH_2ONa

$\xrightarrow[40\sim60℃]{ClCH_2COOH}$ CH_2OCH_2COOH, OH, —O—, OH, O, OH, O, —O—, $_m$, OH, CH_2OCH_2COOH

羧甲基纤维素为白色固体，无臭无毒，其酸性与醋酸相似，解离常数为5×10^{-5}。羧甲基纤维素结构式中的m为正整数，称其为聚合度，m表示羧甲基纤维素分子的大小。纤维素分子中每个葡萄糖有三个羟基，其中以第六碳原子上的伯羟基最活泼，这些基团被羧甲基醚化的多少称为醚化度（或取代度）。试验表明，醚化度高则水溶性好，抑制作用强，一般醚化度大于0.45即可满足浮选抑制剂的要求。羧甲基纤维素的相对分子质量也随醚化度而异。羧甲基纤维素产品一般为钠盐，其钠、钾、铵盐均溶于水，无臭无毒。

羧甲基纤维素的铝、铁、镍、铜、铅、银、汞等金属盐不溶于水，但溶于苛性碱溶液中，其中有些盐可溶于氨水中。

金属硫化矿物浮选时，羧甲基纤维素可作为磁铁矿，赤铁矿、方解石、硅酸盐和铝硅酸盐脉石矿物的抑制剂，可单用或与水玻璃、六偏磷酸钠等混用。

2.4.15　淀粉和糊精

淀粉可表示为$(C_6H_{10}O_5)n$，是存在于植物及其根、茎、果中的碳水化合物，其主要成分为葡萄糖。葡萄糖的结构式如图2-19所示。

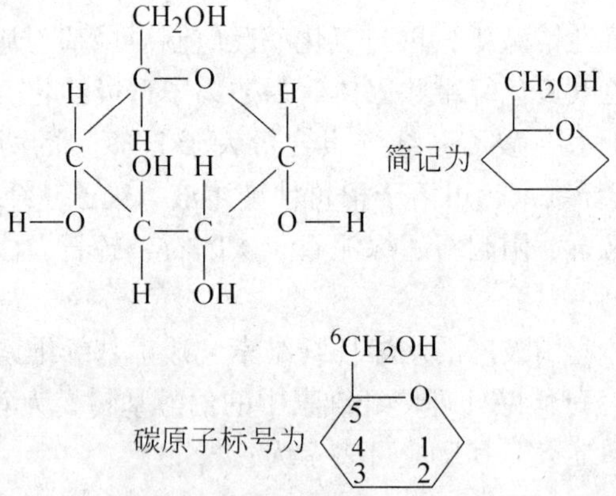

简记为

碳原子标号为

图2-19　葡萄糖的结构式

各种植物种子中的淀粉含量见表2-33。

表2-33　各种植物种子中的淀粉含量

植物名称		马铃薯	红薯	玉米	稻米	大麦	莜麦	燕麦	小麦	豆类
淀粉含量/%	范围	8~29	15~29	65~78	50~69	38~42	54~69	30~40	55~78	38
	平均	16	19	19	70	60	40	59	66	—
面粉中淀粉含量/%		—	—	—	—	64	54~61	—	57~67	99.96

淀粉由成千上万个葡萄糖单元连接而成，可以连接为直链状或树枝状。淀粉是由α-葡萄糖分子通过1.4位甙键连接起来的高分子聚合物，其相对分子质量为10000~1000000，随淀粉来源及组合方式而异。碳原子上的羟基脱水连接为直链状时称为直链淀粉，可表示为：

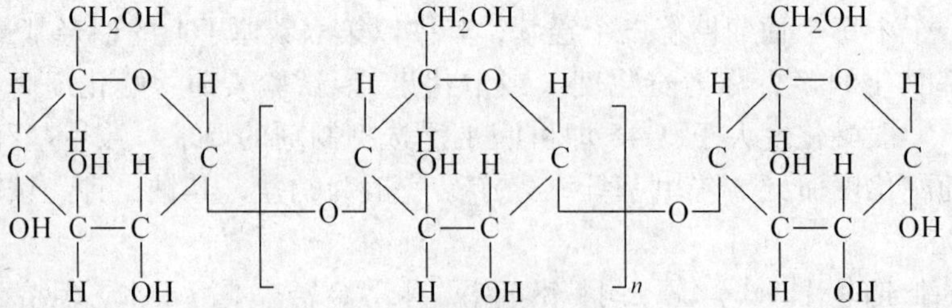

直链淀粉

式中$n=100\sim10000$，可简写为：

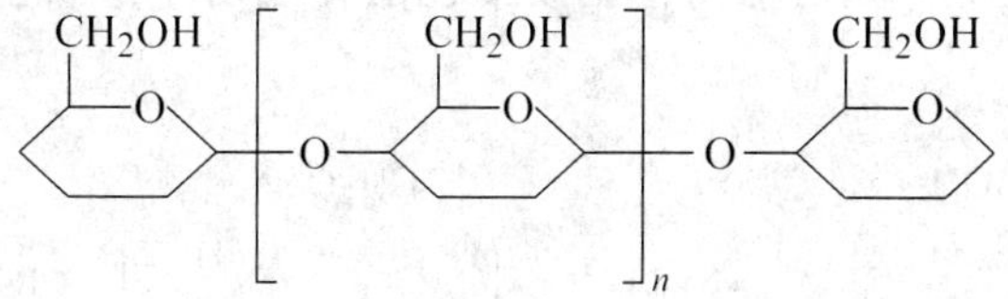

当葡萄糖2,3,6-碳原子上的羟基脱水连接为树枝状时称为支链淀粉或皮质淀粉。其结构式为：

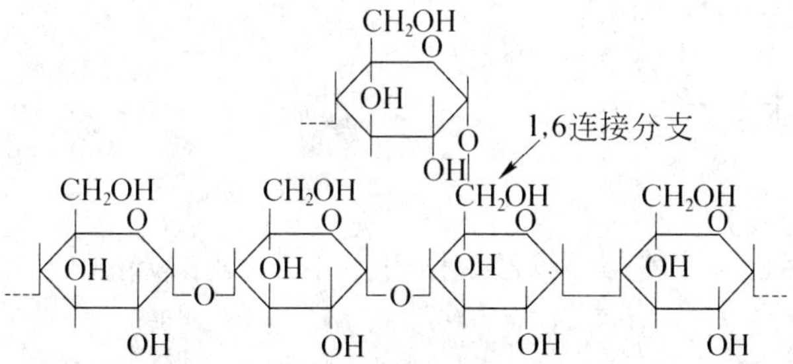

1,6连接分支

支链淀粉

通常淀粉为直链淀粉和支链淀粉的混合物。直链淀粉约占20%～30%，为水溶性淀粉；支链淀粉约占70%～80%，为非水溶性淀粉。

当淀粉内葡萄糖单元2，6两个羟基上的氢，尤其是6-碳原子上的羟基中的氢被取代基取代后，可形成多种变性淀粉（改性淀粉）。淀粉本身为很长很大的高分子聚合物，在不同的化学处理条件下将断裂为长短大小不一的化合物。如可溶性淀粉、阳离子变性淀粉、阴离子变性淀粉和中性变性淀粉等。变性淀粉为通过各种反应生成淀粉的衍生物，如用环氧乙烷、氢氧化钠和氯乙酸、环氧丙烷三甲胺氯化物等分别处理淀粉，可获得下列改性淀粉：

（1）可溶性淀粉。在淀粉乳液中加入淀粉质量0.1%～0.3%的硝酸、盐酸或硫酸等，在搅拌条件下通入310g/t淀粉的氯气，然后分离、烘干（70℃）可得产品。另一方法是将淀粉与淀粉质量12%的盐酸搅拌接触24h，然后除去酸物质即可得产品。淀粉与苛性钠溶液加热为糊状物，然后用酸中和，可得可溶性苛性淀粉。

（2）阳离子变性淀粉。将淀粉与环氧丙基三甲基季铵盐（盐酸法）作用，可醚法生成氯化三甲基β-羟基丙基铵淀粉，为阳离子变性淀粉。其反应可表示为：

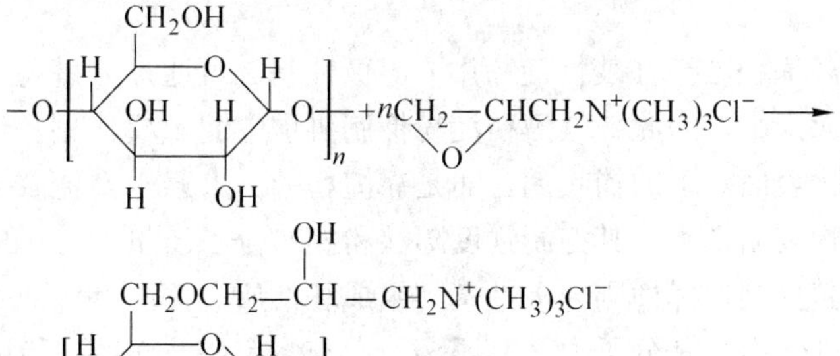

阳离子变性淀粉

（3）阴离子变性淀粉。淀粉与苛性钠及氯乙酸作用可生成含乙酸基的阴离子变性淀粉。其反应可表示为：

CH$_2$OH ··· $\xrightarrow{NaOH}$ CH$_2$ONa ··· $\xrightarrow{ClCH_2COOH}$

H OH H O H OH（葡萄糖单元）$]_n$

CH$_2$OCH$_2$COOH ··· $]_n$ + nNaCl

阴离子变性淀粉

（4）中性变性淀粉。淀粉与环氧乙烷作用，可得含乙醇基的中性变性淀粉。其反应可表示为：

CH$_2$OH ··· $]_n$ + nCH$_2$—CH$_2$（O） ⟶ CH$_2$OCH$_2$CH$_2$OH ··· $]_n$

中性变性淀粉

淀粉为非极性矿物（如辉钼矿、煤、滑石、石墨等）、可溶盐矿物、赤铁矿、硅酸盐矿物、方解石、碱土金属矿物等的浮选抑制剂或絮凝剂。

淀粉分子中有少量的阴离子基团，在水中也荷一些负电，阴离子淀粉荷更多负电，阳离子淀粉荷正电。因此，阴（阳）离子淀粉与荷电矿粒作用时，表面静电作用起重要作用。pH 值为 7 ~ 11 的矿浆中，石英表面比赤铁矿表面荷较多的负电，阴离子淀粉在赤铁矿表面的吸附量比石英表面的吸附量大得多，且阴离子淀粉在矿物表面的吸附量随矿浆 pH 值的升高而下降；反之，阳离子淀粉在石英表面的吸附量比赤铁矿表面的吸附量大 3 倍，且阳离子淀粉在矿物表面的吸附量随矿浆 pH 值的升高而升高。

淀粉分子中有羟基、羧基（变性淀粉中）等极性基，可通过氢键与水分子缔合，使与淀粉作用的矿物表面亲水。因此，氢键在淀粉抑制机理中起重要作用。试验表明，淀粉抑制矿物时不排除矿物表面吸附的捕收剂，而是靠淀粉的巨大亲水性掩蔽了捕收剂对矿物表面的疏水性而使矿物表面亲水，其抑制强度随淀粉相对分子质量、分子中的羟基数和支链数的增加而增大，其抑制选择性则与极性基的组成和性质有关。

淀粉可作絮凝剂，由于其分子大、基团多，它与多个矿粒作用，借助“桥联”作用将许多分散的矿泥连接为大絮团，以加速沉降。当淀粉用量低（如每吨数十克）时可起絮凝作用，淀粉用量过大时，则起保护胶体作用，使矿泥不易沉降。

淀粉未水解成葡萄糖之前的产物，称为糊精。

2.4.16 单宁

单宁（栲胶）或植物鞣质为源于植物的有机抑制剂。五信子、橡碗、薯莨、茶子壳、板栗壳、槲树皮、花香树等许多植物中含有较多的单宁。单宁为可再生资源，对某些植物的壳、皮而言是废物利用。不同植物来源的单宁，其化学结构的差异较大。单宁的分子结构较复杂，均具有没食子酚的葡萄糖酐结构。单宁及单宁酸的结构式为：

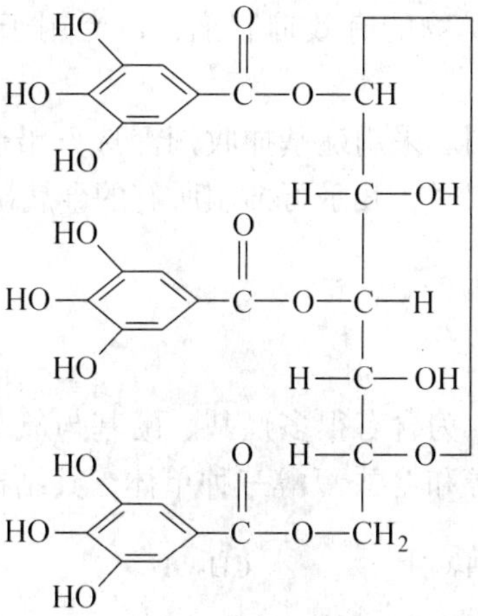

一般单宁分子结构式

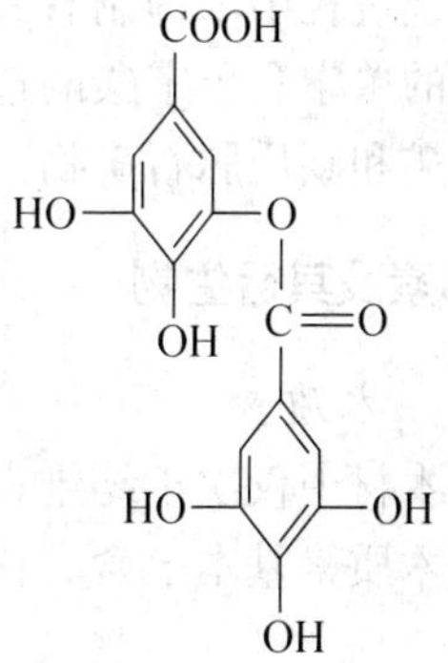

单宁酸（单宁的水解产物）

单宁的相对分子质量均大于2000，分子中常含数个苯环，为多元酚的衍生物，为无定形物质。单宁的分子中常含有儿茶酚、焦性没食子酸（焦棓酚或邻苯三酚）、间苯三酚等酚类。有些单宁还含有原儿茶酸及没食子酸。

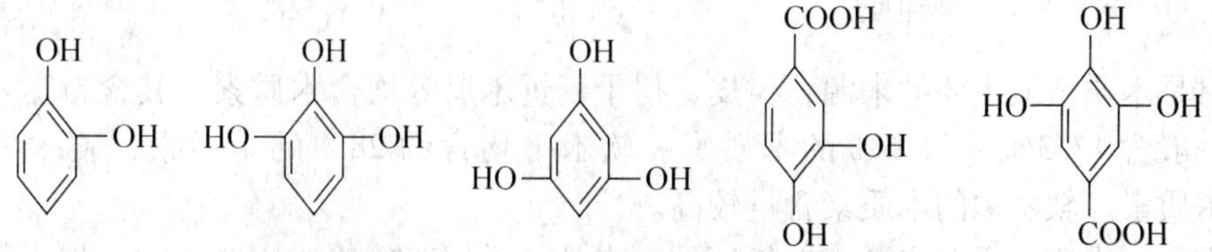

儿茶酚　焦性没食子酸　间苯三酚　原儿茶酸　没食子酸

单宁呈棕色胶状或粉状，易溶于水，可被明胶、蛋白质及植物碱所沉淀，有涩味。

国内常将粗制单宁称为栲胶，为植物萃取液经浓缩后的浸膏。其制取方法一般是将原料经相应设备粉碎后装入萃取器中，用60～80℃的热水进行连续萃取，获得的浸液在蒸发器中浓缩为浸膏，或进一步干燥为固体栲胶。如湖北宜昌某化工厂用3239kg红根或2800～2900kg橡碗可产出1t栲胶。采用40%的橡碗和60%的红根为原料可产出质量更高的栲胶。

粗制栲胶可溶于pH值大于8的溶液中。采用酸式亚硫酸盐处理高品质栲胶，可将磺酸基引入栲胶分子中，使栲胶能溶于各种pH值的溶液中。

国外利用萘磺酸或对羟基苯磺酸与甲醛或其他醛类（如糠醛、乙醛、丙醛等）进行缩合的产物，称为合成单宁。连云港化工设计研究院等单位曾以菲、蒽等化工原料合成单宁类物质，其代号为S-217、S-804、S-711、S-808等。

S-217系采用苯酚、浓硫酸与甲醛为原料缩合而成。S-711系采用萘、浓硫酸与甲醛为原料缩合而成。S-804系采用菲、浓硫酸与甲醛为原料缩合而成。如取粗菲50g置于带回流和搅拌装置的三口烧瓶中，在空气浴中加热至120℃，15min内滴加40mL浓硫酸，120℃保温3.5h，降温至80℃，10min内滴加浓度为40%的甲醛17.5mL，在沸水中搅拌1.5h，取出即为S-804产品。S-217、S-711的制法与S-804相似。

单宁为方解石、白云石、石英和氧化铁等矿物的有效抑制剂，广泛用于白钨、萤石、重晶石等的浮选过程中来抑制有关脉石矿物。

级别不同的单宁和单宁酸的选择性不全相同。采用巯基捕收剂浮选方铅矿时，可采用单宁抑制闪锌矿和碳质脉石矿物。当单宁用量大时，几乎可抑制所有的金属硫化矿物。

2.4.17 木质素及其衍生物

2.4.17.1 木质素

木质素是木材中仅次于纤维素的主要成分，为含有很多羟基、酚基与氧基的高分子化合物。不同的木质素基本上含有松柏醇、芥子醇和P-香豆醇三种单体，其结构为：

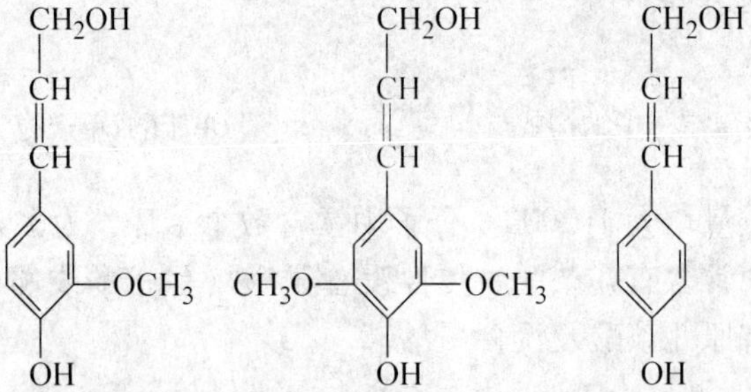

CH_2OH—CH=CH—（苯环，3-OCH_3，4-OH）　　CH_2OH—CH=CH—（苯环，3,5-二OCH_3，4-OH）　　CH_2OH—CH=CH—（苯环，4-OH）

松柏醇　　芥子醇　　P-香豆醇

木材是木质素最主要的来源，树皮、树干、锯木屑等均含木质素，其含量随木材种类而异，一般含17.3%～31.5%的木质素。软木平均含约28%的木质素，硬木平均含约24%的木质素。软木中的木质素含量较高。

生产中，木质素主要来源于造纸厂的副产品。采用亚硫酸盐法造纸时，将木材碎料经亚硫酸氢钙盐类及二氧化硫在高压釜中蒸煮水解，木质素转变为可溶物与纤维素分离。所得废液含大量的木质素磺酸钙，还含多种五碳糖、六碳糖等有机物。木质素磺酸钙与硫酸作用可生成木质素磺酸和硫酸钙。木质素磺酸与碱作用可生成相应的木质素磺酸钠（镁盐或铵盐）。

采用硫酸盐法（或碱法）造纸时，将木材碎料经10%苛性钠溶液、或10%苛性钠与硫化钠混合溶液在170～180℃处理1～3h，木质素、脂肪酸钠、五碳糖、六碳糖等大部分被溶解，变为黑纸浆废液。若木材为松杉木，纸浆废液浓缩后可盐析出粗塔尔油皂。余下的废液可用含二氧化碳的废气将其中和至pH值为4.5～10，可沉淀析出木质素钠。用木材生产1t纸浆可产出约200kg木质素。木质素钠不溶于水、有机溶剂及无机酸，与亚硫酸盐共煮即转变为木质素磺酸钠。

采用木屑制酒精时可获得大量的水解木质素。采用农副产品（玉米秆、稻谷壳）制取糠醛时，蒸馏糠醛后的废液仍含30%～40%的木质素，可作为粗木质素液供工业应用。

木质素为棕色固体粉末，非结晶体，密度为1.3～1.4g/cm^3，不溶于水、有机溶剂及无机酸，但溶于碱液中，某些类型木质素可溶于含氧的有机化合物及胺类中。木质素无固定熔点，加热时软化并随即碳化。

2.4.17.2 木质素磺酸盐

木质素磺酸盐是硅酸盐矿物、碱土金属矿物、碳质矿物、氧化铁矿物及金属硫化矿物的抑制剂。

铜钼混合精矿分离及钼浮选时，可采用木质素磺酸钠抑制硫化铜矿物、硫化铁矿物、碳质脉石及碱土金属矿物等。木质素磺酸盐可调整矿物表面的可浮性，可提高捕收剂的选择性和捕收能力，如采用5～137g/t木质素磺酸盐，用巯基捕收剂浮选硫化铜矿物时，可使尾矿中的铜含量降低50%，但切忌过量。

浮选钾盐时，可用木质素磺酸盐作脱泥剂。浮选含滑石的复合硫化矿物时，可用木质素磺酸及其钠盐抑制硫化矿中的滑石，可以提高硫化矿物的金属回收率。据报道，采用100g/t木质素磺酸钠作抑制剂可使金属回收率达90.3%。对比试验表明，不添加木质素磺酸钠时的金属回收率仅为48.3%。

浮选萤石时，若含金属硫化矿物，应先浮金属硫化矿物，然后采用脂肪酸类捕收剂浮选萤石，此时可采用木质素磺酸钙（100g/t）和NaF（1500g/t）作抑制剂，可抑制重晶石、方解石、氧化铁、石英、绿泥石和云母等脉石矿物。试验表明，木质素磺酸钙和NaF混用比木质素磺酸钙单用的抑制效果好。

2.4.17.3 氯化木质素

氯化木质素是在木质素分子中引入氯原子。制备氯化木质素有氯水法、电解法和液相连续通氯法，前两种方法用于大规模生产尚有一定困难，液相连续通氯法设备利用率高，较为便利。生产时将水先加入搪瓷反应罐中，再将木质素加入其中（浓度为14%），搅拌并通入氯气，直至木质素中含氯量达14%～15%时停止通入氯气。送真空过滤器过滤并洗涤至中性、抽干，此时产品含水量约60%。氯化木质素中含氯量与原料中的木质素含量有关，纯氯化木质素中含氯量大于20%。用作抑制剂的氯化木质素中含氯量以13.5%～15%较适宜。

氯化木质素为黄色固体粉末，不溶于水，易溶于乙醇及碱液中。用作抑制剂时，将氯化木质素溶于10～50g/L的碱液中，其使用pH值以11～13为宜。

用氯化木质素作抑制剂，用石灰作石英的活化剂对贫赤铁矿进行反浮选。原矿含铁33.7%，主要脉石为石英，用塔尔油皂作捕收剂进行反浮选，铁精矿含铁达61.96%，尾矿含铁为8.72%，铁回收率达86.75%。

2.4.17.4 铁铬（铬铁）木素

铁铬（铬铁）木素由硫酸、硫酸亚铁、重铬酸钠与木质素磺酸钙作用而制得。木质素磺酸钙与硫酸亚铁反应生成木质素磺酸亚铁和硫酸钙沉淀。在酸性介质中，重铬酸钠将部分亚铁离子氧化为三价铁离子，六价铬离子被还原为三价铬离子。三价铬离子与亚铁离子和木质素磺酸作用生成铁铬（铬铁）木素。铁铬（铬铁）木素的主要部分为高分子木质素磺酸，三价铬离子、亚铁离子与木质素磺酸分子中的两个或三个极性基团配合，生成稳定的配合物。

铁铬（铬铁）木素为棕黑色固体粉末，为水溶性高分子有机物。结构较复杂，可作为硅酸盐、石英、方解石等矿物的抑制剂，同时具有良好的起泡性能。

山西胡家峪选厂1995年采用铁铬（铬铁）木素作硅酸盐脉石的抑制剂，铜精矿品位达27.35%，铜回收率达96.44%，还有利于降低铜精矿中的水分含量。

大厂铜坑矿石中的脉石除石英、方解石外，还含褐铁矿，采用苄基胂酸作捕收剂浮锡石，粗选采用CMC和亚硫酸钠，精选采用亚硫酸钠和水玻璃作褐铁矿抑制剂，闭路只获得含锡19.15%的锡精矿，指标较低。后改用铁铬（铬铁）木素作抑制剂，从含锡0.61%的给矿中浮选产出含锡35.11%、锡回收率达76.97%的锡精矿，表明铁铬（铬铁）木素是该锡矿中褐铁矿的有效抑制剂。

2.4.18 巯基化合物

用作抑制剂的巯基化合物均为短碳链的巯基化合物，其碳链长度为$C_{1\sim5}$，如巯基乙酸（或钠盐）、巯基乙醇、γ-巯基丙醇及其衍生物等，主要用于抑制硫化铜矿物和硫化铁矿物等。

合成巯基乙酸的方法有多种，有硫化钠法、硫代硫酸钠法、硫脲法、三硫代碳酸钠法、烷基黄原酸盐法和电化学还原法等。硫化钠法以硫化钠、一氯醋酸钠、盐酸为原料，添加适量氯化钠，其投料质量比为：$Na_2S:ClCH_2COONa:HCl=2.2:1.0:0.7$，反应温度为75℃，反应时间为2h，压力为0.4MPa时的转化率达65.6%。可用NaHS代替Na_2S，反应完成后，可经酸化析出反应产物。

巯基乙酸为无色透明液体，有刺激性气味，可与水、醚、醇、苯等溶剂混溶。巯基乙酸的密度为1.3253g/cm^3，熔点为-16.5℃，60℃沸点为133.3Pa（1mmHg）（分解）。巯基乙酸水溶液呈酸性，其酸性大于醋酸。其分子结构中的—COOH基和—SH基均可呈酸式电离，一级和二级电离常数的pK_a值分别为3.55～3.92和9.20～10.56。

巯基乙酸（尤其是其碱性水溶液）易被空气氧化为双巯基乙酸或双巯基乙酸盐，少量铜、锰、铁离子可加速其氧化反应。弱氧化剂（如碘）也可氧化巯基乙酸。强氧化剂（如硝酸）可将巯基乙酸氧化为HO_3SCH_2COOH。纯巯基乙酸在室温下可进行自缩合，含量为98%的巯基乙酸，放置一个月可损失3%～4%。通常加入15%的水以降低其缩合反应速度。

巯基乙酸盐有腐蚀性，使用时须加以防护，触及皮肤和眼睛时可用适量水洗去，洗后最好用药涂敷。巯基乙酸盐的中性液或微碱性液的刺激性比巯基乙酸小得多。

巯基乙酸的毒性属中等，家禽的半致死量为250～300mg/kg，老鼠的半致死量为120～150mg/kg。浓度较稀时不影响植物生长，由于易被空气氧化，在环境中不会产生毒性积累。其毒性比硫化钠小，在浮选中是氰化物、硫化钠及硫氢化钠的代用品。

巯基乙酸分子中含有—SH和—COOH两个极性基团，—SH基团可与硫化铜及黄铁矿的矿物表面作用而吸附于矿物表面，—COOH基团因碳链短不具有捕收能力，但强烈亲水而形成水膜，故巯基乙酸是硫化铜及黄铁矿的有效抑制剂。

1948年美国氰胺公司以商品名Aero 666（巯基乙酸）、Aero667（50%巯基乙酸钠溶液）申请专利，并用于某大型铜选厂的铜钼分离浮选作业以抑制硫化铜矿物。

1984 年 9 月至 1985 年 10 月，西安冶金研究所采用巯基乙酸钠代替 NaCN、Na_2S，在金堆城钼业公司某选厂进行工业试验，结果表明，巯基乙酸钠不仅对黄铜矿有明显的抑制作用，而且可抑制硅酸盐脉石矿物，其用量仅为氰化钠用量的 50%，两者钼回收率相近。在小型试验和工业试验的基础上，1994 年金堆城钼业公司全面推广应用巯基乙酸钠作铜钼分离的抑制剂。

有试验研究在不同 pH 值条件下，巯基乙酸对黄铜矿和闪锌矿的抑制作用。试验结果表明，巯基乙酸对黄铜矿有较强的抑制作用，而对闪锌矿基本上无抑制作用。在 pH 值为 10.5 的条件下，采用巯基乙酸作抑制剂，可将黄铜矿和闪锌矿进行有效分离。

2.4.19 有机羧酸抑制剂

作为抑制剂的有机羧酸多数为短碳链的羟基羧酸，在其分子中含有一个或多个羟基和羧基，如 2-羟基丁二酸（苹果酸）、2-羟基丙二酸、2,3-二羟基丁二酸（酒石酸）、柠檬酸和没食子酸等。

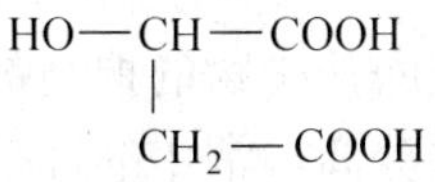

$HO—CH(CH_2—COOH)—COOH$
苹果酸

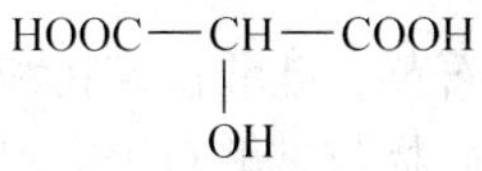

$HOOC—CH(OH)—COOH$
2-羟基丙二酸

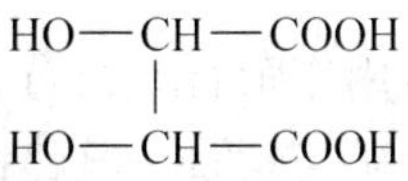

$HO—CH(COOH)—CH(OH)—COOH$
酒石酸

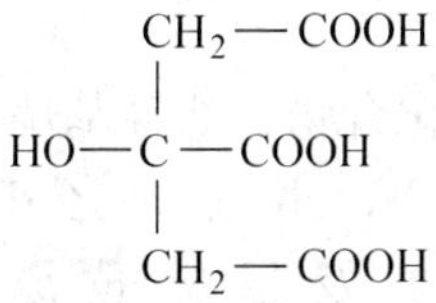

$HO—C(CH_2—COOH)_2—COOH$
柠檬酸

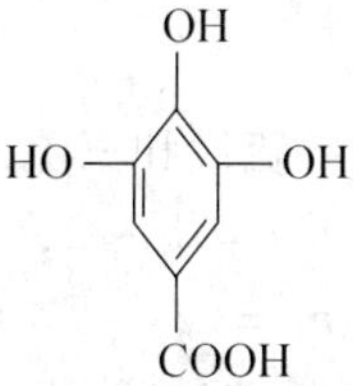

$(HO)_3C_6H_2—COOH$
没食子酸

羟基羧酸分子中最少含有一个羟基和一个羧基，两者均能与水分子形成氢键，故羟基羧酸常比相应的羧酸易溶于水，低级羟基羧酸可与水混溶，不易溶于石油醚等非极性溶剂中。

由于羟基为吸电子基团，多数条件下它可增强羧基的酸性，故通常羟基羧酸的酸性比相应的羧酸强。羟基增强羧基酸性的程度视羟基所在位置而异，羟基离羧基愈远，则对羧基酸性的影响愈小。

短碳链的羟基羧酸是螯合剂，易与溶液中的金属离子配合，生成溶于水的螯合物。如：

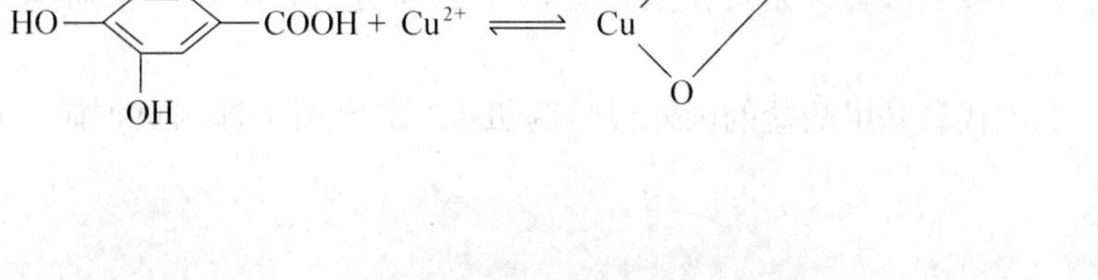

$$HO—CH(COOH)—CH(OH)—COOH + Cu^{2+} \rightleftharpoons Cu(—O—CH(COOH)—CH(COOH)—O—) + 2H^+$$

$$(HO)_3C_6H_2—COOH + Cu^{2+} \rightleftharpoons Cu(O_2)C_6H_2(OH)—COOH + 2H^+$$

因此，羟基羧酸的部分基团与矿物表面的金属离子成键而螯合，另一部分基团则向外与水生成水膜，使矿物表面亲水而被抑制。

使用烷基硫酸盐和烷基苯磺酸盐混合捕收剂时，各种羟基羧酸对萤石的抑制效果如图2-20所示。

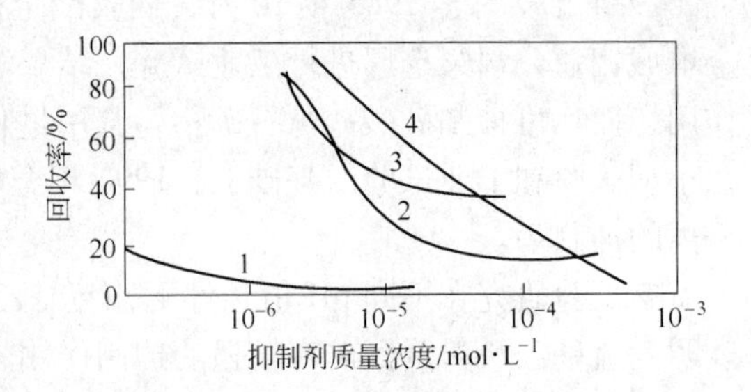

图2-20 各种羟基羧酸对萤石的抑制效果

1—柠檬酸；2—苹果酸；3—酒石酸；4—没食子酸

生成螯合物的难易程度和螯合物的稳定性除与螯合剂的结构有关外，还与被螯合的金属离子的特性有关。通常金属离子的正电荷愈多，离子半径愈小，外层电子结构为非8个电子构型，其极化作用愈强，其螯合物愈易生成，且愈稳定。因此，过渡元素的金属离子易生成螯合物。重晶石含 Ba^{2+}，萤石含 Ca^{2+}，同属碱土金属的正二价子，但 Ba^{2+} 的离子半径比 Ca^{2+} 大，Ca^{2+} 的螯合物比 Ba^{2+} 的螯合物稳定，故萤石比重晶石更易生成亲水螯合物而被抑制。

羟基羧酸常用作萤石、长石、石英、硅酸盐矿物和碳酸盐矿物的抑制剂。如用于重晶石与萤石、白钨矿与萤石、氧化铜矿物与方解石等的浮选分离。常用的羟基羧酸抑制剂为柠檬酸、酒石酸、没食子酸、草酸、乙二胺四乙酸（EDTA）等。

2.4.20 硫代酸盐类抑制剂

硫代酸盐类抑制剂主要为某些二硫代和三硫代有机化合物，如羟基烷基二硫代氨基甲酸盐（$HO—(CH_2)_n—NH—CSSMe$，$n=1\sim2$，Me为Na、K）、多羟基烷基黄原酸盐（$HOCH_2(CHOH)_nCH_2OCSSMe$，$n=2\sim7$）、戊糖及已糖黄原酸盐（$HOCH_2(CHOH)_nCOCH_2OCSSMe$，$n=2$、3）、淀粉黄药和三硫代碳酸盐等。这些硫代酸盐类抑制剂具有相同的特点和相似的性质，均含有—OH、—NH—、—CSS—、—S—CSS—等多个极性基团。

羟基烷基二硫代氨基甲酸盐以羟基乙胺、二硫化碳和苛性钠为原料而制得。实际上获得的为羟基烷基二硫代氨基甲酸盐和胺乙基黄原酸盐两种有机抑制剂的混合物。其反应可表示为：

$$HOCH_2CH_2NH_2 + CS_2 + NaOH \longrightarrow HOCH_2CH_2NH—CSSNa + H_2O$$

同时产生以下反应：

$$HOCH_2CH_2NH_2 + CS_2 + NaOH \longrightarrow H_2N—CH_2CH_2O—CSSNa + H_2O$$

多羟基烷基黄原酸盐以多元醇或糖料、二硫化碳和苛性钠为原料而制得，其制备方法与羟基烷基二硫代氨基甲酸盐相似，不同的是烃链上带有多个羟基。其反应可表示为：

$$CH_2OH(CHOH)_2CH_2OH + CS_2 + NaOH \longrightarrow CH_2OH(CHOH)_2CH_2OCSSNa + H_2O$$

多羟基化合物制备黄原酸盐过程中，除与一个伯醇产生反应生成黄原酸盐外，也可能与其中的两个或多个伯醇基反应生成相应的黄原酸盐。多羟基烷基黄原酸盐为黄色固体粉末，易溶于水，易吸潮分解，尤其在酸性介质中更易分解，其化学性质与其他硫代酸盐相似。

羟基烷基二硫代氨基甲酸盐的国外代号为Д-1，主要用于抑制黄铜矿、黄铁矿，浮选辉钼矿。

多羟基烷基黄原酸盐为黄铁矿、白铁矿及煤等矿物的有效抑制剂。

二甲基二硫代氨基甲酸酯为闪锌矿、硫化铁矿物的有效抑制剂。

陈万雄等人的研究试验表明，二硫代碳酸乙酸二钠和二硫代氨基乙酸钠对黄铁矿的抑制最强，丁四醇黄原酸盐的抑制作用最弱。

二甲基二硫代氨基甲酸盐可代替 NaCN 作闪锌矿、硫化铁矿物的有效抑制剂，又可对方铅矿、斑铜矿等起活化作用。

2.4.21 多极性基团磺酸抑制剂

芳香烃类多极性有机化合物可作抑制剂，它们除含磺酸基团外，还含—OH、—NH_2、—COOH 等极性基团。此类药剂易溶于水，在水中易离解为酸根，易螯合成环，亲水。如：

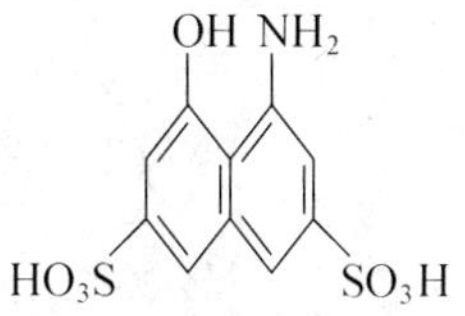

1-氨基-8-萘酚-3,6-二磺酸（H 酸） 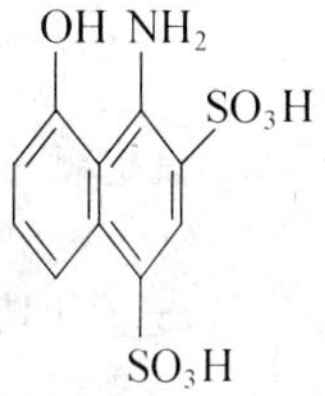　　1-氨基-8-萘酚-2,4-二磺酸（芝加哥酸）

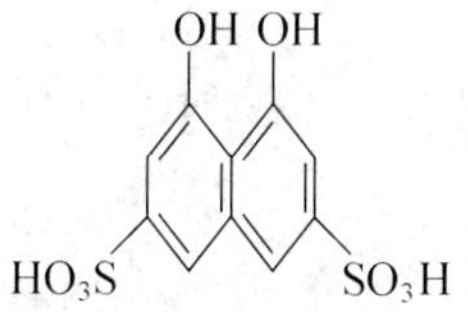

1，8-二羟基萘-3,6-二磺酸（铬变酸） 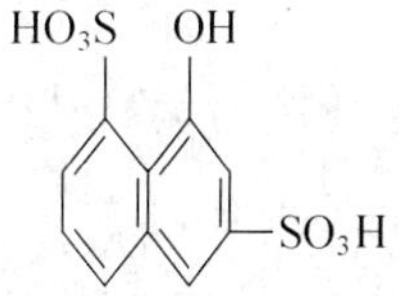　　1-萘酚-3,8-二磺酸（ε酸）

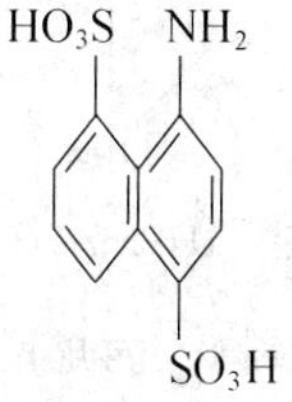

1-氨基-4,8-二磺酸萘（氨基芝加哥酸） 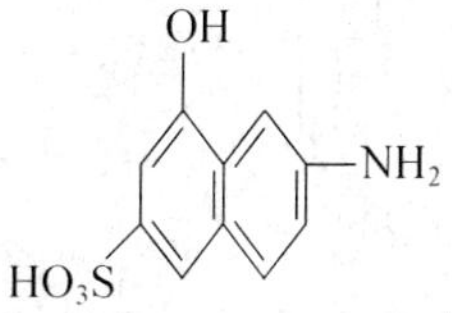　　2-氨基-8-萘酚-6-磺酸

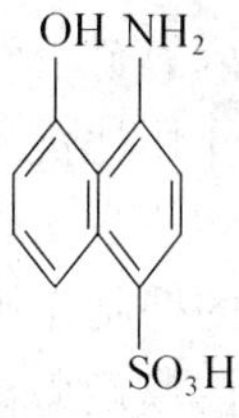

1-氨基-8-萘酚-4-磺酸 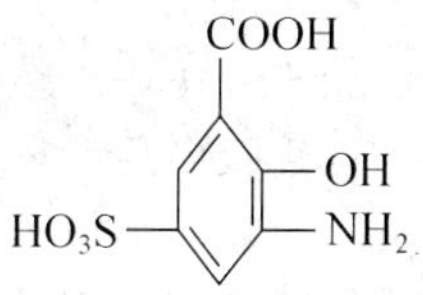　2-羟基-3-氨基-5-磺酸基-苯甲酸 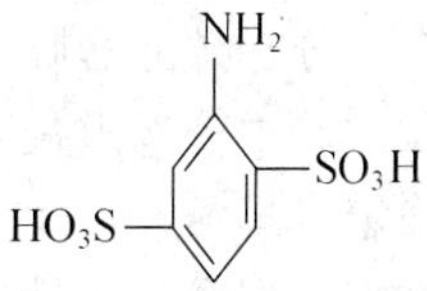　2,5-二磺酸苯胺

上列 9 种化合物多数为偶氮染料中间体。染料及其中间体用作浮选药剂的实例较多，如刚果红染料为方铅矿、黄铜矿、斑铜矿、辉铜矿、闪锌矿等硫化矿物的有效抑制剂。在

一定的 pH 值条件下，采用黄药浮选闪锌矿，添加适量的刚果红可选择性抑制斑铜矿，可实现铜锌混合精矿的有效分离。

2.4.22 其他聚合物抑制剂

有机抑制剂的类型和品种不断增加，除前述有机抑制剂外，再列举一些聚合物抑制剂。如：

$$-\!\!\left[CH_2-\underset{\substack{|\\CONH_2}}{CH}\right]\!\!-_n$$

聚丙烯酰胺

$$-\!\!\left[CH_2-\underset{\substack{|\\CONH_2}}{CH}\right]\!\!-_{n-m}\!\left[CH_2-\underset{\substack{|\\CONHCH_2N(CH_3)_3}}{CH}\right]\!\!-_m$$

氨甲基聚丙烯酰胺（季铵）

$$-\!\!\left[CH_2-\underset{\substack{|\\CONH_2}}{CH}\right]\!\!-_{n-m}\!\left[CH_2-\underset{\substack{|\\NH_2}}{CH}\right]\!\!-_m$$

氨基聚丙烯酰胺

$$-\!\!\left[CH_2-\underset{\substack{|\\CONH_2}}{CH}\right]\!\!-_{n-m}\!\left[CH_2-\underset{\substack{|\\COOH}}{CH}\right]\!\!-_m$$

水解聚丙烯酰胺

$$-\!\!\left[CH_2-\underset{\substack{|\\CONH_2}}{CH}\right]\!\!-_{n-m}\!\left[CH_2-\underset{\substack{|\\CONHCH_2SO_3H}}{CH}\right]\!\!-_m$$

磺酸甲基聚丙烯酰胺

$$-\!\!\left[CH_2-\underset{\substack{|\\CONH_2}}{CH}\right]\!\!-_{n-m}\!\left[CH_2-\underset{\substack{|\\C(O)NHCH_2OH}}{CH}\right]\!\!-_m$$

羟甲基聚丙烯酰胺

$$-\!\!\left[CH_2-\underset{\substack{|\\COOH}}{CH}\right]\!\!-_n$$

聚丙烯酸

$$\left[\begin{array}{c}CH-CH\\ |\quad\ \ |\\ C\quad\ C\\ O\!=\quad O\quad =\!O\end{array}\right]_{n+m}$$

聚马来酸酐(PMA)

$$\left[\begin{array}{c}CH-CH\\ |\qquad |\\ COOH\ COOH\end{array}\right]_n\left[\begin{array}{c}CH-CH\\ |\quad\ \ |\\ C\quad\ C\\ O\!=\quad O\quad =\!O\end{array}\right]_m$$

水解聚马来酸酐（HPMA）

此外，还有某些高分子聚合物，如丙烯酸-磺酸共聚物、丙烯酸-马来酸共聚物、丙烯酸-丙烯酰胺共聚物、马来酸(酐)-苯乙烯磺酸共聚物、聚天冬氨酸等。

美国氰胺公司专利采用相对分子质量为 500～7000 的部分水解聚丙烯酰胺作抑制剂，用于从铁矿石中分选硅酸盐脉石，从辉钼矿中分选硫化铜矿物，从闪锌矿、黄铜矿中分选方铅矿，从钛铁矿中分选磷灰石，从方解石中分选萤石等。其抑制作用比淀粉强，选择性高，指标较稳定。

白钨与方解石混合精矿精选时，添加聚丙烯酰胺可强化水玻璃的抑制作用。

昆明冶金研究所采用 3-甲基硫代脲嘧啶、假乙内酰硫脲、假乙内酰硫脲酸、脲素硫代磷酸盐等作铜钼分离的抑制剂。结果表明，可完全代替硫化钠，可达到或超过硫化钠的分离效果。

据报道，可采用二乙烯三胺（$NH_2CH_2CH_2NHCH_2CH_2NH_2$）和三乙烯四胺（$NH_2CH_2CH_2NH—CH_2CH_2NHCH_2CH_2NH_2$）作为磁黄铁矿的抑制剂，多胺化合物为强螯合

剂，它可调整矿浆中的金属离子浓度。当镍黄铁矿与磁黄铁矿进行浮选分离时，添加多胺化合物可大幅度降低磁黄铁矿表面对黄药的吸附量，使磁黄铁矿被抑制。将多胺化合物与 $Na_2S_2O_5$ 混合使用，镍黄铁矿与磁黄铁矿的浮选分离效果更佳。

2.5 活化剂

2.5.1 概述

活化剂为能提高矿物表面吸附捕收能力的一类浮选药剂。其活化机理为：

（1）在矿物表面生成易与捕收剂作用的难溶活化膜。

（2）在矿物表面生成易与捕收剂作用的活性点。

（3）清除矿物表面的亲水膜而提高矿物表面的可浮性。

（4）消除矿浆中有碍目的矿物浮选的金属离子。

活化剂可分为无机活化剂和有机活化剂两大类。常用活化剂见表2-34。

表2-34 常用活化剂

种类	名称及组成	主要用途
无机酸	硫酸（H_2SO_4） 盐酸（HCl） 氢氟酸（HF）	用于活化被石灰抑制过的黄铁矿 用于活化锂、铍矿物及长石
无机碱	碳酸钠（Na_2CO_3） 氢氧化钠（NaOH）	用于活化被石灰抑制过的黄铁矿及沉淀矿浆中的难免离子
金属阳离子： Cu^{2+} Pb^{2+}	硫酸铜（$CuSO_4$） 氯化铜（$CuCl_2$） 硝酸铅（$Pb(NO_3)_2$）	用于活化硫化铁矿物和闪锌矿 用于活化硫化铁矿物、闪锌矿、辉砷钴矿 用于活化辉锑矿、闪锌矿
碱土金属阳离子： Ca^{2+} Ba^{2+}	氧化钙（CaO） 氯化钙（$CaCl_2$） 氯化钡（$BaCl_2$）	使用羧酸类捕收剂时： 用于活化硅酸盐矿物、石英、黑云母等 用于活化重晶石、石英、蛇纹石
硫化物	硫化钠（Na_2S） 硫氢化钠（NaHS）	用黄药类捕收剂时，用于活化铜、铅、锌等有色金属氧化矿物 用胺类捕收剂时，用于活化氧化锌矿物
有机化合物	工业草酸（$H_2C_2O_4$） 二乙胺磷酸盐（$(CH_2NH_3)_2HPO_4$）	用于活化被石灰抑制过的黄铁矿 用于活化氧化铜矿物
羧甲基纤维素	CMC	用于活化辉铜矿、斑铜矿、石墨

2.5.2 无机酸

无机酸主要用于活化被石灰抑制过的黄铁矿、磁黄铁矿及用于活化锂、铍矿物和长石等；从氰化渣中浮选回收金时，常采用硫酸活化被氰化物抑制的金属硫化矿物。生产中金属硫化矿物高碱介质浮选分离时，常用的无机酸活化剂主要为硫酸、酸性水（硫化矿的矿坑水或硫酸厂的稀酸液），较少采用盐酸作活化剂。锂、铍矿物和长石等矿物浮选时，常用的无机酸活化剂主要为盐酸和氢氟酸。

金属硫化矿物低碱介质浮选分离时，常采用原浆浮选硫化铁矿物的工艺，无须添加任何活化剂即可实现硫化铁矿物的浮选，并可获得高质量的硫精矿和高的硫回收率。

2.5.3 无机碱

无机碱主要用于活化被石灰抑制过的黄铁矿、磁黄铁矿及用于沉淀矿浆中的难免金属离子。生产中，金属硫化矿物高碱介质浮选分离时，常用的无机碱活化剂主要为碳酸钠、碳酸铵、碳酸氢铵，较少采用氢氧化钠作活化剂。

采用碳酸盐作活化剂时，矿浆中生成大量的碳酸盐沉淀，使矿化泡沫发黏，夹带大量矿泥，可大幅度降低精矿品位，使精矿澄清和过滤较困难，过滤后的精矿水分含量较高（常大于20%）。

金属硫化矿物低碱介质浮选分离时，常采用原浆浮选硫化铁矿物的工艺，可完全消除碳酸盐活化被石灰抑制过的黄铁矿、磁黄铁矿所带来的不足，硫精矿品位高，硫浮选回收率高，过滤后的硫精矿水分含量低（常小于13%）。

石灰是常用的无机碱，是黄铁矿、磁黄铁矿的典型抑制剂。试验表明，所有硫化铅锌矿在自然pH值条件下浮选，无论采用何种类型的金属硫化矿物捕收剂，铅回收率随捕收剂用量的提高而提高，而锌回收率随捕收剂用量的提高而提高很小。但只要加极少量石灰（如100～500g/t），则锌回收率随捕收剂用量的提高而提高，硫化锌矿物明显地被少量石灰所活化，此活化现象与捕收剂类型及硫化锌呈闪锌矿或铁闪锌矿存在无关。只当石灰用量较高时，硫化锌矿物的浮选才被石灰抑制。

2.5.4 金属阳离子

金属阳离子主要用于活化闪锌矿、铁闪锌矿、辉锑矿、辉砷钴矿、紫硫镍矿和磁黄铁矿等。生产中金属硫化矿物浮选分离时，常用的金属阳离子活化剂主要为硫酸铜、硝酸铅，较少采用氯化铜作活化剂。硫酸铜主要作闪锌矿、铁闪锌矿、辉砷钴矿、紫硫镍矿和磁黄铁矿的活化剂，硝酸铅主要作辉锑矿的活化剂。

硫酸铜活化闪锌矿、铁闪锌矿、辉砷钴矿和磁黄铁矿可分为两种类型：

（1）活化未被抑制的闪锌矿，在闪锌矿表面生成易浮的硫化铜薄膜。

由于Cu^{2+}和Zn^{2+}的离子半径相近，Cu^{2+}与闪锌矿表面的Zn^{2+}发生置换反应，在闪锌矿表面生成易浮的硫化铜薄膜，使闪锌矿具有与铜蓝（CuS）相近的可浮性。其反应可表示为：

$$ZnS]ZnS + CuSO_4 \longrightarrow ZnS]CuS + ZnSO_4$$

闪锌矿］ 硫化铜薄膜

由于Cu^{2+}和Zn^{2+}的离子半径分别为0.080mm和0.083mm，较相近；CuS和ZnS的溶度积分别为10^{-36}和10^{-34}，CuS的溶度积远小于ZnS的溶度积以及Cu^{2+}/Cu和Zn^{2+}/Zn的

还原电位分别为 +0.34V 和 -0.76V，Zn^{2+}/Zn 的还原电位远小于 Cu^{2+}/Cu 的还原电位，Zn 易将 Cu^{2+} 离子从溶液中置换出来。因此，在闪锌矿表面生成易浮的硫化铜薄膜是个自发的过程，可自动进行。

（2）活化被抑制的闪锌矿等矿物时，首先除去矿物表面的亲水薄膜或亲水离子，然后生成易浮的硫化铜薄膜。

当闪锌矿等矿物先被氰化物、亚硫酸盐抑制时，Cu^{2+} 首先与 CN^-、SO_3^{2-} 等离子配合而清除矿物表面的亲水薄膜，然后生成易浮的硫化铜薄膜。其反应可表示为：

$$CuSO_4 + 2H_2O \longrightarrow Cu(OH)_2\downarrow + 2H^+ + SO_4^{2-}$$

$$Cu(OH)_2\downarrow \longrightarrow Cu^{2+} + 2OH^-$$

$$2Cu^{2+} + 4CN^- \longrightarrow Cu_2(CN)_2\downarrow + (CN)_2\uparrow$$

$$Cu_2(CN)_2 + 4CN^- \longrightarrow 2Cu(CN)_3^{2-}$$

从上述反应可知，矿浆中有效 Cu^{2+} 的含量与硫酸铜用量和浮选矿浆的 pH 值密切相关。金属硫化矿物高碱介质浮选分离时，浮选矿浆的 pH 值常大于 12，铜、铅、锌硫化矿物高碱介质浮选分离时，矿浆 pH 值常为 13~14，从铅浮选尾矿中浮选闪锌矿时，硫酸铜用量有时高达 600g/t 左右。

金属硫化矿物低碱介质浮选分离时，浮选矿浆的 pH 值常为 6.5~8.0，从铅浮选尾矿中浮选硫化锌矿时，硫酸铜用量常小于 400g/t。对某硫化铅锌矿进行的小型试验表明，该矿硫化锌为普通的闪锌矿，采用高碱介质浮选分离工艺，石灰用量为 12kg/t，矿浆 pH 值常为 14，浮选闪锌矿时的硫酸铜用量常高达 600g/t 左右。采用低碱介质浮选分离工艺时，石灰用量为 1~3kg/t，矿浆 pH 值常小于 8~9，浮选闪锌矿时的硫酸铜用量仅为 100g/t，锌尾矿实现了原浆选硫（该矿生产中选硫的硫酸用量为 8~10kg/t）。

2.5.5 碱土金属阳离子

碱土金属阳离子如 Ca^{2+}、Mg^{2+}、Ba^{2+}、Fe^{2+}、Al^{3+} 等的化合物，如氧化钙、氯化镁、氯化钡、氯化铁和硝酸铝等是采用羧酸类捕收剂时，石英、硅酸盐矿物的典型活化剂。

2.5.6 硫化物

浮选过程中为了活化有色金属氧化矿物，常采用硫化钠、硫氢化钠、硫化钙等硫化物作活化剂。这些硫化物的共同特点是在矿浆中可解离出硫离子，可与有色金属氧化矿物表面的金属离子生成易与黄药类捕收剂作用的硫化膜，故可提高有色金属氧化矿物的可浮性。

2.5.7 氟离子

采用胺类阳离子捕收剂浮选石英、绿柱石和硅酸盐等矿物时，常采用氟化钠、氟氢酸、氟硅酸钠等作活化剂。这些氟化物的共同特点是在矿浆中可解离出氟离子，它可吸附于石英、绿柱石和硅酸盐等矿物表面，形成活性中心以增强胺类阳离子捕收剂对石英、绿柱石和硅酸盐等矿物的捕收作用。

2.5.8 有机活化剂

目前常用的有机活化剂及其应用见表2-35。

表2-35 目前常用的有机活化剂及其应用

活化剂名称	主 要 应 用
羧甲基纤维素	用于活化辉铜矿、斑铜矿、石墨
脂肪酸烷基酯	用于活化金属硫化矿物
磷酸酯类	用于活化金属硫化矿物
木质素磺酸及其盐类	用于活化硫化铜、铅矿物而抑制黄铁矿及脉石
草 酸	用于活化被石灰抑制的黄铁矿、磁黄铁矿
次硫酸氢钠甲醛	用于活化被石灰抑制的黄铁矿、磁黄铁矿
乙二胺磷酸盐	用于活化氧化铜矿物
乙醇胺磷酸盐	用于活化氧化铜矿物
乙 炔	用于活化氧化铜矿物、锡石
乙二胺、水杨醛肟	用于活化菱锌矿

2.6 介质pH值调整剂

2.6.1 概述

介质pH值调整剂是调整浮选矿浆pH值，调整矿浆中的离子组成，为被浮矿物表面能与各种浮选药剂有效作用创造有利条件的浮选药剂。

介质调整剂的主要作用为:

(1) 调整浮选矿浆pH值。金属硫化矿物的可浮性常随浮选矿浆pH值的降低而提高。由于矿浆中溶解氧的还原电位随浮选矿浆pH值的降低而提高，矿浆pH值愈低，愈易在金属硫化矿物表面生成半氧化膜，愈易与金属硫化矿物的捕收剂起作用。不添加任何浮选药剂时的矿浆pH值称为矿浆的自然pH值。矿浆的自然pH值随原矿的矿物组成、化学组成及选矿厂用水条件而异。通常金属硫化矿选矿厂矿浆的自然pH值约为6.5，仅极少数矿山选矿厂的矿浆自然pH值大于7.0或小于6.0。

浮选矿浆pH值还对待浮矿物表面的电性有影响，因H^+、OH^-常为某些矿物表面的定位离子，故浮选矿浆pH值与选择浮选的有效捕收剂有关。

由于采用的浮选工艺路线和药方不同，各生产选厂采用的浮选矿浆pH值也不同。通常金属硫化矿物浮选的工艺路线可分为高碱介质浮选工艺和低碱介质浮选工艺两种工艺路线，这两种工艺要求的浮选矿浆pH值不同，前者浮选矿浆pH值常大于11，后者浮选矿浆pH值常小于7.0，因分界线常以通常磨矿细度条件下，伴生单体金的浮选pH值而定。

(2) 调整浮选矿浆中的离子组成。浮选矿浆是原矿中各种矿物、各种浮选药剂和水组成的复杂体系，浮选矿浆pH值与某些矿物的溶解、某些金属离子的沉淀与解离、离子型浮选药剂的解离及其离子浓度密切相关。

提高浮选矿浆pH值可使矿浆中的某些难免重金属离子呈氢氧化物沉淀析出，可消除或减轻这些难免重金属离子对浮选分离的不利影响。

浮选矿浆pH值与离子型浮选药剂的解离及其离子浓度密切相关，浮选矿浆pH值还与某些金属硫化矿物浮选捕收剂的半分解期有关。因此，应综合考虑浮选矿浆pH值的影响。

(3) 调整矿泥的分散状态及矿化泡沫状态。提高浮选矿浆pH值可引起矿泥团聚，矿化泡沫发黏不易破裂，易产生冒槽现象。

常用的介质调整剂为石灰、碳酸钠、苛性钠、硫酸等。

2.6.2 石灰

石灰石于900～1200℃条件下煅烧可得生石灰（俗称石灰）。石灰为白色固体，易吸水，与水作用生成消石灰（俗称熟石灰）。熟石灰难溶于水，在水中可解离析出Ca^{2+}和OH^-，为强碱。其反应可表示为：

$$CaCO_3 \xrightarrow{900\sim1200℃} CaO + CO_2\uparrow$$

$$CaO + H_2O \longrightarrow Ca(OH)_2$$

$$Ca(OH)_2 \rightleftharpoons Ca(OH)^+ + OH^-$$

$$Ca(OH)^+ \rightleftharpoons Ca^{2+} + OH^-$$

多金属硫化矿物浮选分离时，常采用石灰提高浮选矿浆的pH值和抑制硫化铁矿物（黄铁矿和磁黄铁矿等）。

松醇油类起泡剂的起泡能力和矿化泡沫黏度随浮选矿浆pH值的提高而增大，而酚类起泡剂的起泡能力和矿化泡沫黏度随浮选矿浆pH值的提高而降低。

实际生产应用中，石灰常为块灰和粉灰两种形态。当采用块灰时，首先采用不同的消化器将其消化，制成一定浓度的石灰乳再加入球磨机中或矿浆搅拌槽中。当采用粉灰时，可直接在搅拌槽中制成一定浓度的石灰乳，再加入球磨机中或矿浆搅拌槽中。当采用高碱浮选工艺时，由于石灰用量大，自动检测的探测器表面易结钙，影响检测精度，故常用pH值试纸测量浮选矿浆的pH值。当pH值试纸测量分辨不清（pH值大于12）时，可采用直接滴定浮选矿浆游离碱含量的方法测量浮选矿浆的pH值。

当采用低碱浮选工艺时，由于不用石灰或石灰用量小，可采用自动检测的方法或pH值试纸测量法，直接测量浮选矿浆的pH值。

2.6.3 苛性钠

苛性钠为强碱性介质调整剂，只当须采用高碱介质浮选而无法采用石灰作介质调整剂时，才采用苛性钠作高碱介质调整剂。如采用羧酸类捕收剂进行赤铁矿和褐铁矿的正浮选氧化铁矿物或反浮选石英时，为避免Ca^{2+}的有害影响，常采用苛性钠作高碱介质调整剂。

2.6.4 碳酸钠

碳酸钠（纯碱）为中碱性介质调整剂，可将矿浆的pH值调整为8～10，可活化被石灰抑制的黄铁矿。它可使矿浆中的Ca^{2+}、Mg^{2+}等离子沉淀析出，消除其有害影响。其反应可表示为：

$$Na_2CO_3 + 2H_2O \longrightarrow 2Na^+ + 2OH^- + H_2CO_3$$

$$H_2CO_3 \longrightarrow H^+ + HCO_3^+ \qquad K_1 = 4.2 \times 10^{-7}$$

$$HCO_3^+ \longrightarrow H^+ + CO_3^{2-} \qquad K_2 = 4.8 \times 10^{-11}$$

$$Ca^{2+} + CO_3^{2-} \longrightarrow CaCO_3 \downarrow$$

$$Mg^{2+} + CO_3^{2-} \longrightarrow MgCO_3 \downarrow$$

碳酸钠主要用作非硫化矿物浮选的中碱性介质调整剂。

多金属硫化矿物浮选分离时，若采用碳酸钠作中碱性介质调整剂，矿浆中将生成较多的碳酸盐沉淀，矿化泡沫夹带大量矿泥而发黏，可大幅度降低精矿品位，故应尽量少用碳酸钠作中碱性介质调整剂。

2.6.5 无机酸

浮选中常用无机酸作浮选矿浆的酸性介质调整剂，主要采用硫酸作酸性介质调整剂。

硫酸为常用的酸性介质调整剂。多金属硫化矿物高碱介质浮选分离时，常用硫酸将矿浆的 pH 值调整为6.5 左右，以活化被石灰抑制的硫化铁矿物。浮选锆英石、金红石、烧绿石等稀有金属矿物及处理尾矿和堆存时间较长的矿石时，常用硫酸调浆，以擦洗清除矿物表面的亲水膜。

从氰化尾渣中浮选回收金、银时，常采用硫酸调浆，以除去待浮矿物表面的亲水氰化膜。

浮选绿柱石、长石等硅酸盐矿物时，常用氢氟酸调浆，可调整矿浆的 pH 值和活化硅酸盐矿物。

浮选含镍及含贵金属的磁黄铁矿时，常用草酸调浆，可调整矿浆的 pH 值和活化磁黄铁矿。

浮选重晶石时，可用柠檬酸调浆，可调整矿浆的 pH 值，抑制萤石和碳酸盐矿物。

浮选硫化铜镍矿时，可采用硫酸调浆，以提高镍黄铁矿、紫硫镍矿、黄铜矿和墨铜矿的可浮性。

3 浮选设备

3.1 概述

3.1.1 浮选设备的基本要求

目前生产中应用的主要浮选设备可分为浮选机和浮选柱两大类。它们除须具备一般机器应具备的性能（如结构简单、工作可靠、易操作维修、耗电低、易自动化等）外，还应具备下列特殊要求：

（1）具有充气作用。能向矿浆中吸入或压入足量的空气，并能将空气分割为直径为0.1～1.0mm的细小气泡，且能将小气泡弥散于全浮选槽内的矿浆中。

（2）具有搅拌作用。其目的为：

1）其搅拌强度可将空气分割为大量的细小气泡，且能将小气泡弥散于全浮选槽内的矿浆中；

2）其搅拌强度可使矿浆在槽内循环，使矿粒处于悬浮运动状态而不沉于槽底，增加矿粒与细小气泡碰撞接触的机会；

3）能促进浮选药剂的溶解与分散，增强浮选药剂与矿粒及细小气泡的作用。

（3）可调节矿浆液面高度和充气量。

（4）矿化泡沫能及时被刮出或溢出。

除主要设备外，浮选时还常采用搅拌槽、矿浆泵、泡沫泵、浓密机、浓泥斗等辅助设备。

3.1.2 矿浆在浮选机中的运动状态

矿浆在浮选机中的运动状态如图3-1所示。

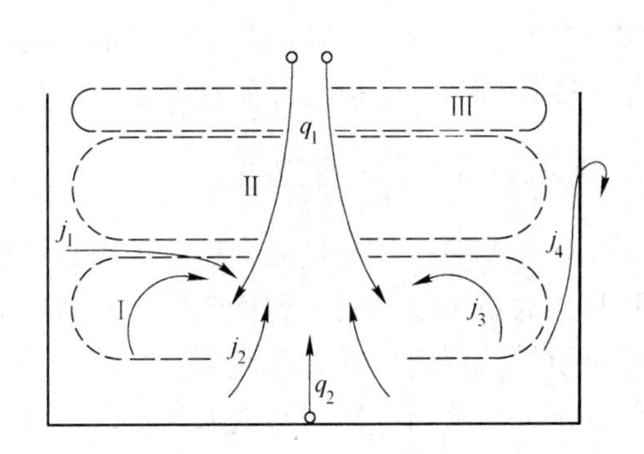

图3-1 矿浆在浮选机中的运动状态

Ⅰ—混合区；Ⅱ—分选区；Ⅲ—泡沫区；q_1—上方充气路线；q_2—下方充气路线；j_1—上侧进浆路线；j_2—下侧进浆和矿浆循环路线；j_3—上侧矿浆循环路线；j_4—槽内产品排出路线

浮选机操作时，槽内装满矿浆。叶轮转动时，矿浆沿 j_1 和 j_2 方向进入混合区，空气沿 q_1 和 q_2 方向进入混合区，矿浆与吸入或压入的空气在混合区混合，并将空气分割为大量的细小气泡。

矿浆与细小气泡混合物除部分沿 j_2、j_3 循环外，大部分上升至分选区。在分选区，大量的细小气泡带着疏水性矿粒上浮至泡沫区形成矿化泡沫，将其刮出或溢出可得泡沫产品（一般为精矿）；不浮的矿粒返回混合区，经一定时间循环后沿 j_4 路线流入下一槽或排出槽外（一般为尾矿）。

3.1.3 浮选机的充气方法

目前生产中应用的浮选设备的充气方法有三种：

（1）机械搅拌吸入法：在混合区形成负压，将空气经充气管吸入混合区。

（2）压气-机械搅拌吸入法：此时机械搅拌强度较小，空气靠压气机送入混合区。

（3）利用充气器充入空气并将其分割为大量的细小气泡。

前两种充气方法主要用于浮选机，后一种充气方法主要用于浮选柱。

3.1.4 浮选机分类

目前生产中应用的浮选机，依其充气和搅拌方法可分为三类：

（1）机械搅拌式浮选机：此类浮选机靠机械搅拌器（转子和定子组）实现矿浆的充气和搅拌。

（2）压气-机械搅拌式浮选机：此类浮选机靠机械搅拌器搅拌矿浆，由另设的鼓风机实现矿浆的充气。

（3）压气式浮选机：此类浮选机无机械搅拌器及转动部件，靠压缩空气经喷射装置进行矿浆的充气和搅拌。此类浮选机常称为浮选柱。

3.2 机械搅拌式浮选机

3.2.1 概述

机械搅拌式浮选机靠机械搅拌器（转子和定子组）实现槽内矿浆的充气和搅拌。根据机械搅拌器的结构差异（如离心式叶轮、棒型轮、笼型转子、星型轮等）可分为不同类型。此类机械搅拌式浮选机的优点是可自吸空气和自吸矿浆，无需外加充气装置；中矿返回易实现自流，可减少矿浆提升泵；可水平配置，整齐美观，操作方便。主要缺点是充气量较小，能耗较高，磨损件寿命较短等。

3.2.2 XJK 型（A 型）浮选机

XJK 型（A 型）浮选机的全称为矿用机械搅拌式浮选机，属于带辐射叶轮的空气自吸式浮选机，为我国较早使用的浮选机。其结构如图 3-2 所示。

机械搅拌式浮选机通常四槽配成一组，第 1 槽有吸浆管，称为吸浆槽；第 2 ~ 4 槽无吸浆管，称为直流槽。槽间隔板上有空窗，前槽的尾矿浆可以穿过空窗进入后一槽。

此类浮选机操作时，电机通过皮带和皮带轮带动主轴旋转，叶轮随主轴旋转。在叶轮和盖板之间形成负压区，空气由吸气管经空气管吸入负压区。同时，矿浆经吸浆管吸入负压区，两者混合后借叶轮旋转产生的离心力，经盖板边缘的导向盖板甩至槽中。叶轮的强烈搅拌将矿浆中的空气分割为细小气泡，并将其均匀弥散于矿浆中。当悬浮的矿粒与气泡碰撞接触时，可浮矿粒则选择性附着于气泡上，并随气泡上浮至液面形成矿化泡沫层，然后被刮板刮出成为精矿，未附着的矿粒作为尾矿流入下一槽。

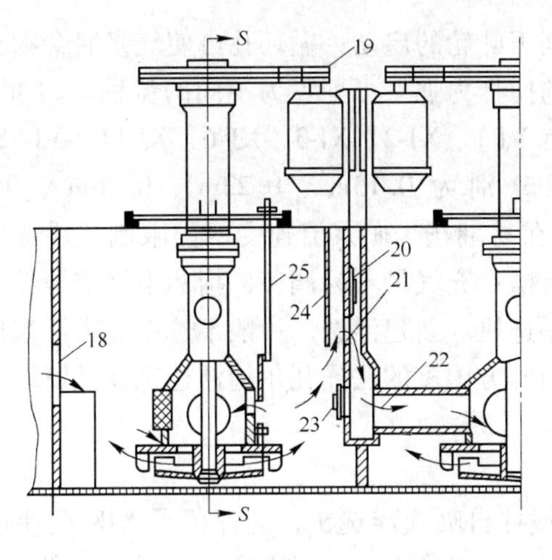

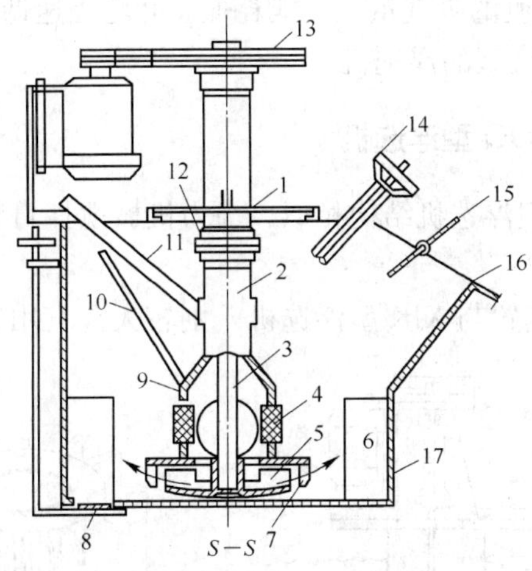

图 3-2 XJK 型（A 型）浮选机的结构

1—座板；2—空气筒；3—主轴；4—矿浆循环孔；5—叶轮；6—稳流板；7—盖板；8—事故放矿闸门；9—连接管；10—砂孔闸门调节杆；11—吸气管；12—轴承套；13—主轴皮带轮；14—尾矿闸门丝杆及手轮；15—刮板；16—泡沫溢流唇；17—槽体；18—直流槽进浆口（空窗）；19—电动机及皮带轮；20—尾矿溢流堰闸门；21—尾矿溢流堰；22—给浆管；23—砂孔闸门；24—中间室隔板；25—内部矿浆循环孔闸门调节杆

叶轮和盖板是此类浮选机的关键部件，决定此类浮选机的充气量及矿浆的运动状态。叶轮和盖板的形状如图 3-3 所示。

叶轮为一圆盘，上面有对称的六片辐射状叶片。盖板为圆环，其中部有矿浆循环孔，周围有与半径呈一定角度的叶片。叶轮和盖板常用橡胶材料或铸铁制成。叶轮用螺杆和螺帽紧固在主轴下端。

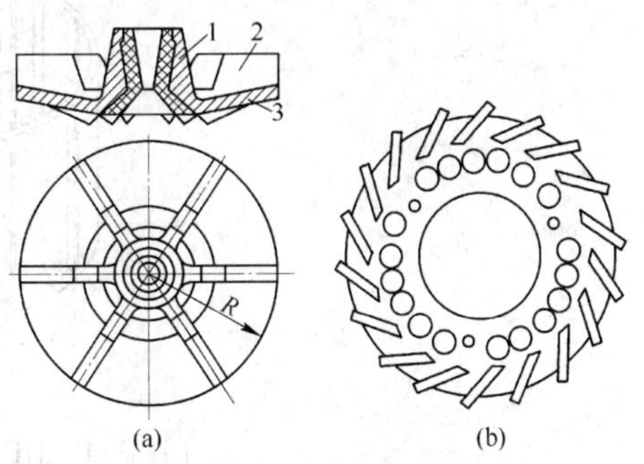

图 3-3 XJK 型浮选机的叶轮和盖板形状

（a）叶轮；（b）盖板

1—轮毂；2—叶片；3—底板

叶轮和盖板组成类似于泵的负压区，用于自吸空气、气浆混合、分割空气、矿浆循环、使空气在矿浆中溶解和析出、使浮选药剂混合和分散、与矿粒表面作用等。

盖板的叶片对矿浆起导流作用，减少涡流；

停机时可挡住沉砂，以利于叶轮的启动；循环孔可使气浆混合物在混合区循环。

机械搅拌式浮选机的搅拌力强，可配置为不同的流程。20 世纪 80 年代前是我国浮选厂使用的主要机型。现有 XJ-1、XJ-2、XJ-3、XJ-6、XJ-11、XJ-28、XJ-58 七种规格，其相应的浮选槽单槽容积分别为 $0.13m^3$、$0.23m^3$、$0.36m^3$、$0.62m^3$、$1.10m^3$、$2.8m^3$、$5.8m^3$。但该型浮选机存在易翻花，矿浆流速受闸门限制，浮选速度较慢；结构复杂，能耗高；粗而重的矿粒易沉槽；充气量不易调节，指标不稳定等缺点。在老的中小型浮选厂及精选作业仍可见此类浮选机。新建浮选厂一般不选用此类浮选机。

此类浮选机的构造与西方国家的法连瓦尔德浮选机及俄罗斯的 A 型浮选机相似。

3.2.3 SF 型浮选机

SF 型浮选机为机械搅拌自吸式浮选机，它保留了 XJK 型浮选机自吸空气和自吸矿浆的优点，但比 XJK 型浮选机的吸气量大、能耗低、叶轮周速低、叶轮与盖板的磨损低。新建中小型浮选厂常选用此机型的浮选机。

3.2.4 JJF 型浮选机与 XJQ 型浮选机

JJF 型浮选机与 XJQ 型浮选机结构相似，均为机械搅拌自吸式浮选机，其结构和主要部件如图 3-4 所示。

JJF 型浮选机的搅拌装置与 XJK 型浮选机差别较大，它用转子代替叶轮，用定子代替

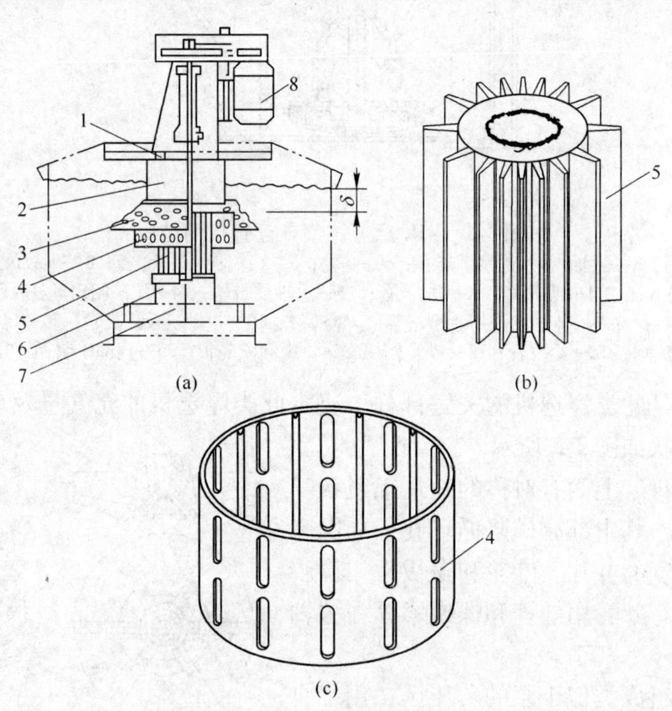

图 3-4 JJF 型浮选机结构和主要部件

（a）浮选槽结构；（b）转子；（c）定子

1—进气口；2—竖管假底；3—锥形罩；4—定子；5—叶轮（转子）；

6—导流管；7—假底；8—电动机；δ—浸入深度

盖板。采用带有矩形长方齿条的柱（星）形转子，与 XJK 型浮选机的叶轮相比，柱（星）形转子的直径较小，长度较大。定子是周边有许多椭圆形小孔的圆筒，其内表面有突出的筋条，称为分散器。分散器的作用为阻止矿浆涡流对泡沫层的干扰，以保持泡沫层的平静。假底的作用为供矿浆循环，其四周与槽内矿浆相通，中心与导流管相通。

起动电机，柱形转子在定子中带动矿浆旋转，此时在竖管和导流管中产生负压。空气经进气口和竖管吸入转子和定子间，矿浆则经假底和导流管吸入转子和定子间，两者在转子和定子间形成涡流，使空气和矿浆互相混合。混合后的气浆混合物被转子甩向四周，通过分散噐和定子排出，并将矿浆中的空气分割为细小气泡，并将其均匀弥散于矿浆中。当悬浮的矿粒与气泡碰撞接触时，可浮矿粒则选择性附着于气泡上，一部分上升紊流经锥形罩缓慢排出，采用分散器和锥形分散罩可以降低气浆混合物的紊流度，使矿化气泡上浮至液面形成稳定的矿化泡沫层。因此，此类浮选机虽然槽体较浅，但矿化泡沫层却比较平稳。

现有 XJQ-20、XJQ-40、XJQ-80、XJQ-160 等型号，相应的单槽容积分别为 $2m^3$、$4m^3$、$8m^3$、$16m^3$。JJF 型浮选机有 JJF-4、JJF-8、JJF-16、JJF-20，相应的单槽容积分别为 $4m^3$、$8m^3$、$16m^3$、$20m^3$。JJF 型浮选机曾用于德兴铜矿、大冶铁矿、云锡公司、白银公司、包头钢铁公司、锦屏磷矿、王集磷矿、南墅石墨矿等选矿厂，用于选别铜、硫、铁、磷、石墨等矿物，其选别指标均优于 A 型浮选机的相应浮选指标。

此类型浮选机与美国维姆科（WEMCO）型浮选机相似。1987 年，德勒（Degner）等人对维姆科（WEMCO）型浮选机的放大提出了六项参数（见表 3-1）。

表 3-1 维姆科（WEMCO）型浮选机放大的六项参数

槽子体积/m^3	单位泡沫表面气体流速 /$m^3 \cdot m^{-2} \cdot min^{-1}$	气泡和矿浆停留时间/s	分散器功率强度 /$kW \cdot m^{-3}$	循环强度 /次·分$^{-1}$	矿浆速度 /$m^3 \cdot m^{-2} \cdot min^{-1}$	气体流量 Q /DN^3
8.50	0.92	0.660	4.60	2.20	76.20	0.155
28.32	1.08	0.899	3.74	1.62	100.28	0.149
84.95	1.18	1.318	4.18	1.13	102.41	0.135
127.43	1.13	1.49	3.67	0.78	101.80	0.135

注：1. 单位泡沫表面气体流速：气体流速取决于进入浮选槽中单位泡沫表面积的气体数量。浮选槽的单位截面气体流速低会降低可浮物的回收率；反之，气体流速太高，会引起矿浆表面翻花；

2. 气泡和矿浆停留时间：表示气泡和矿浆在分散器区域的停留时间，取决于进入分散器区域的矿浆和气体的总体积，维姆（WEMCO）型浮选机的分散器区域的体积为分散器腔的总容积；

3. 分散器功率强度：为按单位分散器腔容积所计算的功率；

4. 循环强度：表示矿浆离开浮选槽之前通过分散器区域的次数，循环强度愈大，矿浆与气体接触次数愈多；

5. 矿浆速度：单位浮选槽横截面所通过的矿浆体积。矿浆速度取决于通过竖管横截面的矿浆速度，为了改善大容积浮选槽中矿粒的悬浮特性，矿浆速度随浮选槽容积的增大而增大；

6. 气体流量：以 Q/DN^3 表示，式中 Q 为气体流量，N 为转子转速，D 为转子直径。使 Q 与 D、N 保持必要的平衡，充气量不足或过量均会降低浮选回收率，充气量不足会降低浮选速度；充气量过量会引起矿浆翻花，使有用矿粒从气泡上脱落。

浮选机处理矿化泡沫的能力可采用泡沫堰负载量（Lip Loading）进行度量。泡沫堰负载量为浮选机按单位体积计算的泡沫堰长度。泡沫堰负载量的放大原则见表 3-2。

表 3-2 自吸气式浮选机按比例放大的原则

浮选槽体积/m^3	几何的泡沫堰负载量值/cm · m^{-3}	设计的泡沫堰负载量值/cm · m^{-3}
8.5	53.82	53.82
28.32	24.22	49.87
84.95	11.66	23.23
160.00	—	25.11 ~ 34.98

从表 3-2 中的数据可知，设计的泡沫堰负载量值比几何放大所需的泡沫堰负载量值大。

南美选矿厂使用的 160m^3 的司马特型浮选机（Smart Cell™）应用了混合竖管、斜底槽、放射状泡沫槽和竖直导流板，以提高浮选指标。

3.2.5 GF 型浮选机

GF 型浮选机为机械搅拌自吸式浮选机，其结构如图 3-5 所示。

从图 3-5 的结构图可知，GF 型浮选机的叶轮底盘上下两面均有叶片，能自吸给矿和自吸中矿，可水平配置。自吸空气量可达 1.2m^3/m^2 · min，槽内矿浆循环均匀，矿浆液面不翻花，不旋转。可处理粒度范围为 -0.074mm 占 45% ~ 90%，矿浆浓度小于 45% 的矿浆。可提高粗矿粒和细矿粒的回收率，分选效率高。与同规格的其他类型浮选机比较，可节能 15% ~ 20%，能耗较低。易损件的寿命较长，适用于中、小型浮选厂使用。

3.2.6 BF 型浮选机

BF 型浮选机为机械搅拌自吸式浮选机，其结构如图 3-6 所示。

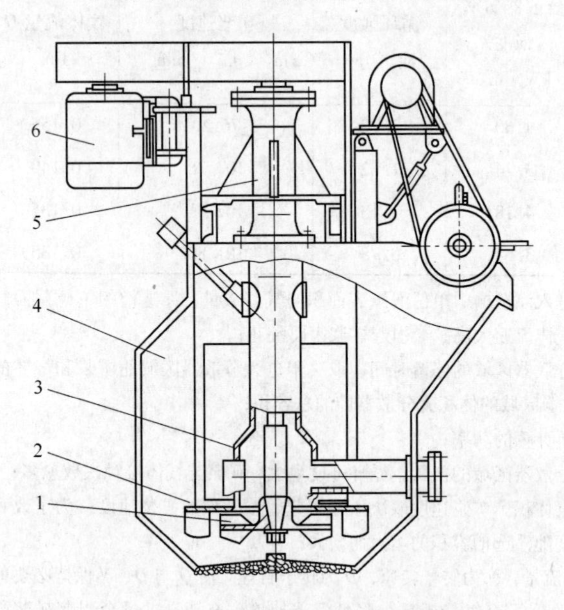

图 3-5 GF 型浮选机的结构

1—叶轮；2—盖板；3—中心筒；4—槽体；5—轴承体；6—电动机

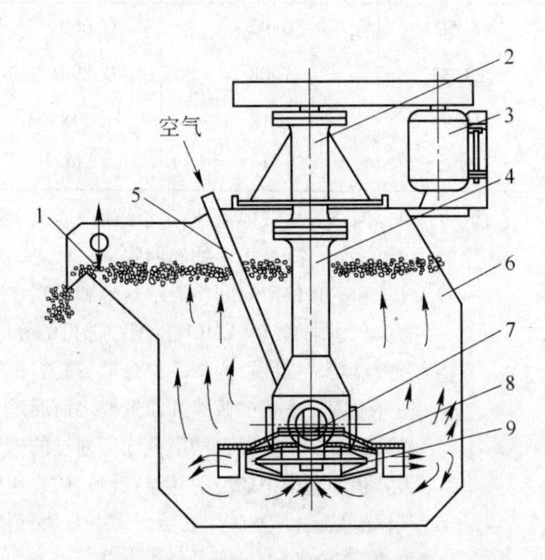

图 3-6 BF 型浮选机的结构

1—刮板；2—轴承体；3—电动机；4—中心筒；5—吸气管；6—槽体；7—主轴；8—定子；9—叶轮

BF 型浮选机的叶轮和定子与一般浮选机明显不同，定子中间高而周边较低，叶轮为闭式双截锥体，可使矿浆形成由下向上的循环流动，可最大限度减少粗砂沉积，槽内矿浆循环较合理。每槽均有吸气、吸浆和浮选的功能，吸气量较大，能耗较低。可水平配置，自成回路，无需辅助设备。设有液面自控和电控装置，调节方便。

3.2.7 HCC 型环射式浮选机

HCC 型环射式浮选机叶轮较特殊，其搅拌装置如图 3-7 所示。

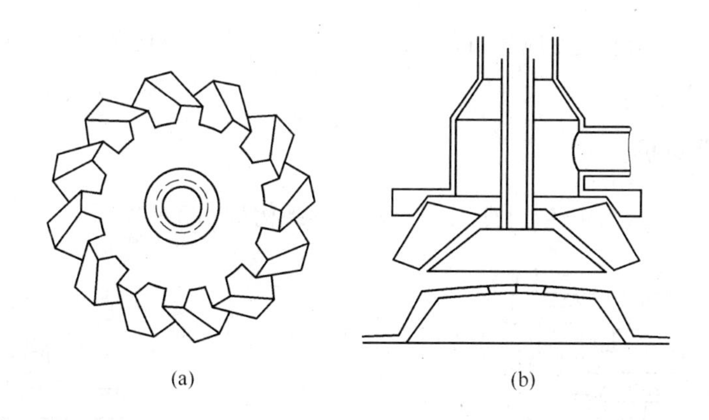

图 3-7 HCC 型环射式浮选机的搅拌装置
（a）叶轮俯视图；（b）进浆罩、凸台和叶轮的相对位置

混流泵叶轮的叶片位于圆锥形底盘上，叶片与圆锥面的母线之间的夹角较大。采用混流泵时，叶轮下方须有固定的起导流作用的圆锥台。叶轮旋转时，叶轮罩内为负压区，空气被矿浆挟带流入叶轮罩内（一次充气）。当矿浆沿圆锥台锥面射向槽底时，空气从叶轮背面经叶轮外缘与圆锥台间的间隙吸入（二次充气）。因此，此类浮选机叶轮正面和背面均能形成负压区，均能吸入空气。试验表明，在自吸空气工作状态下，叶轮正面和背面所吸入的空气总流量为一定值。当矿浆吸入量增大时，叶轮正面的吸气量将减小，浆气混合物的密度增大，射流的充气能力随之提高，叶轮背面的吸气量随之增大。若采用浅槽型，自吸的空气流量可达 $1 \sim 1.3m^3/(m^2 \cdot min)$。若采用深槽型，可将其改为压气式，此时低压空气可经中空轴直接引入叶轮背面。

3.3 压气-机械搅拌式浮选机

3.3.1 概述

压气-机械搅拌式浮选机，靠机械搅拌器搅拌槽内矿浆，而矿浆充气则采用低压风机来实现。目前，压气-机械搅拌式浮选机主要有 CHF-X 型、XJC 型、XJCQ 型、LCH-X 型、KYF 型和 JX 型等。此类浮选机的主要优点是充气量大，充气量调节方便；磨损小，电耗低。其主要缺点是无吸气和无吸浆能力，设备配置较复杂，须增加低压风机和中矿返回泵。

3.3.2 CHF-X 型和 XJC 型浮选机

CHF-X 型和 XJC 型浮选机为压气-机械搅拌式浮选机，其结构如图 3-8 所示。

此类浮选机的特点是采用了锥形循环筒装置，使矿浆垂直向上进行大循环，增强了浮选槽下部的搅拌能力，可有效地保证矿粒悬浮而不易沉槽。适用于要求充气量、矿石性质较复杂的粗粒和密度较大的难选矿物的浮选，常用于大、中型浮选厂的粗选作业和扫选作业。其主要缺点是无自吸气和无自吸浆能力，须增加低压风机和中矿返回泵，不利于复杂流程的配置。

此类浮选机已用于硫化铜矿、石墨矿等浮选厂，均取得优于“A”型浮选机的浮选指标。

3.3.3 KYF 型浮选机

KYF 型浮选机为压气-机械搅拌式浮选机，其结构如图 3-9 所示。

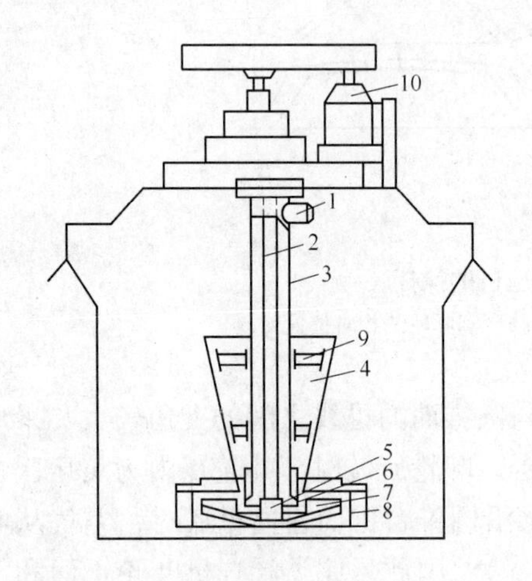

图 3-8 CHF-X 型和 XJC 型浮选机的结构

1—风管；2—主轴；3—套筒；4—循环筒；5—调整垫；6—导向器；7—叶轮；8—盖板；9—连接筋板；10—电动机

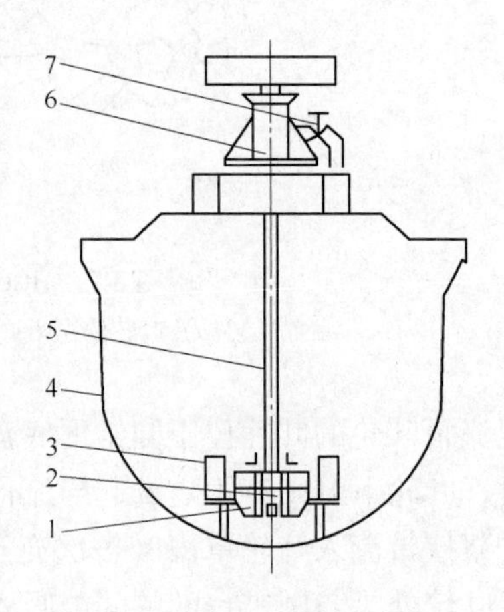

图 3-9 KYF 型浮选机的结构

1—叶轮；2—空气分配器；3—定子；4—槽体；5—主轴；6—轴承体；7—空气调节阀

KYF 型浮选机为我国 20 世纪 80 年代研制的浮选机，采用 U 形断面槽体、空心轴充气和悬空定子。叶轮断面呈双倒锥台状，为高比转速离心泵轮型叶轮，带有 6 ~ 8 个后倾叶片。叶轮中部设有空气分配器，空气分配器为均匀分布小孔的圆筒，使空气均匀分散于叶轮叶片大部分区域内。叶轮直径较小，转速低；叶轮周围装有 4 块辐射板式定子，用支脚固定于槽底上；叶轮-定子系统的结构简单，能耗低。KYF 型浮选机的主要优点是结构简单，槽内除叶轮、定子外，无其他部件，设备质量轻，易维修；磨损件少，寿命长；能耗低，液面平稳，易操作，选别效率高。适用于较粗矿粒的浮选，多用于大、中型有色、黑色及非金属矿物浮选厂的粗、扫选作业。

我国近年研制的 KYF-160 型浮选机，槽体为圆柱形平底槽，容积为 $160m^3$，矿浆处理量为 $2400m^3/h$。其叶轮-定子系统的结构与 KYF 型浮选机相似，叶轮断面呈双倒锥台状，为高比转速离心泵轮型叶轮，带后倾叶片，定子为低阻尼直悬定子，用支脚固定于槽底上。泡沫槽采用周边溢流式，采用双泡沫槽、双推泡锥槽体结构。转速为 111r/min 时，KYF-160 型浮选机在不同充气量条件下的空气分散度均大于 2，气泡直径较均匀。经测定，KYF-160 型浮选机的各项工艺性能已达世界大型浮选机的先进水平。

2008 年，我国具有自主知识产权的圆形平底槽的 KYF-200m^3 超大型浮选机研制成功，并成功用于处理量为 90kt/d 的德兴大山选矿厂。2008 年下半年 KYF-320m^3 超大型浮选机研制成功，成功用于处理大山选矿厂尾矿段的浮选，2012 年有 16 台 KYF-320m^3 超大型浮选机用于乌努格吐山铜钼选矿厂。因此，我国已成为掌握超大型浮选机关键技术的少数几个国家之一，并牢固地确立了我国超大型浮选机在世界矿物加工领域的地位。

3.3.4 OK 型浮选机

OK 型浮选机由芬兰奥托昆普公司研制，其结构如图 3-10 所示。

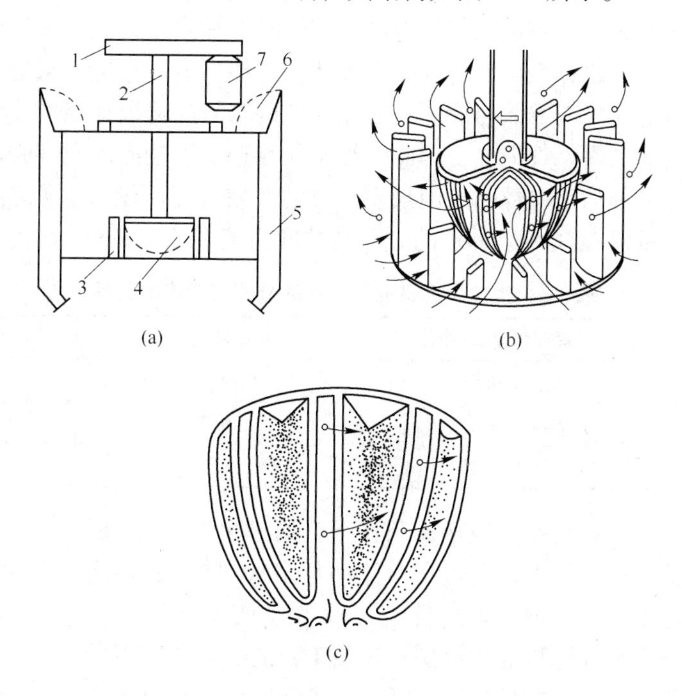

图 3-10 OK 型浮选机的结构

（a）OK 型浮选机的结构；（b）矿浆与气泡运动路线；（c）叶轮外观

1—皮带轮；2—主轴；3—定子；4—叶轮；5—泡沫槽；6—刮板；7—电动机

OK 型浮选机的特点是其叶轮外廓为半椭球形，由侧面呈弧形、平面呈 V 形的若干对叶片组成，V 形尖端向着圆心，叶轮上方为盖板，叶轮周边为呈辐射状排列的定子稳流板。操作时，低压空气经中空轴进入叶轮腔中，浆气混合物从叶轮叶片的间隙排出。由于叶片呈上大下小的弧形，上部半径大，下部半径小，上部甩出的浆气混合物的离心力较大。这些动压头较大的浆气混合物遇定子稳流板后，有部分被折回，这样可补偿其静压头较小的缺点，从而使弧形叶片上下的压头差异较小，可维持叶轮上部 2/3 的高度均能排气，使空气能分散为小气泡并弥散于浮选槽内。此种叶轮叶片设计的优点为：① 由于 V 形叶片下部的静压头较高，矿浆可从 V 形叶片间隙中向上流动；② 停车后不易被矿砂埋死，可随时满负载启动，不必放浆。

8m^3 以下的槽体为矩形，有刮板，其槽体容积为：0.05m^3、1.5m^3、3m^3、5m^3；8m^3 以上的槽体为U形，其槽体容积为：8m^3、16m^3、38m^3、50m^3。

3.3.5 TC型浮选机

TC型浮选机为芬兰奥托昆普公司研制的圆筒形槽体浮选机，其槽体容积分别为：5m^3、10m^3、20m^3、30m^3、50m^3、70m^3、100m^3、130m^3。

通过改进，制成了TC-XHD-160和TC-XHD-200型浮选机，适用于特大型浮选厂使用。

研制大型浮选机时，须考虑下列问题：

（1）粗矿粒、中矿粒和细矿粒的搅拌。各种浮选机中，最适于浮选的矿物粒度为中等粒度，其粒级范围约为0.015~0.050mm，它们易黏附于气泡上，不易脱落，且随气泡上浮至液面形成矿化泡沫层。粗矿粒与气泡碰撞接触时易黏附于气泡上，但当搅拌强度太大时易从气泡上脱落。因此，粗矿粒浮选要求较低的搅拌强度，浮选所耗能量较低。细矿粒与气泡碰撞接触时易在气泡表面与液体一起流动，要求较高的搅拌强度才能使细矿粒穿透气泡表面的水化层而黏附于气泡上。因此，细矿粒浮选要求较高的搅拌强度，浮选所耗能量较高，要求将能量补加于矿粒与气泡最先接触的区域（即叶轮与定子之间）。

大型浮选机能量消耗（kW/m^3）的分配与粒度的关系见表3-3。

表3-3 大型浮选机能量消耗的分配与粒度的关系 （kW/m^3）

作 业	最佳粒度矿粒的浮选	粗矿粒的浮选	细矿粒的浮选
确保矿粒与气泡接触和搅拌	0.65	0.55	0.75
充 气	0.20	0.20	0.20
合 计	0.85	0.75	0.95

最佳粒度矿粒的浮选是在一般转速条件下，通过多次混合-碰撞-接触实现浮选；粗矿粒的浮选是在较低转速条件下，通过自由流动与多次混合-碰撞-接触实现浮选；细矿粒的浮选是在较高转速条件下，通过多次混合-碰撞-接触实现浮选。

芬兰奥托昆普大型浮选机处理粗矿粒和细矿粒的叶轮转速不同，定子和叶轮的相对高度也不同。处理粗矿粒时，叶轮转速较低，定子和叶轮的相对高度较低。

（2）圆筒形大型浮选机的泡沫槽设计因泡沫量而异。泡沫槽设计的原则是及时将产生的矿化泡沫输送出去，泡沫槽的位置、宽度、高度和个数均可变化。

圆筒形大型浮选机的泡沫槽有三种类型：① 内泡沫槽（In-L）：置于浮选槽中央，矿化泡沫从泡沫槽周边一侧流入；② 外泡沫槽（HC-L）：置于浮选槽转轴与浮选槽周边之间，矿化泡沫从泡沫槽两侧边流入，其处理矿化泡沫的能力高于内泡沫槽；③ 双泡沫槽：为内泡沫槽与外泡沫槽组合的双泡沫槽，适用于矿化泡沫量特大的大型浮选厂。

（3）各作业所需浮选槽数。各作业所需浮选机槽数与富集比、矿浆短路、浮选时间和浮选槽容积有关，通常条件下，每浮选作业的浮选机槽数为4~6槽。

3.3.6 CLF型粗粒浮选机

CLF型粗粒浮选机的结构如图3-11所示。

CLF 型粗粒浮选机，采用高比转数后倾叶片叶轮，下叶片形状设计成与矿浆通过叶轮叶片间隙的流线方向一致。此类叶轮的搅拌强度较弱，矿浆循环量大，能耗较低。叶轮直径相对较小，其周边速度较小，叶轮与定子间的间隙较大，磨损轻而均匀。叶轮叶片为上宽下窄的近梯形叶片，叶片中央有空气分配器，定子上方支有格子板。

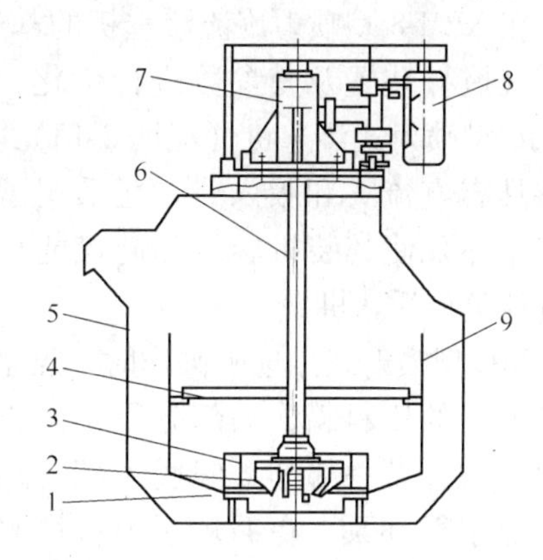

图 3-11 CLF 型粗粒浮选机的结构
1—空气分配器；2—叶轮；3—定子；4—格子板；5—槽体；6—空心轴；7—轴承体；8—电机；9—垂直矿浆循环板

叶轮下方有凹字形矿浆循环通道，槽两侧有矿浆循环通道，在叶轮作用下，槽内矿浆有较大的上升速度，使槽内矿浆循环顺畅，有利于粗矿粒悬浮。该叶轮结构的充气量大，空气分散好，矿浆面平稳，不翻花。

槽体底部的直角均削去以减少粗矿粒沉积，槽体后上方的前倾板可推动矿化泡沫尽快排出。CLF 型粗粒浮选机可水平配置，设有吸浆槽，不用辅助泵。设有矿浆液面自动控制系统，操作管理方便。该浮选机处理的最大矿粒可达 1mm，不沉槽，能耗低，主要用于一般浮选机难于处理的粗粒矿物。在大厂长坡锡矿选厂的试验表明，给矿粒度小于 0.7mm 的条件下，+0.15mm 粒级目的矿物的回收率比 6A 浮选机高 5% ~16%；-0.15mm 粒级目的矿物的回收率与 6A 浮选机相当或稍高些；可节能 12.4%；叶轮和定子的使用寿命比 6A 浮选机长 300% 以上。

3.3.7 浮选煤泥的浮选机

浮选煤泥的 XPM-8 型喷射旋流浮选机的结构如图 3-12 所示。

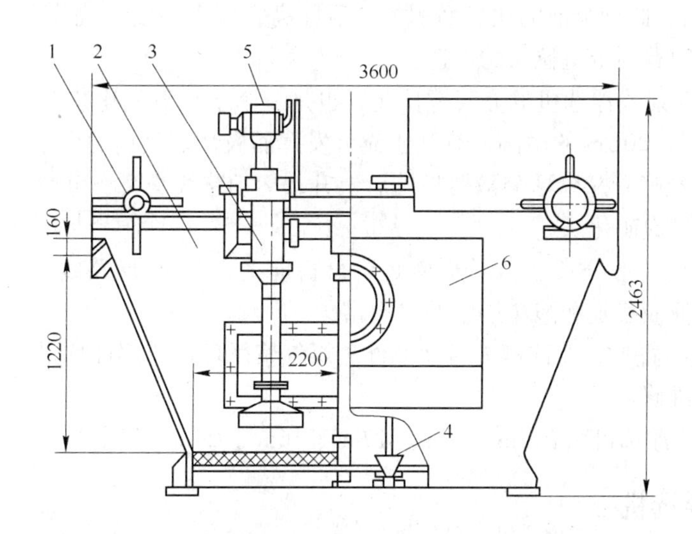

图 3-12 浮选煤泥的 XPM-8 型喷射旋流浮选机的结构
1—刮泡器；2—浮选槽；3—充气搅拌装置；4—放矿装置；5—液面自动控制装置；6—给料箱

在 XPM-8 型喷射旋流浮选机的基础上，对充气搅拌装置及其参数进行优化，改进为 FJC 型喷射式浮选机（见图 3-13），给料方式具有直流式和吸入式，还采用了高效煤浆循环泵使其装机容量和吨煤能耗均低于其他类型浮选机。

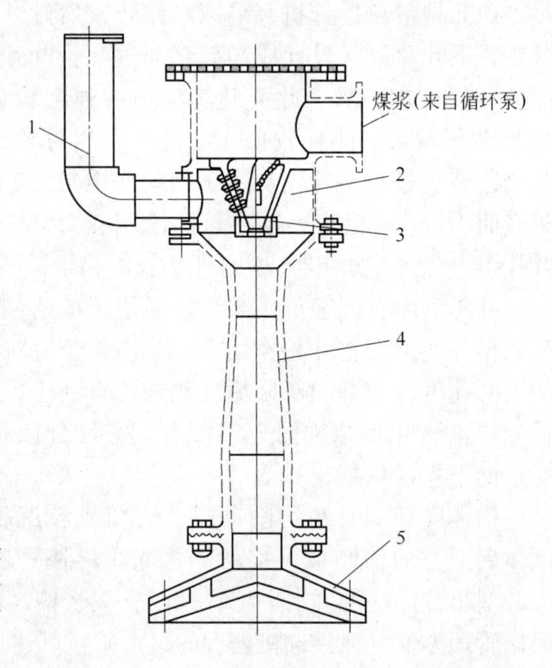

图 3-13　FJC 型喷射式浮选机的充气搅拌装置

1—吸气管;2—混合室;3—喷嘴;4—喉管;5—伞形分散器

FJC 型喷射式浮选机操作时，煤浆给料经第 1 槽的给料箱，一部分以直流方式进入第 1 槽，另一部分经假底下部的循环管进入煤浆循环泵。在循环泵内将煤浆加压至 0.22MPa 后送入充气搅拌装置，并以约 17m/s 的速度从喷嘴呈螺旋扩大状喷出，在混合室产生负压，空气经进气管吸入混合室，实现煤浆充气。被负压吸入的空气藉高速旋转喷射流剪切分散后，与煤浆一起经喉管、伞形分散器均匀弥散于浮选槽中。矿化泡沫经刮板刮出为精矿，槽内产物经尾矿箱排出为尾矿。

FJC 型喷射式浮选机的特点为：

（1）每个浮选槽中装有 4 个呈辐射状布置的充气搅拌装置，使充气煤浆可均匀分散于浮选槽中。

（2）循环泵内将煤浆加压至 0.22MPa 时，空气即溶解于煤浆中。加压后的煤浆从喷嘴喷出时，混合室的负压可达 6×10^4Pa，溶解于煤浆中空气呈过饱和状态而以直径为20～40μm 的微泡析出。此种微泡的比表面积大，活性高，可大幅度提高煤粒与气泡的黏着力和附着速度，特别有利于粗粒煤的浮选。

（3）FJC 型喷射式浮选机的充气搅拌装置也是一个水喷射乳化装置，可将非极性捕收剂乳化为直径为 5～20μm 的微滴，有利于充分发挥非极性捕收剂的作用。

（4）煤气浆经喉管从伞形分散器喷出后上升，运动路线交叉，可增加气泡与煤粒的碰撞几率，有利于气泡矿化。

（5）煤气浆经伞形分散器斜射至槽底后再折向上，呈 W 形路线运动，可减少紊流，有利于浮选机的液面稳定和泡沫层中的二次富集。

（6）除刮泡装置外，浮选槽无运动部件。煤气浆循环过流部件均采用高铬合金耐磨材料，故障少，易维修。

FJC 型喷射式浮选机已有 $4m^3$、$8m^3$、$12m^3$、$16m^3$、$20m^3$ 系列。

3.4　压气式浮选机

3.4.1　概述

压气式浮选机在国内称为浮选柱。1919 年汤姆（Tomn M）和佛来（Flynn）利用矿浆和空气呈对流运动的方式研制出首台浮选柱。20 世纪 60 年代，国内外掀起研制浮选柱的高潮，但由于微孔充气器易结钙，不易清洗而影响正常生产，渐遭淘汰。人们一直在研究各种充气器的结构和充气方法。随着充气器结钙问题的解决，浮选柱又逐渐受到重视，其应用愈来愈普遍。

浮选柱的主要优点是柱内无运动部件、结构简单、能耗低、生产率高、精矿品位高、可高度自动化、易维修、占地面积小和基建投资少等。

在众多浮选柱中，加拿大的 CPT 型浮选柱最受瞩目。

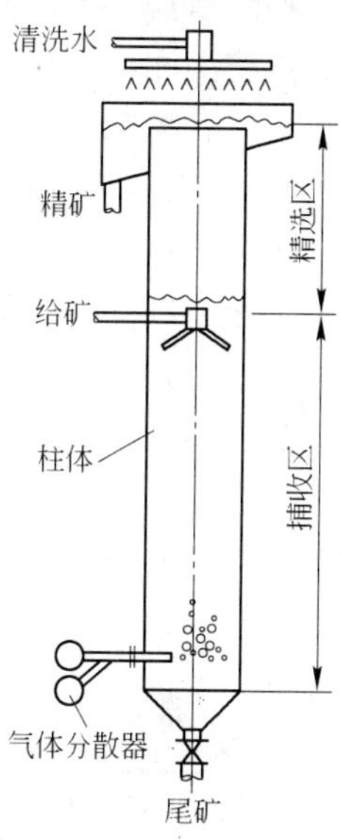

图 3-14 CPT 型浮选柱的主体结构

3.4.2 CPT 型浮选柱

CPT 型浮选柱的主体结构如图 3-14 所示。

CPT 型浮选柱操作时，经调浆槽调整浮选药剂后的矿浆经距浮选柱顶部 1～2m 的给矿管进入柱内。在柱与锥底连接近处沿柱体周边分布有若干支速闭喷射式气泡发生器（喷射器）(Slam Jet)。喷射器为可自动控制的空气喷射装置，达一定压强的空气进入喷射器后可从喷嘴高速喷射进入柱内矿浆中，此时空气被分散为微细气泡。在柱内上升的微细气泡与下沉的矿粒碰撞接触，疏水矿粒选择性附着于气泡上，并随气泡上浮穿过捕收区，进入精选区（矿化泡沫层，其厚度约 1m）；亲水矿粒不附着于气泡上，随矿浆向下流动，与矿化泡沫层脱落的矿粒一起经尾矿管排出。

整个浮选柱分为捕收区和精选区。喷射器以上至矿化泡沫层以下的区域为捕收区，此区域的功能有二：一是借喷射器和柱内矿浆将空气分散为微细气泡，二是上升的微细气泡与下沉的矿粒碰撞接触，疏水矿粒选择性附着于气泡上，并随气泡上浮；亲水矿粒不附着于气泡上，随矿浆向下流动。此区域的功能相当于浮选机中的混合区和分离区。精选区为矿化泡沫层，厚度约 1m。矿化泡沫层中进行着二次富集作用，有部分亲水矿粒由于机械夹带等原因而混入矿化泡沫层，此时由于气泡兼并，矿化泡沫层中的矿粒会经过多次脱落和附着过程，疏水矿粒仍选择性附着于气泡上，而亲水矿粒将随泡沫间的水流返回捕收区。随矿化泡沫层厚度的增大，矿化泡沫上层的精矿品位逐渐升高，故将矿化泡沫层称为精选区。

喷射器是 CPT 型浮选柱的核心部件。喷射式气体发生器的结构如图 3-15 所示。

喷射式气体发生器的针阀后端与受一定压强支撑的调整器相连，当进入气体发生器的压缩空气压强大于调整器的支撑压强时，压缩空气推动调整器向后移动，同时带动针阀后移。此时，针阀离开喷嘴，压缩空气则沿喷嘴与针阀间的空气通道从喷嘴中高速喷向柱内矿浆，高压空气经矿浆剪切为小气泡。当压缩空气压强小于调整器的支撑压强时，调整器则推动针阀封闭喷嘴，防止矿浆进入气体发生器内，防止矿浆堵塞喷射器。喷射式气体发生器采用耐磨材料制成，使用寿命长。

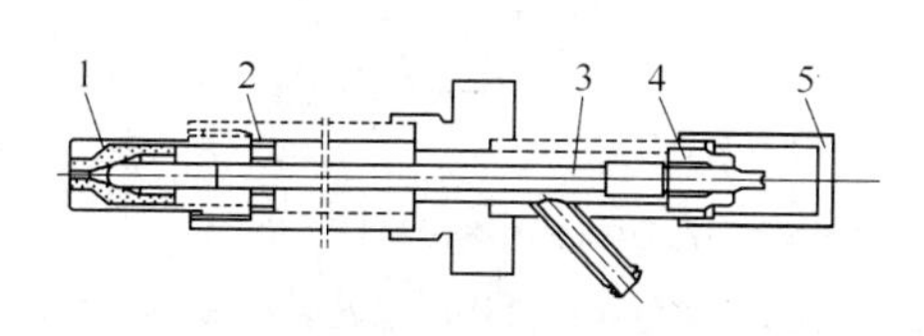

图 3-15 喷射式气体发生器的结构
1—喷嘴；2—定位器；3—针阀；4—调整器；5—密封盖

喷射器有若干不同规格，可通过更换不同规格的喷嘴和开启喷射器的个数，以调节浮选柱的供气压力和供气量。为了确保柱内空气的充分弥散，浮选柱运行过程中，可以插入或抽出喷射器，检查、维修方便。

CPT 型浮选柱有三个自动控制回路，即矿浆面高度控制回路、喷射器空气流量控制回路和冲洗水流量控制回路。浮选柱矿浆面高度（与矿化泡沫交界面的高度）通过球形浮子和超声波探测器进行测定，该界面的高度由 PID 控制器（将比例、积分、微分三种作用结合在一起的控制器）调节浮选柱底管路上的自控管夹阀进行自动控制；空气流量通过流量计进行测定，并通过球形阀进行自动控制；冲洗水流量通过流量计进行测定，可通过手动或截流量控制阀进行自动控制。

截至 2000 年，世界上已有 300 多台 CPT 型浮选柱用于工业各领域的浮选作业，规格尺寸不等。德兴铜矿采用 ϕ4m × 10m 的 CPT 型浮选柱用于铜硫混合精矿的精选作业，其浮选指标见表 3-4。

表 3-4 德兴铜矿的铜硫混合精矿精选作业浮选指标对比

设备名称	铜精矿含铜/%	铜精矿中各组分的回收率/%			
		Cu	Au	Ag	Mo
浮选机	15.35	63.19	54.41	55.69	29.33
浮选柱	19.97	67.8	58.47	54.88	17.07

注：浮选 pH 值大于 11。

3.4.3 KYZ-B 型浮选柱

KYZ-B 型浮选柱为我国研制的浮选柱，其结构如图 3-16 所示。

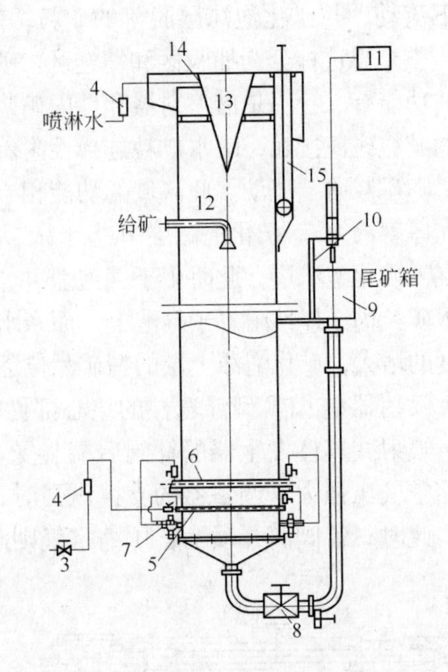

图 3-16 KYZ-B 型浮选柱的结构

1—风机；2—风包（1、2 图中未表示）；3—减压阀；4—转子流量计；5—总水管；6—总风管；7—充气器；8—排矿阀；9—尾矿箱；10—气动调节阀；11—仪表箱；12—给矿管；13—推泡器；14—喷水管；15—测量筒

KYZ-B 型浮选柱主要由柱体、给矿系统、气泡发生器系统、矿浆液位控制系统、泡沫喷淋水控制系统等组成。

柱体一般为直径小于高度的圆柱体，下接锥形柱底，柱体的容积须满足浮选工艺所要求的浮选时间。矿浆在浮选柱内的平均停留时间可用以下公式进行估算：

$$T = \frac{H_m}{U_l + U_s} = \frac{H_m}{(4Q_s/d_c^2 C_s) + U_s}$$

式中 H_m——捕收带的高度，cm；

U_l，U_s——液相流动速度和矿粒沉降速度，cm/s；

Q_s——固体的给料流量，g/s；

d_c——柱体直径，cm；

C_s——固体含量，g/cm^3。

浮选柱给矿管的出口与一个托盘式的折流板相连，使与浮选药剂搅拌后的矿浆能沿浮选柱的横截面均匀分布，以减少液面波动和破坏矿化泡沫层的稳定性。

浮选柱的冲洗水喷管分两层，上层冲洗水喷管距矿化泡沫层溢流线3～5cm，下层冲洗水喷管在矿化泡沫层溢流线以下8cm处。冲洗水量采用流量计和闸阀控制。冲洗水喷管的内圈为倒锥形的推泡器，其作用是使上升至其周围的矿化泡沫层呈水平方向流过溢流堰进入泡沫槽。

浮选柱的充气器（气泡发生器）是浮选柱的核心部件，浮选柱的几个主要部件及其结构和工作原理如图3-17所示。

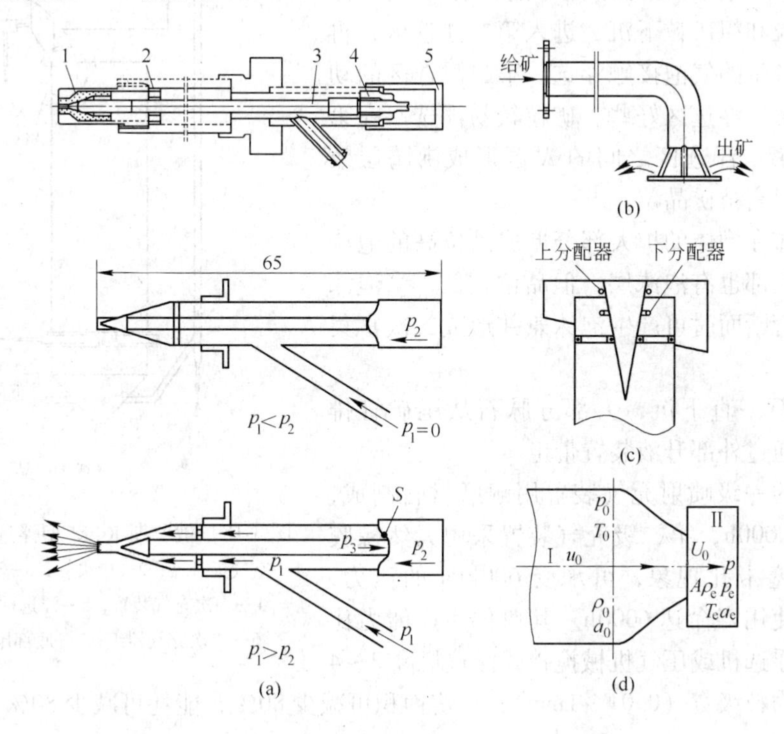

图3-17 浮选柱的几个主要部件及其结构和工作原理

（a）喷射式气泡发生器；（b）给矿器；（c）冲洗水系统和推泡器；（d）喷嘴出流模型

1—喷嘴；2—定位器；3—针阀；4—调整器；5—密封盖

图3-17(a)表示浮选柱充气器（气泡发生器）的结构，图3-17(a)表示浮选柱充气器的工作原理。当$p_1<p_2$时，喷嘴封闭；当$p_1>p_2$时，喷嘴打开，喷出高压气体，高压气体经矿浆剪切为小气泡。当$p/p_0>0.528$时(图3-17(d))，喷嘴中的气体流速为亚声速；当$p/p_0\leqslant 0.528$时，喷嘴中的气体流速为声速，此时气体的分散度对矿浆扰功小，气泡大小合适且均匀。为满足各种矿石对充气量的不同要求，浮选柱的充气量可进行自动控制。

德兴铜矿采用一台KYZ-B1065型浮选柱代替铜钼分离粗选段精选一、精选二作业的浮选机，其容积仅为浮选机容积的1/3，但浮选指标却较好（见表3-5）。

表3-5 德兴铜矿铜钼分离粗选段精选一、精选二作业浮选柱代替浮选机的对比结果

设 备 名 称	钼精矿含钼/%	钼精矿中钼回收率/%
浮选机	10.76	67.77
浮选柱	12.51	79.70

3.4.4 KΦM 型浮选柱

KΦM 型浮选柱为俄罗斯研制，其结构如图 3-18 所示。

操作时，调好浮选药剂的矿浆与压缩空气（压力为 100 ~ 150kPa），首先进入第一级喷射充气装置，被微泡饱和后，再流入中央扩大部形成第一浮选区，被捕收剂作用后可浮性好的矿粒可顺利浮选；难浮矿粒和粗矿粒下沉，进入第二浮选区，再次与充气器产生的气泡接触浮选。第二浮选区的动力学条件比第一浮选区好些，矿粒较易浮选。在第一浮选区与第二浮选区之间的 A 区形成沸腾层效应，有利于提高精矿品位。

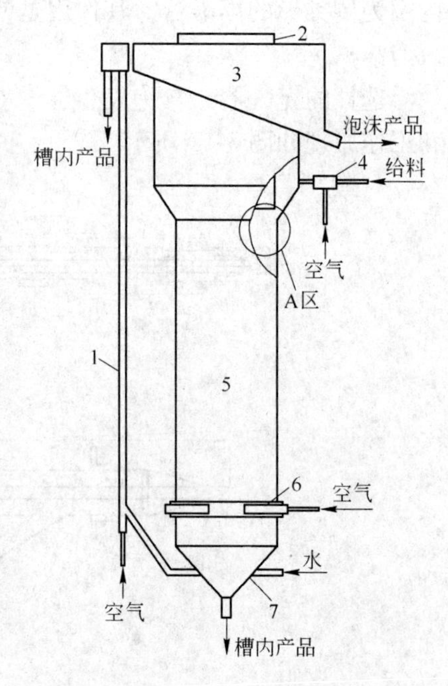

图 3-18 俄罗斯 KΦM 型浮选柱的结构
1—空气提升器；2—中央管；3—环形泡沫槽；4—一次充气装置；5—浮选柱的柱体；6—二次充气器组；7—底部尾矿出口

矿化泡沫在槽体的扩大部分形成品位高的泡沫层；中央管上部也有泡沫层，但品位较低，当泡沫层越过中央管断面时可产生泡沫兼并形成二次富集现象。

亲水脉石一直下沉，大部分脉石从尾矿管排出，少部分通过外部升液装置带走。

该设备的一级喷射充气装置用耐磨材料制成，使用寿命达 8000h，第二级充气装置采用天然橡胶制成，无堵塞卡孔现象，可承受 600kPa 的压力，可靠耐用，使用寿命达 6000h。其单位生产能力比机械搅拌式浮选机或压气机械搅拌式浮选机高 2 ~4 倍；浮选矿物粒级宽（0. 01 ~1mm）；厂房面积可减少 80%，能耗可减少 80%，操作工可减少 30% ~40%。

4 浮选工艺参数

4.1 概述

影响浮选技术经济指标的工艺参数较多，其中主要的工艺参数为：① 浮选工艺路线；② 浮选流程；③ 磨矿细度；④ 矿浆浓度；⑤ 药方；⑥ 充气和搅拌；⑦ 浮选时间；⑧ 浮选速度；⑨ 水质；⑩ 矿浆温度；⑪浮选机等。

生产实践表明，必须根据矿物原料的矿物组成、化学组成及矿物的选矿工艺学特征，首先决定金属硫化矿物的浮选工艺路线，然后通过浮选试验决定该矿物原料浮选的有关工艺参数。生产过程中，当原矿性质发生较大变化时，应及时通过浮选试验，对有关浮选工艺参数进行修正。

4.2 浮选工艺路线

4.2.1 概述

金属硫化矿中毫无例外地均含有硫化铁矿物，只是其矿物含量不同而已。目前，金属硫化矿物浮选分离过程中，抑制分离硫化铁矿物最有效的抑制剂为石灰。石灰抑制硫化铁矿物靠的是矿浆中的有效氧化钙。测量矿浆中有效氧化钙的含量可采用多种方法，如用试纸测量矿浆液相的 pH 值、用酸度计测量矿浆液相的 pH 值、酸碱滴定法测定矿浆液相的有效氧化钙含量、测量矿浆液相的电位值等，即可用多种判据表示矿浆中的有效氧化钙含量。但不能称其为 pH 值浮选，不能将有效氧化钙含量的判据当成抑制硫化铁矿物的本质。因为同样可用其他试剂调整矿浆，使其达到同样的 pH 值或矿浆电位，但这些试剂对硫化铁矿物的抑制作用很弱或完全无抑制作用。

石灰为强碱，矿浆中的有效氧化钙含量表示矿浆的碱度。为简单明了起见，根据矿浆液相的有效氧化钙碱度，可抑制矿物原料中可见自然金的碱度值（矿浆液相 pH 值为 9.5 ~10），可将金属硫化矿物浮选介质分为高碱介质和低碱介质。矿浆液相的 pH 值大于 9.5 ~10 时，矿物原料中可见自然金被抑制，进入尾矿中；矿浆液相的 pH 值小于 9.5 ~10 时，矿物原料中可见自然金可浮选，进入浮选泡沫产品中。因此，在金属硫化矿物浮选分离过程中，存在两种浮选工艺路线，即低碱介质浮选工艺路线和高碱介质浮选工艺路线。

采用低碱介质浮选工艺时，单体自然金不会被抑制而进入泡沫产品中；采用高碱介质浮选工艺时，尤其是矿浆 pH 值大于 10 时，单体自然金会被抑制而进入尾矿产品中，而且高碱介质浮选时，所有金属硫化矿物的可浮性均不同程度被降低。

4.2.2 低碱介质浮选工艺路线

金属硫化矿物低碱介质浮选工艺，是硫化矿原矿经破碎、磨矿后，在矿浆的自然 pH

值或接近矿浆自然 pH 值（pH 值为 6 ~ 9.5）的条件下进行硫化矿物浮选的新工艺。它是充分利用金属硫化矿物的天然可浮性差异和浮选药剂的选择性（高效活化剂、高效抑制剂、高效捕收剂等），进行硫化矿物分离的浮选新工艺。

低碱介质浮选工艺特点为：

（1）金属硫化矿物各浮选粗选作业的矿浆 pH 值均为矿浆的自然 pH 值或接近矿浆的自然 pH 值（pH 值为 6 ~ 9.5）。

（2）从粗选作业至精选作业，随精选次数的增多，其矿浆 pH 值愈来愈低。

（3）从粗选作业至扫选作业，随扫选次数的增多，其矿浆 pH 值愈来愈低。

（4）扫选尾矿矿浆 pH 值一般为 6.5 ~ 7.0，可用丁基黄药等高级黄药作捕收剂实现原浆浮选硫化铁矿物，产出优质硫精矿。

（5）实验室小型试验时，中矿水可全部循序返回上一浮选作业。

（6）实验室小型试验时，可采用一次粗选、一次扫选和二次精选的简化流程进行条件优化试验和闭路试验。由于中矿水可全部循序返回上一浮选作业和试验流程比生产流程更简化。因此，将小型试验结果用于工业生产时，生产指标常比实验室小型试验的指标高。

（7）金属硫化矿物低碱介质浮选时，各粗选作业金属硫化矿物的浮选速度快，一般粗选作业的金属回收率占其金属总回收率的 95% 以上，故工业生产时的扫选作业次数仅需 2 ~ 3 次即可。

（8）金属硫化矿物低碱介质浮选时，矿化泡沫相当清爽，粗选精矿品位较高，故工业生产时的精选作业次数仅需 2 ~ 3 次即可。

（9）低碱工艺的药剂种类少，加药点少，主要为一点加药，空白精选，利于管理和稳定指标。

（10）可利用现有设备和流程，稍加改造，改变工艺路线和药方，即可实现低碱介质浮选工艺。现生产流程的技改费用低，经济效益较好。

（11）与高碱工艺比较，低碱工艺有利于金属硫化矿中金、银、钼、铂族元素和稀散元素等伴生有用组分的回收，可提高金属硫化矿物的可浮性，可提高矿产资源的综合利用系数。

（12）回水可全部返回使用，外排水的 pH 值为 6.5 ~ 7.0，符合外排水的环保要求。

金属硫化矿物低碱介质浮选的第一代生产工艺从 1993 ~ 1997 年在德兴铜矿试验成功已过了 15 年，经多次改进和对各种金属硫化矿物浮选分离的小型试验和工业试验实践，现对金属硫化矿物低碱介质浮选积累了许多经验，对其中的某些规律有了进一步的认识，并将这些认识用于指导试验和工业生产。通过实验、总结、再实验、再总结，有关各种金属硫化矿物低碱介质浮选分离方案、工艺则不断趋于完善和成熟，已具备全面推广应用的条件。

4.2.3 高碱介质浮选工艺路线

金属硫化矿物高碱介质浮选工艺的特点为：

（1）硫化矿原矿经破碎磨矿后，金属硫化矿物的分离均在矿浆 pH 值大于 11 的条件下进行，采用的是重抑重拉的方法实现金属硫化矿物的分离。此工艺经过约 90 年的工业生产实践，积累了丰富的经验，其生产指标较稳定。

（2）从粗选作业至精选作业，随精选次数的增多，其矿浆 pH 值愈来愈高（精选作业添加石灰），矿化泡沫愈来愈黏，各作业的富集比低，中矿循环量较大。因此，高碱介质浮选工艺的精选作业次数较多。

（3）从粗选作业至扫选作业，随扫选次数的增多，其矿浆 pH 值比粗选作业矿浆 pH 值高，扫选尾矿矿浆 pH 值一般大于 13。因此，尾矿水无法直接外排。

（4）无法用丁基黄药等高级黄药作捕收剂实现原浆浮选硫化铁矿物，只有采用硫酸、酸性水或碳酸盐作活化剂将硫化铁矿物活化后，才能采用丁基黄药等高级黄药作捕收剂实现硫化铁矿物的浮选。

（5）金属硫化矿物高碱介质浮选时，粗选作业金属硫化矿物的浮选速度较低，一般粗选作业的金属回收率占其金属总回收率的 75% 左右。

（6）粗精矿品位较低，故精选和扫选的作业次数较多。

（7）实验室试验时，中矿水无法全部返回前一浮选作业，小型试验结果用于生产时，生产指标常比小型试验的指标低。

（8）金属硫化矿物高碱介质浮选时，金属硫化矿中伴生的金、银、钼、铋、铂族元素和稀散元素等有用组分的回收率较低。

自 1925 年黄药类捕收剂和石灰等药剂用于泡沫浮选至今已有约 90 年的历史，即金属硫化矿物高碱介质浮选工艺已有约 90 年的历史。在这漫长的岁月中，取得了无数的研究成果，培养和造就了许多专家、学者和选矿工程师。金属硫化矿物高碱介质浮选的指标不断提高，而且稳定可靠，但在主金属品位相当的条件下，金属硫化矿物高碱介质的主金属浮选回收率指标仍然比相应的低碱介质浮选的回收率指标低 2% ~6%，有些选矿厂的主金属浮选回收率甚至低 10% ~15%，伴生有用组分的回收率低 10% ~40%。因此，金属硫化矿物高碱介质浮选的指标是用高成本、高能耗、过分消耗矿产资源和高环保代价换来的。

4.3 浮选流程

4.3.1 概述

浮选流程表示浮选的生产过程，浮选流程图为表示浮选生产过程的图形，是矿物加工专业的技术语言。一般采用线流程图表示，也可用设备联系图表示（见图 4-1）。磨浮流程表示磨矿浮选的生产过程，磨浮流程图为表示磨矿—浮选生产过程的图形，一般采用线流程图表示，也可用设备联系图表示。

浮选流程对浮选过程的技术经济指标起决定性的作用。一般在选矿厂设计前，必须根据矿物原料的矿物组成、化学组成及矿物的选矿工艺学特征、对浮选精矿的质量要求及浮选技术经济指标，选定浮选工艺技术路线，选定浮选流程。浮选流程应能适应矿石性质的变化、便于操作管理、技术经济指标稳定和可综合回收伴生有用组分的要求。

浮选流程包括浮选的原则流程和浮选流程的内部结构两部分内容。

4.3.2 浮选的原则流程

浮选的原则流程主要解决浮选流程的段数和有用矿物浮选顺序的问题。

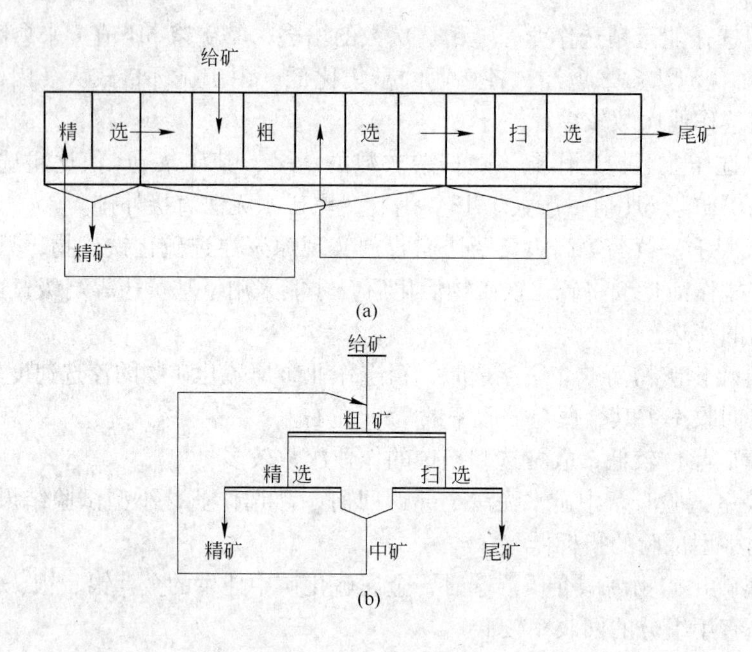

图 4-1 浮选流程图
(a) 设备联图；(b) 线流程图

4.3.2.1 浮选流程的段数

根据矿石中有用矿物的浸染嵌布特性及矿石在磨矿过程中的泥化情况，浮选流程可为一段、二段或多段。生产中常用的浮选流程为一段浮选流程和二段浮选流程，二段以上的多段浮选流程实为一段、二段浮选流程的类推。段数的划分是根据浮选作业的磨矿粒度改变的次数来决定的。

A 一段浮选流程

一段浮选流程是将矿石直接磨至所需粒度，然后进行浮选产出浮选精矿和尾矿，浮选产品无需再磨的浮选流程。

一段浮选流程主要用于：① 粗粒均匀浸染的矿石：将其直接磨至约 -0.074mm 占 60%，浮选粒度上限（金属硫化矿物约为 -0.2mm）时，有用矿物可基本单体解离。此时采用一段浮选流程可获得合格的浮选精矿和废弃尾矿。② 细粒均匀浸染或粗细不均匀嵌布的矿石：有用矿物浸染嵌布粒度细而不均匀，采用一段磨矿或二段磨矿将矿石磨至 -0.074mm占 70% ~95%，有用矿物可基本单体解离，然后进入浮选作业，可获得合格的浮选精矿和废弃尾矿（见图 4-2）。

B 二段浮选流程

二段浮选流程在生产实践中较为多见，可为第一段粗精矿再磨、中矿再磨或尾矿再磨的二段浮选流程。

二段浮选流程主要用于：① 有用矿物浸染嵌布粒度呈粗粒、中粒和细粒存在于矿石中：处理此类型矿石时，可采用多段磨浮流程。② 有用矿物呈集合体浸染嵌布的矿石：此类集合体具有较好的可浮性，在粗磨条件下，有用矿物虽未单体解离，但有用矿物集合体已基本单体解离，此时可采用粗精矿再磨的二段磨浮流程。③ 有用矿物呈复杂浸染嵌

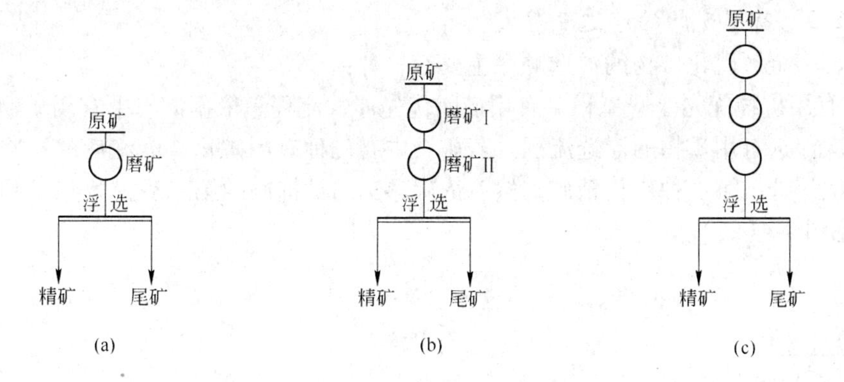

图 4-2 一段浮选流程

（a）一段磨矿、一段浮选的一段磨浮流程；（b）二段磨矿、一段浮选的一段磨浮流程；
（c）三段磨矿、一段浮选的一段磨浮流程

布的矿石：有用矿物呈不均匀浸染嵌布和集合体浸染嵌布的特征，此时可采用再磨的三段磨浮流程（见图 4-3）。

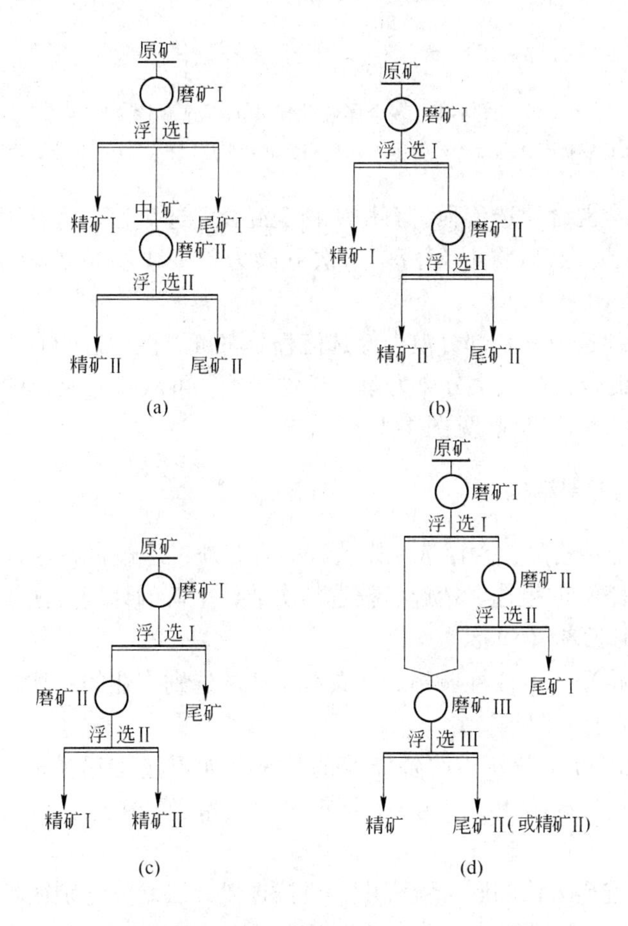

图 4-3 多段磨浮流程

（a）中矿再磨的二段磨浮流程；（b）尾矿再磨的二段磨浮流程；
（c）粗精矿再磨的二段磨浮流程；（d）三段磨浮流程

4.3.2.2 有用矿物的浮选顺序

目前，多金属硫化矿物的浮选顺序主要有三种：

(1) 有用矿物优先浮选流程。有用矿物优先浮选流程是依据矿石中有用矿物的可浮性差异，依次浮选有用矿物的浮选流程。若矿石中有三种有用矿物，磨细后的矿浆经药剂调浆后可依次浮选出第一种矿物精矿，然后依次浮选出被抑制的第二种矿物精矿和第三种矿物精矿(见图4-4(a))。

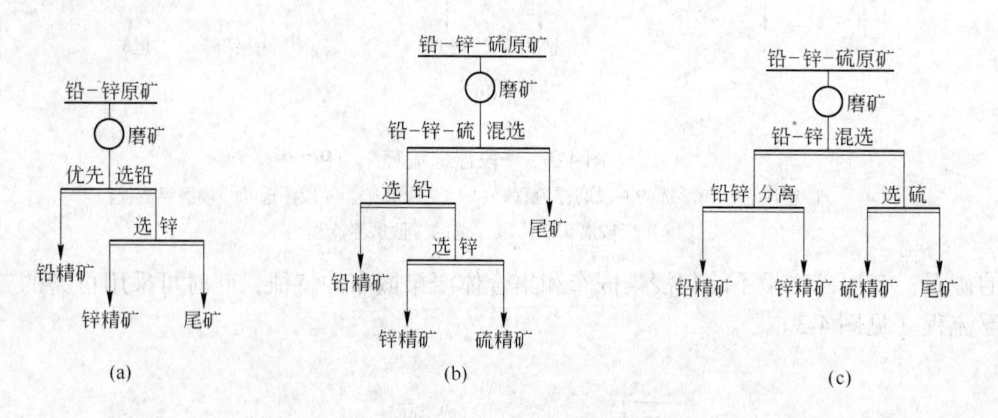

图4-4 多金属硫化矿物的浮选顺序

(a) 有用矿物优先浮选流程；(b) 有用矿物全混合浮选流程；(c) 部分混合浮选流程

(2) 有用矿物全混合浮选流程。有用矿物全混合浮选流程是将有用矿物全部浮选产出混合精矿，丢弃尾矿。然后将混合精矿依次分离为单一矿物精矿的浮选流程(见图4-4(b))。

(3) 部分混合浮选流程。部分混合浮选流程是将可浮性相近的有用矿物全部浮选产出混合精矿，然后将混合精矿依次分离为单一矿物精矿。再从部分混合浮选后的矿浆中依次浮选其他有用矿物的浮选流程(见图4-4(c))。

4.3.3 浮选流程的内部结构

浮选流程的内部结构除包含浮选原则流程的内容外，还包含各浮选段磨矿、分级的次数，每个循环（回路）的粗选、精选、扫选的次数，中矿的处理方法等。

4.3.3.1 选别循环（回路）

选别循环（回路）为一些性质相近、关系密切的选别作业的总称，中间产物常在选别循环中循环。其中包括：

(1) 浮选某种矿物（组分）的各作业的总称。如浮选方铅矿时，铅的粗选、精选、扫选作业，统称为铅浮选循环。浮选闪锌矿时，锌的粗选、精选、扫选作业，统称为锌浮选循环。

(2) 采用多种选矿方法的联合流程中，可按选矿方法划分选别循环。如浮选循环，重选循环等。

(3) 选别某粒级物料或某种物料的作业总称。如进行泥、砂分别处理时，可将其称为矿泥选别循环和矿砂选别循环。浮选流程包含混合浮选和分离浮选作业时，可将其称为混合浮选循环和分离浮选循环。

4.3.3.2 浮选的粗选、精选、扫选作业次数

A 浮选的粗选作业次数

浮选的粗选作业一般为一次，有时也采用二次粗选。常将粗选一和粗选二的泡沫产品合并，一起送去精选，有时也可分别进行精选。

B 浮选的精选作业次数

浮选的精选作业次数取决于有用矿物的原矿品位、有用矿物和脉石矿物的可浮性及对精矿质量要求等因素。一般条件下，浮选的精选作业次数为 2 ~ 3 次。若原矿品位低、有用矿物的可浮性好和对精矿质量要求高时，应增加精选作业次数。如处理易浮的低品位辉钼矿或要求高品位的萤石精矿时，其精选作业次数可多达 6 ~ 8 次。

当脉石的可浮性与有用矿物的可浮性相近时，为了提高精矿质量，也应相应增加浮选的精选作业次数。

C 浮选的扫选作业次数

浮选的扫选作业次数取决于有用矿物的原矿品位，有用矿物和脉石矿物的可浮性及对有用组分回收率的要求等因素。一般条件下，浮选的扫选作业次数为 2 ~ 3 次。高碱介质浮选时，由于浮选速度较慢，其扫选作业次数常为 3 ~ 5 次。

4.3.3.3 中矿的处理方法

各次精选作业的尾矿和每次扫选作业的泡沫产品统称为中矿或中间产物，中矿的处理方法大致有 6 种：

(1) 中矿循序返回浮选的前一作业。生产中常采用此处理方法，适用于中矿中有用矿物的单体解离度高的中矿处理。

(2) 精一尾与扫一泡合并再磨后返回粗选搅拌槽。生产中常采用此处理方法，适用于精一尾与扫一泡中有用矿物的单体解离度低的中矿处理。

(3) 精一尾与扫一泡合并直接返回各段的磨矿作业。生产中常采用此处理方法，适用于精一尾与扫一泡中有用矿物的单体解离度低且中矿量较少的情况。

(4) 中矿单独再磨再浮选。当中矿组成复杂，难浮矿粒较多，含泥量较多，其可浮性和原矿差别较大时，为防止中矿返回恶化整个浮选过程，可将中矿单独进行再磨再浮选。

(5) 精一尾与扫一泡合并经浓缩脱水脱药后直接返回各段的磨矿作业。若中矿中含有过量的水和浮选药剂，可经浓缩脱水脱药后，浓缩底流直接返回各段的磨矿作业。

(6) 其他方法单独处理中矿。若中矿单独再磨再浮选的效果不理想，可将中矿单独进行化学选矿，以化学精矿（有用组分化合物）的形态回收中矿中的有用组分。

4.4 磨矿细度

4.4.1 磨矿产物中各粒级有用组分的浮选回收率

试验和生产实践表明，不同粒度的矿粒在矿浆中的浮选行为各不相同。在工业生产条件下，某硫化铅锌矿选矿厂，浮选硫化铅锌矿物时，各粒级中铅、锌的回收率见表 4-1。

表4-1 某硫化铅锌矿选厂浮选硫化铅锌矿物时，各粒级铅、锌的回收率

粒级/mm	产率/%	粒级回收率/%	
		铅	锌
+0.3	0.5	34~49	23~63
-0.3 +0.2	3.0		
-0.2 +0.15	7.0		
-0.15 +0.10	13.0	63~74	84~88
-0.1 +0.074	17.5	84~93	82~95
-0.074 +0.052	14.0	92~94	97
-0.052 +0.037	10.0	91~95	97
-0.037 +0.028	7.0	94~97	97~98
-0.028 +0.013	9.0	92~96	96~97
-0.013 +0.006	6.0	90~95	93~97
-0.006	13.0	71~86	79~83

从表4-1中数据可知，过粗粒（+0.074mm）和极细粒（-0.006mm）的粒级回收率较低，-0.074mm +0.006mm的粒级回收率较高。一般认为最适于浮选的粒级为-0.05mm +0.010mm。由于过粗粒（+0.074mm）和极细粒（-0.006mm）的浮选行为与一般矿粒的浮选行为不同，它们在浮选过程中要求某些特殊的工艺条件，而这些特殊的工艺条件在通常的浮选过程中不可能全部得到满足。因此，在通常的浮选过程中，过粗粒（+0.074mm）和极细粒（-0.006mm）的粒级回收率较低（50%~80%），而-0.074mm +0.006mm的粒级回收率较高（92%~97%）。

从表4-1中数据可知，-0.006mm的粒级回收率比+0.1mm的粒级回收率高。因此，工业生产中，为了使有用矿物单体解离和磨至适于浮选的粒度，保证有用矿物的浮选回收率，有用矿物宁可过磨，不可欠磨。

由于有用矿物和脉石矿物的可磨性不同，通常采用磨矿产品中-200目(-0.074mm)含量的百分数表示磨矿细度不太准确和不太科学。若采用有用矿物浮选最佳粒级含量表示磨矿细度会更科学和更准确，尤其是脉石易泥化时，采用-200目含量的百分数表示磨矿细度更不科学。此时大量的有用矿物粒度大于+200目，为过粗粒，单体解离度较低。

4.4.2 过粗粒和极细粒的浮选工艺条件

4.4.2.1 过粗粒的浮选工艺条件

过粗粒的粒级回收率较低，与有用矿物单体解离度、矿粒质量、气泡大小、矿浆浓度、泡沫强度、浮选药方等因素有关。

过粗粒中的有用矿物单体解离度低，通常是造成过粗粒级中有用矿物粒级回收率较低的主要原因。应从破碎磨矿作业寻找原因，是设计造成设备负荷系数过大，或是磨矿工艺不合理，致使过粗粒中的有用矿物欠磨。

若过粗粒中的有用矿物单体解离度高，有用矿物已基本单体解离，此时粗粒级中有用矿物粒级回收率较低的主要原因可能是浮选工艺条件无法满足粗粒有用矿物浮选的要求。有用矿物虽已单体解离，但矿粒太粗、太重，正常浮选工艺条件下无法将其带至矿化泡沫中。

浮选粗粒有用矿物一般采用下列技术措施：① 添加足量的高效捕收剂；② 增加充气量，以生成较大的气泡；③ 适当提高矿浆浓度，以增加矿化气泡的上浮力；④ 矿浆的搅拌强度不宜太强，以免在矿化泡沫区产生涡流及搅动；⑤ 适当降低浮选机的高度及在升浮区造成上升的矿浆流，以缩短矿化气泡升浮距离；⑥ 矿化泡沫迅速而平稳地刮出；⑦ 必要时可采用粗粒浮选机浮选已单体解离的粗粒有用矿物。

提高粗粒级有用矿物浮选回收率最根本的措施，是提高有用矿物的磨矿细度，将其磨至最适于浮选的粒度。

4.4.2.2 极细粒的浮选工艺条件

A 极细粒（-0.006mm）的特性

通常将小于0.006mm的极细矿粒称为矿泥。

矿泥具有下列特性：

（1）矿泥粒度极细，其质量很小，与气泡碰撞接触的概率小；与气泡碰撞接触时，其动能很难克服矿粒-气泡间的水化膜阻力，矿泥较难黏附于气泡表面；矿泥易黏附于易浮矿粒表面，可降低易浮矿粒的可浮性；高碱介质浮选时使泡沫发黏，矿泥易被夹带进入矿化泡沫层中，可降低精矿品位。

（2）矿泥的比表面积很大，可吸附大量的浮选药剂，增加药耗；吸附了大量浮选药剂的矿泥可占据大量的气泡表面，可降低易浮矿粒的浮选回收率。

（3）矿泥表面键力不饱和，表面活性大，易与各种浮选药剂作用，降低易浮矿粒的浮选选择性；矿泥具有很强的表面水化能力，使矿浆黏度上升；当表面水化能力很强的矿泥黏附于气泡表面时，气泡表面的水化膜不易流失，泡沫过于稳定，使精选、浓缩、过滤等作业较难进行。

上述有关矿泥特性的论述，主要来自于高碱介质浮选时的科研成果。90多年来，矿泥一直是选矿领域的主要科研课题之一。为防止和降低矿泥的有害影响，取得了许多极其宝贵的科研成果，为解决生产中的实际问题作出了重要贡献。

有关低碱介质浮选时矿泥特性的论述，至今未见有关报道。实验和生产实践表明，低碱介质浮选时，矿泥对浮选指标的有害影响远低于高碱介质浮选，-0.01mm+0.001mm粒级的浮选回收率仍可达85%左右。

B 矿浆中矿泥的组成

矿浆中的矿泥主要由原生矿泥和次生矿泥组成。原生矿泥是指矿床中的各种矿物由于自然风化而生成的矿泥，如高岭土、黏土等；次生矿泥是指矿石在采矿、运输、破碎、磨矿和选矿过程中生成的矿泥。一般而言，在金属硫化矿物浮选时，浮选矿浆中的矿泥主要包含各种脉石矿泥、金属氧化矿物矿泥和金属硫化矿物矿泥。

为了更清楚地说明低碱介质浮选时矿泥的影响程度，下面引用一组试验数据。某矿为一坑采大型铅锌矿，矿区采空区多，出矿点多且变化大，故矿石性质变化频繁，氧化率高，浮选指标较低，铅锌回收率分别为73%和80%左右。为了提高浮选指标，进行低碱介质浮选小型试验。矿样含铅0.98%，其中氧化铅含量为0.25%，铅氧化率为25%；含锌5.77%，其中氧化锌含量为0.53%，锌氧化率为9.19%。在磨矿细度为-0.074mm占75%条件下，采用现场生产流程的简化流程，铅循环为一次粗选—粗精再磨—二次精选—二次扫选，锌循环为一次粗选—二次精选—二次扫选的优先流程，不加石灰，各作业的矿浆pH值全为矿浆自然pH值（约6.5）。仅使用SB_1、SB_2和硫酸铜三种药剂。新工艺闭路的铅回收率，与高碱工艺相当，但低碱工艺的铅精矿含铅较高（铅含量为54%）、含锌低，精、扫选次数较少；新工艺闭路的锌回收率，比高碱工艺高3.5%以上，锌精矿品位高于52%，锌精矿中氧化硅含量小于3.5%。锌尾筛析结果见表4-2。

表4-2　低碱工艺锌尾筛析结果

粒级/目	产率/%	含量/%				分布率/%			
		铅		锌		铅		锌	
		TPb	PbO	TZn	ZnO	TPb	PbO	TZn	ZnO
+160	14.51	0.17	0.12	0.84	0.52	15.36	5.23	12.65	10.63
-160+200	10.55	0.14	0.18	0.76	0.54	9.20	5.71	8.32	8.03
-200+260	11.30	0.11	0.19	0.80	0.60	7.71	6.46	9.38	9.55
-260+320	8.04	0.04	0.19	0.80	0.60	1.99	4.60	6.68	6.79
-320+400	4.62	0.08	0.21	0.88	0.61	2.30	2.92	4.23	3.97
-400	50.98	0.20	0.49	1.11	0.85	63.3	75.08	58.74	61.03
合　计	100.00	0.161	0.333	0.963	0.710	100.00	100.00	100.00	100.00

从表4-2中数据可知，锌尾矿中的铅几乎全为氧化铅，锌尾矿中的锌有75%为氧化锌，25%为硫化锌。硫化锌主要损失于+160目粗粒级中。若锌粗精矿再磨至-0.074mm占90%后再进行精选，预计锌回收率仍可提高1%~2%。

从本次小型试验结果可知：①在自然pH值条件下进行低碱介质浮选，矿泥的有害影响不明显；②金属硫化矿物的易浮粒级的粒级回收率接近100%；③矿化泡沫非常清爽，夹带的脉石矿泥少，浮选精矿品位高。因此，低碱介质浮选时，脉石矿泥的浮选行为与高碱介质矿泥的浮选行为差别较大。

4.4.3 磨矿分级方法

4.4.3.1 磨矿细度的测量

及时检测磨矿细度，为磨矿分级操作提供依据，是选矿厂的日常管理工作之一。目前选矿厂一般采用快速测量法，采用浓度壶和筛子（200目）进行磨矿细度的测量。其计算公式为：

$$\gamma_{筛上} = \frac{q_2 - a - b}{q_1 - a - b} \times 100\%$$

式中　$\gamma_{筛上}$——筛上产物的产率，%；

q_1——装满矿浆的浓度壶质量，g；

q_2——湿筛后将筛上产物置于浓度壶中再加满水后的浓度壶质量，g；

a——干浓度壶质量，g；

b——浓度壶的容积，mL。

求出筛上产物产率后，再计算筛下产物产率，其计算公式为：$\gamma_{筛下} = 100 - \gamma_{筛上}$。现在选矿厂一般1~2h测定一次分级溢流的细度。若磨矿细度不符合要求，则应及时调整磨矿分级循环的操作条件，如调整给矿量、磨矿浓度、分级浓度等。

4.4.3.2 推荐几种磨矿分级方法

A 坚持多碎少磨的原则

磨矿是选矿厂能量消耗最高的作业。目前，只有少数选矿厂的球磨给矿粒度小于10mm，多数小选矿厂的球磨给矿粒度大于20mm，有的选矿厂的球磨给矿粒度甚至大于40mm。这是选矿厂能量消耗过高的主要原因之一。

一些中小型选矿厂至今仍采用简单粗放的两段开路破碎流程，破碎最终粒度常大于40mm。现我国的矿山设备制造厂已能生产各种配套的破碎设备，完全有条件改为二段一闭路或三段一闭路的破碎流程，将破碎最终粒度降至小于10~15mm。

B 坚持阶段磨矿的原则

磨矿的目的为：① 使有用矿物充分单体解离；② 矿物单体解离粒度小于该矿物可浮粒度上限（一般小于0.074mm）；③ 尽量避免脉石矿物及有用矿物过磨。

磨矿分级流程取决于：① 有用矿物及脉石矿物的浸染嵌布粒度和共生特性；② 有用矿物及脉石矿物的硬度和密度，即有用矿物及脉石矿物的可磨度；③ 有用矿物及脉石矿物的氧化风化和蚀变程度；④ 有用矿物的含量及价值；⑤ 用户对精矿粒度的要求。

由于磨矿分级的主要任务是使有用矿物充分单体解离而又应使有用矿物及脉石矿物不过磨。因此，原矿中有用矿物及脉石矿物的浸染嵌布粒度、共生特性和蚀变特性是选择磨矿分级流程的主要因素。

根据原矿中有用矿物及脉石矿物的浸染嵌布粒度、共生特性和蚀变特性，可将矿石分为下列四类（见图4-5）：

（1）简单浸染矿石。矿石中有用矿物的浸染嵌布粒度较均匀一致，硬度和密度较近似。

（2）粗粒浸染矿石。矿石中有用矿物的浸染嵌布粒度较粗，磨矿细度较粗时可使有用矿物单体解离，但其粗粒的粒度常大于浮选粒度上限。

（3）细粒浸染矿石。矿石中有用矿物的浸染嵌布粒度较细，常要求较高的磨矿细度才能使有用矿物单体解离。

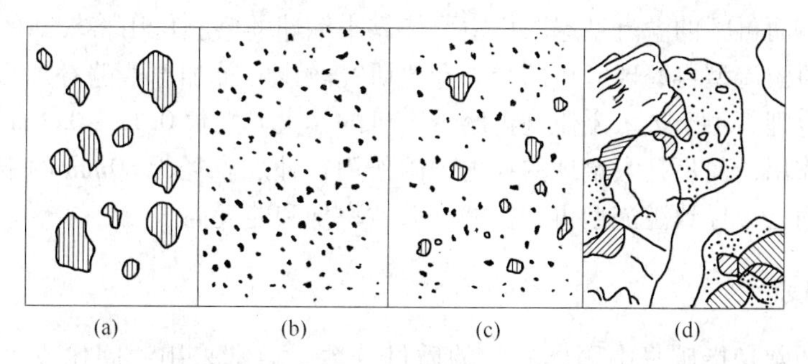

图4-5 有用矿物及脉石矿物的浸染嵌布粒度和共生特性

（a）粗粒均匀浸染；（b）细粒均匀浸染；（c）粗细不均匀浸染；（d）集合体浸染

（4）复杂浸染矿石。矿石中有用矿物的浸染嵌布粒度不均匀，应采用阶段磨矿—分级流程较合理。

在多金属硫化矿中，金属硫化矿物常呈集合体浸染嵌布在一起，称为集合浸染。多金属硫化矿中，有用矿物及脉石矿物的浸染嵌布粒度和共生特性如图4-5所示。

从图4-5可知，无论矿石中有用矿物的浸染嵌布粒度粗与细，多数为粗细不均匀浸染，只有少数矿石经一段磨矿就可使矿石中有用矿物单体解离，且其粒度符合浮选的要求。

据生产数据，磨矿细度与矿浆中最大矿粒大小对照见表4-3。

表4-3　磨矿细度与矿浆中最大矿粒大小对照

最大矿粒/mm	0.4	0.3	0.2	0.15	0.1	0.074
磨矿细度（-0.074mm）/%	40	48	60	72	85	95

从表4-3中的数据可知，欲使金属硫化矿物基本单体解离，而且要求最大的金属硫化矿物矿粒小于0.074mm，就应将矿石磨至-0.074mm占95%。

若采用一段磨矿分级流程直接将矿石磨至-0.074mm占95%，势必使有用矿物和脉石矿物过磨。此时宜采用二段磨矿分级流程，第一段磨矿分级流程将矿石磨至-0.074mm占60%，此时大量脉石矿物已磨至小于0.074mm，大部分有用矿物未单体解离。第一段磨矿分级溢流进入第二段磨矿的预捡分级旋流器分级，分级溢流送浮选，细度达-0.074mm占85%；预捡分级旋流器沉砂进入第二段磨矿，磨矿排矿与第一段磨矿分级溢流合并送旋流器分级，形成闭路。因此，浮选前，矿石进行二段磨矿分级既可使有用矿物单体解离，又可防止有用矿物和脉石矿物过磨。

若浮选粗精矿中含有大量的连生体，此时可采用粗精矿再磨或采用精一尾和扫一泡合并进行中矿再磨的方法，以提高浮选回收率和精矿品位。这两种再磨方案相比较，粗精矿再磨方案可相应降低中矿循环量，相应降低中矿再磨的给矿量，对提高浮选回收率和精矿品位更显著；若浮选多金属硫化矿物时，为了降低有用金属互含，宜采用粗精矿再磨的方法更优越。

现浮选生产厂中，第一段磨矿分级流程中，一般采用格子型球磨机与旋流器闭路；第二段磨矿分级采用溢流型球磨机与旋流器闭路。粗精矿再磨或中矿再磨采用溢流型球磨机与旋流器闭路。原矿采用格子型球磨机磨矿，依靠大钢球的撞击力和小钢球的磨剥力将较粗的矿粒磨细；而再磨的溢流型球磨机主要依靠小钢球的磨剥作用将较细的矿粒磨细。现生产实践中，对溢流型再磨球磨机的合理球比研究较少，补加球普遍补加直径为60mm的钢球，显然不合理。由于进入溢流型再磨球磨机的最大矿粒仅0.15～0.2mm，细磨主要靠小钢球的磨剥作用，而不是大钢球的冲击破碎作用，补加直径为60mm的钢球仅造成球打球，增加球耗而已，导致溢流型再磨机的磨矿效率低和能耗高。

4.5　矿浆浓度

矿浆浓度通常是指矿浆中固体矿粒的质量分数。通常采用液固比或固体质量百分数（%）表示，矿浆的液固比表示矿浆中的液体与固体的质量（或体积）之比，有时又将其称为稀释度；固体质量百分数（%）表示矿浆中固体矿粒质量所占的百分数（%）。为了便于计算，通常采用质量百分数表示法。

矿浆浓度是浮选过程中的重要工艺参数之一。浮选过程中，浮选矿浆浓度直接影响吨矿药剂耗量、浮选作业时间、矿浆充气量、浮选回收率、精矿品位等各项指标。

浮选时，最适宜的矿浆浓度与矿石性质、作业条件和要求有关。其一般规律为：

（1）浮选密度较大的有用矿物时，采用较高的矿浆浓度；浮选密度较小的有用矿物时，采用较低的矿浆浓度。

（2）浮选粒度较粗的有用矿物时，采用较高的矿浆浓度；浮选粒度较细或矿泥含量较高的有用矿物时，采用较低的矿浆浓度。

（3）粗选和扫选作业，采用较高的矿浆浓度，以降低药耗和减少浮选机槽数；精选作业可采用较低的矿浆浓度，以提高浮选精矿质量。

浮选金属硫化矿物时，常采用的矿浆浓度见表4-4。

表4-4 浮选金属硫化矿物时常采用的矿浆浓度（固体含量） （%）

矿石类型	粗选		精选	
	范围	平均	范围	平均
含铜黄铁矿：				
铜、铁硫化矿物的浮选	30～50	35	10～50	30
铅锌矿：				
方铅矿的浮选	30～50	40	5～50	—
闪锌矿的浮选	20～40	35	10～45	—
浸染矿石：				
硫化铜矿物的浮选	18～33	25	10～23	15
黄铁矿和金矿石的浮选	15～45	30	20～40	26
方铅矿的浮选	24～33	28	5～15	8

4.6 浮选药方

浮选过程中添加的浮选药剂种类、数量、加药地点、加药方式等，统称为浮选药剂制度，简称为浮选药方。浮选药方是浮选过程的重要工艺参数，对浮选指标有重要影响。

4.6.1 浮选药剂种类

4.6.1.1 介质调整剂

将矿石磨细后，浮选前常添加介质调整剂调整矿浆pH值等介质条件，为添加其他浮选药剂准备必要的条件。常用的介质调整剂为石灰、碳酸钠等。石灰常以石灰乳的形式添加，采用监测矿浆pH值的方法度量其添加量。碳酸钠常配成5%～10%的水溶液加入搅拌槽中。

低碱介质浮选时，常在矿浆自然pH值条件下浮选，此时不用添加任何介质调整剂。若要求初始矿浆pH值为7.0～9.0，一般也仅添加1～3kg/t石灰作调整剂。

4.6.1.2 抑制剂

浮选某种有用矿物前，常须先加入抑制剂以抑制其他有用矿物。根据待抑制的矿物种类和性质，所添加的抑制剂可为一种药剂，也可能是组合药剂。

低碱介质浮选时，常利用有用矿物的天然可浮性差异和捕收剂的特效性选择性捕收某些有用矿物。因此，低碱介质浮选时，较少使用抑制剂。即使有时采用抑制剂，其用量也较低。

4.6.1.3 活化剂

浮选过程中，欲将已抑制的有用矿物再浮选，须添加活化剂将其活化，再采用相应的捕收剂才能使其重新浮选。常用的活化剂为硫酸铜、硝酸铅、硫酸、碳酸钠等。

低碱介质浮选金属硫化矿物时，常采用硫酸铜活化被抑制的闪锌矿和铁闪锌矿，但其用量常比高碱介质浮选时的用量低。低碱介质浮选时，一般采用原浆浮选硫化铁矿物，产出优质硫精矿。低碱介质浮选硫化铁矿物时，无须添加任何活化剂。

活化剂的使用应慎重，尽量不添加活化剂，尤其不宜在浮选过程中随意添加活化剂。否则，将大幅度提高捕收剂和活化剂的耗量。

4.6.1.4 捕收剂

捕收剂是最重要的浮选药剂，其类型和品种较多。浮选试验时，应根据矿石中有用矿物组成、有用矿物的选矿工艺学特征和所选择的浮选工艺路线，仔细地筛选捕收剂的类型和品种，选择较佳的捕收剂类型和品种，然后进行用量试验，选择其最佳用量。

选择的捕收剂可为单一的一种浮选药剂，也可为组合捕收剂。组合捕收剂可为同类型捕收剂组合，有时也可采用不同类型的捕收剂组合。但是，这种异类组合的捕收剂的选择性较差。

低碱介质浮选金属硫化矿物时，所使用的 SB 选矿混合剂系列捕收剂均为同类两种或两种以上的组合捕收剂，具有特效性和很高的选择性。

4.6.2 浮选药剂的添加地点和加药顺序

4.6.2.1 浮选药剂的添加地点

浮选药剂的添加地点取决于浮选药剂的作用，一般规律为：

（1）最先添加介质调整剂，如石灰常以固体粉灰或石灰乳形态加于球磨机中，使其与矿浆有充分的作用时间，为其他浮选药剂发挥作用准备好介质条件。

（2）某些难溶又常以原液添加的浮选药剂常加于球磨机中。如常将 25 号黑药和白药加于球磨机中。

（3）根据浮选药剂作用时间及其是否会发生交互反应决定药剂添加地点和顺序。如浮选被抑制的闪锌矿，浮选作业前一般均配置两个串联的搅拌槽，先将活化剂硫酸铜加于第一搅拌槽，将捕收剂和起泡剂加于第二搅拌槽。活化剂硫酸铜宜一点加药，不宜多点加药，否则与捕收剂相互作用而增加药剂消耗。

（4）一点加药与多点加药。有些易溶于水、不易被泡沫带走且不易失效的浮选药剂可以集中于一点添加。某些易被泡沫带走，易与矿泥及可溶盐作用而易失效的药剂应采用多点添加的方式。

（5）定点加药与看泡加药。浮选生产过程中，浮选药剂加药点和加药量不宜随意变动，以稳定生产过程和浮选指标。但有时出于某些原因出现“跑槽”、“沉槽”、精矿质量下降或金属在尾矿大量流失等现象时，须对存在问题分析判断准确，采取相应操作措施消除这些不正常现象。一般不允许在浮选作业线上（浮选槽及泡沫槽）随意添加活性炭、捕收剂、起泡剂、硫酸铜等浮选药剂。浮选不正常现象消除后应停止看泡加药。

4.6.2.2 浮选药剂的添加顺序

浮选药剂的添加顺序一般为：

（1）浮选原矿的加药顺序：介质调整剂→抑制剂→捕收剂→起泡剂。

（2）浮选被抑制的矿物的加药顺序：活化剂→捕收剂→起泡剂。

（3）低碱介质浮选时，采用自然 pH 值条件浮选难浮有用矿物的加药顺序：活化剂→捕收剂→起泡剂。

（4）低碱介质浮选原浆选硫时只加黄药作捕收剂即可。

4.7 矿浆的充气和搅拌

浮选机中矿浆的充气程度决定于进入矿浆中的空气量及其弥散程度。

4.7.1 进入矿浆中的空气量

进入矿浆中的空气量决定于浮选机的类型。就目前浮选生产厂所使用的三种浮选机而言，机械搅拌式浮选机的充气量最小，机械搅拌-压气式浮选机次之，压气式浮选柱的充气量最高。

机械搅拌式浮选机的充气量主要决定于叶轮大小及其转速，叶轮愈大及其转速愈快，浮选机的充气量愈大。但其能耗和设备磨损愈大。

机械搅拌-压气式浮选机的机械搅拌主要为搅拌矿浆，使矿粒处于悬浮状态。此类型浮选机的矿浆充气主要靠压入矿浆中的低压空气完成。因此，机械搅拌-压气式浮选机的矿浆充气量比机械搅拌式浮选机的充气量高得多。

压气式浮选柱靠喷射式充气器向柱内矿浆充气，其充气量较高。

4.7.2 空气在矿浆中的弥散程度

进入浮选机内矿浆中的空气须分散为直径小的气泡，气泡的直径愈小，则矿浆中的空气弥散程度愈高。矿浆中气泡的平均直径随矿浆中起泡剂浓度的增大而减小。

为了提高浮选速度和强化浮选过程，首先必须保证浮选机的充气量，强化充气可以提高浮选速度，缩短浮选时间，可提高浮选处理量和提高浮选指标。提高浮选机的充气量，还可适当降低起泡剂用量。

4.7.3 矿浆搅拌

搅拌矿浆可使矿粒悬浮，使矿粒均匀分散于矿浆中。搅拌矿浆可使空气均匀弥散于矿浆中，可促使空气在槽内高压区溶解，而在低压区加强析出，以造成大量的活性微泡。但矿浆的充气和搅拌不宜过度，否则会增加能耗、促进气泡兼并、增加机械磨损、降低槽容积和降低精矿质量等不利影响。

4.8 浮选时间

当其他浮选工艺条件相同时，某有用组分的浮选回收率随浮选时间的增加而提高，浮选精矿品位则随浮选时间的增加而下降（见图 4-6）。

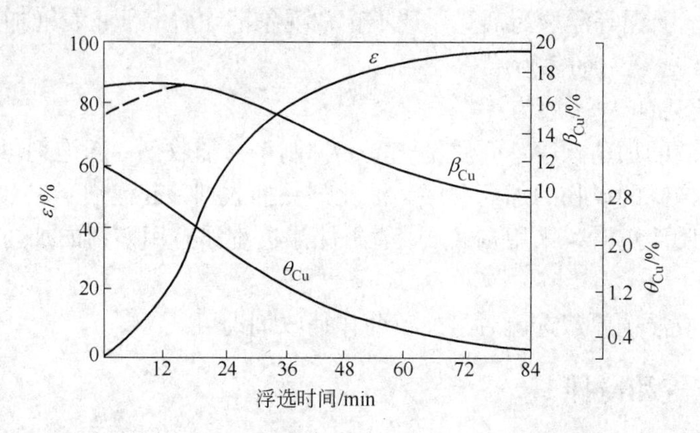

图 4-6 某铜浮选厂的浮选指标与浮选时间的关系

从图 4-6 中的回收率曲线可知，浮选初期的浮选速度最高，随着浮选过程的进行，浮选速度愈来愈低，浮选精矿品位也愈来愈低。因此，浮选时间应适当，才能获得较高的浮选回收率和较高的浮选精矿品位。

浮选时间与浮选原矿性质、磨矿细度、有用矿物含量、矿浆浓度、浮选工艺路线、浮选药方等因素有关。最适宜的浮选时间常通过试验的方法决定。

浮选的粗选时间最关键，金属硫化矿物浮选时，粗选时间常为 4 ~ 10min，扫选时间为 15 ~ 30min，精选次数常为 2 ~ 3 次，每次精选时间常为 1 ~ 4min。

4.9 浮选速度

浮选速度为单位时间的浮选回收率。提高浮选速度可以简化浮选流程，提高浮选指标。

金属硫化矿物低碱介质浮选时，粗选作业的金属回收率常占其总回收率的 95% 以上，故试验时可采用一次粗选、一次扫选、二次精选的简化流程。与高碱介质浮选工艺比较，低碱介质浮选可以简化浮选生产流程。

金属硫化矿物低碱介质浮选时，粗选作业的金属回收率所以高达 95% 以上，这与低碱介质浮选时金属硫化矿物的可浮性较好密切相关。低碱介质浮选时，矿浆的 pH 值常为矿浆自然 pH 值或接近于其自然 pH 值，金属硫化矿物的天然可浮性未受到损坏，加之采用特效而选择性高的捕收剂的作用，使其在不受任何抑制的条件下进行浮选，矿化泡沫相当清爽，夹带矿泥少，矿化气泡上浮速度快，故低碱介质浮选时，粗选作业的金属回收率高达 95% 以上。

4.10 矿浆温度

试验和生产实践表明，提高矿浆温度可以提高浮选速度和提高浮选指标。但由于矿浆量较大，加温矿浆需消耗大量热量，在经济上不合理。因此，浮选作业通常均在室温条件下进行。只有当天寒地冻地区，水结冰无法流动时，浮选厂才采取保温措施以保证浮选生产的正常进行。

温度低时，有些药剂的溶解度小，较难溶，此时可采用局部加温的方法进行配药。

4.11 水的质量

水的质量对浮选指标的影响非常大，进行金属硫化矿物浮选时，应较详尽地研究水的质量对浮选指标的影响。

浮选过程是否使用回水是浮选厂遇到的老问题。浮选厂使用回水，有利于选厂水的循环使用，具有非常明显的经济效益和环境效益。但由于回水中含有较多的浮选药剂和其他“难免”离子，回水直接返回浮选系统，常给浮选指标造成较大的影响，有时甚至使浮选过程无法正常进行。

金属硫化矿物低碱介质浮选时，使用新鲜水或使用回水形成了两种不同的药剂制度，这两种不同的药剂制度不可互相替代。使用新鲜水时，大部分金属硫化矿物可在矿浆自然pH值条件下进行浮选分离。使用回水时，大部分金属硫化矿物低碱介质浮选分离前，只能采用添加少量石灰和其他抑制剂调浆，使矿浆pH值达7~9的条件下，才能进行多金属硫化矿物低碱介质浮选分离，否则，会提高精矿中有用组分的互含。

4.12 浮选机

金属硫化矿物有效浮选分离的必备条件为：①与矿石性质相匹配的正确的浮选工艺路线；②适应于矿石性质的磨矿细度；③适应于矿石性质的浮选药方；④有完善的配药和给药系统；⑤浮选机性能优良；⑥正确的浮选操作方法。

浮选机除应满足工作可靠、耐磨、节能、结构简单、价廉等条件外，还应满足下列条件：①充气量大；②有较强的搅拌作用；③具有矿浆循环流动作用；④矿浆液面可调整；⑤可连续工作，可连续接受给矿，且能顺利排出精矿和排出尾矿；⑥易检修和易更换易损件。因此，浮选机以优良的性能连续工作，是稳定浮选操作和取得优异浮选指标的前提条件之一。

5 硫化铜矿物的浮选

5.1 概述

5.1.1 铜矿石工业类型

铜在地壳中的含量为0.01%，为亲硫元素，故铜矿物常以硫化铜矿物的形态出现。各种铜矿物依其成因和化学成分可分为原生硫化铜矿物（如黄铜矿）、次生硫化铜矿物（如辉铜矿）及氧化铜矿物（如孔雀石等）。

世界铜资源较丰富，铜储量最多的国家为美国、智利、俄罗斯、加拿大和赞比亚等，我国的铜资源也比较丰富。

就世界而言，最重要的铜矿床工业类型为斑岩铜矿、含铜砂岩铜矿、含铜黄铁矿铜矿和硫化铜镍矿四种。其中，斑岩铜矿床占世界铜储量的50%以上，美国和智利90%以上的铜产自于斑岩铜矿。我国日处理量达13万吨原矿的德兴铜矿选矿厂处理的矿石也产自斑岩铜矿。

我国的铜矿床工业类型主要为斑岩铜矿、含铜黄铁矿、层状铜矿、矽卡岩铜矿、含铜砂岩铜矿、硫化铜镍矿及脉状铜矿七类。矽卡岩铜矿床虽然工业规模不大，但铜含量较高，在我国东北、华北、长江中下游及西北地区均有产出，在我国铜工业中占有一定的地位。

有关铜矿石工业类型，有不同的分类方法：

（1）依铜矿石中氧化铜矿物的相对含量可分为氧化铜矿石（铜氧化率大于30%）、混合铜矿石（铜氧化率为10%～30%）和硫化铜矿石（铜氧化率小于10%）。

（2）依矿石构造可分为块状（致密状）铜矿石和浸染状铜矿石。

（3）依矿石中的有用组分类别，可分为单一铜矿石和复合铜矿石（如铜硫矿石、铜铁矿石、铜镍矿石、铜锌矿石等）。

结合铜矿石的选矿工艺特点，本章主要研究单一硫化铜矿石、铜硫矿石、铜铁矿石和铜锌矿石的浮选分离问题（见表5-1）。

表5-1　硫化铜矿石的主要类型

矿石类型	有用组分	矿石特点	可浮性	矿床类型
单一硫化铜矿石	铜	黄铁矿含量少，铜矿物较单一，嵌布粒度有粗有细，较简单，氧化率不等	好，易浮	斑岩铜矿床，含铜砂岩矿床，脉状铜矿床，层状铜矿床
铜硫矿石	铜、硫	黄铁矿含量较多(15%～90%)，铜矿物较复杂，嵌布粒度细，含铅、锌等杂质	好，易浮	含铜黄铁矿矿床，矽卡岩铜矿床
铜铁矿石	铜、铁、硫	氧化铁含量较高（15%～70%），黄铁矿含量较少，有时可回收硫。铜矿物较复杂，嵌布粒度细，有的泥含量较高	好，易浮	矽卡岩铜矿床
铜锌矿石	铜、锌、硫	黄铁矿含量高，锌为铁闪锌矿，铜主要为黄铜矿，铜锌矿物紧密共生，嵌布粒度细	好、易浮，但分离困难	矽卡岩铜矿床

硫化铜矿石中，常含一定量的金、银，有时还含有钼、钴、铼、铟、铋、硒、碲等有用组分。这些伴生有用组分的含量虽不高，但有较高的经济价值，应在选矿过程中进行综合回收。如江西德兴铜矿现日处理原矿 13 万吨，年处理原矿 4160 多万吨，原矿品位为：铜 0.4%、硫 2.0%、钼 0.01%、金 0.2g/t、银 1.0g/t。若铜的浮选回收率为 84%，其他伴生组分的浮选回收率为 60%，则可年产精矿金属铜约 14 万吨，含硫 40% 的硫精矿 124 万吨，含钼 45% 的钼精矿 5547t，铜精矿中含金约 5t，铜精矿中含银约 25t。因此，德兴铜矿不仅是个大铜矿，而且是个大硫矿、大钼矿、大金矿和大银矿。辉钼矿中还含有较高的铼、锇等稀散元素可供综合回收。

硫化铜矿石中常见的脉石矿物主要为石英，其次为方解石、重晶石、白云石、绢云母、长石、绿泥石等。铜铁矿石中的脉石矿物则以石榴子石、透辉石、阳起石等矽卡岩脉石为主。含镁矿物和绿泥石化、绢云母化产生的原生矿泥对浮选指标的影响大，制定浮选流程和选择浮选工艺路线时应加以考虑。

5.1.2 硫化铜矿物的可浮性

5.1.2.1 概述

目前，已知自然界的含铜矿物约有 170 多种，有工业价值的铜矿物约 10 种。可分为硫化铜矿物和氧化铜矿物两大类。有工业价值的硫化铜矿物见表 5-2。

表 5-2 有工业价值的硫化铜矿物

序 号	硫化铜矿物	分子式	铜含量/%	密度/g·cm^{-3}	莫氏硬度	伴生组分
1	辉铜矿	Cu_2S	79.83	5.5～5.8	2.5～3.0	Fe、Ag
2	黄铜矿	$CuFeS_2$	34.6	4.1～4.3	3.5～4.0	Pb、Zn、Ni、Au、Ag
3	斑铜矿	Cu_5FeS_4	63.3	4.9～5.4	3	Ag
4	铜蓝	CuS	66.4	4.63～6	1.5～2.0	Fe、Ag、Pb
5	黝铜矿	$4Cu_2S \cdot Sb_2S_3$	Cu52.1、Sb29.2	4.4～5.1	3～4.5	As、Bi、Fe、Au、Ag、Hg
6	砷黝铜矿	$4Cu_2S \cdot As_2S_3$	57.5	4.4～4.5	3～4	Pb、Fe
7	斜方硫砷铜矿	$3Cu_2S \cdot As_2S_5$	48.3	4.4～4.5	3～3.5	Sb、Fe、Pb、Zn、Ag

就世界而言，硫化铜矿物中，以辉铜矿分布最广，约占铜矿物的 50%，其次为黄铜矿，再次为斑铜矿，其余为自然铜及其他硫化铜矿物。

我国各浮选厂处理的铜矿石中，最常见的硫化铜矿物为黄铜矿、铜蓝、斑铜矿等，辉铜矿含量较少。在美国、俄罗斯、智利等国，最常见的硫化铜矿物为辉铜矿。

5.1.2.2 黄铜矿的可浮性

黄铜矿是分布很广的原生硫化铜矿物，其纯矿物含铜 34.56%，含铁 30.52%，含硫 34.92%。常含金、银、铊、硒、碲等，密度为 4.1～4.3g/cm^3，莫氏硬度为 3.5～4.0。

黄铜矿的成因有四种：

（1）岩浆型：存在于与基性岩及超基性火成岩有关的铜镍硫化矿中，常与磁黄铁矿、镍黄铁矿密切共生。

（2）中温热液型：常呈充填或交代脉状与黄铁矿、方铅矿、闪锌矿、斑铜矿和辉铜矿等共生。

（3）接触交代型：存在于酸性火成岩与石灰岩的接触带，常与方铅矿、闪锌矿、磁黄铁矿及石榴子石、透辉石、绿帘石等矽卡岩矿物共生。

（4）沉积型：偶见于沉积岩中，系含铜水溶液与有机物分解产生的硫化氢气体相互作用的产物。

黄铜矿是一种非常重要的原生硫化铜矿物，许多次生硫化铜矿物皆由黄铜矿变化而生成。

黄铜矿经风化氧化作用，分解为易溶于水的硫酸铜。其反应式可表示为：

$$CuFeS_2 + 4O_2 \longrightarrow CuSO_4 + FeSO_4$$

硫酸铜溶液在氧化带遇到方解石、石灰石等碳酸盐矿物或含碳酸盐的水溶液时，相互作用可生成孔雀石或蓝铜矿。其反应式可表示为：

$$2CuSO_4 + 2CaCO_3 + H_2O \longrightarrow CuCO_3 \cdot Cu(OH)_2 \downarrow (\text{孔雀石}) + CaSO_4 + CO_2 \uparrow$$

$$3CuSO_4 + 3CaCO_3 + H_2O \longrightarrow 2CuCO_3 \cdot Cu(OH)_2 \downarrow (\text{蓝铜矿}) + 3CaSO_4 + CO_2 \uparrow$$

若硫酸铜溶液与硅质岩石或含二氧化硅的水溶液相遇，相互作用可生成硅孔雀石。其反应式可表示为：

$$CuSO_4 + CaCO_3 + H_4SiO_4 \longrightarrow CuSiO_3 \cdot 2H_2O \downarrow (\text{硅孔雀石}) + CaSO_4 + CO_2 \uparrow$$

若氧气和二氧化碳气体不足或完全缺乏的条件下，硫酸铜与原生的硫化矿物（如黄铜矿、黄铁矿、方铅矿、闪锌矿等）相互作用，可生成次生富集带中许多次生硫化铜矿物。

黄铜矿属四方晶系。其结晶构造属双重闪锌矿型（见图5-1）。在黄铜矿的结晶构造中，每一个硫离子被分布于四面体顶角的四个金属离子（两个铜离子和两个铁离子）所包围，所有配位四面体的方位均相同。由于黄铜矿具有较高的晶格能，且结晶构造中硫离子所处位置位于对铜、铁离子而言是在晶格内层。因此，在硫化铜矿物中，黄铜矿对氧具有较大的稳定性，为最不易被氧化的硫化铜矿物。

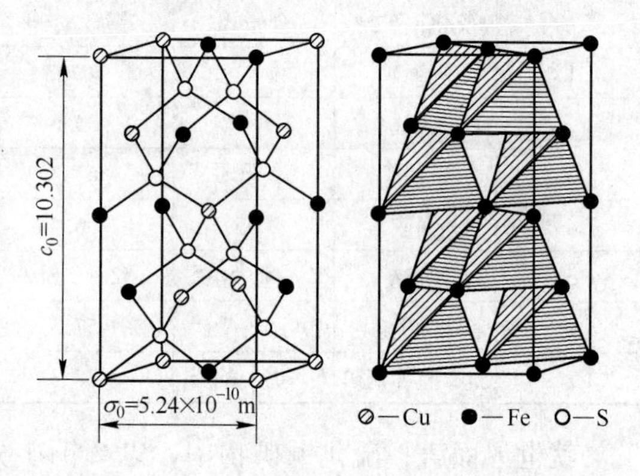

图5-1　黄铜矿的结晶构造

在低碱介质中，黄铜矿可长期保持其天然可浮性。黄铜矿在pH值为6.0的弱酸介质中氧化时，其氧化产物为H^+、Cu^{2+}、Fe^{2+}、Fe^{3+}、SO_4^{2-}等，这些离子皆进入矿浆液相中。在高碱介质中（pH值大于10）氧化时，可生成SO_4^{2-}、$S_2O_3^{2-}$等离子，不可能生成Cu^{2+}、Fe^{2+}、Fe^{3+}等金属离子。黄铜矿在高碱介质中受OH^-的作用而生成氢氧化铁等化合物覆盖于黄铜矿矿物表面上，此时，黄铜矿的晶格结构被破坏，其可浮性下降。因此，对黄铜矿而言，在低碱介质中浮选，其天然可浮性远高于在高碱介质中的可浮性。

5.1.2.3　辉铜矿的可浮性

辉铜矿是一种含铜很高的硫化铜矿物，具有重要的工业价值。纯的辉铜矿物含Cu 79.86%，S 20.14%。常含银、铁、钴、镍、砷和金等杂质，密度为5.5～5.8g/cm^3，莫氏硬度为2~3，为电的良导体。

辉铜矿的成因如下：

（1）热液型：多见于某些高铜低硫的晚期热液矿床中，常与原生斑铜矿共生。

（2）风化型：绝大部分辉铜矿属此成因，主要见于硫化铜矿床的次生富集带。当原生铜矿床氧化时，渗滤的硫酸铜溶液与原生的黄铜矿、黄铁矿、斑铜矿等相互作用，可生成辉铜矿。其反应可表示为：

$$5CuFeS_2 + 11CuSO_4 + 8H_2O \longrightarrow 8Cu_2S\downarrow + 5FeSO_4 + 8H_2SO_4$$

$$CuSO_4 + FeS_2 + H_2O \longrightarrow Cu_2S\downarrow + FeSO_4 + H_2SO_4$$

$$CuSO_4 + Cu_5FeS_4(\text{斑铜矿}) \longrightarrow 2Cu_2S\downarrow + 2CuS\downarrow(\text{铜蓝}) + FeSO_4$$

辉铜矿不稳定，易氧化分解，转变为赤铜矿、孔雀石和自然铜等铜矿物。其反应可表示为：

$$4Cu_2S + 9O_2 \longrightarrow 4CuSO_4 + 2Cu_2O(\text{赤铜矿})$$

$$2Cu_2S + 2CO_2 + 4H_2O + 5O_2 \longrightarrow 2[CuCO_3 \cdot Cu(OH)_2] + 2H_2SO_4$$

辉铜矿未完全氧化则转变为自然铜。其反应可表示为：

$$Cu_2S + 2O_2 \longrightarrow CuSO_4 + Cu^0$$

辉铜矿的高温变体属六方晶系，辉铜矿的低温变体属斜方晶系，构造较复杂。辉铜矿的高温变体的结晶构造为铜离子与硫离子依次排列成层，铜离子位于每层硫离子所构成的三角形的中心（见图5-2）。由于硫离子的离子半径大，而铜离子的离子半径较小，所以铜离子具有较高的扩散流动性及较低的晶格能。离子半径较大的硫离子易暴露于矿物表面而被氧化。因此，与黄铜矿相比较，辉铜矿易被氧化，具有较高的氧化速度。辉铜矿性脆，磨矿时易过粉碎，这可加速辉铜矿的氧化。石灰同样可降低辉铜矿的可浮性，低碱介质浮选时，辉铜矿的可浮性较好。

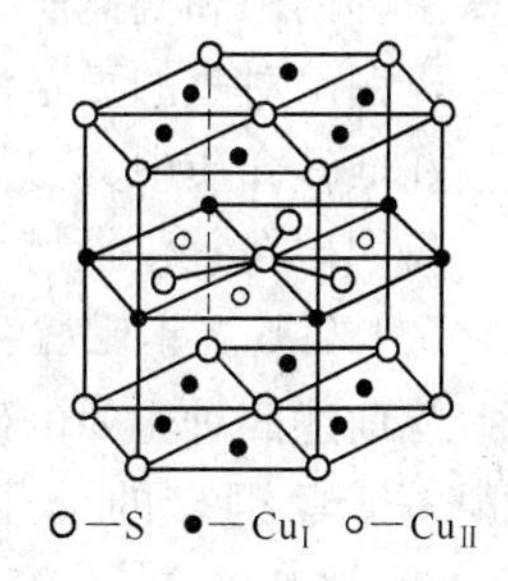

图5-2 高温变体辉铜矿的结晶构造

5.1.2.4 铜蓝的可浮性

铜蓝的分子式为CuS，纯矿物含铜66.5%，含硫33.5%。密度为4.6~4.67g/cm^3，莫氏硬度为1.5~2。常含铁、银、铅等杂质。铜蓝的正确分子式应为$Cu_2S \cdot CuS_2$，即铜离子为Cu^{2+}和Cu^+，硫离子为S^{2-}和$[S_2]^{2-}$。

铜蓝的成因如下：

（1）风化型：铜蓝的主要成因，常见于硫化铜矿床的次生富集带。它由硫酸铜水溶液对原生硫化矿物或次生硫化矿物（如黄铜矿和斑铜矿）相互作用生成的次生硫化铜矿物。其反应可表示为：

$$CuSO_4 + CuFeS_2 \longrightarrow 2CuS\downarrow + FeSO_4$$

$$CuSO_4 + Cu_5FeS_4 \longrightarrow 2Cu_2S\downarrow + 2CuS\downarrow + FeSO_4$$

此外，硫酸铜与方铅矿或闪锌矿相互作用也可生成铜蓝。其反应可表示为：

$$CuSO_4 + PbS \longrightarrow CuS\downarrow + PbSO_4\downarrow$$

$$CuSO_4 + ZnS \longrightarrow CuS\downarrow + ZnSO_4$$

由于硫酸锌易溶于水，可在原来硫酸锌处产生蓝黑色烟灰块状体的铜蓝及难溶于水的硫酸铅。

（2）热液型：一般呈脉状与黄铁矿共生，极少见。

（3）火山型：可见于火山熔岩中，为硫质喷气作用的产物。

铜蓝常与黄铁矿、黄铜矿、斑铜矿及其他淋滤带的矿物一起产出，有时在黄铜矿表面生成晕色或蓝色薄膜，有时充填于黄铜矿的裂隙中。

铜蓝的结晶构造属复杂的层状构造，六方晶系，性脆且软，磨矿时易过粉碎。铜蓝的可浮性与辉铜矿相似。

5.1.2.5 斑铜矿的可浮性

斑铜矿的分子式为 Cu_5FeS_4，按此分子式计算，斑铜矿含铜 63.3%，含铁 11.2%，含硫 25.5%。但由于斑铜矿中常有呈显微包裹体或固溶体存在的黄铜矿和辉铜矿，斑铜矿的实际组分波动较大，一般含铜为 52% ~65%，含铁为 8% ~18%，含硫为 20% ~27%。常含银，密度为 4.9 ~5.0g/cm^3，莫氏硬度为 3，性脆，磨矿时易过粉碎。

斑铜矿的成因有原生和次生两种。原生斑铜矿多见于热液型和接触交代型。常与黄铜矿、原生辉铜矿、方铅矿、闪锌矿、黄铁矿等共生，或为黄铜矿中的包裹体（固溶体的分离产物）。次生斑铜矿（风化型）生成于硫化铜矿床的次生富集带，为硫酸铜溶液与黄铜矿及其他硫化矿物相互作用生成的产物，属最早的次生硫化铜矿物。斑铜矿常被含铜更高的次生辉铜矿和铜蓝所替换，在矿床中少有较大的聚积。

斑铜矿对氧的稳定性优于辉铜矿，但比黄铜矿差，其可浮性介于辉铜矿和黄铜矿之间。在低碱介质中其可浮性最好，当 pH 值大于 10 时，其可浮性下降。

斑铜矿在氧化带易分解为赤铜矿、辉铜矿、铜蓝、孔雀石、蓝铜矿、褐铁矿等矿物。

5.1.2.6 其他硫化铜矿物的可浮性

除前述四种主要的硫化铜矿物外，在硫化铜矿床中还可遇见黝铜矿、砷黝铜矿、硫砷铜矿等。黝铜矿的分子式为 $4Cu_2S \cdot Sb_2S_3$，含铜 23% ~45%。砷黝铜矿的分子式为 $4Cu_2S \cdot As_2S_3$，含铜 30% ~50%。硫砷铜矿的分子式为 Cu_3AsS_4，含铜 48.3%。它们的可浮性均比前述四种主要的硫化铜矿物的可浮性差，尤其是含砷硫化铜矿物含量高时，铜精矿中的砷含量会超标，选择浮选工艺路线时尤其要注意。

硫化铜矿物的可浮性与其组分中的铁含量密切相关，其组分中的铁含量愈高，该硫化铜矿物的可浮性愈差；反之，其组分中的铁含量愈低，则该硫化铜矿物的可浮性愈好。如辉铜矿与铜蓝的可浮性相近，石灰对它们的抑制作用较弱，采用石灰作抑制剂，它们易与黄铁矿、磁黄铁矿分离。黄铜矿与斑铜矿的可浮性相近，浮选时易被氧化剂、石灰抑制。因此，采用石灰作抑制剂，黄铜矿与斑铜矿较难与黄铁矿、磁黄铁矿分离。我国硫化铜矿中的硫化铜矿物绝大部分为黄铜矿，特别适用于采用低碱介质浮选，在无石灰抑制的条件下浮选黄铜矿，可获得最高的浮选指标。

5.1.3 硫化铁矿物的可浮性

5.1.3.1 概述

所有的硫化铜矿石中均含有硫化铁矿物。因此，硫化铜矿物的浮选实质上是硫化铜矿物与硫化铁矿物及脉石矿物的浮选分离过程。硫化铜矿物与硫化铁矿物浮选分离的难易及浮选顺序取决于硫化铁矿物的含量及其性质。

硫化铜矿石中常见的硫化铁矿物为黄铁矿、磁黄铁矿，有时还有白铁矿和砷黄铁矿（毒砂）。

5.1.3.2 黄铁矿的可浮性

黄铁矿的分子式为 FeS_2，含铁46.6%，含硫53.4%。密度为4.9~5.1g/cm^3，莫氏硬度为6.0~6.5。常含少量的镍、钴、砷、硒、碲、金等，其中所含的钴、金有时可综合回收。

黄铁矿的可浮性与下列因素有关：

（1）杂质含量：含金、铜、钴、镍的黄铁矿的可浮性较好，镍黄铁矿是镍的主要矿物原料。

（2）结晶构造：呈八面体结晶的黄铁矿的可浮性比呈六面体结晶的黄铁矿的可浮性好。

（3）是否被硫酸铜活化：在矿床中被硫酸铜活化的黄铁矿的可浮性好。有时铜离子在黄铁矿物表面发生化学反应，生成次生硫化铜薄膜，磨矿时很难将其除去。此类黄铁矿具有类似次生硫化铜矿物的可浮性。

在磨矿过程中，黄铁矿很容易被氧化，并生成部分可溶盐，而且黄铁矿在高碱介质中的氧化速度较快。黄铁矿氧化后，在其表面生成亲水的氧化铁薄膜，因而被抑制。在酸性或低碱介质中，氧化铁薄膜被溶解，露出新鲜的黄铁矿表面。当矿浆 pH 值低时，甚至在黄铁矿表面可生成元素硫。其反应可表示为：

$$FeS_2 \longrightarrow FeS + S^0 \downarrow$$

黄铁矿表面的元素硫可增强黄铁矿表面的疏水性，从而可提高其可浮性。因此，高碱介质浮选时，常采用硫酸作活化剂，以便在弱酸介质中浮选黄铁矿。

黄铁矿的可浮性因矿床和矿区不同而变化较大，使硫化铜矿物与黄铁矿的浮选分离较难控制，在高碱介质浮选过程中，对黄铁矿的有效抑制一直是铜硫分离浮选的关键。

在低碱介质浮选时，由于采用高效和选择性高的捕收剂和特效的抑制剂，可有效地使硫化铜矿物与黄铁矿进行浮选分离，并可回收铜硫连生体，不仅可提高精矿品位，而且可提高铜的回收率。

5.1.3.3 磁黄铁矿的可浮性

磁黄铁矿的分子式可表示为 Fe_5S_6 ~ $Fe_{16}S_{17}$，含硫40%，含铁60%。密度为4.6~4.8g/cm^3，莫氏硬度为3.5~4.5。常含少量铜、镍、钴等杂质。含镍磁黄铁矿是镍的重要矿物原料。

磁黄铁矿在矿浆中易氧化，生成大量的硫酸亚铁和消耗矿浆中的溶解氧，对其他硫化矿物和磁黄铁矿的浮选极为不利。磁黄铁矿是最易被抑制和最难浮选的硫化铁矿物。磁黄铁矿易被硫酸铜活化，使其与硫化铜矿物的分离较困难。

磁黄铁矿含量高时，浮选前矿浆应适当充气和搅拌矿浆，以提高矿浆中的溶解氧含量，从而可提高硫化铜矿物的浮选速度。

浮选磁黄铁矿时，常采用添加硫酸以降低矿浆 pH 值、添加硫酸铜活化等措施以提高磁黄铁矿的可浮选。还可采用硫酸铜加硫化钠、氟硅酸钠、草酸等作磁黄铁矿的活化剂。

磁黄铁矿为强磁性矿物，可采用弱磁场磁选机从浮铜尾矿或其他（如铅锌）浮选尾矿中回收磁黄铁矿。

5.1.3.4 白铁矿的可浮性

白铁矿的化学组成与黄铁矿相同，但其可浮性不同，白铁矿的可浮性比黄铁矿的可浮性好。密度为4.8~4.9g/cm³，莫氏硬度为6.0~6.5。

与黄铁矿相比较，白铁矿较易被抑制。黄铁矿为等轴晶系，白铁矿为斜方晶系。

5.1.3.5 砷黄铁矿（毒砂）的可浮性

砷黄铁矿（毒砂）的分子式为FeAsS，又称硫砷铁矿或毒砂，含砷46.01%，含铁34.30%，含硫19.69%，密度为5.9~6.2g/cm³，莫氏硬度为5.5~6.0。

砷黄铁矿（毒砂）的可浮性比黄铁矿差，铜离子可活化天然的砷黄铁矿和被石灰抑制过的砷黄铁矿，但其用量有临界值，过量会降低其浮选速度。

抑制砷黄铁矿的有效抑制剂为石灰、铵盐。

上述硫化铁矿物的可浮性递降的顺序为：白铁矿 > 黄铁矿 > 磁黄铁矿 > 砷黄铁矿。

5.2 单一硫化铜矿的浮选

5.2.1 概述

单一硫化铜矿可分为脉矿和浸染矿两大类。脉矿中的硫化铜矿物的浸染嵌布粒度较粗，原生矿泥和次生硫化铜矿物含量很少，硫化铁矿物含量较少，且未被硫酸铜活化，属易浮选分离的硫化铜矿石；浸染矿中的硫化铜矿物的浸染嵌布粒度较细，需较高的磨矿细度，仍属易浮选分离的硫化铜矿石。

处理此类矿石的浮选流程较简单，只需一次粗选、二次精选和1~3次扫选的浮选流程。

此类型矿床的储量一般较小，处理此类矿石的浮选厂的日处理量常为200~1000t。

5.2.2 脉状硫化铜矿的浮选

5.2.2.1 高碱介质浮选

我国某脉状硫化铜矿为矽卡岩型石英脉铜矿，原矿铜品位为0.9%~1.0%，主要为黄铜矿，含少量的次生硫化铜矿物。含硫6%，主要为黄铁矿，含少量的磁黄铁矿。脉石主要为石英，含少量的碳酸盐矿物。该矿地处西北高原地区，海拔3800m，全靠汽车运输，且路况较差，常遇沙尘天气。只有铜有回收价值，未回收硫。日处理量为1000t原矿。

浮选前将矿石磨至-0.074mm占75%，磨机中加入4000g/t石灰，分级溢流矿浆pH值为11，采用一次粗选、二次精选、二次扫选、中矿循序返回浮选流程，浮选时添加丁基黄药90g/t，2号油40g/t。可获得铜精矿含铜18%，铜回收率为88%的浮选指标。浮选时泡沫发黏，矿泥夹带较严重，故精矿品位较低。

5.2.2.2 低碱介质浮选

2005年7月受矿方邀请，在该矿选矿厂试验室进行了低碱介质浮选小型试验。试样采自选矿厂球磨机给矿皮带，试样碎至-2mm，混匀后作小试试样。试样含铜1.05%，含硫9%。双方认可其具有代表性。

小试采用现场磨矿细度（-0.074mm 占 75%），采用一次粗选、二次精选、一次扫选的简化流程进行开路条件优化试验，在此基础上进行小型闭路试验，闭路时中矿循序返回前一浮选作业。闭路试验在自然矿浆 pH 值（pH 值为 6.5）条件下进行，只添加带起泡性能的 SB 选矿混合剂 120g/t 即可获得铜精矿含铜 22%，铜回收率为 91.2% 的浮选指标。矿方评议后，认为试样原矿品位太高，代表性较差。后又分别二次从球磨机给矿皮带上取样，套用上述小试流程和药方，均获得相似的浮选指标。低碱介质浮选试验的泡沫很清爽，浮选速度高，药剂种类少，一点加药，空白精选，指标稳定。但矿方认为试样品位略偏高，试样代表性较差。因此，此新工艺未用于工业生产。

5.2.3 浸染状硫化铜矿的浮选

5.2.3.1 高碱介质浮选

某矿浸染状硫化铜矿含铜 0.86%，铜物相分析表明：其中 88.2% 为原生硫化铜，10.1% 为次生硫化铜，1.7% 为氧化铜。原矿含硫 9.4%。该矿浮选厂的磨浮流程如图 5-3 所示。

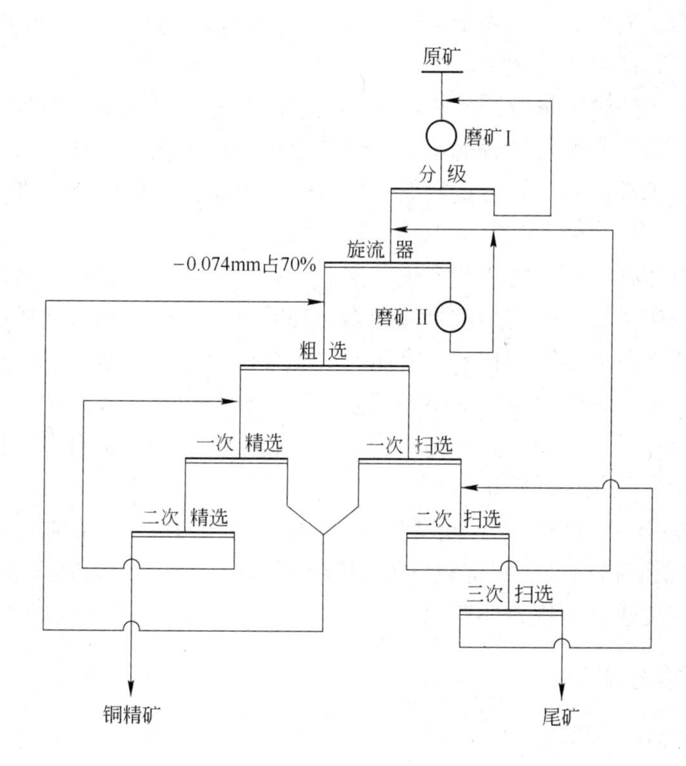

图 5-3 某矿浸染状硫化铜矿选厂磨浮流程

该矿浮选前采用二段磨矿将矿石磨至 -0.074mm 占 70%，将石灰 6000g/t 加入球磨机中，旋流器溢流的 pH 值大于 11，浮铜时添加丁基黄药 80g/t，松醇油 40g/t，可获得铜精矿含铜为 22%，铜回收率为 91% 的浮选指标。铜尾添加硫酸 6000g/t，将矿浆 pH 值降至 5~6，再添加丁基黄药 150g/t，松醇油 50g/t 浮选硫铁矿。可获得含硫为 43% 的硫精矿，硫的回收率可达 77%。

5.2.3.2 低碱介质浮选

建议采用现场磨矿细度（-0.074mm 占 70%），采用现生产流程进行开路条件优化试验和闭路试验。闭路试验时，可将 1000g/t 的石灰加入球磨机中，粗选矿浆 pH 值为 7.5 左右，添加 SB 选矿混合剂 100g/t，丁基黄药 10~20g/t，进行空白精选。预计可获得铜精矿含铜 24%，铜回收率为 93% 的浮铜指标。铜尾矿浆 pH 值为 7 左右，可添加丁基黄药 120g/t 的条件下进行原浆浮选硫铁矿，无须添加硫酸或酸性水活化硫铁矿。可产出含硫达 46% 的优质硫精矿，硫的回收率可达 80% 左右。

5.3 硫化铜硫矿石的浮选

5.3.1 概述

硫化铜硫矿石主要产于含铜黄铁矿矿床，其次是产于矽卡岩铜矿床。硫化铜硫矿石的矿物组成比单一硫化铜矿石复杂，主要金属矿物为黄铁矿、磁黄铁矿、白铁矿、黄铜矿、铜蓝、辉铜矿等，其次为闪锌矿、胆矾、铅矾及孔雀石等。脉石矿物主要为石英、绢云母，其次为绿泥石、石膏、碳酸盐矿物等。若产于矽卡岩铜矿床时，脉石矿物以石榴子石、透辉石等矽卡岩造岩矿物为主。

硫化铜硫矿石中的含铜量及铜矿物组成取决于矿床的氧化程度。原生带为黄铜矿，铜含量较高；次生带主要为铜蓝和辉铜矿，铜含量也较高；氧化带以孔雀石、胆矾为主，其次为黄铜矿、铜蓝和辉铜矿，铜含量较低。矿石中可溶盐的含量由氧化带向原生带过渡而逐渐降低。

硫化铜硫矿石按构造可分为块状含铜黄铁矿矿石和浸染状铜硫矿石两大类。

块状含铜黄铁矿矿石中的有用矿物含量高，其特点为铜矿物和黄铁矿的集合体呈无空洞的致密状，矿物无方向地紧密排列，有用矿物集合体含量可达 70% 以上，其密度为 4~4.5g/cm^3。铜矿物在黄铁矿中呈粗细不均匀嵌布，矿石中除可回收的铜、硫外，在精矿中还可富集综合回收锌、镉、硒、碲、锗、铟、铊、金、银等。当矿石中的锌含量达工业回收标准时，则转变为硫化铜锌硫矿石。

浸染状铜硫矿石中的黄铁矿含量较少，其含量常为 10%~40%，矿石密度为 3.0 g/cm^{3}左右。硫化铜矿物和黄铁矿呈粗细不均匀地浸染在脉石中，部分硫化铜矿物和黄铁矿紧密共生，呈粒度较大的集合体产出。

5.3.2 块状含铜黄铁矿的浮选

5.3.2.1 高碱介质浮选

西北某块状含铜黄铁矿中，黄铁矿含量为 90% 左右，铜含量为 2.79%。铜矿物主要为黄铜矿，其嵌布粒度粗细不均匀。次生铜矿物主要为铜蓝，充填于黄铁矿裂隙和破碎带处，常呈块状、叶片状和束状产出。黄铁矿的粒度以细粒为主。

选矿厂磨浮流程如图 5-4 所示。

浮选前采用两段磨矿将原矿磨至 -0.074mm 占 80%，磨矿时添加 12000g/t 的石灰，旋流器溢流的 pH 值大于 12。浮铜作业添加丁基黄药 100~150g/t，松醇油 30~50g/t。可获得铜精矿含铜 22%，铜回收率为 94% 的浮选指标。铜尾为硫精矿，含硫为 43%，硫回

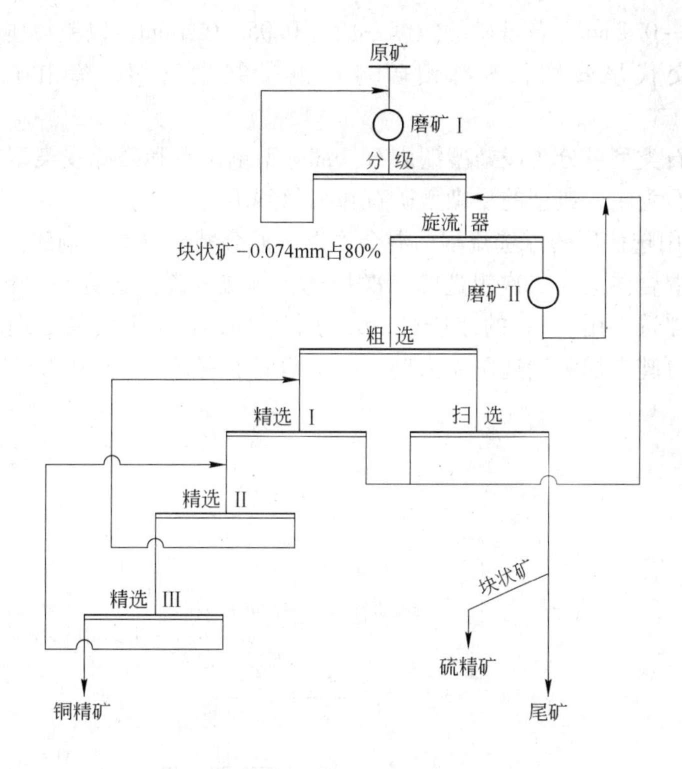

图 5-4 西北某矿处理块状含铜黄铁矿的磨矿浮选流程

收率为 77%。

5.3.2.2 低碱介质浮选

由于西北某块状含铜黄铁矿中黄铁矿含量高，铜尾无须浮选硫铁矿。可采用高碱介质浮选的工艺硫程和磨矿细度，只须改变浮选工艺路线和药方，即可实现低碱介质浮选。建议铜浮选在矿浆自然 pH 值条件下，添加 SB 选矿混合剂 120 ~ 150g/t，即可获得铜精矿含铜为 25% 左右，铜回收率为 94% ~96% 的浮选指标。铜尾为高质量的硫精矿。

5.3.3 浸染状硫化铜硫矿石的浮选

5.3.3.1 德兴铜矿

A 概述

德兴铜矿为一大型的中温热液细脉浸染型斑岩铜矿床，经四期扩建和改建，现有选矿厂两座，即大山选矿厂和泗洲选矿厂。大山选矿厂现日处理量为 9 万吨，泗洲选矿厂日处理量为 4 万吨（分一期 2 万吨/天，二期 2 万吨/天），合计日处理量为 13 万吨，年处理原矿石 4160 万吨。该矿不仅是个大铜矿，而且是个大金矿、大银矿、大钼矿和大硫铁矿。

该矿矿体主要赋存于蚀变花岗闪长斑岩和绢云母化千枚岩的内外接触带中。原矿中主要金属矿物为黄铜矿、黄铁矿，其次为辉铜矿、砷黝铜矿、铜蓝、斑铜矿和辉钼矿等，伴生有金、银、铼、锇等稀贵金属。脉石矿物主要为石英、绢云母，其次为白云石、方解石、绿泥石和长石等。

矿物之间的共生关系密切，尤其是黄铜矿与黄铁矿以极细粒状态互相嵌布。黄铜矿的粒度一般为0.05～0.1mm，黄铁矿的粒度一般为0.05～0.4mm，以粗粒居多。黄铁矿常被细脉状黄铜矿交代呈残留体。辉钼矿与黄铜矿共生密切，辉钼矿的粒度一般为0.025～0.2mm。

德兴铜矿矿石类型可分为浸染型铜矿石、细脉型铜矿石和细脉浸染型铜矿石三种，以细脉浸染型铜矿石为主，典型的浸染型矿石和细脉型矿石较少。

1997年前大山选矿厂的浮选流程为混合浮选—混合精矿再磨—铜硫浮选分离—铜尾水力旋流器选硫。混合浮选为二次粗选、二次扫选，铜硫分离浮选为一次粗选、二次精选、二次扫选。混合浮选采用39m³ 的浮选机，分两个系列，每个系列的处理量为3万吨，合计大山选厂为6万吨，加泗洲选厂4万吨，全矿合计日处理量为10万吨。其磨浮流程如图5-5所示。

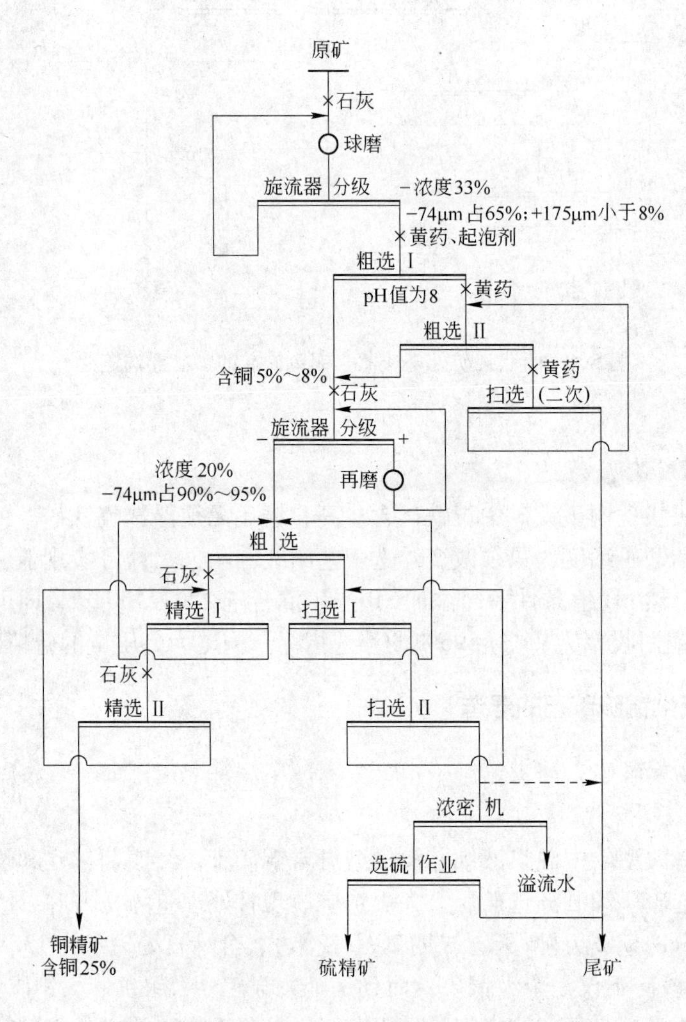

图5-5 德兴大山选厂的原设计磨矿—浮选工艺流程

当时的石灰用量为10～12kg/t，其中混合浮选3～4kg/t（矿浆pH值为9.0～11），分离浮选6～8kg/t（矿浆pH值大于12）。混合浮选采用乙黄药：丁黄药 = 1：1作捕收剂，用量为80g/t，起泡剂曾使用过2号油、MIBC、F111等。分离浮选除使用石灰作抑制剂外，还添加少量丁基铵黑药作捕收剂，其用量为5~10g/t。采用的为高碱介质浮选工艺路线。

当时混合浮选段的铜回收率为86%~88%，硫的回收率为88%~90%。分离浮选段铜回收率为96%，铜总回收率为83%~85%。铜精矿中的金、银回收率分别为60%左右，铜精矿中钼的回收率为40%~45%。

B 德兴铜矿浮选工艺变革简介

1992年7月，和周源教授一起赴德兴铜矿调研，座谈时，我们提出了德兴铜矿选矿中存在的核心问题是铜硫分离过程中的石灰用量过高和铜钼分离中的硫化钠过高的问题，并且明确提出了应在低碱介质条件下进行铜硫分离和铜钼分离的设想，如在pH值为8的条件下进行铜硫分离，在不用硫化钠的条件下进行铜钼分离的观点。这两个观点当时引起一片哗然，认为不仅未看见过，而且从未听过，当时未取得共识。

返校后向学校有关领导作了汇报，一致认为这两大课题是选矿界的重大课题，值得试验研究。于是周源教授重返德兴铜矿，在泗洲选厂领导的协助下，在球磨机给矿皮带上取原矿样50kg，在铜精矿浓密机底流取铜精矿样50L（塑料桶装，并立即蜡封，以免药剂被氧化分解）。试样运回学校后即进行低碱介质浮选试验。由于我们从1976年就开始试验研究多金属硫化矿物的低碱介质浮选分离课题，根据我们当时在这方面所积累的经验，德兴铜矿的原矿样的铜硫分离小型试验和铜精矿样的铜钼分离小型试验均取得了非常满意的浮选指标。1993年春节后，我们将这两个试样的低碱介质小型试验结果向当时的德兴铜矿龚天如矿长和詹森昌总工程师作了详细汇报。他们与有关领导研究后，决定利用矿里经费启动低碱介质铜硫分离小型试验，并签订了“德兴铜矿低碱介质铜硫分离小型试验协议”。根据协议，德兴铜矿于1993年5月20日将代表性原矿试样送到学校，试验组全力以赴于同年8月完成小型试验。并于同年10月在德铜试验室进行校核试验，验证了小试指标。为慎重起见，德兴铜矿又取了两个原矿试样送学校，要求对这两个矿样进行小型试验。试验组采用同样的试验条件对这两个矿样进行了闭路试验，重复了小型试验的结论。为慎重起见，于1994年1月10日左右，德兴铜矿气温低于0℃，课题组汇同德兴铜矿选矿试验室人员用了9天时间对矿里送来的8个矿样完成了小型闭路校核试验，取得了非常满意的结果。校核试验结果表明，小型试验的工艺条件可满足德兴铜矿不同类型原矿变化的要求，浮选指标稳定可靠。

在小型试验的基础上，德兴铜矿组织专家评议，通过了小试报告和决定在泗洲选矿厂磨二工段组织扩大的连选试验。1994年7~9月，课题组与泗洲选矿厂磨二工段在厂领导和磨二工段的大力支持和亲自参加下，顺利地完成了扩大的连选试验，取得了比生产班较高的浮选指标，还实现了原浆浮选黄铁矿，产出了优质的硫精矿。

在扩大的连选试验基础上，经矿里组织专家评议，通过了连选试验报告和决定进行工业试验。但在工业试验讨论会上，对工业试验的场所产生了分歧。当时大山选厂的代表明确表示：大山选厂浮选的矿浆pH值绝对不能下降，否则，谁也承担不了由此产生的后果。在讨论会上，当时的泗洲选厂曾永华厂长明确表示，请矿领导将低碱介质铜硫分离的工业试验放在泗洲选矿厂进行，并决定在日处理量为5000t的磨二工段进行工业试验，泗洲选矿厂愿承担对生产可能造成的不良后果。由于泗洲厂从上到下，生产技术科和磨二工段准备充分，1995年8月工业试验只进行了12天就宣告结束，取得了非常满意的结果，浮选指标很稳定。

在工业试验基础上，为了检查该新工艺对德兴铜矿不同采矿点矿石的适应性，经过充分准备，决定在泗洲选矿厂磨二工段进行新工艺生产应用试验（和泗洲选矿厂磨一工段的现工艺生产指标对比）。对比试验从1996年6月开始至1996年12月结束，历时约7个月。试验期间的矿石类型、原矿品位、含泥量，含水量、气候等均不断变化，这期间出现过不少情况，但在选厂、工段、生产技术科的通力合作和配合下均一一克服了，取得了完满的结果。

该成果于1997年1月8日提交江西铜业公司德兴铜矿进行成果评审，评审意见为：

（1）德兴铜矿矿石粗磨后用乙基、丁基混合黄药（1∶1）进行混合浮选，混合精矿再磨后在pH值为11～12介质中用K_{202}混合药剂可成功地进行铜硫分离，工业试生产时铜精矿品位为25.16%，铜综合回收率为84.67%。与同期石灰工艺比较，新工艺铜精矿品位高0.82%，铜综合回收率低0.04%，铜精矿中金回收率高5.35%，钼回收率高4.09%，银回收率低3.35%。

（2）新工艺铜尾浓密后进行选硫，可大幅度降低药剂用量，原浆选硫所得硫精矿品位为43.11%，硫综合回收率为39.54%。

（3）新工艺可大幅度降低石灰用量，与同期生产相比，每吨原矿可节省3.15kg石灰（石灰工艺按每吨矿5.5kg计算）。

（4）有较大的经济效益，按泗洲选矿厂一期年处理量495万吨原矿计算，新工艺每年可获效益1463.8767万元。

（5）工业试生产圆满完成了合同规定的任务，工业试生产指标与工业试验指标吻合，证明新工艺指标稳定可靠，对矿石有较强的适应性，建议推广应用于工业生产。

1997年11月20日该成果经中国有色金属工业总公司鉴定。鉴定意见为：

（1）该课题进行了大量的试验研究，圆满完成了合同规定的各项任务，工作扎实。所提供鉴定的资料齐全，数据充分、可靠，内容详实。

（2）德兴铜矿铜硫分离新工艺，在pH值为6.5～7.5的介质中进行混合浮选，混合精矿再磨后在pH值为10～12的介质中采用K_{202}混合剂成功地实现铜硫分离，铜尾矿浓密后进行选硫。工业试生产获得如下指标：铜精矿品位为25.26%，铜回收率为84.67%；硫精矿品位为43.11%，硫回收率为39.54%。与同期原工艺比较，铜精矿品位高0.82%，铜回收率低0.04%，铜精矿中金回收率高5.35%，钼回收率高4.90%，银回收率低3.35%。按日处理量15000t测算，新工艺每年可净增效益1463万元，经济效益显著。

（3）本工艺在pH值为7.5～12的条件下，采用K_{202}混合剂有效实现铜硫分离，铜尾矿不调pH值，不添加活化剂实现选硫，有利提高金、钼回收率和大幅度降低选硫成本，提高选硫指标，技术新颖，属国内首创，达到国际先进水平。

（4）建议本工艺尽早在生产中实现，并深入研究K_{202}混合剂对浮选的作用机理，进一步查明银回收率低的原因。

该成果于1998年获有色金属总公司科技进步三等奖。

从1997年开始，德兴铜矿两个选矿厂经历了漫长的降低石灰用量的过程。从提高石灰质量、提高块灰消化率、改进石灰乳添加方法、改进药剂制度、设备大型化和改进选矿工艺流程等多方面着手解决降低石灰用量的问题。2010年富家坞采区的矿石送大山选厂处理，大山选厂处理量由6万吨/天增至9万吨/天，厂内浮选流程进行了相应改造。此次流程改造选用了200m³的大型圆形浮选机和浮选柱，混选段分两个系列，铜硫分离段则将两个系列合为一个系列。混粗一的粗精矿不再磨，直接用浮选柱精选二次产出优质铜精矿。混粗二的粗精矿与混粗一粗精矿的精一尾合并送再磨，再磨细度为-0.074mm占95%，然后采用一次粗选、二次精选、二次扫选、中矿循序返回的流程，用浮选机进行铜硫分离，产出铜含量为22%左右的铜精矿。铜尾经浓密脱水后，补加酸性水调整矿浆pH值后，采用丁基黄药作捕收剂浮选硫铁矿。大山选矿厂现生产流程如图5-6所示。

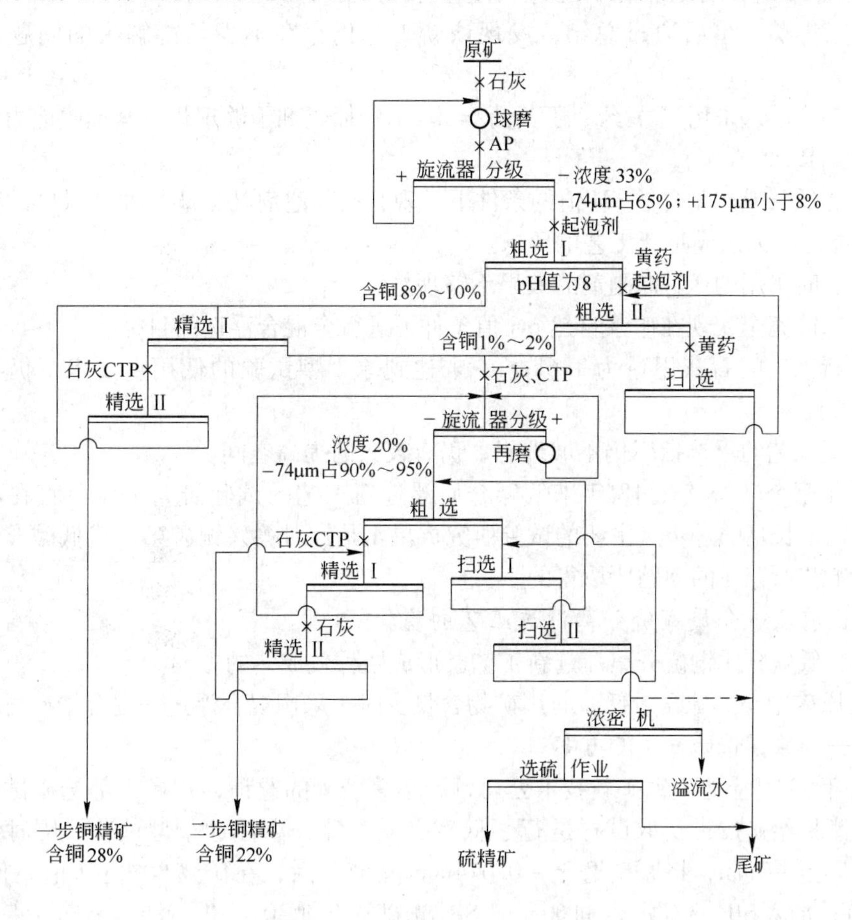

图5-6 大山选矿厂现生产流程

大山选矿厂2002年全年累计生产指标见表5-3。

表5-3 大山选矿厂2002年全年累计生产指标

原矿品位/%				精矿品位/%				回收率/%			
Cu	Au	Ag	Mo	Cu	Ag	Ag	Mo	Cu	Au	Ag	Mo
0.421	0.213g/t	0.92g/t	0.0098	25.16	9.79g/t	42.42g/t	0.45	86.86	66.88	66.87	66.16

德兴铜矿泗洲选厂经流程改造，采用130m³/槽的圆形浮选机和浮选柱，参照大山选厂流程进行流程改造。改造后，原磨一和磨二工段合并为一期，处理量为2万吨/天，磨三工段为二期，处理量为2万吨/天。德兴铜矿选厂总处理量为13万吨/天。

德兴铜矿各选厂均尽力降低石灰用量，至今已取得了明显的效果，石灰由最初的10～12kg/t降至目前的3～4kg/t，浮选指标也相应地有所提高，如铜回收率提高了1%～2%，金、银回收率提高了3%～5%，钼回收率提高了20%左右，取得了显著的经济效益。

C 第一代低碱介质铜硫分离工艺存在的问题

德兴铜矿从1993～1996年，从小型试验至工业试生产进行的低碱介质铜硫分离浮选试验，我们将其称为第一代低碱介质铜硫分离工艺。通过约7个多月的试生产，虽然取得了优于原生产工艺的浮选指标，通过了有色金属总公司的鉴定和获得了有色金属总公司的科技进步三等奖。事后通过总结，发现该新工艺仍存在不少亟待解决的问题，其中主要为：

(1) 混合浮选采用乙黄药：丁黄药 = 1：1的捕收剂不够理想，其捕收能力无法满足新工艺的要求。

(2) 在低碱或矿浆自然pH值的条件下，现有的起泡剂（如2号油、F111、MIBC等）的起泡性能差，无法满足新工艺的要求。

(3) 当时采用的K_{202}抑制剂的效果不够理想。

(4) 未能完全实现在矿浆自然pH值条件下进行全混合浮选的目标。

(5) 新工艺的石灰用量为1.6kg/t，未达到原小型试验的低用量要求，仍有降低的空间。

(6) 新工艺的浮选指标仍不够理想，仍有较大的提高空间。

1997年至今已18年，18年来低碱介质浮选新工艺的试验研究工作一直在不断地进行，且取得了长足的进步。主要的试验研究成果正是针对德兴铜矿第一代低碱介质铜硫分离浮选新工艺所存在的问题所取得的。

D 目前低碱介质铜硫分离浮选工艺的现状

目前，低碱介质铜硫分离浮选新工艺已形成两种较成熟的方案。

(1) 原矿中铜、硫含量低，有用矿物含量少时，采用混合浮选—混合精矿再磨—铜硫分离浮选—原浆浮选硫铁矿的方案。

2007年11月应德兴铜矿新技术公司尹启华总经理的邀请，在矿山部选矿试验室对大山选厂球磨机给矿皮带所取试样进行了低碱介质铜硫分离浮选小型试验，历时约4个星期。矿样碎至-2mm，将原矿磨至-0.074mm占65%后，在矿浆自然pH值条件下（pH值为6.5），加入SB_1选矿混合剂60g/t，SB_2选矿混合剂30g/t进行混合浮选（一次粗选和一次扫选），所得混合浮选指标见表5-4。

表5-4 矿浆自然pH值条件下（pH值为6.5）的混合浮选指标

产品	产率/%	品位/%					回收率/%				
		Cu	Au	Ag	Mo	S	Cu	Au	Ag	Mo	S
混合精矿	6.12	6.24	2.71	12.21	0.13	39.87	93.14	82.93	83.03	88.89	96.83
混选尾矿	93.88	0.03	0.036	0.163	0.0011	0.09	6.86	17.07	16.93	11.11	3.17
原矿	100.00	0.41	0.20	0.90	0.009	2.52	100.00	100.00	100.00	100.00	100.00

从表5-4中数据可知，混合浮选采用矿浆自然pH值，用SB_1选矿混合剂和SB_2选矿混合剂组合捕收剂，在原矿铜含量为0.41%，硫含量为2.52%的条件下，混合浮选粗精

矿的产率为6.12%。混合粗精矿中各有用组分的含量分别为：铜6.24%、金2.71g/t、银12.21g/t、钼0.13%、硫39.87%，混合粗精矿中各有用组分的回收率分别为：铜93.14%、金82.93%、银83.03%、钼88.89%、硫96.83%。

混合浮选精矿再磨至-0.074mm占95%，采用一次粗选、二次精选、二次扫选的闭路流程，在接近矿浆自然pH值条件下（石灰用量为0~0.5kg/t，pH值为7.5左右）进行铜硫分离浮选，粗选补加SB_2选矿混合剂0~10g/t。所得浮选指标见表5-5。

表5-5　接近矿浆自然pH值条件下（pH值为7.5左右）的铜硫分离浮选指标

产　品	产率/%	品位/%					回收率/%				
		Cu	Au/g·t⁻¹	Ag/g·t⁻¹	Mo	S	Cu	Au	Ag	Mo	S
铜精矿	23.37	25.77	10.67	48.07	0.52	32.0	96.50	92.00	92.00	93.00	18.75
分离尾矿	76.63	0.29	0.28	1.27	0.013	42.27	3.50	8.00	8.00	7.00	81.25
混合精矿	100.00	6.24	2.71	12.21	0.13	39.87	100.00	100.00	100.00	100.00	100.00

铜尾矿浆pH值为6.5，经浓密脱水后进行原浆浮选硫化铁矿，添加30g/t丁基黄药作捕收剂。硫的浮选指标见表5-6。

表5-6　矿浆自然pH值条件下（pH值为6.5）的硫浮选指标

产　品	产率/%	品位/%					回收率/%				
		Cu	Au/g·t⁻¹	Ag/g·t⁻¹	Mo	S	Cu	Au	Ag	Mo	S
硫精矿	89.13	0.29	0.30	1.33	0.013	46.10	92.00	93.00	93.00	94.00	96.99
硫尾矿	10.87	0.21	0.20	0.82	0.008	11.69	8.00	7.00	7.00	6.00	3.01
分离尾矿	100.00	0.29	0.28	1.27	0.013	42.27	100.00	100.00	100.00	100.00	100.00

低碱介质铜硫分离浮选小型试验总浮选指标见表5-7。

表5-7　低碱介质铜硫分离浮选小型试验总浮选指标

产　品	产率/%	品位/%					回收率/%				
		Cu	Au/g·t⁻¹	Ag/g·t⁻¹	Mo	S	Cu	Au	Ag	Mo	S
铜精矿	1.43	25.77	10.68	48.08	0.52	32.0	89.88	76.30	76.39	82.62	18.16
硫精矿	4.18	0.29	0.30	1.33	0.013	46.10	3.00	6.17	6.18	5.89	76.31
混选尾矿	93.88	0.03	0.036	0.163	0.001	0.09	6.86	17.07	16.93	11.11	3.17
硫尾矿	0.51	0.29	0.20	0.82	0.008	11.69	0.26	0.46	0.50	0.38	2.36
总尾矿	94.39	0.031	0.037	0.166	0.001	0.15	7.12	17.53	17.43	11.49	5.43
原　矿	100.00	0.41	0.20	0.90	0.009	2.52	100.00	100.00	100.00	100.00	100.00

将表5-7与表5-3中的数据进行比较，在原矿中的铜、金、银、钼含量相同，磨矿细度相同及精矿中有用组分含量相当的条件下，与高碱介质工艺比较，低碱介质工艺所得铜精矿中各有用组分的回收率分别提高：Cu 3%、Au 9%、Ag 9.5%、Mo 16.5%。因此，若德兴铜矿利用现有选矿设备，只要采用低碱介质浮选的工艺条件和药方，在降低生产成本的前提下，可大幅度提高铜精矿中铜、金、银、钼的回收率和产出硫含量为

46%、硫回收率为76%的优质硫精矿。若将此硫精矿进行精选，则可产出含硫大于49%的高硫精矿和含硫大于37%的标硫精矿两种硫精矿。外排尾矿矿浆的pH值不大于7.0，符合环保要求。若将此低碱介质铜硫浮选小试成果用于工业生产，将获得巨大的经济效益和环境效益。

若采用现大山生产流程进行小型试验，在矿浆自然pH值为6.5的条件下进行二次混合粗选和二次混合扫选，第一次混合粗选时加入60g/t SB_1 选矿混合剂作捕收剂，第二次混合粗选加入 SB_2 30g/t作捕收剂；第一次粗选精矿直接送去精选二次产出高品位铜精矿，精选尾矿与第二次粗选精矿合并进行再磨，磨至-0.053mm占95%后，采用一次粗选、二次精选、二次扫选的流程进行抑硫浮铜，此时只须加入0.5kg/t石灰，即可产出合格的铜精矿。预计两种精矿的平均品位为26%左右，铜的总回收率可大于91%，金、银、钼的回收率也可得到相应的提高。铜尾经浓缩后的底流可实现原浆浮选硫化铁矿，产出优质的硫精矿。

但因多种原因，该低碱工艺小试成果至今尚未用于工业生产。

（2）当原矿中铜、硫含量较高，硫化铜、硫化铁矿物含量较高时，采用优先浮选硫化铜矿物—铜中矿再磨—铜尾原浆浮选硫化铁矿物的浮选流程。

5.3.3.2 武山铜矿

A 概述

江西铜业公司所属的永平铜矿、武山铜矿、东乡铜矿三个铜矿，原矿中铜、硫含量较高，均采用高碱介质优先浮铜—铜尾添加酸性水调矿浆pH值后再浮选硫化铁矿的浮选流程。

武山铜矿为中温热液矽卡岩中大型铜硫矿床，矿石储量大，资源丰富，但矿石性质复杂多变，矿泥含量高，属较难选矿石。该矿有40多年的生产历史，1998年1600t/d选矿厂采用二次粗选、二次扫选、三次精选的优先浮选流程。铜尾经浓密机脱水脱钙后，添加井下酸性水调浆，用丁基黄药，采用二次粗选、二次扫选的流程浮选硫。该矿的浮选指标为：铜精矿含铜15%～18%，铜回收率75%～77%；硫精矿含硫30%～35%，硫回收率35%～50%。后经改扩建为现5000t/d的生产规模，选矿流程基本未变。

武山铜矿的原矿矿物组成比较复杂，该矿由南、北两个矿带组成，北矿带为含铜黄铁矿矿床，南矿带为含铜矽卡岩矿床。矿石中主要金属矿物为黄铁矿和白铁矿，铜矿物北矿带以蓝辉铜矿、铜蓝和辉铜矿为主，南矿带以黄铜矿为主。其他的金属矿物为斑铜矿、砷黝铜矿等含砷铜矿物。脉石矿物北带主要为石英、多水高岭土，南带主要为石榴石、方解石、白云母、透辉石、长石等。北带矿石较难选，南带矿石较易选。

B 原矿性质

该矿回收的有用组分为铜、硫及伴生的金银。主要目的矿物的嵌布特性为：

（1）黄铁矿。为矿石中矿物量最多、分布最广的金属矿物，呈他形、半自形不同粒度的浸染状或脉状分布于脉石中，与铜矿物关系极为密切。嵌布粒度最大达2mm，最小为0.001mm，主要为0.02～0.83mm，呈粗细不均匀嵌布。

（2）黄铜矿。为矿石中主要铜矿物，产于各种矿石类型，呈不均匀嵌布，粗粒达2m，最小为0.001mm，以0.02～0.42mm为主，与黄铁矿关系极为密切。在黄铜矿裂隙充填、交代残余结构中常见晚期的黄铁矿、胶状黄铁矿、白铁矿交代黄铜矿的现象。黄铜矿还与辉铜矿、蓝辉铜矿、斑铜矿、铜蓝的关系较密切，且常被后者沿其边缘及晶隙交代呈交代残余结构，故铜矿物的嵌布关系相当复杂。但铜硫集合体的粒度较粗，铜硫集合体与脉石易分离，但相当部分铜硫矿物在通常磨矿细度下不易单体解离，铜硫矿物精矿中的互含较高，常互成连生体、包裹体形态存在。

（3）辉铜矿、蓝辉铜矿。为北矿带的主要铜矿物，与黄铁矿、黄铜矿关系极为密切，其嵌布粒度远比黄铁矿、黄铜矿细，最粗为0.14mm，最细为0.0001mm，主要为0.001～0.074mm。此部分铜矿物在一般磨矿细度下的单体解离度低。

（4）铜蓝。其嵌布粒度较细，最粗为0.074mm，最细为0.0001mm，常为0.0001～0.043mm。此部分铜矿物极难单体解离。

（5）脉石矿物。主要为石英、石榴子石、方解石、白云石、透辉石等，嵌布粒度最粗为3～4mm，最细为0.0001mm，常为0.02～0.813mm，故脉石矿物在粗磨条件下较易与铜硫矿物集合体解离。

C 高碱浮选工艺

选厂处理量为5000t/d，现生产流程如图5-7所示。

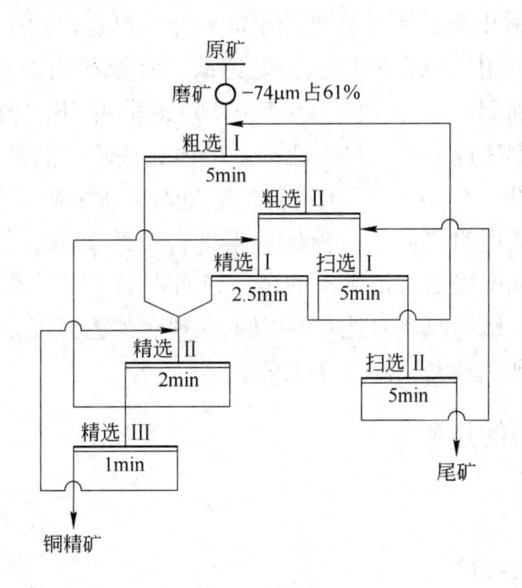

图5-7 武山铜矿现生产流程

武山铜矿生产药方见表5-8。

表5-8 武山铜矿生产药方 (g/t)

方案	原生产药方				新生产药方			
	石灰	MA-1	MOS-2	BK208	石灰	ZY-1	PN4055	BK208
粗选一	10000	15	15	40	10000	15	10	40
粗选二	—	10	10	—	—	10	10	
合计	10000	25	25	40	10000	25	20	40

武山铜矿生产指标见表5-9。

表 5-9 武山铜矿生产指标

方案	产品	产率/%	品位/%			回收率/%		
			Cu	$Au/g \cdot t^{-1}$	$Ag/g \cdot t^{-1}$	Cu	Au	Ag
原生产药方	铜精矿	4.98	20.996	3.40	297.0	88.85	81.03	53.76
	尾　矿	95.02	0.139	0.14	13.39	11.15	18.97	46.24
	原　矿	100.00	1.185	0.47	27.51	100.00	100.00	100.00
新生产药方	铜精矿	5.04	20.014	3.25	333.50	87.67	78.76	50.46
	尾　矿	94.96	0.125	0.43	17.38	12.33	21.24	49.54
	原　矿	100.00	1.171	0.57	33.31	100.00	100.00	100.00

从表5-9中数据可知，原生产药方与新生产药方所得浮选指标相当，但对原矿中铜、金、银含量分别为：Cu 1.17%、Au 0.47g/t、Ag 30g/t的硫化铜矿而言，浮选指标均不够理想，说明现生产浮选工艺路线和药方与矿石性质及其选矿工艺矿物学特征不太匹配。

D 低碱浮选工艺

1998年，课题组对武山铜矿原矿样进行了低碱介质浮选探索小型试验，试验结果较理想。建议武山铜矿尽早采用低碱介质浮选工艺路线，在原矿粗磨至－0.074mm占65%的条件下，石灰用量为不到2kg/t（pH值为6.5～7.5），采用SB_1选矿混合剂和少量黄药组合捕收剂优先浮选铜和铜硫连生体，尽可能抑制单体硫铁矿。铜粗精矿精选二次产出铜精矿，精一尾和扫一泡合并，再磨至－0.074mm占95%，使中矿中的铜硫连生体尽可能单体解离。再磨旋流器溢流返粗选作业。预计可得铜含量约22%，铜回收率为90%以上的优质铜精矿，同时可大幅度提高铜精矿中的金、银回收率。铜尾添加丁基黄药可实现原浆选硫，产出优质硫精矿，硫回收率可达85%以上。现有工艺流程只须增加中矿再磨和改变工艺路线及药方即可实现低碱介质浮选新工艺。

5.4 硫化铜硫铁矿石的选矿

5.4.1 概述

5.4.1.1 硫化铜硫铁矿床

硫化铜硫铁矿石主要产于矽卡岩矿床，其次为火山岩矿床和变质岩矿床。此类矿石中的铜含量为中等，铁含量变化较大，最高可大于50%，低者为10%～20%。硫化铜硫铁矿石中的金属矿物主要为黄铜矿、辉铜矿、磁铁矿、磁黄铁矿、黄铁矿和少量的方铅矿、辉钼矿、白钨矿、锡石等。脉石矿物主要为石榴子石、透辉石，其次为透闪石、绿帘石、硅灰石、石英、方解石、蛇纹石、滑石、绢云母等。矿石中可回收的有用组分主要为铜、硫、铁，伴生的有用组分为钼、钨、钴、金、银、镓、铟、铊、锗、镉及铂族元素等。

根据矿石中有用矿物的含量，生产中有的以回收铜为主，有的以回收铁为主，硫仅作为副产品进行回收。该类型矿石以中小型居多，在我国分布较广，为我国的重要铜资源。

矿石构造以块状和浸染状为主，其次为细脉状和条带状。铜矿物以黄铜矿为主，其次为原生辉铜矿。铜矿物多呈细粒不均匀嵌布，与黄铁矿、磁黄铁矿紧密共生。磁铁矿呈细粒状或结晶较大的集合体产出，有的则被后期的金属硫化矿物和脉石矿物充填交代或胶结。

我国硫化铜硫铁矿石的选矿均按先浮选硫化铜矿物，后磁选磁铁矿的顺序进行。因先磁选磁铁矿会增加铜在铁精矿中的损失，铁精矿的质量也较低。尤其当矿石中磁黄铁矿含量较高时，磁黄铁矿进入铁精矿中，即使进行铁精矿脱硫浮选，由于磁黄铁矿的可浮性差和磁铁矿与磁黄铁矿产生磁团聚的缘故，致使铁精矿的浮选脱硫效果欠佳。因此，我国的选矿实践表明，对硫化铜硫铁矿石而言，采用先浮选硫化铜矿物、后磁选磁铁矿的顺序比较合理。

5.4.1.2 硫化铜硫铁矿石的选矿流程

硫化铜硫铁矿石的选矿流程为：

（1）优先浮铜—磁选磁铁矿流程。适用于矿石中硫含量低的铜硫铁矿石。其选矿流程与浮选单一硫化铜矿相同（见图5-8(a)）。

（2）铜硫混合浮选—混合精矿再磨—铜硫分离浮选—混选尾矿磁选磁铁矿流程。此流程适用于矿石中硫含量低的硫化铜硫铁矿石。其选矿流程与浮选浸染状硫化铜矿相同（见图5-8(b)）。

（3）优先浮铜—浮选硫—磁选磁铁矿—铁精矿脱硫浮选流程（见图5-8(c)）。

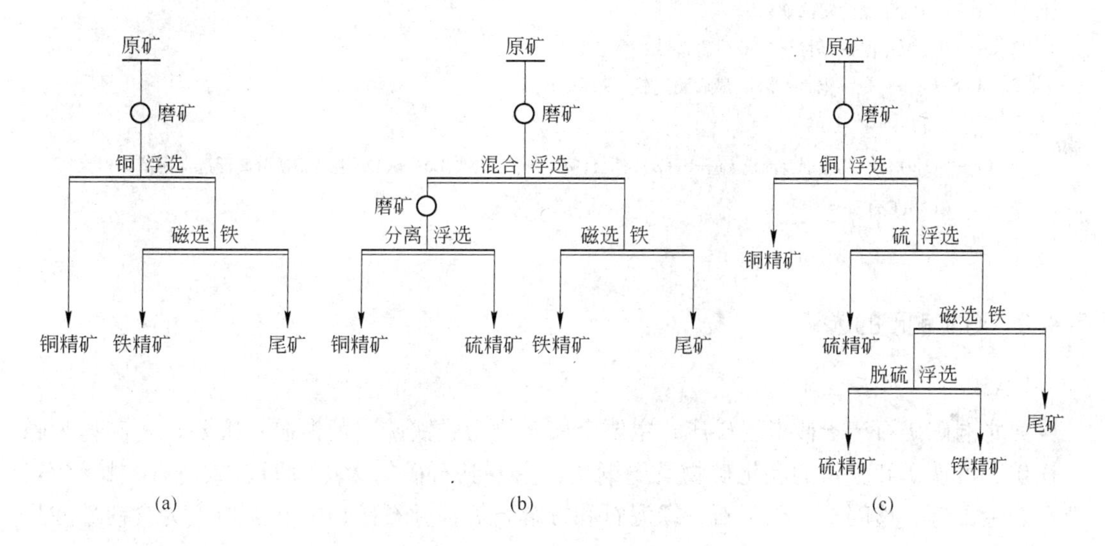

图5-8 铜硫铁矿石选矿的原则流程

若矿石中矿泥含量高，可在粗（中）碎前后进行洗矿，矿泥单独浮选将有利于保证流程畅通、稳定生产和提高浮选指标。

我国某些硫化铜铁矿石选矿厂的原则生产流程及生产指标见表5-10。

表5-10 我国某些铜铁矿石选矿厂的原则生产流程及生产指标

厂 名	原则流程	生产指标					
		同名精矿品位/%			同名精矿回收率/%		
		Cu	S	Fe	Cu	S	Fe
河北铜矿	Cu/Fe	16.65		66	68		89
辽宁铜矿	Cu/Fe	12		60	80		75
辉铜山	Cu/Fe	26～29		58	95～97		40
凤凰山	Cu/Fe	23		63	93		10～20
湖北铜矿	Cu/Fe	15～16		55	92～95		40～50

续表 5-10

厂 名	原 则 流 程	生 产 指 标					
		同名精矿品位/%			同名精矿回收率/%		
		Cu	S	Fe	Cu	S	Fe
铜 山	脱泥/Cu/S/Fe	21	30	58	82	15	20
铁 山	Cu—S(Co)Fe—S ↓Cu/S ↓Fe/S	18	38	64	75	55	90
铜官山	脱泥/Cu/S/Fe—S ↓Fe/S	15.6	27	62	86	56	39
浙江铜矿	Cu/S/Fe—S ↓Fe/S	13	38	56	85	40	76

注：1. Cu/Fe 为先浮铜后磁选铁；

2. Cu/S/Fe 为先浮铜、后浮硫、最后磁选铁；

3. Cu/S/Fe—S ↓Fe/S 先浮铜、后浮硫、最后磁选铁、铁精矿脱硫；

4. Cu—S(Co)/Fe ↓Cu/S(Co) 为先混合浮选 Cu—S(Co)得混合精矿、再磁选铁，Cu—S(Co)混合精矿分离浮选得铜精矿和硫(含钴)精矿。

5.4.2 河北铜矿的选矿

5.4.2.1 *矿石性质*

河北铜矿矿石产于矽卡岩矿床，主要金属矿物为磁铁矿、黄铜矿，次要金属矿物为磁黄铁矿、黄铁矿和少量的氧化矿物及墨铜矿。主要脉石矿物为透辉石、橄榄石、蛇纹石、滑石、金云母、透闪石、阳起石、绿泥石和方解石等，脉石矿物中50%以上为含镁硅酸盐类矿物。

黄铜矿为他形晶体，呈星点状产出，团块状黄铜矿与磁黄铁矿密切共生，有时呈镶嵌及包裹体关系；星点状黄铜矿的嵌布粒度较细，可浮性差，多分布于蛇纹石、金云母、绿泥石、透辉石及碳酸盐矿物中。

该矿矿石的多元素化学分析结果见表 5-11。

表 5-11 河北铜矿矿石的多成分化学分析结果

成 分	Cu	Fe	MgO	CaO	SiO_2	Al_2O_3	S	P
含量/%	0.25	15~21	16.2	12.17	31.4	4.0	0.37	0.045

5.4.2.2 *选矿工艺*

河北铜矿原设计以回收铜为主，副产铁精矿。前期原矿含铜为0.8%~1%，铜精矿品位为8%~10%，铜回收率为85%左右。其生产流程如图 5-9 所示。

后随生产规模扩大和采掘面下降，原矿铜含量逐渐下降，该矿成为以产出铁精矿为主，副产铜精矿。浮选药方见表 5-12。

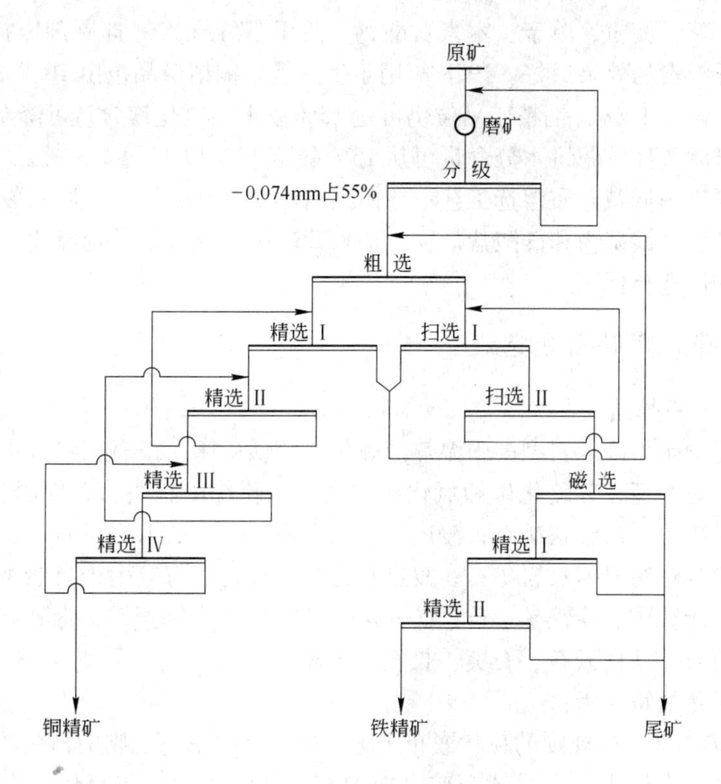

图 5-9 河北铜矿选矿厂生产流程

表 5-12 河北铜矿浮铜药方

药 名	石 灰	乙基黄药	丁铵黑药	松醇油	羧甲基纤维素
用量/$g \cdot t^{-1}$	pH = 8.0	40	10	40 ~ 60	30 ~ 45

选矿指标见表 5-13。

表 5-13 选矿指标

原矿品位/%		同名精矿品位/%		同名精矿回收率/%	
Cu	Fe	Cu	Fe	Cu	Fe
0.184	19.466	16.648	66.243	68.518	89.012

从表 5-13 的数据可知，铜精矿品位和铜的回收率较低。铜回收率较低的主要原因之一是矿石中含有可浮性差的墨铜矿。墨铜矿主要存在于蛇纹石-磁铁矿含铜矿石及一部分磁铁矿含铜矿石中。浮选时，墨铜矿的可浮性随矿浆 pH 值的降低而提高。在中性或碱性介质中，细粒墨铜矿的回收率为 20% ~65%，粗粒墨铜矿的回收率仅为 15%，浮选速度很慢。试验表明，在酸性介质中，墨铜矿的浮选速度加快，可显著提高其浮选回收率，因硫酸可选择性溶解墨铜矿表面的铁、镁氧化物和氢氧化物，使其露出新鲜的硫化铜表面，从而可提高墨铜矿的可浮性，但硫酸耗量大，有时高达 30 ~40kg/t。

铜精矿品位低的主要原因是铜精矿中的氧化镁含量高。分析表明，铜精矿含铜为 10.15% 时，铜精矿中的氧化镁含量为 13.85%，且 83% 的氧化镁分布于 -0.074mm 粒级中。曾采用水玻璃、淀粉、单宁、木素黄酸钙、羧甲基纤维素等抑制剂以抑制含镁矿物，其中以羧甲基纤维素的效果最好。1978 年用于生产后，铜精矿品位由 10.8% 升至 16.5%，即使原矿品位低至 0.11%，铜精矿品位仍可达 15% 以上，氧化镁含量可降至 5% 以下。改善了铜精矿的过滤条件，滤饼水分含量可从 15% 降至 10% 以下。

建议该矿可采用低碱介质浮选工艺，在矿浆自然 pH 值条件下，加入羧甲基纤维素或六偏磷酸盐以抑制含镁矿物和硅酸盐矿物，加入 SB_1 选矿混合剂浮选硫化铜矿物，可获得较令人满意的铜浮选指标。

5.4.3 凤凰山硫化铜硫铁矿的选矿

5.4.3.1 矿石性质

凤凰山硫化铜矿为矽卡岩型高中温热液硫化铜硫铁矿床。按有用组分可分为铁铜矿石和铜矿石两个工业类型，分硫化矿和氧化矿两大类。硫化矿有块状含铜磁铁矿、赤铁矿、块状含铜黄铁矿矿石；角砾状矿石；浸染状含铜石榴子石、矽卡岩矿石；块状含铜黄铁矿矿石；浸染状含铜花岗岩闪长岩矿石；浸染状含铜大理岩矿石等七个自然类型。主要金属矿物为磁铁矿、赤铁矿、菱铁矿、黄铜矿和斑铜矿，其次为辉铜矿、毒砂和金银矿。主要脉石矿物为方解石、铁白云石、石英、长石、石榴子石等。

主要金属矿物的特征为：

（1）黄铜矿。常呈不规则的粒状嵌布于脉石中，有时呈不规则的树枝状、粒状嵌布于毒砂或磁铁矿的集合体中，少量黄铜矿晶粒中有星散状闪锌矿包裹体，嵌布粒度一般为 0.043 ~ 0.598mm。

（2）斑铜矿。与黄铜矿的关系较密切，常沿黄铜矿周围嵌布，构成镶边结构和格状结构。在块状含铜菱铁矿矿石中则呈他形晶局部富集为致密块状，此外，斑铜矿还呈不规则粒状直接嵌布于脉石中。粒度一般为 0.061 ~ 0.6mm。

（3）辉铜矿、铜蓝。一般呈细粒状沿黄铜矿和斑铜矿的裂隙处嵌布，粒度一般为 0.005 ~ 0.043mm。

（4）黄铁矿。一般呈较规则的粒状嵌布于脉石中，多呈自形、半自形晶，以立方体为主，少数呈致密块状集合体，粒度一般为 0.09 ~ 2.34mm。

（5）钼矿物。在花岗闪长岩矿石中，钼矿物呈细脉状、浸染状及星点状出现，在含铜菱铁矿及含铜黄铁矿矿石中呈团块状、斑点状出现。在硫化铜精矿中钼含量可达 0.03% ~ 0.08%。

（6）金、银。主要呈银金矿和自然银充填于黄铁矿裂隙中及包裹于黄铁矿、黄铜矿、磁铁矿与脉石矿物晶体中，金、银可富集于铜精矿、硫精矿中。

5.4.3.2 选矿工艺

选矿工艺流程为半优先—铜硫混选—分离—铜尾选铁的流程。磨矿—浮选流程如图 5-10所示。

浮选前，原矿磨至 -0.074mm 占 70%，分级溢流采用单槽浮选机优先浮出部分合格铜精矿，然后进行混合浮选。混合精矿再磨后进行铜硫分离，铜尾为硫精矿。混合浮选尾矿采用磁选产出铁精矿。

浮选药方见表 5-14。

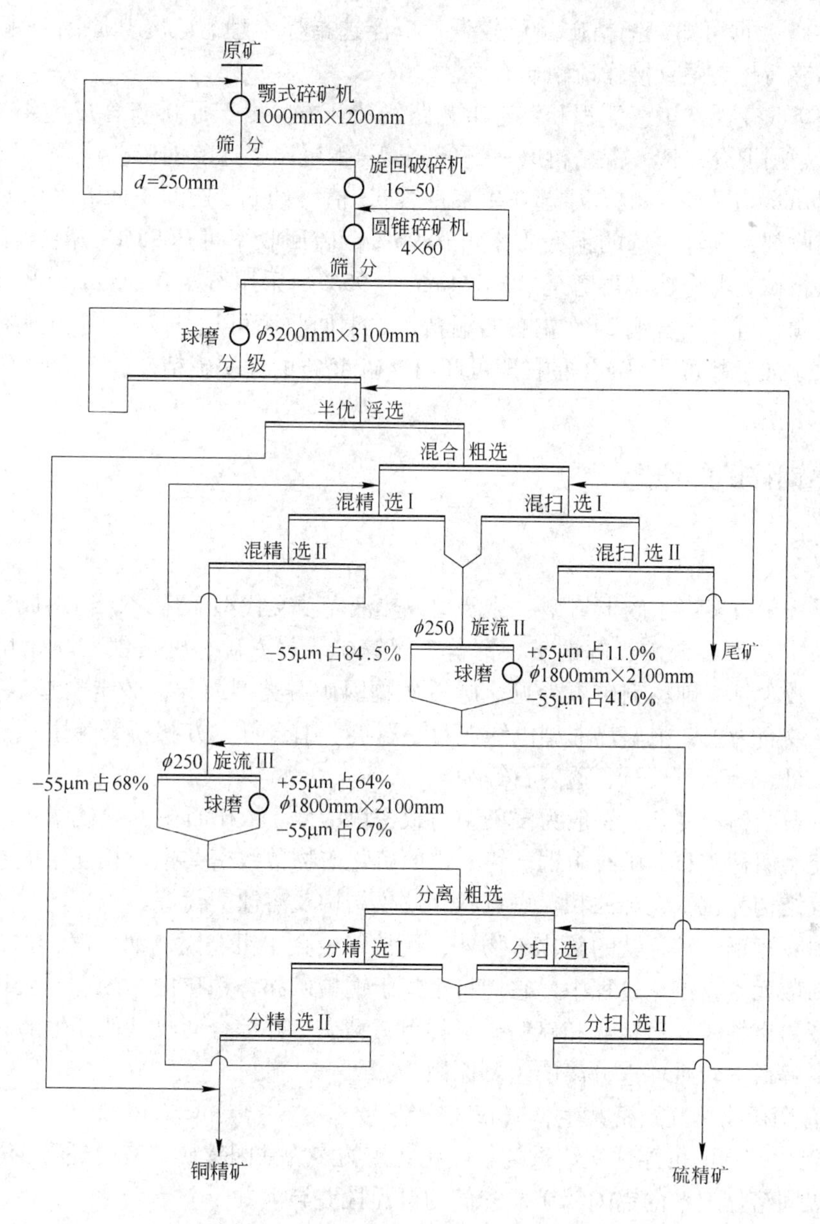

图5-10 凤凰山铜矿磨矿—浮选流程

表5-14 浮选药方

药 名	石 灰	丁基黄药	松醇油
用量/$g \cdot t^{-1}$	3000	150	100

1991年选矿厂生产指标见表5-15。

表5-15 生产指标

原矿品位/%			同名精矿品位/%			回收率/%		
Cu	S	Fe	Cu	S	Fe	Cu	S	Fe
1.25	3.90	30.73	20.20	30	63.85	93.62	36	32.14

从表5-15数据可知，铜精矿品位较低，硫浮选指标不理想。究其原因是铜矿物的单体解离度不够高与铜尾直接作硫精矿有关。

建议该矿改变浮选工艺流程和浮选工艺路线及药方。由于原矿硫含量为4%左右，不太高，建议采用混合浮选—混精再磨—铜硫分离—铜尾原浆选硫的工艺流程。原矿磨矿细度为-0.074mm占70%，混合浮选在矿浆自然pH值（约6.5）的条件下采用SB_1与少量黄药组合捕收剂，预计混选的铜回收率可达96%，硫回收率可达98%。混合浮选尾矿用磁选产出铁精矿。混合精矿再磨至-0.074mm占95%，采用石灰0.5kg/t，SB_1 10g/t进行铜硫分离，预计可产出含铜24%左右的铜精矿，铜回收率可达94%左右。铜尾进行原浆选硫，只须添加丁基黄药40g/t左右即可产出含硫45%的优质硫精矿，硫回收率可达60%以上。

5.5 硫化铜锌矿的浮选

5.5.1 概述

硫化铜锌矿石多产于矽卡岩型、热液型或热液充填交代型矿床，矿物组成较复杂。金属硫化矿物主要为黄铜矿、辉铜矿、铜蓝、闪锌矿、黄铁矿、磁黄铁矿。硫化铜锌矿石中，斑铜矿较少见，砷黝铜矿更少见。脉石矿物因矿石类型而异，矽卡岩型以石榴子石、透辉石、蛇纹石为主；中温热液型以绿泥石、石英、绢云母、方解石等为主；热液充填交代型以黑云母、石英、长石、透闪石等为主。

此类矿石结构较复杂，一般为浸染型与致密块状型。依矿石中的含硫量可分为高硫型矿石和低硫型两种矿石。矿石中铜、锌、铁的硫化矿物常致密共生，相互镶嵌，嵌布粒度不均匀，其结构为粒状、乳浊状、斑点状、纹象结构及溶蚀交代等。

矿石中除含铜、锌、铁的硫化矿物外，还常伴生金、银、镉、铟、镓、铊、锗、钴等贵金属和稀散元素，浮选过程中，它们将富集于铜精矿和锌精矿中。因此，处理硫化铜锌矿时，应产出铜精矿、锌精矿和硫精矿三种单一精矿，并综合回收其他伴生的有用组分。

硫化铜锌矿物较难浮选分离的主要原因为：

（1）有用矿物相互致密共生，嵌布粒度细。

（2）硫化矿物的可浮性交错重叠，硫化锌矿物多为铁闪锌矿，有时还含少量的纤维闪锌矿或含镉固溶体变种的镉闪锌矿，它们的可浮性差异大。

（3）矿石开采、运输、储存、磨矿等过程中，硫化锌矿物易被铜离子活化，使铜锌分离浮选复杂化。

（4）矿石中的硫化铁含量高，尤其是磁黄铁矿含量高时，将加速硫化矿物的氧化，将增大矿浆中“难免离子”的种类和含量。

硫化铜锌矿的浮选流程有：

（1）优先浮选流程。适用于未经氧化的硫化铜锌矿石的浮选，原矿经磨矿后可依次浮选产出铜精矿、锌精矿和硫精矿。

（2）混合浮选—混合精矿再磨—优先浮选流程。该流程的主要优点在于原矿经磨矿后，经混合浮选循环即可废弃大量尾矿。混合精矿经再磨使混合精矿中的硫化矿物集合体进一步单体解离，然后进行铜、锌、硫分离浮选。此流程适用于有用硫化矿物含量低，矿物组成较简单的硫化铜锌矿石。

（3）部分混合浮选—混合精矿再磨—优先浮选流程。此流程适用于铜、硫含量高，锌含量较低的硫化铜锌矿石。在部分混合浮选循环可抛弃大部分硫含量高的尾矿，将铜、锌和部分硫化铁矿物混合浮选为混合精矿，混合精矿经再磨以使硫化铜、锌、硫矿物的连生体单体解离和脱除硫化矿物表面的部分浮选药剂，再进行铜锌分离浮选，锌尾与混尾一起送浮选硫化铁作业，产出优质硫精矿。

5.5.2 甘肃某硫化铜锌矿的浮选

5.5.2.1 矿石性质

原矿中主要金属矿物为黄铁矿、铁闪锌矿、闪锌矿、黄铜矿，其次为辉铜矿、铜蓝、方铅矿、磁铁矿、毒砂和磁黄铁矿等。脉石矿物主要为石英、绢云母、绿泥石、方解石和石膏等。

黄铁矿在矿石中的含量为75%～90%，平均达85%以上，以中细粒他形晶粒状结构为主，少量呈自形晶及半自形晶粒状结构。

黄铜矿主要呈脉状、似脉状等不规则他形晶嵌布于黄铁矿晶粒边缘或晶隙之间。少量黄铜矿呈乳滴状结构嵌布于闪锌矿和铁闪锌矿中，粒度大小不均，以中细粒为主，一般粒度为0.2～0.4mm，-0.015mm的细粒黄铜矿含量约占15%。

根据闪锌矿中的铁含量可分为闪锌矿、灰黑色铁闪锌矿和灰白色铁闪锌矿三种硫化锌矿物。铁闪锌矿中铁含量约8%～10%。各种硫化锌矿物均呈不规则他形晶嵌布于黄铁矿晶粒边缘，也常充填、胶结、交代黄铁矿，与黄铜矿关系密切。硫化锌矿物粒度一般为中细粒，以细粒（0.009～0.018mm）为主，-0.023mm粒级约占50%。

原矿多元素分析结果见表5-16。

表5-16 原矿多元素分析结果

元素	Cu	Zn	Pb	Fe	S	SiO_2	Al_2O_3	MgO	CaO
含量/%	0.575	1.89	0.27	38.0	39.8	0.36	1.6	1.19	1.6

铜物相中硫化铜占94.78%，氧化铜占5.22%。锌物相中，硫化锌占92.43%，氧化锌占7.57%。

5.5.2.2 选矿工艺

采用三段开路破碎流程，将1200mm的原矿碎至-25mm。原矿采用二段磨矿将-25mm矿石磨至-0.074mm占85%～90%，其中第一段磨至-0.074mm占70%～75%，第二段采用2700mm×3600mm溢流型球磨机与750mm水力旋流器闭路，磨至-0.074mm占85%～90%。

A 高碱介质浮选工艺

选矿厂磨矿浮选流程如图5-11所示。

在矿浆pH值为8～9条件下采用丁基黄药和松醇油进行铜锌部分混合浮选，使易浮硫化锌矿物与硫化铜矿物一起进入铜锌混合精矿中，槽内为难浮硫化锌和硫铁矿产物。部分混浮尾矿中加入石灰（pH值为12）和硫酸铜进行抑硫浮锌。铜锌混合精矿进行再磨，磨至-0.074mm占95%。再磨后在矿浆pH值为6～7，以亚硫酸和硫化钠为抑制剂进行抑锌

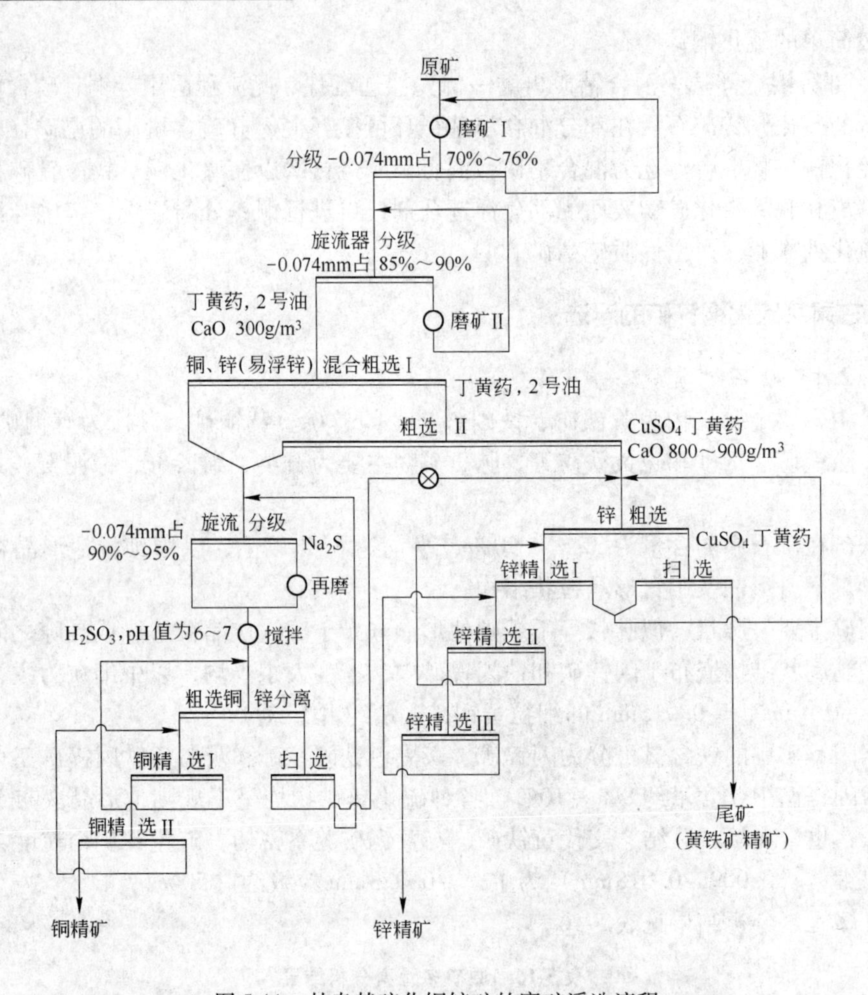

图 5-11 甘肃某硫化铜锌矿的磨矿浮选流程

浮铜，精选二次得最终铜精矿。铜锌分离尾矿返至锌硫分离粗选作业进行锌硫分离，锌粗精矿经三次精选得锌精矿。最终尾矿为硫精矿。

浮选药方见表 5-17。

表 5-17 浮选药方

药 名	用量/g·t^{-1}	加 药 点
石 灰	8～10kg/t	混合浮选、锌粗选
丁基黄药	140	混合浮选、扫选、分离浮选、锌粗选、扫选
2 号油	30～60	混合粗选、扫选
亚硫酸钠	150～250	铜锌分离浮选
硫化钠	50～200	铜锌分离浮选
硫酸铜	200	锌浮选

生产指标为：原矿品位 Cu 0.57%～1.35%，Zn 2.9%～3.3%；铜精矿 Cu 10.3%～13.5%，铜回收率为66%～80.5%；锌精矿 Zn 40.7%～47.3%，锌回收率为44%～64%。

浮选指标随原矿品位的变化而波动大，相当不稳定，同名精矿中铜、锌的回收率均不高。

B 低碱介质浮选工艺

建议采用原磨矿浮选工艺流程，改变工艺路线和药方进行低碱介质浮选分离。原矿磨至 -0.074mm 占75%，加入0.5kg/t 石灰（矿浆 pH 值为7左右），采用 SB_1 和 SB_2 组合捕收剂进行铜锌硫化矿物混合浮选。混合精矿再磨至 -0.053mm 占95%，加入石灰使矿浆 pH 值为9.5，加入硫酸锌抑锌，采用 SB_2 选矿混合剂进行抑锌浮铜，精选后得铜精矿。铜尾送锌循环，加入硫酸铜200g/t，添加60～80g/t SB_1 进行抑硫浮锌，精选后得锌精矿。锌尾为硫精矿。预计可降低铜、锌互含，可提高同名精矿中铜、锌的含量和回收率。

5.5.3 新疆某硫化铜锌矿的浮选

5.5.3.1 矿石性质

该矿目前为新疆最大的铜锌硫矿，选矿厂现日处理量为6000t。处理的矿石类型为浸染状铜硫矿石、致密状铜锌黄铁矿矿石、条带状铜锌黄铁矿矿石等，以铜锌黄铁矿矿石为主，其中铜矿石占矿床中各类铜矿石总储量的65%，铜锌矿石占矿床中各类铜矿石总量的35%。

矿石中主要金属矿物为黄铁矿、黄铜矿、铁闪锌矿、闪锌矿、砷黝铜矿和少量的方铅矿、辉铜矿及微量的辉钼矿、斑铜矿、银金矿等。主要的脉石矿物为石英、绢云母，其次为方解石、重晶石、绿泥石、白云石等。金属矿物嵌布粒度细，部分黄铁矿嵌布粒度较粗。

5.5.3.2 选矿工艺

A 高碱工艺

井下经粗碎的矿石经中、细碎作业碎至 -12mm，一段磨矿磨至 -0.074mm 占74%左右，再经第二段磨矿磨至 -0.074mm 占93%。分级溢流送浮选柱一次粗选、三次精选，快速浮出部分优质铜精矿；浮选柱粗选尾矿进入浮选机进行三次粗选、二次扫选，产出铜锌混合精矿和尾矿（硫精矿）。铜锌混合精矿再磨至 -0.043mm 占95%，进入铜锌分离作业，经一次粗选、三次精选、三次扫选浮选，产出合格铜精矿；铜尾进入锌硫分离作业，经二次粗选、四次精选、三次扫选浮选作业，产出合格锌精矿；混合浮选尾矿和锌尾合并一起泵送尾矿库堆存。

选矿生产药方见表5-18。

表5-18 选矿生产药方 (g/t)

药 名	石 灰	PAC	BK201	丁基黄药	Na_2S	活性炭	$ZnSO_4$	Na_2SO_3	$CuSO_4$
铜循环	10000	28	10	43	0	0	0	0	0
锌循环	0	15	18	53	200	130	2000	1200	570
合 计	10000	43	28	96	200	130	2000	1200	570

估计吨矿药剂成本为38元，矿浆 pH 值为12左右。

选矿生产指标见表5-19。

表 5-19 选矿生产指标（2006 年流程查定指标）

产品	产率/%	品位/%					回收率/%				
		Cu	Zn	S	$Au/g \cdot t^{-1}$	$Ag/g \cdot t^{-1}$	Cu	Zn	S	Au	Ag
铜精矿	9.20	25.00	2.28	31.73	1.60		92.00	14.00	9.80	35.00	52.00
锌精矿	2.19	0.94	50.00	24.48	0.77	61.70	0.82	73.00	1.80	4.00	5.00
尾矿	88.61	0.20	0.22	29.72	0.29	13.12	7.18	13.00	88.40	61.00	43.00
原矿	100.00	2.50	1.50	29.79	0.42	27.03	100.00	100.00	100.00	100.00	100.00

从表 5-19 中数据可知：

（1）原矿含铜 2.5%，获得铜品位为 25%，铜回收率为 92% 的铜精矿，铜指标较理想。

（2）原矿含锌 1.5%，获得锌品位为 50%，锌回收率为 73% 的锌精矿，锌指标较理想。

（3）原矿含金 0.42g/t，铜精矿中金的回收率仅 35%，尾矿中金的损失率高达 61%，表明铜循环的矿浆 pH 值太高，石灰用量过高。

（4）原矿含银 27.03g/t，铜精矿中银的回收率为 52%，尾矿中银的损失率高达 43%，表明铜循环的矿浆 pH 值太高，石灰用量过高。

B 低碱工艺

与新疆有色金属研究所合作，于 2007 年底至 2008 年 7 月先后两次对采自该矿的原矿试样进行低碱浮选工艺的试验研究。小型试验闭路流程为粗磨 -0.074mm 占 85%（磨矿时间为 6min），进行铜锌混合浮选—混合精矿再磨—铜与锌硫分离—锌硫分离流程。铜锌混合精矿再磨时间为 10min，再磨细度仅为 -0.043mm 占 85%，入选细度和混合精矿再磨细度均比现场生产相应的入选细度和再磨细度低。小型闭路试验药方见表 5-20。小型闭路试验指标见表 5-21。现场生产指标（2008 年 1 ~ 7 月累计）见表 5-22。

表 5-20 小型闭路试验药方 (g/t)

药名	石灰	SB	丁基黄药	Na_2SO_3	$ZnSO_4$	$CuSO_4$	pH 值
浮铜	3000	160	160	1200	0	0	8.5
浮锌	4000	0	100	0	2400	300	11
合计	7000	160	260	1200	2400	300	

表 5-21 小型闭路试验指标

产品	产率/%	品位/%					回收率/%				
		Cu	Zn	$Au/g \cdot t^{-1}$	$Ag/g \cdot t^{-1}$	S	Cu	Zn	Au	Ag	S
铜精矿	11.382	21.03	2.67	1.12	92.3	35.98	93.30	30.66	30.33	56.55	13.10
锌精矿	1.826	0.59	30.70	0.59	37.1	34.80	0.42	56.57	2.57	3.65	2.03
混尾	49.354	0.22	0.12	0.26	4.59	32.43	4.24	5.97	30.55	12.19	51.20
锌尾	37.438	0.14	0.18	0.41	13.70	28.11	2.04	6.80	36.55	27.61	33.67
总尾	86.792	0.19	0.15	0.28	8.52	30.57	6.28	12.77	67.10	39.80	84.87
原矿	100.000	2.57	0.99	0.42	18.58	31.26	100.00	100.00	100.00	100.00	100.00

表 5-22 现场生产指标（2008 年 1 ~ 7 月累计）

产品	产率/%	品位/%		回收率/%	
		Cu	Zn	Cu	Zn
铜精矿	10.089	19.50	3.42	88.22	34.50
锌精矿	0.995	0.57	46.66	0.26	46.43
尾矿	88.916	0.29	0.21	11.52	19.07
原矿	100.000	2.23	1.00	100.00	100.00

小型试验的结论为：

（1）原矿磨至 -0.074mm 占 85% 后采用铜锌混合浮选，直接丢弃产率为 70% 以上的尾矿（硫含量为 35% 左右），铜锌混精再磨至 -0.043mm 占 85% 进行铜、锌硫和锌、硫分离的工艺流程最适于该矿硫化铜锌矿物紧密共生、嵌布粒度细的特性，但本次小型试验的磨矿细度比生产流程中的相应细度低。

（2）采用低碱工艺，浮选矿浆 pH 值为 7.5 ~ 8.5，获得了铜精矿含铜 21.03%、铜回收率为 93.30% 的高指标。

（3）采用低碱工艺，铜精矿中金含量达 1.12g/t，达计价标准。

（4）在矿浆 pH 值为 11.0 条件下，只须添加 2.4kg/t 的硫酸锌和 1.2kg/t 亚硫酸钠即可抑锌浮铜，无须添加活性炭脱药。

（5）锌硫分离仅采用一次粗选、一次精选、一次扫选的闭路流程可得含锌 30.70%、锌回收率为 56.67% 的锌精矿。

（6）采用低碱工艺，工艺流程短，药剂种类少，加药点少，药量低，生产成本低，易操作，指标稳定可靠。

对比表 5-21 与表 5-22 中相关数据可知：

（1）原矿铜、锌品位相当条件下，小试的铜指标较高，精矿中的铜品位高 1.5%，回收率高 5.08%。

（2）小试的锌指标与生产指标相当，因小试采用一次粗选、一次精选、一次扫选的流程，生产采用一次粗选、四次精选、三次扫选流程，故生产的锌精矿品位较高。

（3）小试的铜锌分离较好，铜精矿中锌损失率较低，总尾中锌的损失率较低。

2008 年 9 月 6 日，我方、新疆有色金属研究所和矿方试验室三方联合试验组，在该矿选矿试验室对当天入选原矿试样进行了小型对比开路试验，开路试验流程为试样磨矿 3min，混选一粗一扫，混精再磨 10min，进行一粗三精一扫铜锌分离。小型对比试验指标见表 5-23。

表 5-23 开路对比小型试验指标

产品	低碱试验指标					矿方条件试验指标				
	产率/%	品位/%		回收率/%		产率/%	品位/%		回收率/%	
		Cu	Zn	Cu	Zn		Cu	Zn	Cu	Zn
混粗精	52.18	4.21	1.28	96.67	94.29	28.42	6.54	1.87	89.43	78.58
混扫泡	12.66	0.32	0.18	1.78	3.22	12.07	1.08	0.95	6.27	17.00

续表 5-23

产品	低碱试验指标					矿方条件试验指标				
	产率/%	品位/%		回收率/%		产率/%	品位/%		回收率/%	
		Cu	Zn	Cu	Zn		Cu	Zn	Cu	Zn
混尾	35.16	0.10	0.05	1.55	2.49	59.51	0.15	0.05	4.30	4.42
铜精矿	7.37	25.65	1.93	83.18	20.09	4.57	27.55	0.88	60.55	5.96
中矿 1	7.41	0.74	1.68	2.42	17.59	6.70	3.0	1.45	9.69	14.41
中矿 2	4.46	4.09	3.18	8.02	20.04	1.85	11.90	1.73	10.59	4.74
中矿 3	3.40	0.65	1.53	0.97	7.35	4.71	1.65	2.60	3.74	18.16
铜尾	29.54	0.16	0.70	2.08	29.22	10.59	0.96	2.25	4.89	35.32
原矿	100.00	2.27	0.71	100.00	100.00	100.00	2.08	0.67	100.00	100.00

此次对比试验结果表明：

（1）混粗精中低碱工艺铜回收率比高碱工艺高7%，锌回收率高15.7%。

（2）混粗精再磨后经一粗三精一扫，铜精矿中低碱工艺铜回收率比高碱工艺高22%。

（3）混粗精再磨后经一粗三精一扫，铜尾中低碱工艺锌回收率比高碱工艺低6.1%，表明铜锌混合精矿的磨矿细度较低（磨矿时间仅为10min），要求细度为 -0.043mm 占95%（磨矿时间应为15~20min）。

此次低碱介质小型试验虽圆满完成了矿方提出的任务，取得了较高的浮选指标。经认真总结后，我们认为还存在一些不足之处，其浮选指标还有一定的提高空间。原矿含铜2.2%以上时，若铜、锌循环全部采用SB系列捕收剂，石灰用量降至3kg/t左右，铜精矿含铜22%左右，铜的回收率应达95%左右才较理想。

由于多种原因，该低碱浮选工艺小型试验成果尚未用于工业生产。

6 硫化铜钼矿的浮选

6.1 概述

6.1.1 钼矿床工业类型

地壳中钼含量（克拉克值）为 $3 \times 10^{-4}\%$，在周期表中钼与钽、铌同族。钼为亲硫元素，钼硫间亲和力极强，在成矿阶段，若存在一定数量的钼，硫与钼将优先结合为辉钼矿，剩余的硫才能与其他亲硫元素结合为其他金属硫化矿物。钼的性质与钨相似，成矿主要集中于气成-热液阶段。

最主要和最具工业价值的钼矿物为辉钼矿，纯矿物含钼 60%，含硫 40%，密度为 $4.7 \sim 5.0 g/cm^3$，莫氏硬度为 1.0 ~ 1.5，不导电。辉钼矿常含铼，其含量随钼含量的升高而升高。此外，有时还含锇、铂、钯、钌等铂族元素。这些辉钼矿中的伴生元素常具有综合利用价值。

钼矿床主要有三种工业类型：

（1）细脉浸染型铜钼矿床。此类型也是铜矿床的主要类型，世界三分之一的钼矿产量产自此矿床类型。矿床中硫化铜矿物与硫化钼矿物紧密共生，当钼含量高时，即为钼矿床，铜为副产品。反之，若矿床中铜含量高时，即为铜矿床，钼为副产品。此类矿床具有特殊的细脉浸染状、细网脉状构造。主要金属矿物为辉钼矿、黄铜矿、黄铁矿。原矿中的铜、钼含量虽然低，但矿床规模大，常为巨型矿床，经济价值大。

（2）矽卡岩型钼矿床。从世界范围考虑，此类矿床处于次要地位，但在我国则较为重要。此类矿床的钼矿化明显晚于矽卡岩阶段，因而钼矿体与矽卡岩体不完全一致。辉钼矿常呈小颗粒散存于矽卡岩内，或沿裂隙呈细脉贯穿于矽卡岩内，或与黄铁矿、黄铜矿等金属硫化矿物一起，分布于矽卡岩内石英脉中，有时与分散浸染于矽卡岩中的白钨矿共生。此类矿床中的钼含量较高，矿床规模虽然不大，在国内具有很大的工业价值。

（3）热液石英脉型辉钼矿矿床。在钼矿床中，此类型为次要类型，常与高温热液型石英-黑钨矿矿床共生，与花岗岩浸入体密切相关。此类矿床常产于花岗岩、花岗闪长岩及其附近围岩中，矿床属于高-中温热液类型。

6.1.2 钼矿石类型

根据钼矿石的选矿工艺特点，常将钼矿石分为三种类型：

（1）硫化钼矿石。此类矿石中一般只回收钼，其他金属硫化矿物（如黄铜矿、黄铁矿等）因含量低而无回收价值。处理此类矿石时，主要是抑制其他硫化矿物，浮选获得钼含量高和钼回收率高的钼精矿。

（2）硫化铜钼矿石。此类矿石中除含辉钼矿外，还常含有硫化铜矿物，其中主要为黄铜矿，其次为少量的辉铜矿、砷黝铜矿等。浮选此类矿石时，必须产出高品位的钼精矿和合格的铜精矿。

（3）钼钨（有时为铜钼钨）矿石。处理此类矿石时，必须产出高品位的钼精矿和合格的钨精矿，尽可能副产回收所含的其他金属硫化矿物。

此外，有时还可遇到铋钼矿、铅钼矿等。

6.1.3 辉钼矿的可浮性

辉钼矿属六方晶系，呈层片状结晶构造（见图6-1）。

晶格中钼原子全位于同一平面上，并呈夹心层位于两个硫原子层之间，构成S-Mo-S的“三重层”。在“三重层”内部，钼原子层中的钼原子与硫原子层中的硫原子以共价键牢固地结合在一起。在“三重层”与“三重层”之间则为较弱的分子键。因此，矿石破碎磨矿时，辉钼矿常呈层片状解离。常见六方板状、叶片状、鳞片状或细小的分散片状等。由于层片状表面由疏水的硫原子组成，辉钼矿表面具有天然疏水性，为易浮选的硫化矿物。但在层状片体断裂所形成的边部，钼原子与硫原子之间为强键，亲水，故“边部效应”将提高辉钼矿的亲水性。因此，磨矿时应避免辉钼矿的过磨。但晶体边部表面积与疏水层片的表面积相比较，所占比例较小，故辉钼矿的天然可浮性好。

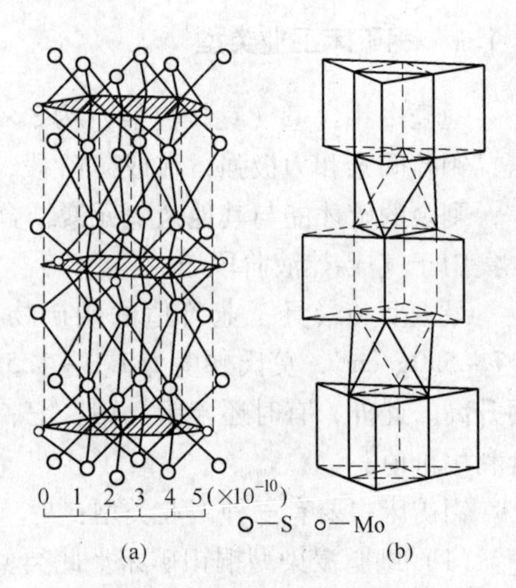

图6-1 辉钼矿的结晶构造
（a）离子的中心排列（钼离子面网以条纹标示）；
（b）另一方法表示同一晶格

辉钼矿为较难被氧化的金属硫化矿物，但在氧化带经氧气和水的长期作用，辉钼矿将转变为 $MoO_2 \cdot SO_4$ 的配合物。其反应可表示为：

$$2MoS_2 + 9O_2 + 2H_2O \rightleftharpoons 2(MoO_2 \cdot SO_4) + 2H_2SO_4$$

$MoO_2 \cdot SO_4$ 配合物可溶于水，无还原剂时，该配合物相当稳定。若溶液中含有铁盐、褐铁矿或铁的氢氧化物时，$MoO_2 \cdot SO_4$ 配合物与其相互作用可生成铁钼华（即钼酸铁的水合物）。其反应可表示为：

$$2Fe_2(SO_4)_3 + 6MoO_2 \cdot SO_4 + 27H_2O \rightleftharpoons 2\left(Fe_2O_3 \cdot 3MoO_3 \cdot 7\frac{1}{2}H_2O\right) + 12H_2SO_4$$

$$4Fe(OH)_3 + 6MoO_2 \cdot SO_4 + 15H_2O \rightleftharpoons 2\left(Fe_2O_3 \cdot 3MoO_3 \cdot 7\frac{1}{2}H_2O\right) + 6H_2SO_4$$

$MoO_2 \cdot SO_4$ 配合物与碳酸钙作用可生成钼酸钙矿，其反应可表示为：

$$MoO_2 \cdot SO_4 + Ca(HCO_3)_2 \rightleftharpoons CaMoO_4\downarrow + H_2SO_4 + 2CO_2\uparrow$$

因此，在特定条件下，辉钼矿的变化顺序为：$MoS_2 \rightarrow MoO_2 \cdot SO_4 \rightarrow$ 铁钼华 $\rightarrow CaMoO_4$。

在含有硫及碳酸盐的脉状辉钼矿矿床中，辉钼矿有可能部分或全部氧化为钼华。在铅锌及钼矿床的氧化带所出现的彩钼锌矿含有铜、钨、铬、钒等杂质。

辉钼矿的氧化程度比其他金属硫化矿物小。辉钼矿的氧化程度与温度、矿浆 pH 值、矿浆浓度、溶解氧的浓度及催化剂含量有关。辉钼矿表面生成的氧化物及钼酸盐膜将降低辉钼矿的可浮性。

由于辉钼矿、黄铜矿等金属硫化矿物的可浮性好，原矿中钼含量较低，无论何种类型的钼矿石均采用浮选的方法处理。

从斑岩铜矿中回收铜和钼比从硫化钼矿石中回收钼要困难些，采用高碱介质浮选工艺时，铜硫分离的矿浆 pH 值常大于 11，常使辉钼矿被抑制而进入铜尾矿中，使铜精矿中钼的回收率偏低。但目前成熟的低碱介质铜硫分离工艺可较完满地解决此问题，可大幅度提高铜精矿中钼的回收率（常可提高 20% ~50%）。

处理铜钼矿石的新建浮选厂，一般均采用混合浮选—混合精矿再磨—铜硫分离浮选、铜钼混合精矿—铜钼分离浮选的工艺路线产出钼精矿和铜精矿。

6.2 硫化钼矿石的浮选

6.2.1 陕西金堆城硫化钼矿的浮选

6.2.1.1 原矿性质

陕西金堆城硫化钼矿为露天开采矿山，现有钼浮选厂三座。该矿为中温-高中温热液细脉浸染型钼矿床，矿体赋存于花岗斑岩及与其接触的安山玢岩中，矿体与围岩界线不明显，两者呈渐变关系。原矿中有用组分的平均含量为：Mo 0.100%、Cu 0.028%、S（FeS_2）2.8%。70%以上的矿石为安山玢岩矿石，20%以上为花岗斑岩矿石，3%左右为石英岩及凝灰质板岩矿石。主要为硫化矿，氧化矿仅占总储量的 1.5%。金属矿物主要为辉钼矿、黄铁矿，其次为磁铁矿、黄铜矿，再次为辉铋矿、方铅矿、闪锌矿、锡石。脉石矿物主要为石英、长石，其次为萤石、白云母、黑云母、绢云母、绿柱石、铁锂云母、方解石。矿脉可分为长石-石英脉型，辉钼矿-石英脉型，高中温-硫化物石英脉型，无矿细脉等类型，它们相互穿插成网状。

辉钼矿为似石墨的片状和锌片状集合体，呈细脉状、薄膜状及散点状浸染于脉石中或近脉围岩中，大部分集中于石英脉中，粒度一般为 0.027 ~0.05mm。

黄铁矿呈自形粒状较均匀地分布于脉石中，黄铁矿粒径一般为 0.045mm，最小的为 0.03mm，最大的为 2mm。

黄铜矿一般呈致密状、粒状或小晶体状分布于矿石中，部分赋存于磁铁矿与黄铁矿中，局部可见被黄铁矿交代熔蚀现象。黄铜矿粒度为 0.01 ~0.1mm，一般为 0.04mm。

6.2.1.2 选矿工艺

陕西金堆城硫化钼矿选矿厂原矿多元素分析结果见表 6-1。

表 6-1 原矿多元素分析结果

元 素	Mo	S	Cu	TFe	Re
含量/%	0.11	2.8	0.028	7.9	3.59×10^{-5}

选矿厂现除产出钼精矿外，还产出铜精矿、硫精矿和铁精矿。其选矿原则流程如图 6-2所示。

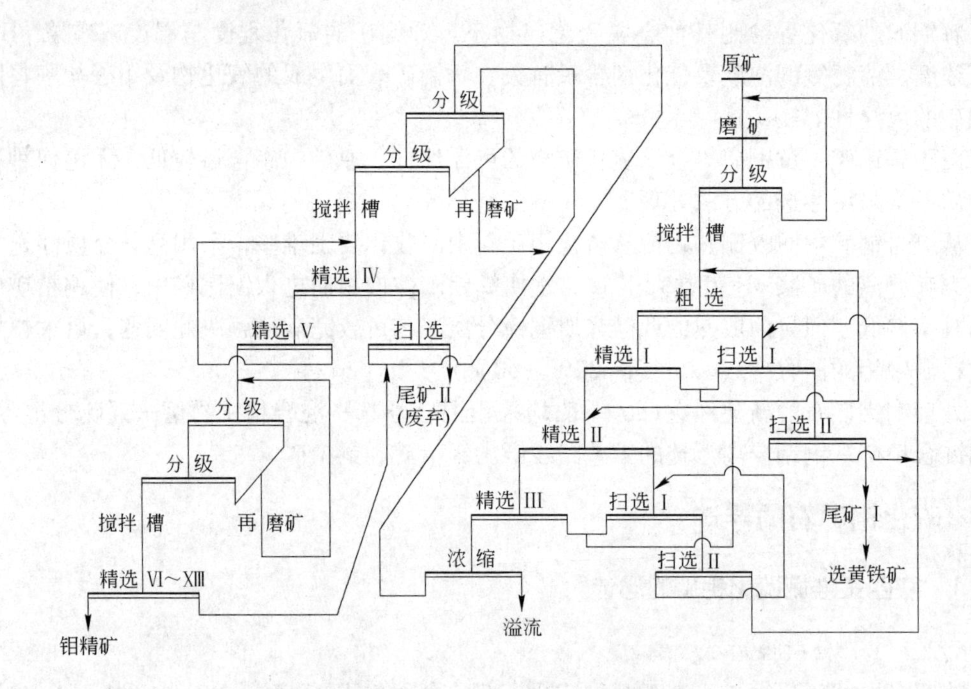

图 6-2 陕西金堆城硫化钼矿选厂的选矿工艺流程

二选厂将碎至 -15mm 的原矿粗磨至 -0.074mm 占 65%，经一次粗选、一次粗精选和一次粗扫选得钼粗精矿和尾矿（送去浮选黄铁矿和磁选铁精矿）；钼粗精矿经浓缩、旋流器分级后再磨至 -0.038mm 占 90%，经 10 次精选产出钼精矿；钼尾矿送铜浮选循环产出铜精矿；铜尾进入硫浮选循环产出硫精矿和最终尾矿；钼粗选、粗扫选尾矿送硫浮选循环产出硫精矿；硫尾矿送磁选，产出铁精矿和最终尾矿。

浮选药剂为：① 钼粗选为钼铜硫混合浮选，采用煤油作捕收剂，用松醇油作起泡剂。② 钼精选采用丁基黄药作捕收剂，松醇油作起泡剂，采用巯基乙酸钠和磷诺克斯作抑制剂以抑制硫化铜矿物和硫化铁矿物。

铜浮选：钼尾矿经浓缩脱水脱药后，底流进入铜浮选循环，采用一次粗选、一次扫选、三次精选的浮选流程，采用丁基黄药或苯胺黑药为捕收剂，松醇油为起泡剂，采用石灰、水玻璃、木质素为硫的抑制剂，进行抑硫浮铜，银富集于铜精矿中。获得铜含量为 16%，铜回收率为 70% 的铜精矿。

硫浮选采用丁基黄药为捕收剂，松醇油为起泡剂。

磁选铁精矿采用磁粗选，粗精矿再磨至 -0.038mm 占 90%，进行二次磁精选和一次筛分。

选矿生产指标见表 6-2。

表 6-2 选矿生产指标

原矿品位/%				同名精矿品位/%				同名精矿回收率/%			
Mo	Cu	S	Fe	Mo	Cu	S	Fe	Mo	Cu	S	Fe
0.11	0.028	2.8	7.9	52～57	22	48	62	85	80	63	

为降低钼精矿中铅、铜、CaO 等杂质的含量，采用在 50 ~ 80℃，液固比 = 3 : 1，pH 值为 1 的盐酸浸出 1h。浸出前后钼精矿组成变化见表 6-3。

表 6-3 浸出前后钼精矿组成变化 （%）

组　成	Mo	Pb	CaO	Cu	Fe
浸出前	53.88	0.174	0.540	0.168	1.139
浸出后	54.68	0.032	0.048	0.114	1.072

建议改用低碱介质进行铜硫分离浮选和进行原浆浮选硫铁矿，可降低生产成本和获得较高的浮选指标。

6.2.2 辽宁某硫化钼矿的浮选

6.2.2.1 *矿石性质*

选厂原矿来自岭前矿和松树卯矿。岭前矿属矽卡岩型，老矿体中有少量压碎带型矿石；松树卯矿主要为含钼矽卡岩和含钼花岗斑岩，其中以含钼矽卡岩为主。

矽卡岩矿石中的金属矿物除辉钼矿外，还含少量的黄铁矿、磁黄铁矿、磁铁矿、黄铜矿、闪锌矿、方铅矿等。脉石矿物以石榴子石、透辉石、方解石、石英为主，还含少量易泥化的绿泥石、绢云母、高岭土等。辉钼矿多呈板状、鳞片状、粒状、片状及片状集合体的形态，以浸染状和星点状分布于矿石中，少量以薄膜状黏附于裂隙表面，与石榴子石、透辉石、方解石、石英等紧密共生。辉钼矿除少量与黄铁矿共生外，金属矿物间共生现象较少见。辉钼矿粒度大小不均，一般为 0.08 ~ 0.42mm，-0.1mm 粒级占 1% 左右，属不均匀浸染。原矿钼含量为 0.08% ~ 0.15%，属易选矿石。

花岗斑岩中的黄铁矿含量较高，其他金属矿物与矽卡岩矿石中的金属矿物相同。脉石矿物以长石、石英、方解石、高岭土为主。大量的长石经风化生成大量的高岭土、绢云母、绿泥石等易泥化矿物。辉钼矿呈细小集合体呈薄膜状嵌布于矿石中，粒度较小，一般为 0.02 ~ 0.15mm，原矿含钼为 0.06% ~ 0.12%。辉钼矿与脉石矿物紧密共生，易泥化，属较难选矿石。

6.2.2.2 *选矿工艺*

采用三段一闭路碎矿流程，将原矿碎至 -15mm 占 90%。

选厂磨矿—浮选流程如图 6-3 所示。

碎矿后的原矿磨至 -0.074mm 占 60%，经一次粗选、二次扫选得钼粗精矿和尾矿；钼粗精矿再磨至 -0.074mm 占 95%，经三次精选和四次精扫选得钼精矿和尾矿 Ⅰ；钼精矿再磨至 -0.038mm 占 90%，经五次再精选和三次精扫选得最终钼精矿和尾矿 Ⅱ。尾矿 Ⅰ 和尾矿 Ⅱ 经再选可将钼含量为 0.2% ~ 0.5% 尾矿富集为含钼为 1% 的中矿，其组成较复杂，不宜返回主浮选流程处理，将其进行化学选矿，采用次氯酸钠为浸出剂进行氧化酸浸。其反应可表示为：

$$MoS_2 + 9NaClO + 6NaOH \longrightarrow Na_2MoO_4 + 9NaCl + 2Na_2SO_4 + 3H_2O$$

$$Na_2MoO_4 + CaCl \longrightarrow CaMoO_4 \downarrow + 2NaCl$$

$$Na_2MoO_4 + 2NH_4Cl \longrightarrow (NH_4)_2MoO_4 \downarrow + 2NaCl$$

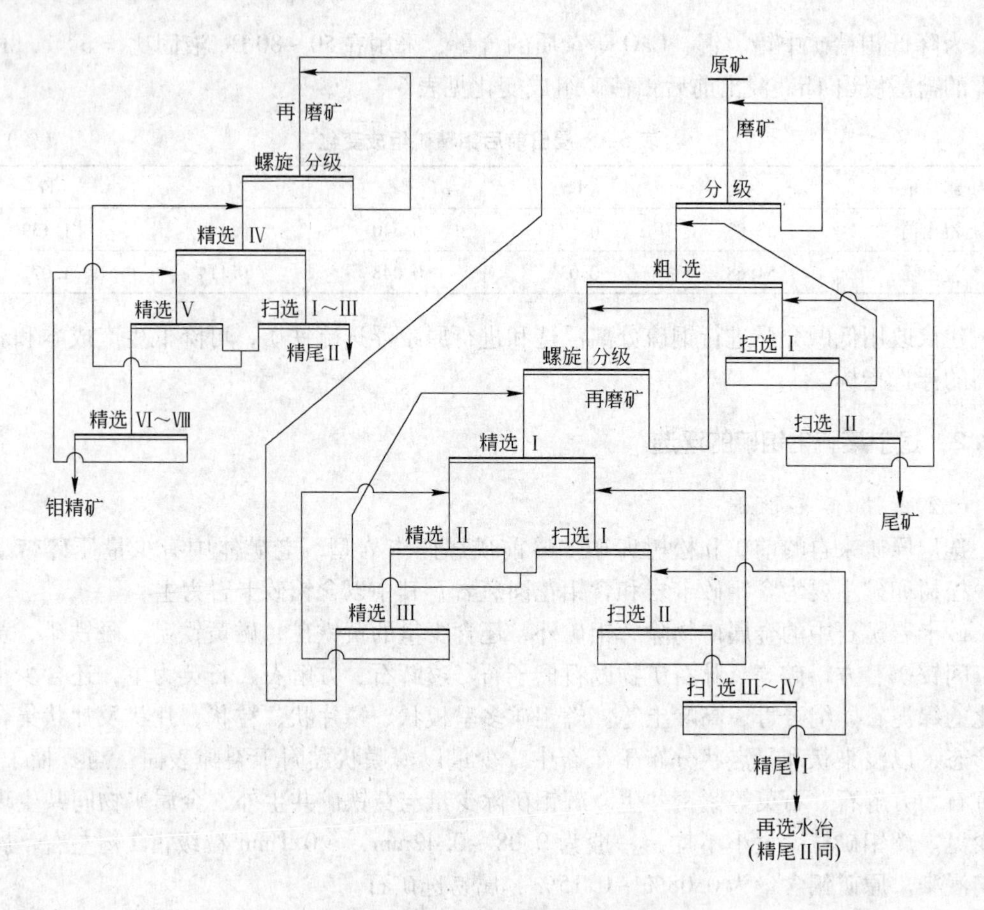

图 6-3 辽宁某硫化钼矿选厂磨矿—浮选流程

浸出时，Mo：NaClO = 1：(9 ～ 10)，温度为 50℃，浸出 2h。过滤后，滤液用盐酸调 pH 值，加入氯化钙，其用量为理论量的 120%，煮沸 10 ~ 20min，过滤，可得钼酸钙产品。浸出时钼的浸出率为 85% ~90%，沉淀率为 95% ~97%，钼总回收率为 80% ~85%。钼酸钙中钼含量为 35% ~40%。

钼浮选药方：捕收剂为煤油，用量为 130g/t，主要加于球磨机中，其次为扫选，还添加 10g/t 黄药作辅助捕收剂；起泡剂为松醇油，用量为 110g/t；抑制剂为水玻璃，用量为 3700g/t；还添加 4g/t 左右的氰化物以抑制黄铁矿、黄铜矿；还添加 10g/t 诺克斯（加于精选）以抑制方铅矿。

生产指标为：原矿含钼 0.088%，钼精矿品位为 46%，尾矿含钼 0.015%，钼回收率为 86.96%。

该矿为历史久远的矿山，上述流程和生产指标仅代表 20 世纪 80 年代的水平。

6.3 硫化铜钼矿的浮选

6.3.1 概述

硫化铜钼矿是产出钼精矿的主要来源之一。国外处理硫化铜钼矿石的国家为美国、加拿大、智利、俄罗斯、秘鲁、保加利亚等，我国主要为德兴铜矿、拉么铜矿等。德兴铜矿是世界上罕见的大型硫化铜钼矿床之一，目前日处理原矿量为13万吨，1982年5月建成铜钼分离车间，产出部分钼精矿。

我国处理硫化铜钼矿石时，均采用混合浮选产出铜钼混合精矿，然后将铜钼混合精矿进行铜钼分离，采用抑制硫化铜矿物浮选辉钼矿的方法产出钼精矿和铜精矿。

德兴铜矿产出含钼铜精矿的原生产流程如图6-4所示。

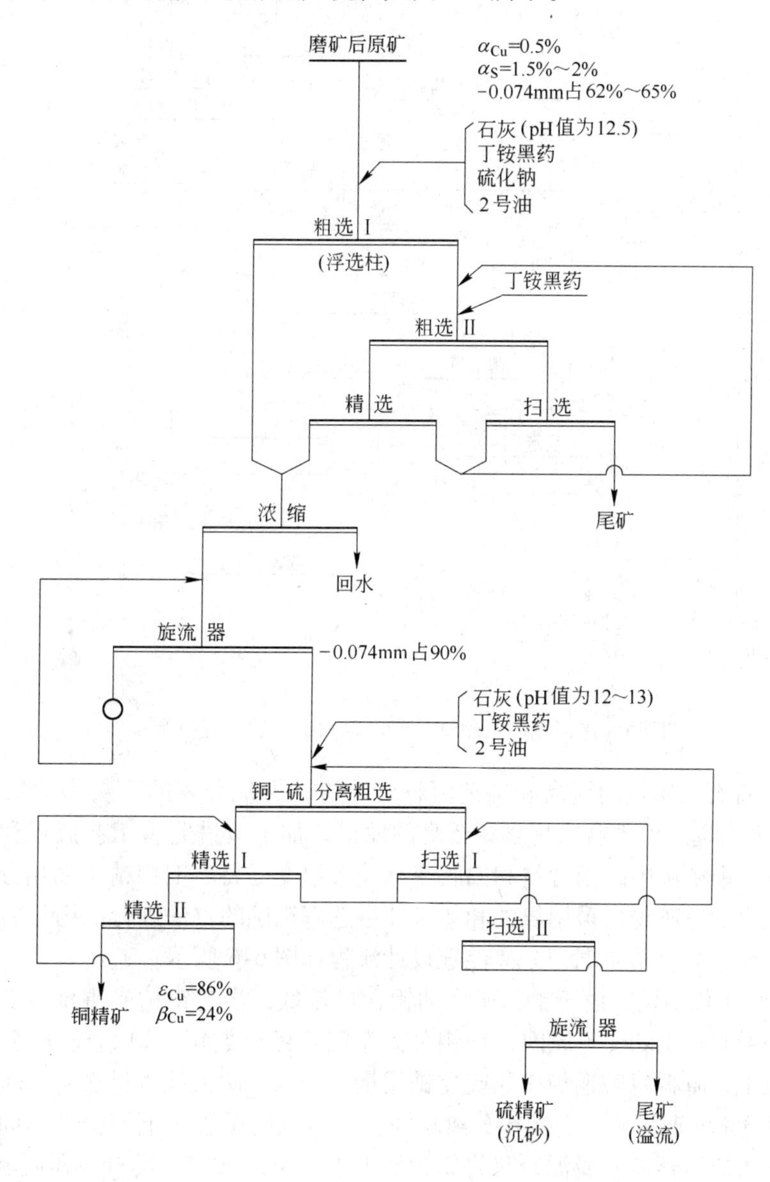

图6-4 德兴铜矿大山选厂产出含钼铜精矿的原生产流程

德兴铜矿产出含钼铜精矿的现生产流程如图6-5所示。

6.3.2 硫化铜钼混合精矿的硫化钠分离法

由于采用高碱介质浮选工艺路线，德兴铜矿铜精矿中钼含量和回收率一直较低。从

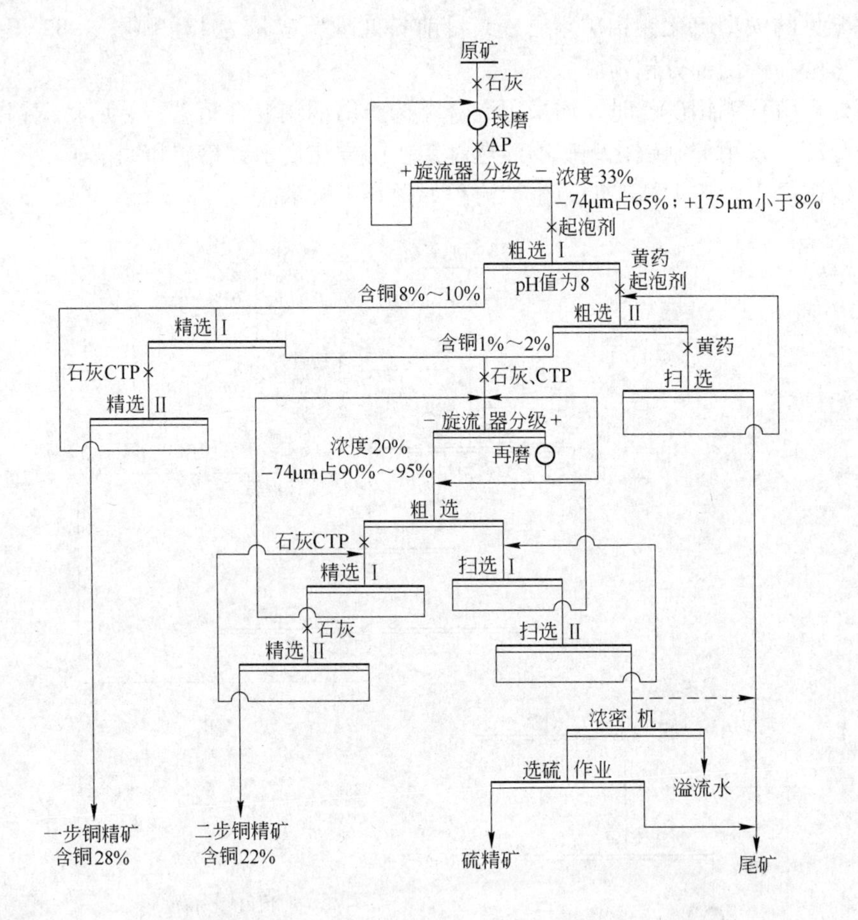

图 6-5　德兴铜矿大山选厂产出含钼铜精矿的现生产流程

1997 年后，随着石灰质量的提高和工艺流程的改进，铜硫分离的石灰用量从 10kg/t 降至 3～4kg/t。因大山选厂处理富家坞含钼较高的原矿，加上改进完善工艺流程和采用先进的大型浮选设备，铜精矿中的钼含量和回收率有较大幅度提高。铜钼精矿铜钼分离一直采用硫化钠抑制硫化铜等矿物，采用煤油和 2 号油浮选辉钼矿的方法进行铜钼分离。

德兴铜矿铜钼混合精矿铜钼分离浮选设计流程如图 6-6 所示。

20 世纪 90 年代初期，由于铜精矿中的钼含量较低，当时钼精矿售价较低及每吨铜精矿的硫化钠用量高达 120kg 等原因，铜钼分离车间曾停产数年。20 世纪 90 年代中期，为了降低生产成本，降低每吨铜精矿的硫化钠用量，采取了两大技术措施：一是只将铜精矿钼含量高于 0.3% 的铜精矿才送铜钼分离车间，二是铜精矿进入铜钼分离车间铜精矿浓密机前，先经水力旋流器脱水脱泥，只将钼含量大于 0.4%～0.5% 的旋流器底流送铜钼分离车间的铜精矿浓密机，旋流器溢流送一般铜精矿浓密机进行脱水-过滤产出铜精矿。采用这些技术措施后，虽然进入铜钼分离车间的铜精矿量降低了许多，但提高了铜精矿中的钼含量和大幅度降低了铜精矿中的矿泥含量，使吨矿铜精矿的硫化钠用量从原 120kg/t 降至 40～60kg/t。此工艺流程一直沿用至今。

生产指标为：铜精矿含钼 0.3%，旋流器底流含钼 0.4%～0.5%，钼精矿含钼 45%，铜钼分离浮选作业回收率为 60% 左右，以铜精矿计的钼回收率仅 40%，以原矿计的钼回

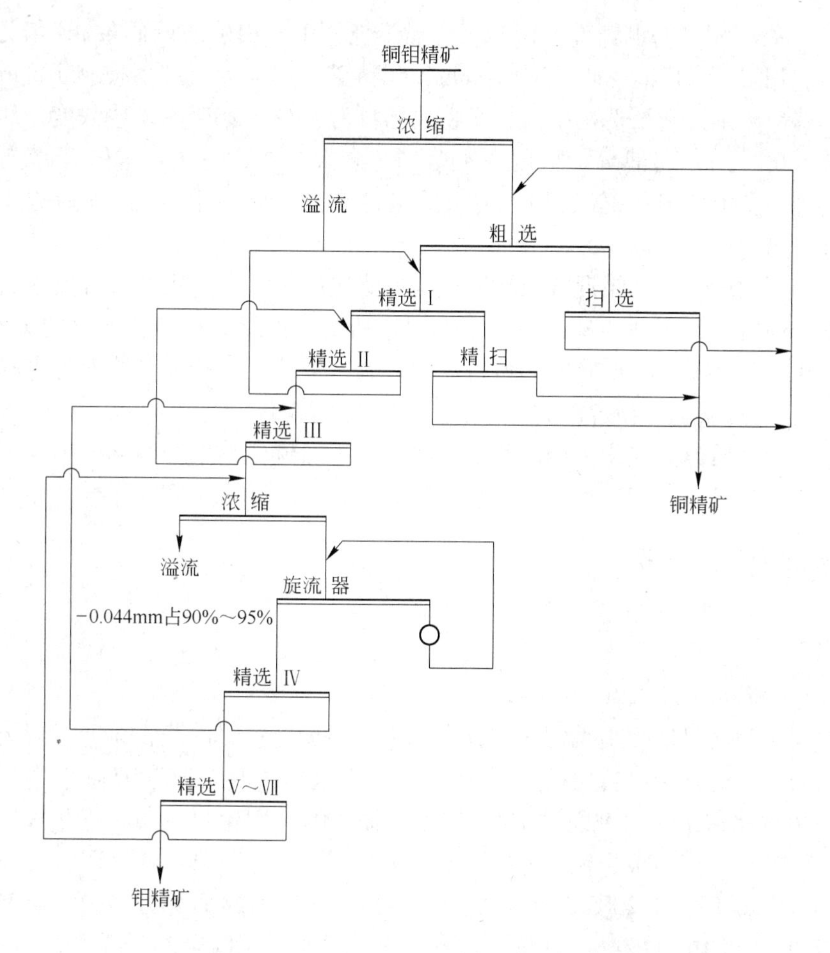

图6-6 德兴铜矿铜钼混合精矿铜钼分离浮选设计流程

收率仅20%~30%。

6.3.3 硫化铜钼混合精矿的非硫化钠分离法

6.3.3.1 烘焙脱药法

我们试验组于1992年下半年对德兴铜矿铜精矿浓密机底流，采用烘焙脱药法进行铜钼分离的小型试验室试验，取得较理想的铜钼分离指标。

将铜精矿的浓密机底流过滤，将滤饼在150~200℃条件下进行烘焙脱水脱药，此烘焙温度低于硫的着火点，但高于浮选药剂的热分解温度。因此，烘干后的铜精矿中的辉钼矿和硫化铜物的组成未发生变化，但其矿物表面的浮选药剂已被分解脱除。

将烘干的铜精矿作试样进行铜钼分离浮选，采用一次粗选、二次精选、一次扫选的开路流程，粗选加入煤油作辉钼矿捕收剂，2号油作起泡剂，铜精矿中含钼0.4%，精二泡中的钼含量大于10%，钼回收率达85%以上，远高于矿方提出的试验指标。

6.3.3.2 化学脱药法

我们试验组于1992年下半年对德兴铜矿铜精矿浓密机底流，先进行化学脱药，脱除硫化矿物表面的浮选药剂和矿浆液相中的浮选药剂，再进行硫化铜钼矿物的分离浮选。

将固体浓度为50%的铜精矿浓密机底流置于烧杯中，用硫酸调矿浆pH值为5.5（浓密机底流的pH值大于12），加入K_{203}1000g/t铜精矿，用电动搅拌器搅拌10min，然后将制浆后的铜精矿矿浆置于浮选机中，加水将其稀释为15%～20%的矿浆浓度，加入煤油作捕收剂，加入2号油作起泡剂，采用一次粗选、二次精选、一次扫选的开路流程进行浮选。铜钼混合精矿中含钼0.4%，精二泡中的钼含量达10%以上，钼回收率达85%以上，远高于矿方提出的试验指标。

从上可知，无论采用铜钼混合精矿的低温烘焙法或化学脱药法均可有效脱除混合精矿中硫化矿物表面的浮选药剂和矿浆液相中的浮选药剂，恢复各种硫化矿物的天然可浮性。然后利用辉钼矿与硫化铜等矿物的天然可浮性差异，采用煤油和2号油即可将辉钼矿和硫化铜等矿物有效分离，获得较高的铜、钼浮选指标。

此两种低碱介质分离硫化铜钼矿物的方法，不添加硫化钠作抑制剂，不仅可大幅度降低生产成本，而且具有利于管理、指标稳定可靠、利于环保等一系列优点。

6.4 乌山铜钼矿的浮选

6.4.1 概述

6.4.1.1 概况

乌山铜钼矿为乌努格吐山铜钼矿，其全称为中国黄金集团内蒙古矿业有限公司，为中国黄金集团公司与北京予捷公司按照9∶1比例出资组建，成立于2007年。乌努格吐山铜钼矿项目是根据北京矿冶研究总院2007年1月提交的《呼伦贝尔市新巴尔虎右旗乌努格吐山斑岩铜钼矿选矿试验报告》，由长春黄金设计院设计，于2007年8月开始建设乌山一期35000t/d的选矿厂，于2009年9月投产。接着于2011年4月建设乌山二期35000t/d的选矿厂，于2012年10月投产。目前，一分厂2个系列处理量为38000t/d，二分厂1个系列处理量为42000t/d，选矿厂总处理量为80000t/d。选矿工艺流程为：露采原矿经粗碎—半自磨—球磨将矿石磨至-0.074mm占60%，采用铜钼混合浮选—铜钼分离浮选的工艺流程，产出铜含量为20%铜精矿和钼含量为45%钼精矿。2013年二分厂全年的累计理论选矿浮选指标为：原矿含铜0.346%，含钼0.024%，铜钼混合精矿含铜20.72%，铜钼混合精矿中铜回收率为86.36%；钼精矿中含钼为45%，钼的综合回收率为34.83%。

6.4.1.2 矿床类型

矿床位于乌努格吐山火山管道的接触带上，矿床属于受火山机构控制的陆相次生火山斑岩型铜钼矿床。载矿岩体为次斜长花岗岩体，以次斜长花岗岩体为中心形成环形铜钼矿带。矿带的南东部被晚期侵入的次英安质角砾岩所破坏，矿带中部受成矿后期F_7断层错动，上盘相对上升，垂直断距不大，相对水平错距为600～700m，造成环形矿带的不连续性，以F_7断层为界将矿床分为南、北两个矿段。

北矿段编号为A，南矿段编号为B。铜矿体编号为奇数号，北区为A_1，南区为B_1。钼矿体编号为偶数号，北区为A_2，南区为B_2。矿带为一长环形，长轴长2600m，短轴宽1350m，走向50°左右，总体倾向北西，倾角从东向西由85°渐变为75°，南北两个转折端均内倾，倾角60°。北矿段环形中部有宽达900m左右的无矿核部，南矿段环形中部的无矿核部宽150～850m。矿体沿走向、倾向均有分支复合、膨胀收缩。沿走向分支复合、膨胀收缩比沿倾向明显。钼矿体处于环形矿带的内环，铜矿体处于环形矿带的外环。

矿体围岩主要为黑云母花岗岩、流纹质晶屑凝灰熔岩和次斜长花岗斑岩三种。前两种为铜矿体的上、下盘围岩，具有伊利石、水白云母化蚀变，与矿体呈渐变过渡关系。次斜长花岗斑岩为钼矿体的上、下盘围岩，由于处于蚀变矿化中心部位，岩石具有石英钾长石化，与矿体呈渐变过渡关系。南、北两个矿段矿体内的夹石主要为后期脉岩，岩性为流纹斑岩、安山玢岩，对矿体的完整性影响不大。除后期脉岩夹石外，还有赋矿围岩，尤其是铜矿体内的夹石较多，对矿体的完整性影响较大。

矿石中主要回收有用组分为铜、钼、硫，伴生元素有金、银、铼、镓、铟、硒、镉、碲、铋、铅、锌等。其中金、银、铼可综合回收利用。

在矿体的垂直方向，上部矿体具有铜高钼低，下部矿体具有钼高铜低的趋向。

6.4.1.3 矿石中的主要矿物

矿石中的主要金属矿物和脉石矿物见表6-4。

表6-4 矿石中的主要金属矿物和脉石矿物

矿石类型	金属矿物					脉石矿物		
	原生矿物			次生矿物		主要矿物	次要矿物	少量矿物
	主要矿物	次要矿物	少量矿物	氧化矿物	次生富集			
铜矿石	黄铜矿、黄铁矿	辉钼矿、磁铁矿	方铅矿、闪锌矿、斑铜矿、辉铜矿、黝铜矿、赤铁矿	孔雀石、蓝铜矿、褐铁矿、赤铁矿、黄钾铁矾	辉铜矿、铜蓝、斑铜矿、黝铜矿	石英、绢云母、钾长石、斜长石	伊利石、水白云母	方解石、金红石、硬石膏、萤石
钼矿石	黄铁矿、辉钼矿	黄铜矿	黝铜矿、闪锌矿、方铅矿、赤铁矿	钼华、褐铁矿		石英、绢云母、钾长石	白云母、水白云母	方解石、伊利石、硬石膏、褐帘石、高岭石

6.4.1.4 主要矿物特征

选矿厂目前处理的矿石为铜矿石：钼矿石 = 1：1 的混合矿石。主要矿物特征为：

（1）黄铜矿。矿石中黄铜矿呈粒状浸染和细脉浸染，与铜蓝、斑铜矿、辉铜矿、黝铜矿伴生或连生，常呈不易解离的共同连生单体存在。铜蓝常呈黄铜矿的镶边，为黄铜矿中常见的次生铜矿物。斑铜矿与黄铜矿连生，呈镶边和脉状形态存在。黝铜矿与黄铜矿密切共生，常呈粒状嵌布于黄铜矿的边部，也有与黄铜矿呈固溶体分解的文象结构。黝铜矿及其他铜矿物也可交代黄铁矿呈网脉状、粒状分布。黄铜矿、黝铜矿与闪锌矿毗连，呈固溶体分解结构，即铜矿物呈乳滴状包在闪锌矿中。

黄铜矿的粒度常小于 0.1mm，最大为 0.616mm，其中 +0.074mm 粒级占 59%，-0.074mm +0.048mm 粒级占 13%，-0.048mm +0.038mm 粒级占 15%，-0.038mm +0.011mm粒级占 12%，-0.011mm 粒级占 1%。铜矿石中铜化学物相分析表明铜硫化物占 89.34%。钼矿石中铜化学物相分析表明铜硫化物占 83.634%。

（2）辉钼矿。辉钼矿主要呈浸染状、次为脉状分布，矿物赋存状态多呈叶片状、板状，次为针状。集合体为脉状、团块状、挠曲状，与石英、绢云母、黄铜矿、黝铜矿、钼华等共生，少数为黄铜矿、黄铁矿包裹。

辉钼矿嵌布粒度极不均匀，常小于0.02mm，最大团块为0.4695mm。其中+0.074mm粒级占4%，-0.074mm+0.048mm粒级占11%，-0.048mm+0.038mm粒级占27%，-0.038mm+0.011mm粒级占34%，-0.011mm粒级占24%。铜矿石中钼化学物相分析表明钼硫化物占89.26%。钼矿石中钼化学物相分析表明钼硫化物占91.57%。

(3) 黝铜矿。黝铜矿主要呈浸染状、次为细脉状分布，与黄铜矿、辉铜矿、黄铁矿等共生。矿物赋存状态为粒状，粒径主要为-0.0117mm+0.047mm，次为0.587mm。

(4) 辉铜矿、铜蓝。辉铜矿一般与黄铜矿连生，主要为次生富集矿物，呈镶边状结构包围在黄铜矿边缘，或交代黄铜矿呈网脉状结构。粒径主要为0.03~0.08mm。铜蓝多呈他形粒状或放射状、针状集合体，粒径主要为0.05~0.1mm。

(5) 黄铁矿。黄铁矿多呈半自形粒状嵌生于脉石中。其次与黄铜矿、铜蓝等铜硫化物密切共生，常见其边缘被铜蓝交代，形成镶边结构。仅少量黄铁矿与辉钼矿共生。黄铁矿最大粒径为2mm，多数为0.043~0.8mm，细粒黄铁矿极少。铜矿石中的黄铁矿含量比钼矿石中的黄铁矿含量高得多，铜矿石中含硫2.38%，钼矿石中含硫0.55%，1∶1混合矿石中含硫1.47%。

(6) 金、银矿物。金主要赋存于黄铁矿中，部分赋存于黄铜矿中。铜矿石中含金0.04g/t，钼矿石中含金0.08g/t，1∶1混合矿石中含金0.05g/t。自然金的嵌布粒度很细。

银主要赋存于低温热渡阶段形成的黄铁矿中，部分赋存于黄铜矿中。铜矿石中含银3.1g/t，钼矿石中含银2.8g/t，1∶1混合矿石中含银2.95g/t。银硫化矿物的嵌布粒度很细。

(7) 铼。铼主要赋存于辉钼矿中，辉钼矿单体矿物分析含ReO 0.0115%~0.0208%。铼呈类质同象形态存在于辉钼矿中，可从浮选产出的钼精矿中提取分离铼。

(8) 主要脉石矿物。

1) 石英。石英呈他形粒状或细脉状分布，石英集合体中常见钾长石和绢云母伴生。石英粒径常为0.02~0.04mm，大者可达0.1mm。

2) 钾长石。钾长石呈不规则粒状、云雾状或放射状，交代斜长石斑晶呈镶边或环边状，常与石英连生。钾长石粒径常为0.04~0.3mm，大者可达0.7mm。

3) 绢云母。绢云母呈细小鳞片状、扇状集合体分布，片径为0.005~0.01mm。主要与伊利石、水白云母一起交代斜长石。

6.4.1.5 目的矿物的嵌布粒度

从主要矿物特征可知，主要回收组分为铜、钼、硫，均呈独立矿物存在，而且相互密切共生。采用线段法系统测定钼矿石中目的矿物的嵌布粒度，其结果见表6-5。

表6-5 钼矿石中目的矿物的粒度组成 (%)

粒级/mm	辉钼矿		硫化铜矿		黄铁矿	
	含量	累计	含量	累计	含量	累计
+0.417	1.81	1.81	—	—	30.28	30.28
-0.417+0.295	3.85	5.66	2.79	2.79	12.21	42.49
-0.295+0.208	6.80	12.46	5.92	8.71	10.28	52.77
-0.208+0.147	4.80	17.27	6.96	15.67	15.55	68.32

续表 6-5

粒级/mm	辉钼矿		硫化铜矿		黄铁矿	
	含量	累计	含量	累计	含量	累计
-0.147 +0.104	11.09	28.35	21.32	36.99	8.65	76.97
-0.104 +0.074	16.53	44.89	23.03	60.02	9.56	86.53
-0.074 +0.043	23.95	68.83	24.31	84.34	10.23	96.76
-0.043 +0.020	16.93	85.76	13.01	97.35	2.25	99.01
-0.020 +0.010	12.58	98.34	2.59	99.93	0.95	99.96
-0.010	1.66	100.00	0.07	100.00	0.04	100.00

从表 6-5 中数据可知，黄铁矿的嵌布粒度最粗，属粗、中粒嵌布；硫化铜矿物的嵌布粒度居中，属中、细粒嵌布；辉钼矿的嵌布粒度最细，属细、微粒嵌布。因此，该矿矿石属偏难选矿石，在通常磨矿细度条件下，硫化铜矿物、辉钼矿的单体解离度较低，较难获得品位较高的单一铜精矿和单一钼精矿，互含较高。

6.4.2 现选矿工艺

6.4.2.1 概述

20 世纪 50 年代后期至 60 年代初期即已发现和探明了《呼伦贝尔市新巴尔虎右旗乌努格吐山斑岩铜钼矿》，而且经多方论证，得知该矿埋藏浅，易露采；离满洲里市仅 20 多千米，交通非常方便；储量大，可建大型采、选、冶联合企业。但原矿中有用组分铜、钼含量较低，相应的有用矿物的嵌布粒度细，属偏难选矿石。只有一次性建成大型采、选联合企业才能获得较理想的规模效益。因此，限于资金、技术等诸多因素，该矿沉睡几十年均未被开采利用。

进入 21 世纪后，我国正处于改革开放的旺盛发展期，中国黄金集团公司除在黄金系统进行资源扩张外，正准备向有色金属领域进军。依托中国黄金集团公司的资金、人才和管理等多方面的优势，首先选取了《呼伦贝尔市新巴尔虎右旗乌努格吐山斑岩铜钼矿》项目。经一期和二期建设，至 2012 年 10 月建成选厂一分厂 2 个系列，处理量为 35000t/d（2009 年 9 月投产）和选厂二分厂 1 个系列，处理量为 35000t/d（2012 年 10 月投产）。目前两个分厂的处理量为 75000t/d，年产精矿金属铜 70000t，年产精矿金属钼 2300t，年产值约 40 亿元。

该矿被誉为“中国铜工业的新坐标”。该矿采用了：① 我国最大的自磨机 ϕ8800mm × 4800mm，及先进的 SABC 系统；② 我国最大的溢流型球磨机 ϕ7900mm × 13600mm；③ 我国最大的深锥浓密机（ϕ43m、高 23m）用于浮选尾矿脱水，以回收尾矿水，浓密机底流浓度大于 50% 的膏状尾矿，采用我国最大的隔膜泵泵至尾矿库堆存，溢流水返回循环使用；④ 1 个浮选系列的处理量达 40000t/d，为全国有色金属选厂之最；⑤ 采用了 KYF-320 浮选机，每个浮选槽的有效容积为 320m^3，为全国有色金属选厂之最；⑥ 采用国内最大的室内储矿堆作中间缓冲矿仓；⑦ 乌山铜钼矿选厂的自动化水平较高。乌山铜钼矿的建成投产有力地促进了我国矿冶装备制造业的发展，为矿物加工设备的大型化和自动化前进了一大步。

目前，乌山铜钼矿选矿存在的主要问题为：

（1）目前的磨矿设备和磨矿工艺条件下，进入浮选作业的磨矿细度仅为 -0.074mm

占57%，无法满足浮选作业对磨矿细度的要求。

（2）现浮选的工艺条件和药剂制度所产铜钼混合精矿中的铜回收率仅86%左右，钼回收率仅55%左右。

（3）现浮选工艺所产铜钼混合精矿中的矿泥含量较高，使铜、钼分离作业和铜精矿过滤作业较难进行。

（4）铜钼混合精矿铜、钼分离的工艺流程和作业条件不合理，导致铜钼分离的药耗高，成本高，铜、钼互含高。

（5）现工艺的铜、钼回收率和伴生金、银的回收率均有较大幅度的提高空间。

6.4.2.2 现选矿工艺

现一分厂和二分厂的原矿均来自露天采场，统一供矿，但各自有粗碎、半自磨、球磨、浮选、混精浓密、铜钼分离等作业。只是一分厂的铜钼混合浮选为两个系列，所得铜钼混合精矿合在一起进行浓密脱水，底流送铜钼分离作业产出铜精矿和钼精矿。二分厂的铜钼混合浮选为1个系列。

二分厂的铜钼混合浮选流程为：露天采场原矿—粗碎—半自磨—旋流器组预检分级，分级沉砂-溢流型球磨机 ϕ7900mm×13600mm 磨矿—旋流器组预检分级，分级溢流—粗选搅拌槽—铜钼混合浮选粗选浮选槽（4×KYF-320）—扫一浮选槽（4×KYF-320）—扫二浮选槽（4×KYF-320）—扫三浮选槽（4×KYF-320）—混合浮选尾矿—深锥浓密机脱水，溢流水—返回，铜钼混合浮选粗选浮选泡沫—精一浮选槽（3×KYF-80）—精二浮选槽（3×KYF-80）—精三浮选槽（2×KYF-80）—铜钼混合精矿—1号浓密机脱水（ϕ45000mm）—底流进铜钼混合精矿铜、钼分离作业产出铜精矿和钼精矿。铜钼混合浮选为一粗三精三扫流程，铜、钼分离作业采用一粗四精（浮选机）—5、6精（浮选柱）流程。

铜钼混合浮选及铜、钼分离作业的药方见表6-6。

表6-6 铜钼混合浮选及铜、钼分离作业的药方

药 名	石灰	Pj-053	松油	水玻璃	NaHS	Na_2S	煤油	钼友
单价/元·千克$^{-1}$	0.56	11.4	12.7	1.4	4.3	3.33	8.6	8.38
用量/g·t^{-1}	1708	0.036	0.016	0.34	0.754	0.003	0.016	0.010
成本/元·千克$^{-1}$	0.96	0.41	0.21	0.48	3.50	0.01	0.14	0.08

从表6-6中数据可知，铜钼混合浮选的吨矿药剂成本为2.06元，铜、钼分离作业吨矿药剂成本为3.73元，合计为5.79元，其中铜、钼分离作业吨矿药剂成本占总吨矿药剂成本的64.42%。即吨矿药剂成本中1/3为铜钼混合浮选的吨矿药剂成本，2/3为铜、钼分离作业吨矿药剂成本。

2013年二分厂全年的平均累计指标见表6-7。

表6-7 2013年二分厂全年的平均累计指标 （%）

铜钼混合浮选								铜、钼分离浮选					
原矿品位		混精品位		混尾品位		混选回收率		相应分离回收率		相应综合回收率		终精相应品位	
Cu	Mo	Cu	Mo	Cu	Mo	Cu	Mo	Cu	Mo	Cu	Mo	Cu	Mo
0.346	0.024	20.72	0.73	0.057	0.012	86.36	49.96	99.90	69.31	86.27	34.43	20.01	45.0

从表6-7中数据可知，在原矿含铜0.346%、含钼0.024%的现浮选工艺条件下，铜钼混合浮选作业铜回收率为86%，钼回收率为50%，混合浮选尾矿中含铜0.057%，含钼0.012%。铜、钼分离作业产品中互含较高，虽然分离作业铜作业回收率达99.90%，但钼作业回收率仅69.31%，致使钼的综合回收率为34.43%。正常条件下，现工艺钼综合回收率为40%左右。

6.4.3 低碱工艺小型试验

6.4.3.1 概述

2013年9月中旬，我们应乌山铜钼矿康春德副总的邀请，前往乌山铜钼矿，通过参观考察和座谈介绍，对乌山铜钼矿选矿工艺有了初步的了解。同年12月中旬，乌山铜钼矿副总工程师兼选矿厂厂长杨世亮趁出差长沙的机会，带领选厂7位领导和技术骨干到我们老家江西龙南县与我们座谈讨论“金属硫化矿物低碱介质浮选新工艺”的有关技术问题。返矿后，杨世亮副总向公司领导作了详细汇报并取得一致意见。2014年3月21日，杨世亮副总电话告知我们尽快来矿向公司董事长汇报。

我们于2014年3月24日到达乌山铜钼矿，当日即向石玉君副总作了汇报。25日公司赵占国董事长接见了我们，并当场指示杨世亮副总立即草拟《乌山铜钼矿低碱介质铜钼浮选研究试验合同》。

乌山铜钼矿领导对低碱工艺小型试验非常重视，成立了专门领导小组负责此次低碱工艺试验。杨宝东总经理、石玉君副总经理分别多次到试验室了解试验进度和解决具体问题。杨世亮副总和王越副厂长几乎天天和试验组成员一起参加试验和解决具体问题。检化中心除完成正常生产任务外，全力配合此次低碱工艺小型试验，承担了全部样品的化验工作。

《乌山铜钼矿低碱介质铜钼浮选研究小型试验》作了两个方案试验。2014年4月1日至4月30日进行了全混合浮选—混精再磨—铜硫分离产出铜钼混合精矿和硫精矿，利用现工艺所产铜钼混合精矿进行铜钼混合精矿再磨—铜、钼分离浮选试验。2014年5月22日至6月26日进行了铜钼混合浮选直接产出铜钼混合精矿，利用现工艺所产铜钼混合精矿进行铜钼混合精矿再磨—铜、钼分离浮选试验。

6.4.3.2 小型试验工艺路线

根据乌山铜钼矿的特性和有用矿物嵌布粒度特点，本次小型试验的目的是在现有流程和设备，铜精矿品位不低于20%及钼精矿品位不低于45%的前提下，尽量减少技改费用和最大幅度提高铜、钼的金属回收率。因此，小型试验采用了我们研发成功的“金属硫化矿物低碱介质浮选新工艺”。

此浮选新工艺的显著特点为：① 高细度；② 低碱度；③ 一点加药，浮选速度高；④ 流程短；⑤ 浮选指标高且稳定；⑥ 吨矿药剂成本较低，常低于现工艺的吨矿药剂成本；⑦ 伴生元素（如Au、Ag、Re等）的综合回收率高，矿产资源可吃光榨尽；⑧ 回水可全部返回相应作业循环使用；⑨ 易操作，易管理；⑩ 经济效益和环境效益非常显著。

6.4.3.3 低碱工艺小型试验

A 方案1

全混合浮选—混精再磨—铜硫分离产出铜钼混合精矿和硫精矿，利用现工艺所产铜钼混合精矿进行铜钼混合精矿再磨—铜、钼分离浮选试验。

试样：由试验室、采矿厂和地质人员在采厂采得矿样9个。据采厂提供的铜、钼品位数据，将铜、钼品位相近的相混为4个矿样。分别碎至-2mm，混匀后取化验样送质检中心化验。其中2个矿样为高钼、高铜样，无法采用。2号样含铜0.3873%，含钼0.0259%；4号样含铜0.262%，含钼0.004%。双方研究决定取56kg 2号样和26kg 4号样混匀作试样。试样计算品位为：Cu 0.347%，Mo 0.01896%。试样化验品位为：Cu 0.324%，Mo 0.0164%。

试验包括：

（1）全混合浮选试验。进行了Lp选矿混合剂与其他不同捕收剂用量的组合试验。试验结果表明，只有Lp选矿混合剂与丁基钠黄药组合的试验结果较满意。当磨矿细度为-0.074mm占75%，浮选浓度为33%，Lp选矿混合剂60g/t，丁基钠黄药60g/t，自然pH值（pH值为6.5）时的混合浮选指标见表6-8。

表6-8　Lp选矿混合剂与丁基钠黄药组合的混合浮选试验结果

产品名称	产率/%	品位/%		回收率/%	
		Cu	Mo	Cu	Mo
混合精矿	5.51	6.89	0.3031	93.34	87.43
中　矿	1.84	0.533	0.0460	2.41	4.19
混合尾矿	92.65	0.0187	0.00178	4.25	8.38
原　矿	100.00	0.41	0.0191	100.00	100.00

（2）混合精矿—再磨—铜硫分离试验。将混合精矿再磨至-0.038mm占96%后，进行了采用不同pH值及Lp选矿混合剂与其他不同捕收剂用量组合的铜硫分离试验。试验结果表明，只有在自然pH值（pH值为6.5）时，采用Lp选矿混合剂与少量丁基钠黄药组合的试验结果较满意。

（3）全混合浮选—混合精矿再磨—铜硫分离闭路试验。全混合浮选采用一粗三扫闭路流程，混合精矿再磨至-0.038mm占96%后，采用一粗一精二扫闭路流程进行铜硫分离闭路试验，中矿循序返回前一浮选作业。产出铜钼混合精矿、硫精矿和混合浮选尾矿三种产品。

闭路试验药方见表6-9。闭路试验指标见表6-10。

表6-9　闭路试验药方

药剂名称	Lp选矿混合剂/$g \cdot t^{-1}$	丁基钠黄药/$g \cdot t^{-1}$
全混合浮选	60	60
铜硫分离浮选	38	—
合　计	98	60

表6-10　闭路试验指标

产品名称	产率/%	品位/%		回收率/%	
		Cu	Mo	Cu	Mo
铜钼混合精矿	2.155	17.16	0.3944	91.97	75.22
硫精矿	3.134	0.60	0.0447	4.68	12.39
混合浮选尾矿	94.711	0.0142	0.00145	3.35	12.39
原　矿	100.000	0.402	0.0113	100.00	100.00

从表6-10数据可知，全混合浮选指标较理想，混合精矿中铜回收率大于96%，钼回收率约88%。铜硫分离浮选时，适当增加Lp选矿混合剂用量可较大幅度降低铜、钼在硫精矿中的损失率。

（4）铜、钼分离浮选试验。以现场铜钼混合精矿的浓密机底流为试样进行铜、钼分离开路浮选试验。取铜钼混合精矿的浓密机底流浆样430g（相当于干矿300g），铜钼混合精矿产率为原矿的1.5%，300g干矿相当于20kg原矿产出的铜钼混合精矿。

取铜钼混合精矿的浓密机底流浆样430g，磨至 -0.038mm 占96%后，采用一粗一扫开路流程进行铜、钼分离浮选试验，试验结果见表6-11。

表6-11　铜、钼分离浮选试验结果

药量/$g \cdot t^{-1}$	产品名称	产率/%	品位/%		回收率/%	
			Cu	Mo	Cu	Mo
NaHS 150 煤油 6	钼粗精矿	50.83	18.37	1.1730	50.71	89.71
	中　矿	17.88	24.63	0.1771	23.91	4.77
	铜精矿	31.29	14.90	0.1173	25.38	5.52
	铜钼混合精矿	100.00	18.42	0.6646	100.00	100.00
NaHS 225 煤油 6	钼粗精矿	7.84	15.19	7.3350	6.44	89.95
	中　矿	32.22	17.14	0.0872	29.85	4.39
	铜精矿	59.94	19.67	0.0604	63.71	5.66
	铜钼混合精矿	100.00	18.50	0.6394	100.00	100.00
NaHS 300 煤油 6	钼粗精矿	7.42	15.61	7.7330	6.41	81.60
	中　矿	5.62	16.76	0.6374	5.21	7.52
	铜精矿	86.96	18.90	0.0880	90.88	10.88
	铜钼混合精矿	100.00	18.86	0.7032	100.00	100.00

从表6-11数据可知，采用NaHS 250g/t、煤油6g/t可较完全地将现场铜钼混合精矿中的铜、钼进行分离浮选。当现场铜钼混合精矿含铜18%、含钼0.7%时，可获得含钼7.5%、含铜15%左右的钼粗精矿，粗选作业钼富集比大于10，钼粗选作业回收率约90%；一次扫选产出铜精矿中钼含量可降至0.07%左右。采用高矿浆浓度进行铜、钼分离浮选，完全可在较低的NaHS及煤油用量条件下实现铜、钼分离浮选。因此，在上述条件下进行一粗五精四扫的铜、钼分离浮选闭路试验，可产出含钼大于45%，含铜小于0.5%的钼精矿及铜含量约20%，含钼小于0.05%的铜精矿。

（5）小结。

1）原矿粗磨至 -0.074mm 占75%，在自然pH值条件下，采用Lp选矿混合剂与丁基钠黄药组合药剂（各60g/t）进行全混合浮选，混合精矿中铜回收率可达96%，钼回收率可达91%。浮选机充气好时，可适当降低Lp选矿混合剂用量和适当提高丁基钠黄药用量。

2）混合精矿再磨至 -0.038mm 占96%后，在自然pH值条件下，采用Lp选矿混合剂浮选铜钼混合精矿，可实现铜-硫分离浮选。工业调试时，可加入少量丁基钠黄药以回收铜钼硫化矿-黄铜矿连生体，可降低铜、钼在硫精矿中的损失率。但铜-硫分离作业不可采用石灰作黄铁矿的抑制剂。

3）采用 NaHS 250g/t，煤油 6g/t 和一粗五精四扫的流程可将现场铜钼混合精矿有效地进行铜、钼分离。可获得钼含量大于 45%、铜含量小于 0.5% 的钼精矿及铜含量约 20%，含钼小于 0.05% 的铜精矿。

4）实现此方案可利用现铜钼混合浮选的粗、扫选流程和设备进行全混合浮选，但须增加一台 $\phi3.6m \times 6.5m$ 的溢流型球磨机和 20 槽 $20m^3$ 浮选机以进行混合精矿再磨和铜硫分离浮选。须重新配置铜钼混合精矿再磨——粗五精四扫的铜、钼分离浮选流程。因此，第一方案的技改费和经营费用较高。

B 方案 2

铜钼混合浮选—铜钼混合精矿浓缩脱水—铜钼混合精矿再磨—铜、钼分离浮选产出铜精矿和钼精矿。

试样：采用 2014 年 4 月 1 日取的 3 号样含铜 0.35% ~0.38%，含钼 0.016% ~0.018%，共 42kg 和长春黄金研究院的低铜钼样含铜 0.03675%，含钼 0.036%，共 25.5kg。配样 67.5kg，计算品位为：含铜 0.369%，含钼 0.024%。

试验包括：

（1）不同磨矿细度下的铜钼混合浮选开路试验。试验流程为一粗三精三扫，铜钼混合浮选药方为：Lp 选矿混合剂 70g/t，丁基钠黄药 50g/t。矿浆自然 pH 值条件下的试验结果见表 6-12。

表 6-12 不同磨矿细度下的铜钼混合浮选开路试验

磨矿细度	产品名称	产率/%	品位/%		回收率/%	
			Cu	Mo	Cu	Mo
-0.074mm 占 60%	铜钼混合精矿	1.02	20.63	1.334	55.09	38.97
	精三尾	0.39	18.97	1.872	19.38	20.92
	（精二泡）	1.41	20.17	1.482	74.47	59.89
	精二尾	0.49	9.00	0.9254	11.55	12.89
	（精一泡）	1.90	17.29	1.3387	86.02	72.78
	精一尾	2.03	0.793	0.08307	4.21	4.87
	（粗泡）	3.93	8.768	0.6892	90.23	77.65
	扫一泡	1.04	1.35	0.09625	3.67	2.87
	扫二泡	1.19	0.249	0.02605	0.79	0.86
	扫三泡	0.78	0.103	0.01854	0.39	0.28
	尾 矿	93.06	0.0202	0.006896	4.92	18.34
	原 矿	100.00	0.382	0.0349	100.00	100.00
-0.074mm 占 75%	铜钼混合精矿	0.73	21.55	1.240	42.15	26.22
	精三尾	0.56	22.63	1.957	33.14	31.99
	（精二泡）	1.29	22.02	1.563	74.29	58.21
	精二尾	0.36	13.02	1.547	12.27	16.14
	（精一泡）	1.65	20.05	1.562	86.56	74.35
	精一尾	2.42	0.877	0.1122	5.54	7.78

续表 6-12

磨矿细度	产品名称	产率/%	品位/%		回收率/%	
			Cu	Mo	Cu	Mo
-0.074mm 占 75%	（粗泡）	4.07	8.65	0.7006	92.10	82.13
	扫一泡	1.63	0.607	0.06626	2.59	3.17
	扫二泡	0.97	0.183	0.02238	0.47	0.58
	扫三泡	0.92	0.113	0.01367	0.26	0.29
	尾　矿	92.41	0.0189	0.005213	4.58	13.83
	原　矿	100.00	0.382	0.0347	100.00	100.00
-0.074mm 占83%	铜钼混合精矿	0.81	24.92	1.134	54.75	25.77
	精三尾	0.33	23.58	2.227	21.09	20.45
	（精二泡）	1.14	24.54	1.452	75.84	46.22
	精二尾	0.31	12.20	2.298	10.25	19.87
	（精一泡）	1.45	21.90	1.629	86.09	66.11
	精一尾	2.28	0.688	0.1409	4.26	8.96
	（粗泡）	3.73	8.93	0.7188	90.35	75.07
	扫一泡	2.09	0.765	0.1156	4.34	6.72
	扫二泡	1.38	0.247	0.02924	0.92	1.12
	扫三泡	0.99	0.153	0.01909	0.40	0.56
	尾　矿	91.81	0.0160	0.006433	3.99	16.53
	原　矿	100.00	0.369	0.0357	100.00	100.00

从表 6-12 数据可知，在 Lp 选矿混合剂 70g/t，丁基钠黄药 50g/t 和矿浆自然 pH 值条件下进行铜钼混合浮选开路试验，铜钼混合精矿产率 3.7% ~4.0%，粗泡含铜大于 8%，含钼大于 0.7%。开路试验铜钼混合浮选的粗、扫选铜回收率约 95%，钼的粗、扫选回收率约 86%。

（2）不同磨矿细度下的铜钼混合浮选闭路试验。铜钼混合浮选闭路试验流程为一粗三精三扫，中矿循序返回前一浮选作业。浮选药方为：Lp 选矿混合剂 70g/t，丁基钠黄药 50g/t。矿浆自然 pH 值条件下一点加药。

不同磨矿细度下的铜钼混合浮选闭路试验结果见表 6-13。

表 6-13　不同磨矿细度下的铜钼混合浮选闭路试验结果

磨矿细度	产品名称	产率/%	品位/%（Au、Ag 为 g/t）					回收率/%				
			Cu	Mo	Au	Ag	S	Cu	Mo	Au	Ag	S
-0.074mm 占 60%	铜钼精矿	1.90	19.86	1.583	0.02	33.98	36.39	93.95	80.48	2.0	97.05	84.77
	尾矿	98.10	0.025	0.0074	0.02	0.02	0.13	6.05	19.52	98.0	2.95	15.23
	原矿	100	0.402	0.0374	0.02	0.67	0.82	100	100	100	100	100
-0.074mm 占 75%	铜钼精矿	1.93	20.94	1.558	0.02	37.96	35.42	95.69	91.77	2.0	97.39	81.31
	尾矿	98.07	0.019	0.0028	0.02	0.02	0.16	4.31	8.23	98.0	2.61	18.89
	原矿	100	0.422	0.0328	0.02	0.75	0.84	100	100	100	100	100

续表 6-13

磨矿细度	产品名称	产率/%	品位/%（Au、Ag 为 g/t）					回收率/%				
			Cu	Mo	Au	Ag	S	Cu	Mo	Au	Ag	S
-0.074mm 占 83%	铜钼精矿	1.90	21.70	1.800	0.02	39.89	29.32	96.11	93.96	2.0	97.48	79.47
	尾矿	98.10	0.017	0.0022	0.02	0.02	0.15	3.89	6.04	98.0	2.52	20.53
	原矿	100	0.429	0.0364	0.02	0.78	0.70	100	100	100	100	100

从表 6-13 数据可知，原矿含铜 0.42%，含钼 0.033%，磨矿细度为 -0.074mm 占 75%，Lp 选矿混合剂 70g/t，丁基钠黄药 50g/t，矿浆自然 pH 值条件下进行铜钼混合浮选闭路，可获得含铜 20.94%，含钼 1.558% 的铜钼混合精矿，铜钼混合精矿产率约 1.9%，铜钼混合精矿中铜回收率为 95.69%，钼回收率为 91.77%，银回收率为 97.39%，硫回收率为 81.31%。试样中不含金，铜钼混合浮选闭路时，金无富集现象。

工业调试时，建议采用 -0.074mm 占 75% 的磨矿细度。

若工业调试时，原矿含铜 0.346%，含钼 0.024%（与 2013 年平均品位相同），采用 -0.074mm 占 75% 的磨矿细度，矿浆自然 pH 值条件下新工艺铜钼混合浮选尾矿仍为含铜 0.019%，含钼 0.0028% 和铜钼混合精矿含铜 20.94%，可预计工业调试时的铜钼混合浮选指标（见表 6-14）。

表 6-14　工业调试时的预计铜钼混合浮选指标（-0.074mm 占 75% 的磨矿细度）

药量/$g \cdot t^{-1}$	产品名称	产率/%	品位/%		回收率/%	
			Cu	Mo	Cu	Mo
Lp 60 丁黄药 50	铜钼混合精矿	1.56	20.94	1.362	94.59	88.52
	尾　矿	98.44	0.019	0.0028	5.41	11.48
	原　矿	100.00	0.346	0.024	100.00	100.00

（3）铜、钼分离浮选试验。以现场铜钼混合精矿的浓密机底流为试样进行铜、钼分离开路浮选试验。取 2 个铜钼混合精矿的浓密机底流浆样 513g（相当于干矿 300g），分别磨至 -0.038mm 占 96%，2 个铜钼混合精矿的浓密机底流浆样合为 1 个试样，铜钼混合精矿产率为原矿的 1.5%，300g 干矿相当于 20kg 原矿产出的铜钼混合精矿。采用一粗三精二扫开路流程进行铜、钼分离浮选试验，试验结果见表 6-15。

表 6-15　现场铜钼混合精矿的浓密机底流铜、钼分离浮选试验结果

药量/$g \cdot t^{-1}$	产品名称	产率/%	品位/%		回收率/%	
			Cu	Mo	Cu	Mo
NaHS 150 煤油 16	钼精矿	0.43	0.77	52.265	0.01	21.80
	精三尾	0.69	5.82	22.507	0.20	21.77
	（精二泡）	1.12	3.88	40.089	0.21	43.57
	精二尾	2.56	17.62	7.028	2.28	17.49
	（精一泡）	3.68	13.36	17.097	2.49	61.06
	精一尾	17.38	19.18	1.353	16.84	22.82
	（粗泡）	21.06	18.16	4.104	19.33	83.88

续表 6-15

药量/g·t⁻¹	产品名称	产率/%	品位/%		回收率/%	
			Cu	Mo	Cu	Mo
NaHS 150 煤油 16	扫一泡	7.20	16.14	1.0901	5.88	7.62
	扫二泡	6.07	20.00	0.2332	6.16	1.38
	铜精矿	65.67	20.68	0.1117	68.63	7.12
	铜钼混合精矿	100.00	19.79	1.031	100.00	100.00
NaHS 225 煤油 16	钼精矿	0.62	0.682	50.579	0.02	29.93
	精三尾	0.50	7.51	32.358	0.19	15.44
	（精二泡）	1.12	3.73	42.446	0.21	45.37
	精二尾	3.60	16.68	6.976	3.03	23.97
	（精一泡）	4.72	13.61	15.393	3.24	69.34
	精一尾	17.53	19.44	0.6673	17.22	11.17
	（粗泡）	22.25	18.20	3.7909	20.46	80.51
	扫一泡	5.26	18.61	2.235	4.95	11.22
	扫二泡	4.75	17.06	0.6436	4.09	2.92
	铜精矿	67.74	20.60	0.08282	70.50	5.35
	铜钼混合精矿	100.00	19.79	1.048	100.00	100.00

从表 6-15 数据可知，采用 NaHS 225g/t，煤油 16g/t 可较完全地将现场铜钼混合精矿中的铜、钼进行分离浮选。当现场铜钼混合精矿含铜 19.79%、含钼 1.048% 时，可获得含钼 50.579%、含铜 0.682% 的钼粗精矿，二次扫选产出铜精矿中钼含量可降至 0.08% 左右。采用高矿浆浓度进行铜、钼分离浮选，完全可在较低的 NaHS 及煤油用量条件下实现铜、钼分离浮选。因此，在上述条件下进行一粗五精四扫，可产出含钼大于 45%，含铜小于 0.5% 的钼精矿及铜含量约 20.9%，含钼小于 0.05% 的铜精矿（见表 6-16）。

表 6-16 预计工业调试时新工艺的铜、钼分离浮选指标

药量/g·t⁻¹	产品名称	产率/%	品位/%		回收率/%	
			Cu	Mo	Cu	Mo
NaHS 225 煤油 16	钼精矿	2.83	0.5	46	0.07	95.58
	铜精矿	97.17	21.53	0.062	99.93	4.42
	铜钼混合精矿	100.00	20.94	1.362	100.00	100.00

从表 6-14 和表 6-16 可得预计工业调试时新工艺的总指标（见表 6-17）。

表 6-17 预计工业调试时新工艺的总指标

产品名称	产率/%	品位/%		回收率/%	
		Cu	Mo	Cu	Mo
铜精矿	0.044	21.53	0.062	94.52	3.91
钼精矿	1.516	0.5	46	0.07	84.61

续表 6-17

产品名称	产率/%	品位/%		回收率/%	
		Cu	Mo	Cu	Mo
铜钼混合精矿	1.56	20.94	1.362	94.59	88.52
尾　矿	98.44	0.019	0.0028	5.41	11.48
原　矿	100.00	0.346	0.024	100.00	100.00

从表 6-17 数据可知，当原矿含铜 0.346%，含钼 0.024%（与 2013 年平均品位相同），采用 -0.074mm 占 75% 的磨矿细度，矿浆自然 pH 值条件下进行铜钼混合浮选。铜钼混合精矿在矿浆自然 pH 值条件下浓缩脱水，浓缩底流在矿浆自然 pH 值条件下进行再磨至 -0.038mm 占 96% 后，在矿浆浓度为 35% ~40% 下，采用 NaHS 和煤油，经一粗五精四扫流程进行铜、钼分离浮选，可产出含铜 21%，含钼 0.06% 的铜精矿，铜的综合回收率为 94.52%，和含钼 46%，含铜 0.5% 的钼精矿，钼的综合回收率为 84.61%。

2013 年二分厂全年的平均累计指标与预计工业调试时新工艺的总指标对比见表 6-18。

表 6-18　2013 年二分厂全年的平均累计指标与预计工业调试时新工艺的总指标对比

工艺	铜钼混合浮选								铜、钼分离浮选					
	原矿品位		混精品位		混尾品位		混选回收率		分离回收率		综合回收率		终精品位	
	Cu	Mo	Cu	Mo	Cu	Mo	Cu	Mo	Cu	Mo	Cu	Mo	Cu	Mo
现工艺	0.346	0.024	20.72	0.73	0.057	0.012	86.36	49.96	99.90	69.31	86.27	34.83	20.01	45.0
新工艺	0.346	0.024	20.94	1.362	0.019	0.0028	94.59	88.52	99.93	95.58	94.52	84.61	21.53	46.0

从表 6-18 数据可知，在原矿品位相同条件下，由于磨矿细度、工艺路线、药方不同，与现工艺相比，铜钼混合浮选段新工艺的铜回收率高 8.23%，钼回收率高 38.56%；铜、钼分离浮选段，铜综合回收率高 8.25%，钼综合回收率高 49.78%，铜、钼精矿品位各提高 1%。

（4）铜钼混合浮选尾矿的絮凝沉降试验。

1）现场铜钼混合浮选尾矿与新工艺铜钼混合浮选尾矿的絮凝沉降对比试验。

各取干矿 230g 矿浆用自来水稀释矿浆浓度为 20%，加入 13mL 浓度为 0.05% 的相应絮凝剂，絮凝剂用量为 28g/t。铜钼混合浮选尾矿絮凝沉降结果见表 6-19。

表 6-19　铜钼混合浮选尾矿的絮凝沉降试验结果

沉降时间/s	絮凝剂类型				絮凝剂类型			
	阴离子	阳离子	复合型	非离子	阴离子	阳离子	复合型	非离子
	现场铜钼混合浮选尾矿澄清水层高度/mm				新工艺铜钼混合浮选尾矿澄清水层高度/mm			
5	5	1	5	6	18	1	15	14
10	7	3	5	15	21	4	24	21
20	12	6	13	28	40	5	40	34
30	17	11	20	43	54	6	54	50
60	31	32	35	94	99	10	95	90
180	97	117	94	141	156	27	154	160
300	127	135	133	154	173	55	175	178

续表 6-19

沉降时间/s	絮凝剂类型				絮凝剂类型			
	阴离子	阳离子	复合型	非离子	阴离子	阳离子	复合型	非离子
	现场铜钼混合浮选尾矿澄清水层高度/mm				新工艺铜钼混合浮选尾矿澄清水层高度/mm			
600	152	158	160	169	192	90	194	197
900	164	169	172	177	201	114	208	206
1800	178	184	188	186	213	169	216	218
3600	190	196	197	196	221	200	225	227
压缩区的浓度/%	45.26	47.06	47.70	49.28	52.79	60.00	51.75	52.25

从表 6-19 数据可知：

① 对新工艺铜钼混合浮选尾矿而言，絮凝剂的絮凝沉降能力顺序为：复合型 > 阴离子 > 非离子 > 阳离子。

② 对现场铜钼混合浮选尾矿而言，絮凝剂的絮凝沉降能力顺序为：非离子 > 复合型 > 阴离子 > 阳离子。

③ 现场铜钼混合浮选的磨矿细度为 -0.074mm 占 60%，而新工艺铜钼混合浮选的磨矿细度为 -0.074mm 占 75%，故新工艺铜钼混合浮选尾矿中的细泥含量应高于现场铜钼混合浮选尾矿中的细泥含量。表 6-19 数据表明，复合型、非离子和阴离子絮凝剂对新工艺铜钼混合浮选尾矿的絮凝沉降速度均高于对现场铜钼混合浮选尾矿絮凝沉降速度，而且新工艺铜钼混合浮选尾矿的压缩区的浓度均高于对现场铜钼混合浮选尾矿的压缩区的浓度。

2）新工艺铜钼混合浮选尾矿絮凝沉降的絮凝剂用量对比试验。

新工艺铜钼混合浮选尾矿絮凝沉降的絮凝剂用量对比试验结果见表 6-20。

表 6-20 新工艺铜钼混合浮选尾矿絮凝沉降的絮凝剂用量对比试验结果

沉降时间/s		5	10	20	30	60	180	300	600	900	1800	3600	压缩区浓度/%
沉降速度		澄清水层高度/mm											
7mL 13.5 g/t	阴离子	2	3	4	5	8	20	33	67	101	168	195	49.14
	非离子	2	3	4	7	10	23	39	79	109	174	194	49.60
	复合型	2	3	6	8	10	21	35	68	103	174	198	50.92
10mL 19.2 g/t	阴离子	3	5	7	10	18	48	81	141	159	180	195	52.87
	非离子	2	4	6	7	12	30	51	95	132	176	189	51.27
	复合型	3	4	6	8	13	39	57	115	151	180	195	51.84
13mL 28g/t	阴离子	18	21	40	54	99	156	173	192	201	213	221	52.79
	非离子	14	21	34	50	90	160	178	197	206	218	227	52.25
	复合型	15	24	40	54	95	154	175	194	203	216	225	51.75

从表 6-20 数据可知：

① 絮凝剂用量为 13.5g/t 时，非离子、复合型絮凝剂的沉降速度相近，几乎为自然沉降，絮团很小。

② 絮凝剂用量为19.2g/t时，只有阴离子絮凝剂的沉降速度较快，其次为复合型絮凝剂和非离子絮凝剂。

③ 絮凝剂用量为28.0g/t时，阴离子絮凝剂的沉降速度最高，其次为复合型絮凝剂和非离子絮凝剂。

④ 就压缩区浓度而言，阴离子絮凝剂的压缩区浓度最大（达52.79%），其次为复合型絮凝剂和非离子絮凝剂。

⑤ 对新工艺铜钼混合浮选尾矿而言，阴离子絮凝剂的适宜用量约20g/t。

（5）新工艺铜钼混合精矿与现场铜钼混合精矿的粒度筛析。

新工艺铜钼混合精矿与现场铜钼混合精矿的粒度筛析结果见表6-21。

表6-21 新工艺铜钼混合精矿与现场铜钼混合精矿的粒度筛析结果

铜钼混合精矿工艺	粒级/mm	质量/g	产率/%	品位/%		分布率/%	
				Cu	Mo	Cu	Mo
新工艺（磨矿细度为-0.074mm占75%）	+0.15	0.70	0.061	4.57	4.596	0.13	1.82
	-0.15+0.1	5.50	4.81	7.56	2.012	1.72	6.31
	-0.1+0.074	18.80	16.45	12.89	1.134	10.03	12.15
	-0.074+0.038	36.40	31.85	19.39	1.036	29.23	21.49
	-0.038	52.90	46.28	26.89	1.932	58.89	58.23
	合计	114.30	100.00	21.13	1.5354	100.00	100.00
现工艺（磨矿细度为-0.074mm占60%）	+0.15	17.00	5.04	8.29	0.2839	2.17	1.51
	-0.15+0.1	31.30	9.28	12.39	0.5695	5.98	5.57
	-0.1+0.074	40.00	11.86	15.17	0.9075	9.36	11.34
	-0.074+0.038	66.50	19.72	20.91	0.7937	21.44	16.50
	-0.038	182.50	54.11	21.70	1.414	61.05	65.08
	合计	337.30	100.00	19.23	0.9486	100.00	100.00

从表6-21数据可知：

1）与现工艺比较，新工艺铜钼混合精矿中铜含量高1.9%，钼含量高0.5868%。

2）现工艺磨矿细度比新工艺低15%，但-0.038mm粒级的产率比新工艺铜钼混合精矿中相同粒级产率高7.83%。因此，现工艺铜钼混合精矿中的矿泥含量较高。

3）新工艺铜钼混合精矿中-0.038mm粒级含铜比现工艺铜钼混合精矿中相同粒级的铜含量高5.19%，钼含量高0.791%。

6.4.4 低碱工艺工业试验

低碱工艺工业试验分两阶段进行：① 低碱工艺铜钼混合浮选工业试验；② 铜钼混合精矿—再磨—铜、钼分离工业试验。

6.4.4.1 低碱工艺铜钼混合浮选工业试验

第一阶段利用现工艺的一粗三精三扫的工艺流程和设备，改变二选厂处理量为38000t/d，改变磨矿工艺参数，改变浮选工艺路线和药剂制度及配药、给药系统等技改措施实现自然pH值条件下的低碱工艺铜钼混合浮选新工艺。

此阶段的任务是：① 在处理量为38000t/d 下实现粗磨细度为 -0.074mm 占75%左右；② 寻求最佳 Lp 选矿混合剂与丁基黄药用量配比；③ 铜钼混合精矿中含铜约20%，铜回收率大于92%。铜钼混合精矿中含钼约1.4%，钼回收率大于88%。

6.4.4.2 铜钼混合精矿浓缩底流—再磨—铜、钼分离工业试验

新建铜钼混合精矿再磨—搅拌——粗五精四扫铜、钼分离流程，铜、钼分离流程处理铜钼混合精矿量约700t/d。

此阶段的任务是：① 在处理量为700t/d 左右下，将铜钼混合精矿在自然 pH 值条件下再磨至 -0.038mm 占96%左右；② 寻求最佳的 NaHS 和煤油用量；③ 铜、钼分离获得含铜为20%，含钼为0.06%左右的铜精矿和含钼为45%，含铜0.5%左右的钼精矿。

6.4.4.3 选厂整个低碱工艺工业试验完成后的效果

选厂处理量为75000t/d，若原矿含铜0.346%，含钼0.024%条件下，可年产精矿金属铜75000t，年产精矿金属钼5068t，年产值大于45亿元。现工艺处理量为75000t/d，原矿含铜0.346%，含钼0.024%条件下，可年产精矿金属铜70000t，年产精矿金属钼2300t，年产值达40亿元。因此，若低碱工艺工业试验获得成功，与现工艺比较，在生产吨矿成本相当的条件下，靠提高有用组分的浮选回收率和降低有用组分互含，可年净增精矿金属铜5000t和年净增精矿金属钼2768t，可年净增产值大于5亿元。

6.4.4.4 建议

建议按改造方案尽早建成低碱工艺工业试验的必要条件，尽早进行低碱工艺工业试验，以完善低碱工艺铜钼混合浮选工艺条件和铜钼混合精矿浓缩底流—再磨—铜、钼分离浮选工艺条件，验证低碱工艺小型试验的结果，使试验成果尽早转化为经济效益和环境效益。

若含铜20%的铜精矿再进行脱泥、脱硫浮选，可最终产出铜含量大于25%的铜精矿和钼含量大于46%的钼精矿。有利于产品销售和改善企业经营状况。但因多种原因，至今未进行工业试验。

7 硫化铜镍矿的浮选

7.1 概述

7.1.1 镍矿产资源

镍矿床有硫化铜镍矿床、红土矿床和风化壳硅酸镍矿床三种类型，其中红土矿床和风化壳硅酸镍矿床的储量约占目前世界镍储量的75%，目前从硫化铜镍矿中提取的镍约占目前镍总产量的75%。尽管从氧化矿中提取镍愈来愈迫切，但在可预见的若干年内，硫化铜镍矿仍是镍的主要矿物原料。硫化铜镍矿石可采用物理选矿方法进行富集，氧化镍矿只能采用化学选矿的方法进行富集，故其生产成本要高得多。

未来镍的重要矿产资源为海底锰结核（锰矿瘤），在太平洋、大西洋和印度洋的海底，广泛分布有锰结核，其储量极大。锰结核除富含锰和铁外，还含有镍、钴、铜等有用组分。仅太平洋海底的锰结核中所含的镍就有约164亿吨，而陆地上目前发现的镍储量仅为1亿吨。因此，开发海底资源，加强锰结核综合利用的试验研究工作尤为重要。几种金属在太平洋海底锰结核中与陆地上的储量见表7-1。

表7-1 几种金属在太平洋海底锰结核中与陆地上的储量

元 素	海底锰结核中的金属含量/%			锰结核中的金属储量/亿吨	陆地金属储量/亿吨
	最 高	最 低	平 均		
Mn	77.0	8.2	24.2	2000	20
Ni	2.0	0.16	0.99	164	1
Cu	2.3	0.028	0.53	88	大于2
Co	1.6	0.014	0.35	58	0.04~0.05

我国硫化铜镍矿资源较丰富，我国西北金川镍矿床是目前世界三大硫化铜镍矿床之一。吉林、四川、青海、新疆、陕西等省区均有较丰富的铜镍矿资源。

在硫化铜镍矿石中，除含铜和镍外，还伴生有金、银、铂、钯、锇、铱、铑、钌、钴、铬等。在氧化镍矿石中，除含镍外，目前只回收少量的钴和铁，其他组分无工业回收利用价值。

7.1.2 镍的地球化学特征

元素的成矿取决于元素的化学性质和物理性质，主要与元素原子的核外电子层结构有关。铁、钴、镍、锇、铱、铂、钌、铑、钯等过渡元素原子的核外电子层结构为：d亚层未被电子充满，次外层电子数为8~18，它们的最外层电子数相同或相近。因此，这些元素的原子（或离子）半径相近，价数相同或相近。铁、钴、镍、镁等元素的特征见表7-2。

表 7-2 铁、钴、镍、镁等元素的特征

元 素	Fe	Co	Ni	Mg
离子半径/10^{-10}m	0.71	0.65	0.77	0.66
氧化态价数	2	2	2	2
	3	3	3	
配位数	4	4	5	4
	6	5	6	5、6
电离势/mV	7.875	7.875	7.633	

这些过渡元素均为亲铁元素，主要集中于地球深部的“铁镍核”中。根据这些元素的原子结构、结晶化学特征及它们在自然界的分布与组合情况，又将这些元素称为超基性岩元素。它们在地壳中的结晶化学关系非常密切，广泛呈类质同象彼此置换，存在于分布最广的铁镁硅酸盐矿物如橄榄石、辉石、角闪石及碳酸盐矿物中。镁、铁常呈二价类质同象等价置换，少量的镍、钴也进入该硅酸盐中。由于铁、钴、镍的离子半径极为相近（相差仅1%～2%）。因此，它们的结晶化学关系极其密切，使它们呈混合晶体广泛分布于铁镁硅酸盐矿物中。

镍的分布趋向集中于最早期结晶的铁镁矿物如辉长质或玄武质岩浆分异的早期结晶产物中。纯橄榄岩和橄榄岩中的镍含量最高。岩浆的正常分异次序为辉长岩→闪长岩→花岗岩，镍的含量随此次序逐渐下降。

镍与硫的亲和力比镍与铁的亲和力大，镍在硫化矿床中异常富集。但镍很少生成单独的镍硫化矿物，一般是与铁、硫形成镍黄铁矿$(Fe,Ni)_9S_8$和硫铁镍矿$(Ni,Fe)S_2$。在镍黄铁矿中 镍铁的比例为1∶1，而在硫铁镍矿中镍铁的比例是变化的。

在岩浆成因与橄榄岩有关的镍矿床中，镍不仅存在于与纯橄榄岩和橄榄岩有关的硫化矿物中，而且在这些岩石的硅酸盐矿物中也含有相当数量的镍。镍可存在于岩浆岩的铁镁矿物中，尤其是存在于橄榄石中，镍也是辉石的次要组分。

在热液矿床中，可产出多种含镍的硫化矿物，如辉砷镍矿（Ni，As，S）、锑硫镍矿（Ni，Sb，S）、红砷镍矿（Ni，As）等，伴生矿物有方钴矿$(Co,Ni)_4As_3$和红锑矿(Sb_2S_2O)。

通常在镍矿床中含有铂、钯等铂族元素，有些富铂矿体可作单独的铂矿进行开采，但也有不含铂族元素的镍矿床。

在矿石中镍除呈某些单独的镍矿物存在外，还可呈类质同象混入、晶格杂质混入、显微包裹体及胶体吸附等形态赋存于某些矿物中。

7.1.3 硫化铜镍矿床的成因和矿物共生组合

7.1.3.1 硫化铜镍矿床的成因、矿石类型及矿物共生组合

A 硫化铜镍矿床的成因

地球核心为镍和铁组成的熔融岩浆，在核心和地壳之间主要为含镍、铜、铂或铬、钒、钛的铁镁硅酸盐。当含铜镍硫化物的岩浆浸入至地壳中时，随温度的降低而逐渐冷凝。铁镁硅酸盐中，最先结晶析出橄榄石，随后为辉石，从而形成橄榄石和辉石呈不同比

例的橄榄岩相。由于铜镍硫化物的结晶温度低于铁镁硅酸盐的结晶温度，加之其密度最大，故铜镍硫化物向深部沉积和富集。沉向深部而未完全凝固的金属硫化物，因受压而可能沿着裂隙或与下部未凝固的橄榄石一起，再次贯入地壳浅部。当温度较高的含矿岩浆浸入时，其中的挥发性气体或含矿热液可能与周围岩石发生化学反应，使围岩成分发生变化，导致金属元素的富集。

世界著名的硫化铜镍矿床的形成均与基性岩或超基性岩有关。即使是含镍红土矿床和硅镁镍矿床等氧化镍矿床也均为基性岩或超基性岩在一定条件下经长期风化所生成。

基性岩和超基性岩是指富铁、镁，贫硅、铝，少钾、钠的岩石。它们是主要由橄榄岩类（镁铁硅酸盐）、辉石类（镁铁钙硅酸盐）和斜长石类（钾钠铝硅酸盐）所组成的岩浆岩。基性岩中的二氧化硅含量低于52%，超基性岩中的二氧化硅含量为40%左右。

B 矿石类型

世界各地的硫化铜镍矿床的矿石类型大致可分为以下几种：

（1）基性-超基性母岩中的浸染状矿石。稠密状浸染状矿石以海绵晶铁状矿石最为典型，孤立的硅酸盐脉石矿物被互相连接的硫化矿物所包围。稀疏浸染状矿石，硫化矿物散布于脉石矿物中。

（2）角砾状矿石。在硫化矿物中包裹有岩状的破碎角砾。

（3）致密块状矿石。几乎全由金属硫化矿物所组成。致密块状矿石与角砾状矿石关系密切，实际为角砾很少的角砾状矿石。

（4）细脉浸染状矿石。由金属硫化矿物细脉、透镜体和条带所组成。

（5）接触交代矿石。在高温气化作用下，围岩（如钙镁碳酸盐）发生化学组分变化，除形成浸染状、细脉状矿化外，还产生如硅灰石、透闪石、石榴石等接触交代矿物。

在不同地区产出的各类型矿石中，由于地质环境的差异，在不同的矿床中各类矿石所占的比例及规模不相同。

在硫化铜镍矿石中，除硫化铜和硫化镍矿物外，还伴生种类繁多的其他矿物，如自然金属、金属互化物、多种金属硫化物、砷化物、硒化物、碲化物、铋和铋碲化物、锡化物、锑化物、氧化物等。虽然各个矿床中的有用矿物种类和数量不同，但在所有硫化铜镍矿床中，不论何种矿石类型，其基本的金属矿物组合却十分相近，为磁黄铁矿（或黄铁矿、白铁矿）-镍黄铁矿（或紫硫镍矿）-黄铜矿及方黄铜矿-磁铁矿（或δ-磁赤铁矿）。由于多数硫化铜镍矿床的生成与基性岩和超基性岩有关，各地的硫化铜镍矿床中的脉石矿物组合也十分相似。

7.1.3.2 围岩蚀变及脉石矿物的共生组合

成矿热液在转移过程中将与围岩产生蚀变交代作用。对于岩浆成因的硅酸盐而言，热液的作用可认为是一种氧化作用。如产生蛇纹石化时，水对镁硅酸盐中低价铁的氧化作用。此种氧化作用伴随硅酸盐的水解，不仅存在于高温热液作用阶段，而且一直持续至低温阶段的风化作用阶段。

蚀变矿物的共生组合规律为：

$$\underset{\text{(橄榄石)}}{2(Mg,Fe)_2SiO_4} + 2H_2O + CO_2 \longrightarrow \underset{\text{(蛇纹石)}}{(Mg,Fe)_3[Si_2O_5](OH)_4} + \underset{\text{(菱镁矿)}}{(Mg,Fe)CO_3}$$

随二氧化碳浓度的提高，转化为滑石-菱镁矿组合：

$$\underset{\text{(橄榄石)}}{4(Mg,Fe)_2SiO_4} + H_2O + 5CO_2 \longrightarrow \underset{\text{(滑石)}}{(Mg,Fe)[Si_4O_{10}](OH)_2} + \underset{\text{(菱镁矿)}}{5(Mg,Fe)CO_3}$$

当仅存在水的交代作用时，橄榄石转化为蛇纹石-氢氧镁石组合：

$$\underset{\text{(橄榄石)}}{(Mg,Fe)_2SiO_4} + 6H_2O \longrightarrow \underset{\text{(蛇纹石)}}{Mg[Si_4O_{10}](OH)_8} + \underset{\text{(氢氧镁石)}}{2(Mg,Fe)(OH)_2}$$

辉石则发生滑石化：

$$\underset{\text{(辉石)}}{4MgSiO_3} + 2H_2O \longrightarrow \underset{\text{(滑石)}}{Mg[Si_4O_{10}](OH)_2} + Mg(OH)_2$$

因此，火成岩的无水镁铁硅酸盐在热液作用下，形成了蛇纹石和滑石；橄榄石最终形成蛇纹石和相关含水硅酸盐；辉石则转变为滑石；含铝铁镁硅酸盐则转变为绿泥石属的矿物。此为早期蚀变的结果。

在低温风化作用下，也发生与上述类似的转变。所以，以橄榄石及辉石为基质的超基性岩，在热液及低温风化作用下，总存在橄榄石-蛇纹石-辉石-滑石-绿泥石-菱镁矿的共生矿物组合。

蚀变过程中，有氧时，橄榄石、辉石蚀变为蛇纹石时会析出云雾状的磁铁矿，并嵌布于蛇纹石中。因此，硫化铜镍矿石中的脉石易泥化，具一定磁性和天然可浮性好等特点。

7.1.3.3 硫化铜镍矿物的浅成蚀变及矿物的共生组合

A 硫化铜镍矿物的浅成蚀变

可将理想的硫化铜镍矿体的蚀变剖面分为过渡带、浅成带和氧化带。

地下水和风化作用是导致硫化铜镍矿体的化学组成和矿物组成发生变化的根本原因。对块状磁黄铁矿-镍黄铁矿石的浅成蚀变过程可采用电化学模型进行解释。在此模型中认为空气中的氧通过通道进入块状硫化矿体的隐蔽露头所形成的氧化电位差，在潜水层的块状硫化矿体中形成阳极区和阴极区，在阴极区氧被还原，俘获电子；在阳极区硫化矿物被氧化，释放出金属离子（Ni^{2+}，Fe^{2+}）及电子。此过程中的主要反应如图 7-1 所示。

硫化矿物发生浅成蚀变的同时，其围岩也发生蚀变。在空气中的氧、地下水及硫化矿体浅成蚀变产物的综合作用下，脉石矿物发生了滑石化、绿泥石化及硅化，并析出大量的水溶性盐类。在选矿过程中，它们可溶于矿浆中而提高了矿浆中的离子浓度。

B 硫化矿物的共生组合

由于地质条件不同，同一硫化铜镍矿体在不同的空间部位发生不同程度的浅成蚀变。在某些硫化铜镍矿体中，原生硫化矿物与次生矿物交错共生，使矿物组成变得相当复杂。这些因素均给硫化铜镍矿物的浮选增加了难度。

原生硫化矿物的共生组合为磁黄铁矿-镍黄铁矿-黄铜矿。浅成蚀变后的硫化矿物的共生组合为次生黄铁矿、白铁矿-紫硫镍矿、针镍矿-黄铜矿。硫化铜镍矿床中，尚含某些过渡成分的矿物，如铜镍铁矿、四方硫铁矿（马基诺矿）等。

原生硫化铜镍矿物的共同特点为：矿物晶格组分稳定，天然可浮性良好。次生硫化铜镍矿物的晶格组分不稳定，矿物解理发达，易被氧化，易过粉碎等，如紫硫镍矿、白铁矿

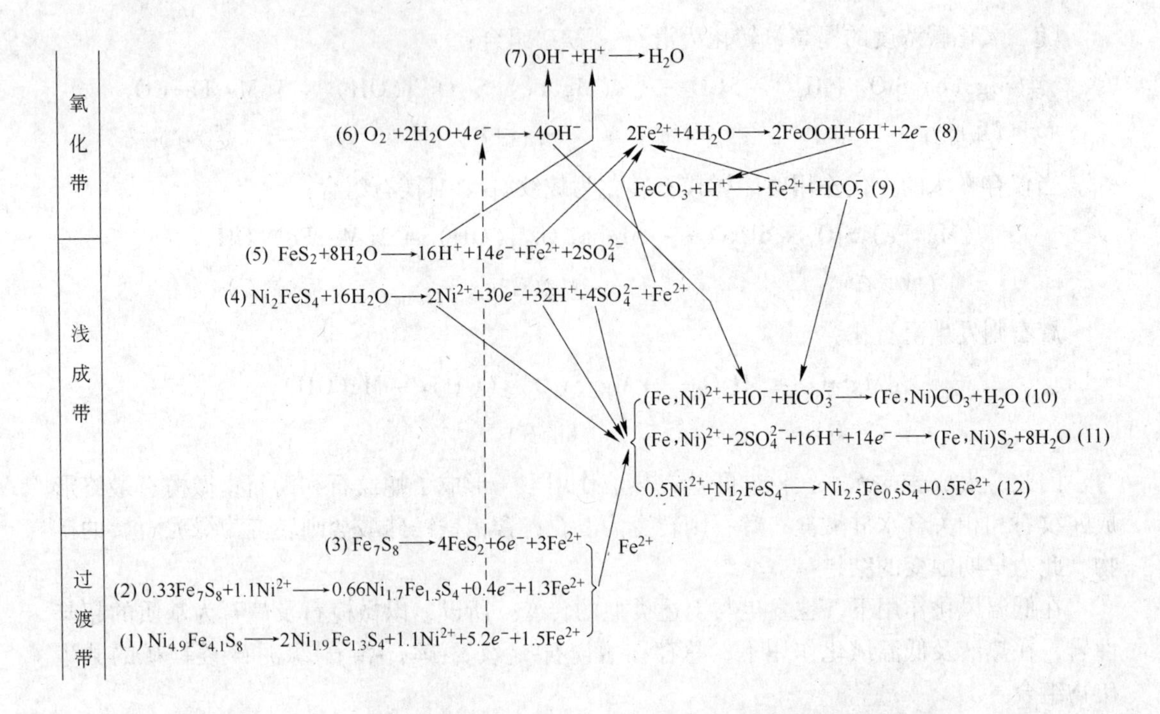

图 7-1 硫化铜镍矿床中的硫化铜镍矿物可能发生浅成蚀变过程的主要化学反应
虚线箭头——系列阳极反应所释放的电子运动路径；
实线箭头—各组分反应的路径

等，故次生硫化铜镍矿物的天然可浮性较差。

7.1.3.4 主要硫化铜镍矿物及其伴生矿物的矿物学特征

目前已发现有 20 多种镍矿物，加上类质同象混合等形成的镍矿物则更多，但常见的镍矿物不多。在所见的镍矿物中，由于常发生离子置换，镍矿物的实际化学组分常与矿物的分子式不相符。

常见的镍矿物有镍黄铁矿，紫硫镍矿，铜镍铁矿，针镍矿，四方硫铁矿，磁黄铁矿，次生黄铁矿，白铁矿，黄铜矿，墨铜矿以及方黄铜矿。

A 镍黄铁矿

镍黄铁矿 $(Ni, Fe)_9S_8$ 为最常见的硫化镍矿物，目前世界上 75% 以上的镍产自镍黄铁矿。镍黄铁矿呈青铜黄色，沿矿物光滑表面的解理裂隙相当发育，自然界很少见大的晶体或纯的块状矿物。镍黄铁矿与大量的磁黄铁矿共生，其化学成分波动，镍和铁的比例接近 1，其理论化学成分为：32.55% Fe、34.22% Ni、33.23% S。常含类质同象形态的钴（含量为 0.4% ~3%），有时还含硒、碲等。密度为 4.5 ~5g/cm^3，莫氏硬度为 3 ~4，性脆，无磁性，为电、热良导体。

镍黄铁矿属等轴晶系，其晶格结构为硫离子呈立方紧密堆积，铁离子和镍离子可互相置换。其化学分子式中的 9 个阳离子中有 8 个充填于半数四面体空隙，而第 9 个阳离子则位于八面体的空隙中。通常镍黄铁矿具有发育良好的八面体解理，在解理中常为紫硫镍矿所充填。有时镍黄铁矿呈微粒状或透镜状包裹于黄铁矿中，有时可呈固熔体分离的乳浊状。

镍黄铁矿常与磁黄铁矿、黄铜矿共生，产于基性岩（辉长岩、紫苏辉长岩）或超基性岩（橄榄岩）中，为一组具有典型特性的共生组合矿物，有时还含有磁铁矿和铂族矿物。这一共生组合矿物中，镍黄铁矿最不稳定。在浅成条件下，紫硫镍矿沿其解理发育，最终紫硫镍矿将完全取代镍黄铁矿。

B 紫硫镍矿

紫硫镍矿（Ni，Fe）$_3$S$_4$ 的理论分子式为 Ni_2FeS_4，其中含 38.94% Ni，18.52% Fe 及 42.54% S。紫硫镍矿由镍黄铁矿或磁黄铁矿蚀变而得，其化学成分波动较大。有些弱蚀变矿石的镍矿石中的紫硫镍矿含镍 28% ~36%，强蚀变矿石含镍 16% ~25%，即强蚀变矿石中的紫硫镍矿含镍较低，含铁较高，含硫低。紫硫镍矿的八面体解理十分发育。在解理中，除广泛穿插磁铁矿外，还有碳酸盐矿物、透闪石、金云母等。紫硫镍矿氧化时产生龟裂收缩，使矿物疏松易碎。紫硫镍矿极易被氧化，氧化后，其表层比内层的铁含量高、硫含量低。其表面氧化层的厚度随氧化程度而异，一般为 0.2 ~1μm。氧化层由碧矾晶体、氢氧化铁和氢氧化镍混合物组成。

紫硫镍矿为有限氧化环境下稳定的中间产物，易被氧化淋失，不易生成具工业价值的矿床。但在我国西北地区，由于气候干旱，氧化速度慢，才得以保存而生成世界罕见的大型的以紫硫镍矿为主的硫化铜镍矿床。

此外，紫硫镍矿受其解理中密集穿插的小于 1 ~30μm 宽的磁铁矿细脉的影响，其比磁化系数为 $13300 \times 10^{-6} cm^3/g$，具磁性。当磁铁矿含量低或不含磁铁矿时，显弱磁性。也常见黄铜矿等细脉穿插。

C 铜镍铁矿

铜镍铁矿为镍黄铁矿与黄铜矿的复合相，为超基性岩浆的高温熔体在快速冷却中，部分铜镍硫化物固熔体分离成为显微晶粒的两种矿物集合体。其硫、铁含量稳定（一般含硫 32% ~33.3%，含铁 29.3% ~31.4%），铜镍含量变化较大（一般含 8.0% ~22.7% Cu，17.0% ~28.1% Ni），但铜镍总含量比较稳定，矿物的颜色随铜镍含量的变化而变化。性脆，中等硬度，具磁性。常与镍黄铁矿、磁铁矿、黄铜矿、蛇纹石等共生。其天然可浮性差。

D 针镍矿

针镍矿 NiS 含镍 64.67%，含硫 35.33%，混入有 1% ~2% Fe，小于 0.5% Co 及小于 1% Cu。密度为 $5.2 \sim 5.6 g/cm^3$，硬度为 3 ~4。性脆，良导电性，属三方晶系。为紫硫镍矿等镍矿物次生变化的产物。

E 四方硫铁矿

四方硫铁矿（马基诺矿）由镍黄铁矿和黄铜矿转变而生成，为国内某些镍矿石中的重要含镍矿物，其化学成分见表 7-3。

表 7-3 四方硫铁矿的化学成分

产 状	元素含量/%				
	Fe	S	Ni	Co	Cu
交代镍黄铁矿	56.7	32.8	5.9	0.6	4.1
交代黄铜矿	55.9	35.25	8.26	0.42	0.09

F 磁黄铁矿

磁黄铁矿 $Fe_{n-11}S_n$ 非镍矿物，镍不是其晶格中的基本成分，但有些磁黄铁矿含镍。几乎所有的硫化铜镍矿石中均含有磁黄铁矿，而且其含量很高，并与镍黄铁矿、黄铜矿等紧密共生。磁黄铁矿由几乎相等的硫原子和铁原子组成，但铁原子数总比硫原子数少些，铁、硫原子数的比值因产地而异，通常介于 FeS 与 Fe_7S_8 之间。镍和钴常呈类质同象的形态置换晶格中的少量铁。

磁黄铁矿有单斜晶系和六方晶系两种晶形，前者镍含量最高可达1%，具强磁性，可采用磁选法进行富集；后者含镍为千分之几，无磁性。此外，可见铜、铅、银等呈类质同象置换铁。磁黄铁矿的密度为4.6~4.7g/cm^3，具导电性。

磁黄铁矿参与硫化铜镍矿体的浅成蚀变过程，在其解理中，有紫硫镍矿发育，某些镍黄铁矿在磁黄铁矿中呈火焰状嵌布。由于这些镍矿物呈微细粒浸染嵌布，物理选矿过程中无法分离。因此，选矿过程中获得的磁黄铁矿精矿中的镍含量常大于1%。

G 次生黄铁矿、白铁矿

次生黄铁矿、白铁矿 FeS_2 为硫化铁矿物，参与硫化铜镍矿体的浅成蚀变过程，故富含镍。在空气中极易被氧化，天然可浮性差。

H 黄铜矿

黄铜矿 $CuFeS_2$ 与镍黄铁矿共生，为硫化铜镍矿石中的主要含铜矿物。

I 墨铜矿

墨铜矿$(CuFeS_2)\cdot n[MgFe(OH)_2]$与黄铜矿关系密切，其结构较特殊，分为铜铁硫化物层$(Cu,Fe)S_2$ 和水镁石层 $Mg(OH)_2$，两者呈薄膜状有规律相互交替排列。其分子式中的 n 为系数，其值常为1.3~1.5。水镁石质软，破碎时易沿其层面裂开。墨铜矿常被水镁石层覆盖，因其具有亲水性而使墨铜矿失去可浮性。西北金川镍矿二矿区的富矿中，墨铜矿的含量较高，约占总铜量的20%。试验表明，墨铜矿在酸性介质中的可浮性良好，这与水镁石层被酸溶解而露出铜铁硫化物层密切相关。

J 方黄铜矿

方黄铜矿 $CuFe_2S_3$ 在硫化铜镍矿石中普遍存在，但含量很少。

除上述矿物外，在大多数硫化铜镍矿床中还含有少量的银、金及铂族金属矿物。如银金矿 AuAg，碲化银-碲银矿 Ag_2Te、砷铂矿 $PtAs_2$、硫铂矿 PtS、硫钯铂矿（Pt、Pd、Ni)S 等。

7.2 硫化铜镍矿物的可浮性

7.2.1 硫化铜镍矿物的表面特性与液相 pH 值的关系

新鲜的镍黄铁矿、针镍矿和紫硫镍矿的表面特性与液相 pH 值密切相关，在适宜的氧化还原电位条件下，针镍矿和紫硫镍矿表面的氧化产物为 $Ni(OH)_2$，而镍黄铁矿表面的氧化产物为 $Fe(OH)_3$ 与 $Ni(OH)_2$ 的混合物。在氧化不充分时，镍黄铁矿表面还可生成镍、铁的碳酸盐或碳酸盐与其氢氧化物的混合物。在碳酸钠介质中，氢氧化物将代替相应的碳酸盐。因此，在溶液中，新鲜的硫化镍矿物表面将被一层氧化物薄膜所覆盖，此薄膜由表面氧化物和多孔的氧化最终产物层所组成。

25℃常压下，溶液 pH 值及氧化还原电位对镍黄铁矿表面状态的影响如图 7-2 所示。

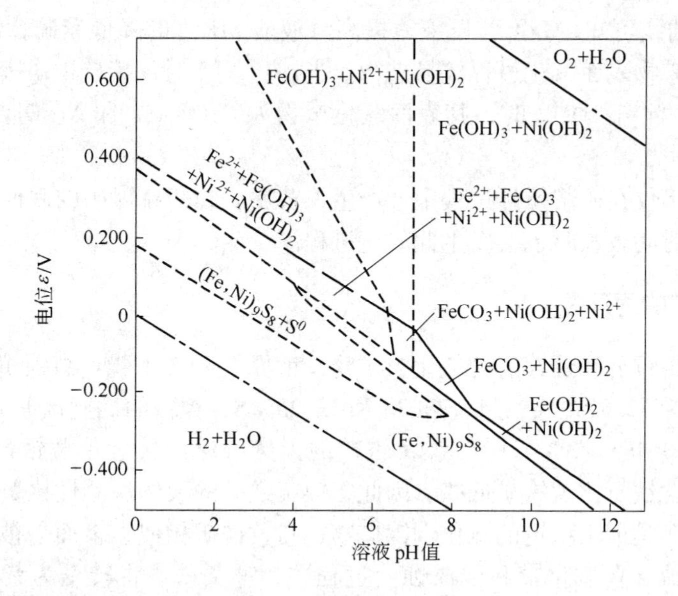

图7-2　溶液pH值及氧化还原电位对镍黄铁矿表面状态的影响

（溶液中CO_2的溶解总量为10^{-5}mol/L）

从图7-2中的曲线可知，在高pH值和氧化还原电位为负值时，镍黄铁矿表面生成$Fe(OH)_3$和$Ni(OH)_2$，甚至生成$FeCO_3$。提高氧化还原电位时，镍黄铁矿表面仅生成$Fe(OH)_3$和$Ni(OH)_2$。当pH<7时，随氧化还原电位的提高，镍黄铁矿表面产物的变化顺序为S^0→[$Fe(OH)_3$、$Ni(OH)_2$]→[Fe^{2+}、Ni^{2+}、$Fe(OH)_3$、$Ni(OH)_2$]，即出现镍及铁的转移。

25℃常压下，溶液pH值及氧化还原电位对紫硫镍矿表面状态的影响如图7-3所示。

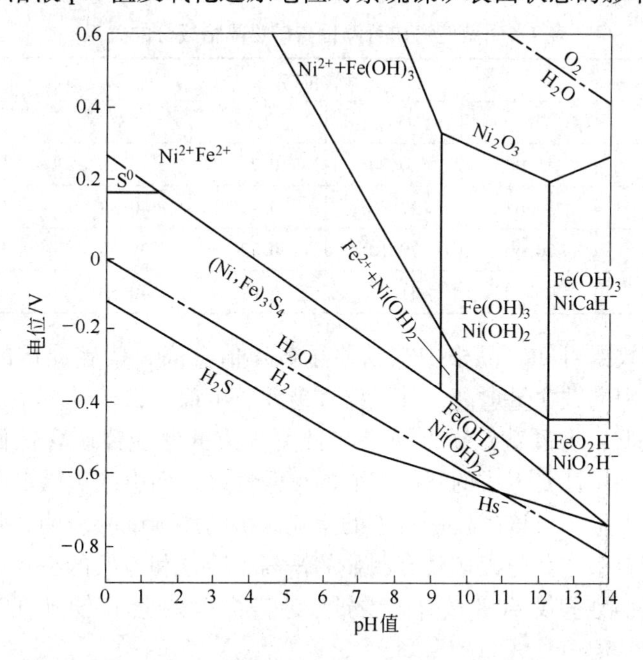

图7-3　溶液pH值及氧化还原电位对紫硫镍矿表面状态的影响

（常压，25℃，溶液中[Fe^{2+}]、[Ni^{2+}]及[SO_4^{2-}]均为10^{-6}mol/L，[H_2S]及[HS^-]为10^{-1}mol/L）

从图 7-3 中曲线可知，25℃常压下，提高溶液的 pH 值可降低紫硫镍矿表面氧化的氧化还原电位，使矿物表面氧化过程较易进行。当 pH <9.2 时，紫硫镍矿表面的氧化产物为 $NiSO_4$ 和 $FeSO_4$；当 pH >9.2 时，其表面氧化产物为 $Fe(OH)_3$ 和 $Ni(OH)_2$ 或 $FeOOH^-$ 与 $NiOOH^-$ 的混合物。

试验表明，不仅在矿浆搅拌过程中会产生镍黄铁矿和紫硫镍矿的表面氧化过程，甚至矿物与气泡接触时间较长时也会发生此氧化过程。

7.2.2 镍黄铁矿的可浮性

镍黄铁矿为最重要和最普通的硫化镍矿物，世界上75%的镍产自镍黄铁矿。镍黄铁矿的理论化学成分为32.55% Fe，34.22% Ni 和 33.23% S，镍铁的比例接近1.0，常含类质同象的钴（含量为0.4% ~3%）等。镍黄铁矿的天然可浮性接近于黄铁矿的天然可浮性，由于镍黄铁矿的含铁量比黄铁矿低些。因此，镍黄铁矿的天然可浮性比黄铁矿的天然可浮性好些。镍黄铁矿是最不稳定的硫化铜镍矿物，与黄铁矿相似，表面易被氧化，生成相应的氧化膜和可溶盐。在氧化带和浅成蚀变过程中，镍黄铁矿将转变为紫硫镍矿、针镍矿等。在浮选过程中，其氧化速度随矿浆 pH 值的提高而增大，故在高碱介质中可抑制镍黄铁矿的浮选。在酸性或弱碱介质中，可溶去镍黄铁矿表面的氧化膜，露出新鲜的含镍、硫的矿物表面。因此，低碱介质浮选可提高镍黄铁矿的天然可浮性。

7.2.3 紫硫镍矿的可浮性

紫硫镍矿的可浮性较复杂，既与其矿物组成有关，也与其表面特性有关。我国西北金川镍矿富矿中的紫硫镍矿可浮性与矿物晶格成分的关系见表 7-4。

表 7-4 紫硫镍矿可浮性与矿物晶格成分的关系

矿 物	可浮性	元素含量/%				镍铁的比例	镍铁的比例（原子数）
		Ni	Fe	Co	S		
紫硫镍矿 K_1	良好	35.00	20.90	0.79	43.20	1.67	1.59
紫硫镍矿 K_2	好	30.64	27.80	0.72	40.38	1.10	1.05
紫硫镍矿 K_3	一般	30.60	29.10	0.72	39.60	1.05	1.00
紫硫镍矿 K_4	较差	26.30	31.91	0.60	40.30	0.82	0.77

从表 7-4 中的数据可知，晶格中镍铁原子数比值愈高，紫硫镍矿的可浮性愈好；反之，紫硫镍矿晶格中的铁含量愈高，其可浮性愈差。由镍黄铁矿蚀变生成的紫硫镍矿含镍高、含钴高、含铁低，由磁黄铁矿及黄铁矿蚀变生成的紫硫镍矿含镍低、含钴低、含铁高。因此，由镍黄铁矿蚀变生成的紫硫镍矿的可浮性好，而由磁黄铁矿及黄铁矿蚀变生成的紫硫镍矿的可浮性差。对该矿贫矿石中的紫硫镍矿的浮选试验表明，强蚀变矿石中的紫硫镍矿比弱蚀变矿石中的紫硫镍矿具有明显的铁高、镍低和硫低的特点，强蚀变矿石中的紫硫镍矿的浮选回收率仅 40% 左右，弱蚀变矿石中的紫硫镍矿的浮选回收率可达 60% ~70%。

紫硫镍矿的可浮性与其表面特性密切相关，紫硫镍矿的表层及内部晶格元素成分和含量见表 7-5。

表 7-5 紫硫镍矿的表层及内部晶格元素成分和含量

项目			元素成分/%					
			Fe	Co	Ni	Cu	O	S
表面氧化膜	1	重量	46.24	0.89	11.96	1.90	23.13	15.80
		原子数	27.30	0.50	6.70	1.10	47.80	16.40
	2	重量	42.03	0.91	11.35	1.99	23.57	20.15
		原子数	24.20	0.50	6.20	1.00	47.50	20.30
紫硫镍矿晶格	强蚀变	重量	48.20	0.95	22.61	2.06	5.91	20.27
		原子数	37.50	0.70	16.70	1.46	16.10	27.30
	弱蚀变	重量						
		原子数	20 ~ 26	0.50	28 ~ 36			40 ~ 43

从表 7-5 中的数据可知，紫硫镍矿表层的成分较复杂，尤其是存在相当数量的氧。与内层比较，表层具有铁高、镍低和硫低的特点。表层存在氢氧化铁、氢氧化镍及在解理中存在磁铁矿及脉石矿物的穿插，更增强了紫硫镍矿的天然亲水性。

为了提高紫硫镍矿物的可浮性，曾采用“磁选—酸洗—浮选”的联合流程进行试验，利用紫硫镍矿具有磁性进行磁选和酸洗溶去其表面的氧化膜，以露出新鲜的含镍、硫高和铁低的较为疏水的表面，然后采用浮选法回收镍矿物。试验表明，经酸洗后可明显提高含镍矿物的可浮性。

7.2.4 铜镍铁矿的可浮性

铜镍铁矿为镍黄铁矿与黄铜矿的复合相，其化学成分为 32% ~ 33.3% S，29.3% ~ 31.4% Fe，8% ~ 22.7% Cu，17% ~ 28.1% Ni，其硫、铁含量较稳定，铜、镍含量变化大，但比较稳定。常与镍黄铁矿、磁铁矿、黄铜矿、蛇纹石等共生。其天然可浮性差。具磁性，性脆。

7.2.5 磁黄铁矿的可浮性

磁黄铁矿为非镍矿物，但有些磁黄铁矿含镍，而且几乎所有的硫化镍矿石中均含有磁黄铁矿，且含量较高，常与镍黄铁矿、黄铜矿等紧密共生，镍、钴常以类质同象形态置换晶格中的少量铁。单斜系晶形的磁黄铁矿具有强磁性，可采用磁选法进行富集。六方晶系的磁黄铁矿无磁性，无法进行磁选富集。

磁黄铁矿的天然可浮性比黄铁矿差，浮选时常用硫酸铜作磁黄铁矿的活化剂，用黄药类药剂作浮选磁黄铁矿的捕收剂。

在硫化铜镍矿体的浅成蚀变过程中，磁黄铁矿的解理中常有紫硫镍矿发育，某些镍黄铁矿在磁黄铁矿中呈火焰状嵌布，这些镍矿物均呈微细粒浸染嵌布。硫化镍选矿实践中所得的磁黄铁矿精矿中的镍含量常大于 1%，采用物理选矿法不可能分离其中的镍，只能采用化学选矿法将磁黄铁矿分解后才可采用相应的方法回收磁黄铁矿精矿中的镍。

7.2.6 硫化铜镍矿中有用矿物的相对可浮性

硫化铜镍矿中的有用矿物常为黄铜矿、镍黄铁矿、紫硫镍矿、黄铁矿和磁黄铁矿等，其可浮性递降的顺序为：黄铜矿→镍黄铁矿→黄铁矿→紫硫镍矿→磁黄铁矿。这些矿物的可浮性与矿浆介质 pH 值、矿浆中捕收剂类型和浓度、磨矿细度、活化剂用量等密切相关。矿浆 pH 值为酸性和自然 pH 值时，这些矿物具有最好的可浮性；随捕收剂用量的增大，其可浮性提高，适宜浮选的 pH 值范围扩大，由酸性介质扩展至弱碱介质；当矿浆 pH 值高至强碱介质时，它们均被抑制；随磨矿细度的增大，单体解离度增大，不可浮的过粗粒含量降低，适于浮选的粒级含量的增加，可提高有用矿物的可浮性。

由于单斜系磁黄铁矿具有强磁性，常采用"浮选—磁选"联合流程。采用浮选方法回收黄铜矿和镍黄铁矿，采用弱磁场磁选法从浮选尾矿中回收单斜系磁黄铁矿，产出黄铜矿和镍黄铁矿的混合精矿和含镍磁黄铁矿精矿。对含非磁性的六方晶系的磁黄铁矿，可采用添加石灰、碳酸钠等调整剂实现黄铜矿、镍黄铁矿与磁黄铁矿的浮选分离。

黄铜矿、紫硫镍矿、黄铁矿及白铁矿的矿物组合中，仅黄铜矿为原生矿物，具有好的天然可浮性。而紫硫镍矿、黄铁矿及白铁矿均为蚀变的次生矿物，与其共生的脉石矿物为蛇纹石、绿泥石、滑石和碳酸盐等蚀变矿物，上述硫化矿物的可浮性与脉石矿泥和水溶盐的有害影响密切相关。由于紫硫镍矿具有较强的磁性及其可浮性易受矿泥和水溶盐的干扰，可采用磁选法从浮选尾矿中富集紫硫镍矿。由于蛇纹石中含有云雾状的磁铁矿，有部分进入磁选精矿。因此，磁选精矿须进行再磨再浮选。

由于硫化矿物紧密共生及磁铁矿与黄铜矿相互穿插和含方黄铜矿等原因，磁选精矿会富集硫化铜矿物。因此，处理浅成蚀变带的硫化镍矿石时，磁选法可使铜和镍进行初步富集；处理以镍黄铁矿为主要镍矿物的原生带矿石时，磁选法则为回收磁黄铁矿的重要方法。

镍黄铁矿、紫硫镍矿、含镍磁黄铁矿、次生黄铁矿和白铁矿等皆易被氧化，其表面层的镍铁和硫铁原子比值的变化取决于其氧化程度。硫化矿物表面的强烈氧化将降低硫化矿物的可浮性，氧化生成的矿泥可在硫化矿物表面形成泥膜，水溶盐也将降低浮选的选择性和增加药剂耗量。浮选时，黄铜矿及大部分镍黄铁矿及紫硫镍矿的浮选速度高，可迅速浮出。磁黄铁矿和铁镍比例比值高的紫硫镍矿的浮选速度较缓慢，需较长的浮选时间，有时还须添加活化剂。

7.3 选矿产品及其分离方法

7.3.1 选矿产品

依入选矿石中硫化矿物的可浮性，铜、镍、铁硫化矿物的比例及其嵌布特性和贵金属与铜、镍、铁硫化矿物的共生关系等因素，入选原矿处理后的产品结构可能为：

（1）铜镍混合精矿；

（2）铜镍混合精矿，磁黄铁矿精矿；

（3）单一铜精矿，单一镍精矿（+磁黄铁矿）；

（4）单一铜精矿，单一镍精矿，磁黄铁矿精矿；

（5）单一铜精矿，铜镍混合精矿（+磁黄铁矿）。

当入选矿石中硫化矿物的可浮性相当，铜镍硫化矿物紧密共生，矿石中贵金属及铂族元素与铜、镍、铁硫化矿物关系密切时，宜采用浮选法产出铜镍混合精矿，送后续作业进行铜镍分离。

若入选矿石中硫化铜矿物的可浮性好，硫化镍矿物易于抑制；硫化铜矿物与硫化镍矿物易于单体解离；贵金属及铂族元素与硫化铜关系不密切；可获得铜含量大于25%的单一铜精矿时，可产出单一铜精矿，单一镍精矿（+磁黄铁矿）。

若入选矿石中磁黄铁矿含量高，磁黄铁矿中不含贵金属和铂族元素，则生产实践中可采用磁选法获得单一的磁黄铁矿精矿。磁黄铁矿精矿中镍含量约为1%，可用化学选矿法回收其中的铁、镍、铜、钴、硫；可作钴冰铜冶炼的硫化剂；可单独堆存或送尾矿库。

7.3.2 铜镍分离方法

7.3.2.1 铜镍混合精矿抑镍浮铜法

此分离方法有以下两种方案：

（1）全分离方案：产出铜含量为25%～30%的单一铜精矿和镍含量大于8%的单一镍精矿。

（2）半分离方案：产出镍含量小于2%的单一合格铜精矿和铜镍混合精矿。

生产实践表明，对于易选矿石，大多采用从铜镍混合精矿中直接分离铜镍的工艺，而对蚀变强度大的难选矿石，一般不采用此工艺。

7.3.2.2 从高冰镍中分离铜镍

A 高冰镍的分离方法

a 分层熔炼法

19世纪末至20世纪40年代主要应用此法进行铜镍分离。高冰镍在熔融状态下加入适量的硫化钠，此时大量的硫化铜便转入硫化钠液相中，硫化镍较少进入。硫化钠-硫化铜液相的密度为1.9g/cm^3，硫化镍的密度为5.7g/cm^3。硫化钠-硫化铜液相浮于表面，称为“顶层”，硫化镍则沉于底部，称为“底层”。随着熔融体温度的降低，硫化铜与硫化镍的分层逐渐明显。

熔融体凝固后，将“顶层”和“底层”分开，“底层”硫化镍送精炼可得金属镍；“顶层”送硫酸化转炉和酸性转炉处理可获得粗铜。

分层熔炼法由于劳动条件差，生产成本高，现已不再使用。

b 酸浸法

（1）硫酸浸出法：高冰镍经破碎、细磨、氧化焙烧（800℃）后，铜硫化物、镍硫化物均转变为铜氧化物、镍氧化物。铜氧化物易溶于硫酸液中，镍氧化物不易被硫酸浸出，故采用硫酸液浸出铜氧化物，可将铜镍分离。

（2）盐酸浸出法：近年将高温高冰镍进行水淬，采用浓盐酸选择性浸出硫化镍，可获得氯化镍结晶，将氯化镍进行还原或电解可得金属镍。硫化铜不溶于盐酸而留在浸渣中。

c 羰基法

（1）常压羰基法：高冰镍经破碎、细磨、氧化焙烧（800℃）后，铜硫化物、镍硫化物均相应转变为铜氧化物、镍氧化物。送高压氢还原可得铜、镍金属粉末。将铜镍混合金属粉末置于反应塔中，在38～93.5℃条件下通入二氧化碳气体，此时金属镍转变为气态的羰基镍$Ni(CO)_4$。将气态的羰基镍送入分解塔，在150～316℃条件下分解为金属镍粉和一氧化碳；氧化铜粉则不发生此反应而留在反应塔残渣中。

（2）热压羰基法：经改进，铜、镍氧化物在热压条件（21MPa，200℃）下进行羰化和分解，可得高纯度镍粉和高的镍回收率，反应速度高，可减少设备容积；可使铂族元素全部富集于铜残渣中。

近年羰基法有较大改进，加拿大铜崖羰基镍厂采用羰基法处理高冰镍及经浮选产出的铜镍铁合金产品。

d 高冰镍的物理选矿分离法

与分层熔炼法比较，高冰镍的选矿分离法无论分离指标、劳动条件、生产成本和经济效益均具有明显的优点：用磁选法分选出的铜镍铁合金高度富集了铂族元素，为综合回收金、银和铂族元素创造了有利条件；磁选尾矿用浮选法分选出单一铜精矿和单一镍精矿。

高冰镍的物理选矿分离法在中国、俄罗斯及加拿大等国普遍采用。

B 高冰镍的物质组成及晶体特性

a 高温高冰镍熔融体的冷却速度对结晶和选矿指标的影响

高冰镍的物理选矿分离效果与高冰镍的物质组成及晶体特性密切相关。

铜镍混合精矿经熔炼和转炉吹炼，可获得以镍、铜、硫三元素为主要成分的高温熔融体——高冰镍。由于受严格的吹炼制度控制，高冰镍的化学成分较稳定，通常镍含量为49% ~54%，铜含量为21% ~24%，硫含量为22% ~23%，铁含量为1% ~3%，钴含量为千分之几。此外，还含铂族元素、金、银、硒、碲及某些杂质。随着高温熔融体的冷却，高冰镍中的铜呈辉铜矿 Cu_2S、镍呈六方硫镍矿 Ni_3S_2 的形态析出，硫含量的高低决定这两种人造矿物的比例。此外，还析出镍-铜-铁合金，它富集了绝大部分的铂族元素。

高冰镍的缓慢冷却凝固过程与自然界的岩浆冷却成矿过程非常相似，不同组分会发生分异作用而析出某些组成一定的晶体。析出的晶体结构和晶粒大小与冷却速度密切相关。高冰镍熔融体缓慢冷却时，可获得满意的人造矿物的分异结构，使它们各自长大为足够大的晶粒，最终获得粗粒硫化镍、硫化铜及富含铂族元素的镍铜铁合金。高冰镍急速冷却（水淬）和缓慢冷却后的显微结构图如图 7-4 所示。

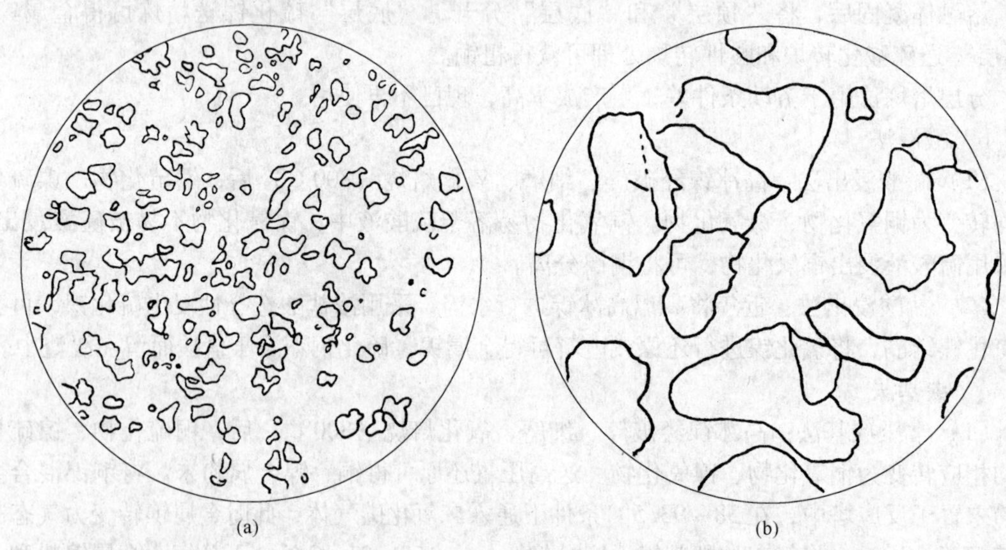

(a) (b)

图 7-4 高冰镍急速冷却（水淬）和缓慢冷却后的显微结构图

(a) 高冰镍急速冷却（水淬）后的显微照片（100×）；(b) 高冰镍缓慢冷却后的显微照片（100×）

高冰镍熔融体的出炉温度约为1200℃，温度降至927℃前，镍、铜、硫在熔融体中完全互溶；当温度冷却至921℃时，高冰镍熔体中开始析出具有辉铜矿结构的硫化铜 Cu_2S 晶体。高冰镍熔体继续冷却，更多的硫化铜从熔体中析出，熔体中的铜为已析出的硫化铜晶体的长大不断提供条件，使其不再生成新的晶种，这种趋势取决于高冰镍的冷却速度。在硫化铜晶体析出和长大过程中，熔体中的镍含量相应升高。

当高冰镍熔融体的温度降至700℃左右时，开始析出镍铜铁合金。至温度降至575℃时，开始析出具有六方硫镍矿结构的硫化镍 Ni_3S_2。此时，高冰镍的温度维持575℃，直至全部熔体均转变为硫化铜、硫化镍及镍铜铁合金为止。

575℃条件下的熔体为具有确定成分的液相，称为“三元低共熔体”，其凝固点为575℃，此温度为镍铜硫三元系中最低的共晶点。温度大于575℃时，析出硫化亚铜，合金相部分称为“前共晶体”，其他硫化亚铜、合金相及所有硫化镍固体均称为“共晶体”。

在共晶点时，固体硫化亚铜中镍的溶解度小于0.5%，铜在固态硫化镍（称β-硫化镍）中的溶解度为6%。当固态高冰镍冷却至520℃之前，不发生任何相变化。当温度为520℃时，β-硫化镍晶体将转变为α-硫化镍（低温型硫化镍），铜在其中的溶解度进一步下降。当全部β-硫化镍均转变为α-硫化镍，并析出一些硫化铜和合金相后，体系温度才继续下降。铜在α-硫化镍中的溶解度为2.5%（520℃），该点也称“三元类共晶点”。当温度低于520℃时，后一类共晶的硫化亚铜、合金相连续析出，直至温度降为371℃。当温度低于371℃时，α-硫化镍中铜含量小于0.5%，而且不发生明显的相变过程。因此，高冰镍熔融体的缓冷过程存在相分异现象，并促进分异晶体的长大。尤其是促进“前共晶体”和后一类共晶体硫化亚铜和合金相从固态硫化镍基质中扩散出来，再分别与已存在的硫化亚铜及合金相晶粒相结合。故控制927℃下降至371℃之间的冷却速度至关重要，在共晶点575℃和类共晶点520℃更是如此。若共晶点575℃与类共晶点520℃之间的冷却速度过快，则在铜镍基体中含有硫化亚铜和合金相的极细晶粒。高冰镍熔融体的降温曲线如图7-5所示。

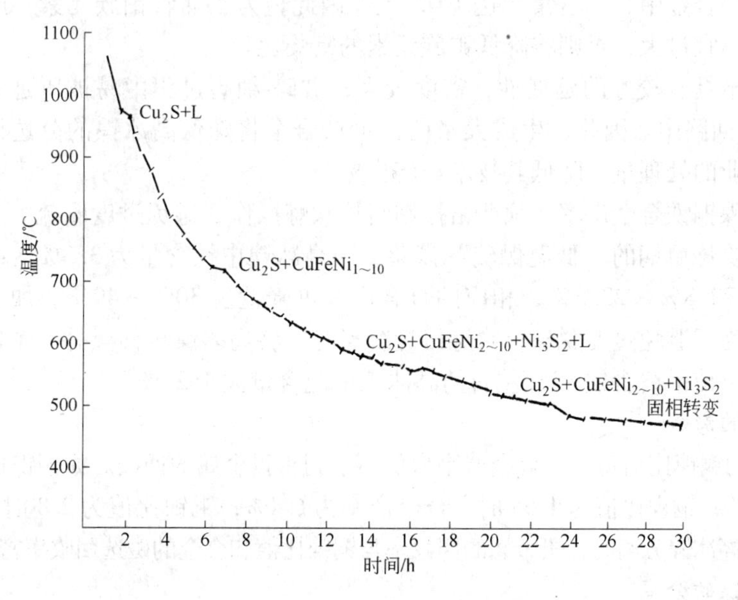

图7-5　高冰镍熔融体的降温曲线

合金相的产率取决于硫的含量。从共晶点575℃与类共晶点520℃之间分异的大部分合金相，吸收了高冰镍中所含的几乎全部的金和铂族元素。典型的少硫高冰镍中，合金相产率约10%，其中铜含量约20%。由于银与硫的亲和力强，存在硫化银与硫化铜的类质同晶现象，故银富集于硫化亚铜晶粒中，硒、碲也富集于硫化亚铜晶粒中。

经缓慢冷却的高冰镍，破碎时易沿人造矿物和合金相的晶粒界面裂开，这为采用物理选矿法将其分离奠定了良好的条件。

b 高冰镍的化学成分对结晶及选矿指标的影响

铁含量的影响

高冰镍中铁含量低时，其分异产物基本上为硫化亚铜、硫化镍和镍铜铁合金三部分，晶粒也较粗大；含铁量高时，分异产物将出现铁、铜、镍硫化物的固溶体及类似斑铜矿、镍黄铁矿、磁黄铁矿等组分。这些组分中均含铁，其可浮性较相似。尤其是固溶体的出现，使铜、镍精矿互含增加，铁含量上升，回收率下降。

高冰镍中钴的富集与转炉吹炼后期高冰镍中的铁含量密切相关，当高冰镍中含铁量小于3%时，大于70%的钴转入转炉渣中。若从镍电解系统的钴渣中回收钴，则高冰镍中铁含量较高时，对提高钴回收率有利；但高冰镍中铁含量过高，将使大量的铁进入二次镍精矿中，使镍电解较困难，铁渣量的增加会降低镍的回收率。若从转炉渣中回收钴，须将高冰镍中的铁含量降至小于1%，使80%~90%的钴进入转炉渣中，通过转炉渣的贫化，从钴冰铜中回收钴。因此，确定高冰镍中的铁含量，须综合考虑铜镍分选、镍电解、钴回收等工艺的要求。

硫含量的影响

随转炉吹炼深度的提高，高冰镍中的脱硫率也随之提高。当高冰镍中的硫含量不能满足生成Cu_2S、Ni_3S_2分异产物对硫的需求时，未能与硫结合的铜、镍将与铁生成合金相。因此，高冰镍分异时的合金产率与高冰镍中的硫含量密切相关。

镍铜铁合金对铂族元素有捕收作用，在适宜条件下，可使高冰镍中90%以上的铂族元素富集于镍铜铁合金中，其富集比达10以上。因此，为了捕收铂族元素，应有一定量的合金产率，但不宜过大，否则将降低铂族元素的富集比。

镍铜铁合金具有较好的延展性，密度较大，破碎-细磨过程中易被压延为长片状，沉积于磨矿-分级回路中。因此，生成大量的镍铜铁合金将降低高冰镍的分选回收率，增加贵金属回收作业的处理量，降低其技术经济指标。

为了控制镍铜铁合金产率，须严格控制转炉吹炼操作，避免过度脱硫。我国某镍公司冶炼厂曾进行吹炼后期的“低温保硫”试验，当高冰镍中铁含量为3.3%~4.58%时，含硫量可保持为22.8%~23.5%，相应的合金产率可降低至30%~40%。加拿大国际镍公司和鹰桥公司为了避免过度脱硫，吹炼接近终点时，将高冰镍转移至另一个转炉中继续吹炼少许时间，可使最终含铁10%左右的高冰镍中硫含量大于22%。

铜镍比值的影响

高冰镍中的铜镍比值愈大，合金产率愈低，不利于贵金属的回收。如铜镍比值为0.3时，合金产率为10%；铜镍比值为1.55时，合金产率为6.4%；铜镍比值为2.8时，合金产率为2.8%。因此，高冰镍分离时，贵金属的回收率与铜镍比值和合金的磁选回收率密切相关。

二次高冰镍的分离

处理一次高冰镍所得的一次合金中的贵金属含量较低，无法满足贵金属冶炼的要求。

因此，将一次合金再次硫化，经缓冷得二次高冰镍。二次高冰镍分离可获得贵金属含量较高的二次镍铜铁合金。

二次高冰镍的降温曲线如图7-6所示。

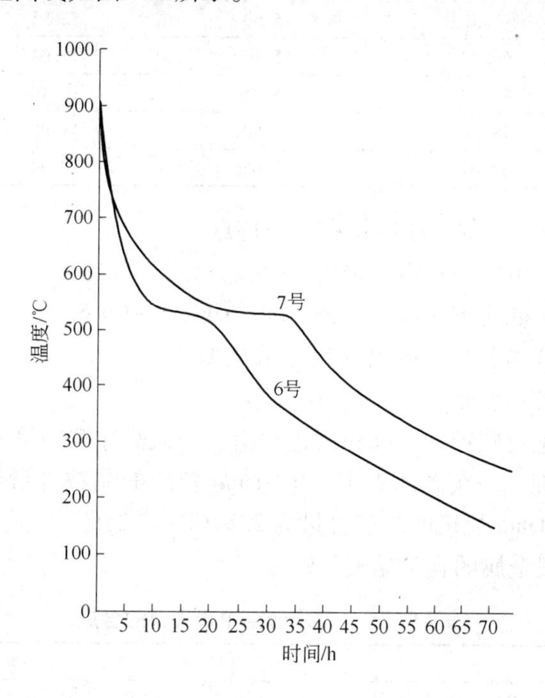

图7-6 二次高冰镍的降温曲线

从图7-6中的曲线可知，在540℃时出现水平曲线，300~500℃区间，平均每小时温度下降10℃。在此条件下，所得产品的化学组成、物相分析结果分别见表7-6和表7-7。

表7-6 二次高冰镍的化学组成

元素	贱金属品位/%					贵金属品位/$g \cdot t^{-1}$						
	Ni	Cu	Co	Fe	S	Pt	Pd	Au	Ag	Os	Ir	Rh
含量	54.18~55.80	15.09~15.76	0.97~1.12	2.59~3.25	20.44~22.32	115~168	41~54	32~46	84~93	6.7~8.5	8.5~11.0	4.5~7.1

表7-7 二次高冰镍的物相分析结果

镍物相	含量/%	铜物相	含量/%
金属镍	11.46	金属铜	5.80
硫化镍	45.23	硫化铜	9.62
硅酸镍	0.25	氧化铜	0.098
合计	56.94	合计	15.618

金相结构分析结果表明，二次高冰镍中主要物相为硫化镍 Ni_3S_2、硫化铜($CuS_2 \cdot FeS$)+Cu_2S、镍铜铁合金Ni-Cu-Fe和金属铜。二次高冰镍铸锭的不同部位的物相成分不尽相同(见表7-8)。

表 7-8 二次高冰镍铸锭的不同部位的物相成分 (%)

部 位	硫化镍	硫化铜	镍铜铁合金	金属铜
中上	70.61	18.34	11.05	0
中中	71.56	15.59	12.85	0
中下	69.79	15.16	15.04	0.01
边上	64.10	25.74	10.16	0
边中	78.26	10.54	11.20	0
边下	62.01	19.65	18.34	0

与一次高冰镍比较，二次高冰镍具有以下特点：

（1）镍含量较高，硫化镍相组分仍为 Ni_3S_2；

（2）铜含量较低，硫化铜相组成变为 $(CuS_2 \cdot FeS) + Cu_2S$；

（3）合金中的贵金属含量（除银外）显著增加；

（4）二次高冰镍的密度较大；

（5）硫化铜结晶呈近圆粒状，圆粒周边平滑，一次高冰镍则呈他形晶粒状；

（6）结晶粒度更细，一次高冰镍中 -0.01mm 粒级的晶粒含量约为 0.09% ~0.67%，而二次高冰镍中 -0.01mm 粒级的晶粒含量为 2.54% ~6.28%。

一、二次合金中贵金属的含量见表 7-9。

表 7-9 一、二次合金中贵金属的含量

产 品	含量/%							
	Pt	Pd	Au	Ag	Rh	Ir	Os	Ru
一次合金	132.4	35.8	24.6	104	6.50	18.50	15.50	15.00
二次合金	1048.19	360.54	224.05	56.76	46.51	76.44	39.16	90.13

二次高冰镍的分选方法和物理选矿流程与一次高冰镍的分选方法相似，如图 7-7 所示。

7.4 金川镍矿的选矿实践

7.4.1 矿石性质

我国的镍矿床类型见表 7-10。

表 7-10 我国的镍矿床类型

矿床类型	围 岩	主要金属矿物和脉石矿物	实 例
岩浆熔离型硫化铜镍矿床	以二辉橄榄岩为主，其次为橄榄辉石岩、蛇纹岩、大理岩等	主要金属矿物为磁黄铁矿、镍黄铁矿、黄铜矿。磁黄铁矿：镍黄铁矿：黄铜矿约为 2.59：1：0.5。脉石矿物为橄榄石、辉石、透闪石、绿泥石、碳酸盐等	金川镍矿二矿区
	以辉橄榄岩、二辉橄榄岩为主，其次为辉长岩、绿泥石化片岩、透长石等	主要金属矿物为黄铁矿、紫硫镍铁矿、黄铜矿。脉石矿物为橄榄石、辉石、蛇纹石化橄榄石等	金川镍矿一矿区
	斜方辉石、蚀变辉石、苏长岩长岩及黑云母片麻岩	主要金属矿物为磁黄铁矿、镍黄铁矿、紫硫镍铁矿、黄铜矿和黄铁矿。磁黄铁矿：镍黄铁矿：黄铜矿约为 3.34：1：0.44。脉石矿物为斜方辉石、透闪石、滑石、硅酸盐等	盘石镍矿

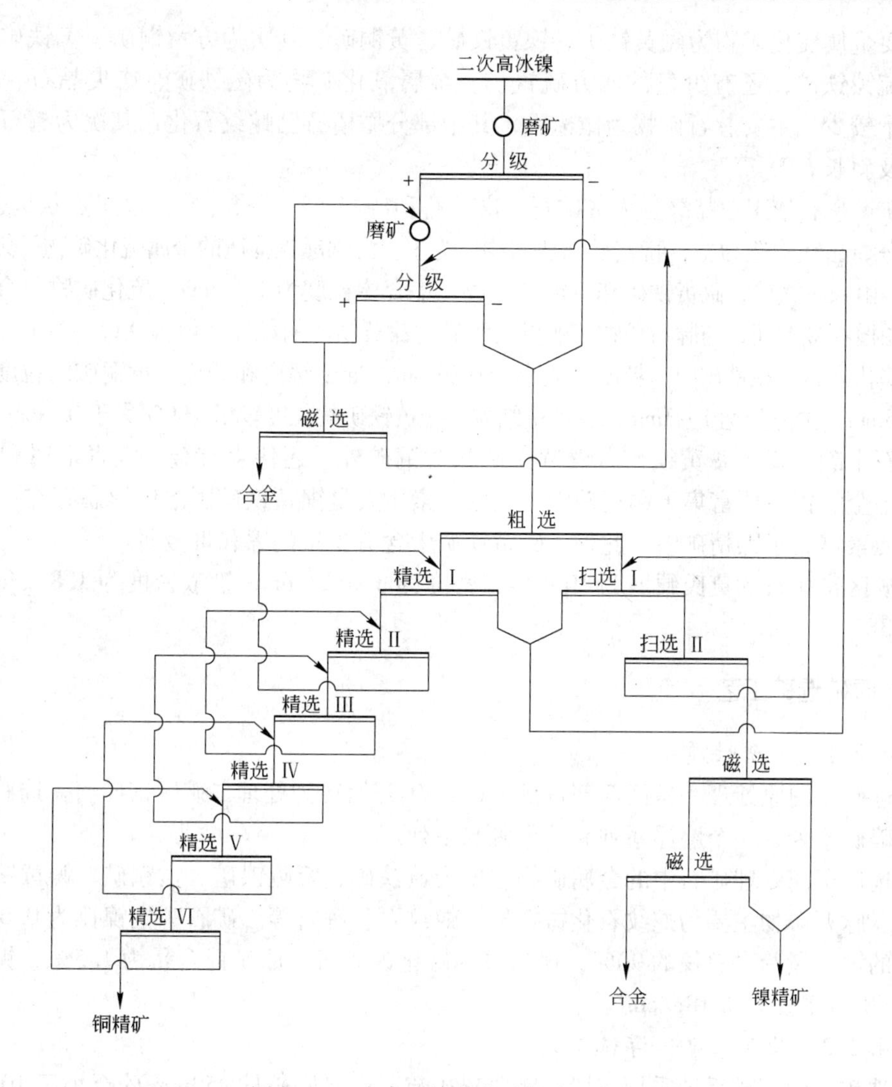

图 7-7 二次高冰镍的分选方法和流程

我国镍矿石储量位居世界第五位，大部分分布于甘肃、吉林、新疆等地。我国镍的主要产地为甘肃省金昌市。

金川镍矿属岩浆熔离型硫化铜镍矿床，共划分为四个矿区，其中二矿区占总储量的76%，一矿区占16%。目前建有一座选矿厂、一座高冰镍选矿分离厂和一座铜冶炼渣浮选厂。选矿厂下设三个选矿车间，一选矿车间处理量为14000t/d，处理二矿区富矿；二选矿车间的处理量9000t/d，处理龙首贫矿和龙首西二采矿；三选矿车间的处理量为6000t/d，处理三矿区贫矿；高冰镍选矿分离厂属镍冶炼厂，用于分离冶炼厂产出的高冰镍，产出铜镍铁合金、硫化铜矿精矿和硫化镍精矿三种产品；铜冶炼渣浮选厂属铜冶炼厂。

二矿区矿体分为超基性岩型、交代型和贯入型三种类型，其中以超基性岩为主的1号、2号矿体最大，约占二矿区总储量的99%。超基性岩体呈同心壳状分布，核心为富矿，核外为贫矿，外围为超基性或基性围岩，有的直接与片麻岩、大理岩接触。围岩以二辉橄榄岩为主。各岩相均含有少量硫化矿物。

主要金属硫化矿物为磁黄铁矿、镍黄铁矿、黄铜矿，其次为方黄铜矿、黄铁矿、墨铜矿、紫硫镍铁矿，还有少量的四方硫铁矿。金属氧化矿物为磁铁矿、铬尖晶石、赤铁矿等，含量较少。主要脉石矿物为橄榄石，其中部分橄榄石已蛇纹石化，其次为辉石，少量碳酸盐及斜长石等。

二矿区矿石依工业品级分为贫矿石、富矿石和特富矿石三类。贫矿以星点状构造为主，富矿以海绵晶铁构造为主，特富矿以块状构造为主。海绵晶铁构造的金属硫化矿物呈集合体形态出现，由镍黄铁矿、磁黄铁矿和黄铜矿组成。集合体粒度为1～5mm。硫化矿物集合体紧密充填于橄榄石颗粒间，与脉石矿物接触界线明显。镍黄铁矿的粒度一般为0.05～1mm，有少部分呈火焰状嵌布于磁铁矿中，粒度一般小于0.01mm，难于解离和分离。黄铜矿的粒度一般为0.1～0.5mm，少部分达1～3mm，有少量细粒。磁黄铁矿的粒度较粗，90%大于0.1mm。

矿石中除主要含磁黄铁矿、镍黄铁矿和黄铜矿外，还伴生有金、银贵金属和铂族元素。其中金、银主要富集于铜精矿中。铂族元素主要呈镍黄铁矿固溶体形态存在，故大部分铂族元素富集于镍精矿中。此外，磁黄铁矿中含有少量的镍和贵金属。

二矿区富矿石的莫氏硬度为10～14，密度为3.08g/cm^3，松散密度为1.89g/cm^3，安息角为38°。

7.4.2 原矿选矿工艺

7.4.2.1 原矿性质

一选矿车间原处理一矿区西部贫矿，1983年开始转为处理二矿区富矿。一选矿车间共有两个碎矿系列，一个磨浮系列和一个脱水系列。

一选矿车间处理矿石中的金属矿物主要为黄铁矿、紫硫镍矿、黄铜矿、镍黄铁矿和磁黄铁矿。脉石矿物主要为蛇纹石化橄榄岩、蛇纹石、辉石等。矿石中铜镍比为0.6∶1。硫化镍中的镍含量约占总镍的90%，属易选的硫化镍矿石，原矿镍含量为1.5%，铜含量为0.8%。矿石密度为3.18g/cm^3。

7.4.2.2 原矿磨矿—浮选工艺

一选矿车间富矿系统采用三段一闭路碎矿流程，将原矿从350mm碎至小于10mm。阶段磨矿，阶段浮选（两段），采用浓缩、过滤二段脱水。铜镍混合精矿的干燥和硫精矿脱水作业均设于冶炼厂。

富矿原矿碎至-10mm，经二段球磨磨至-0.074mm占60%～65%，在矿浆pH值为9.0左右的条件下，采用六偏磷酸钠、硫酸铜、丁基黄药、丁基铵黑药和J-622进行一次粗选二次精选产出高品位铜镍混合精矿。一段粗选尾矿再磨至-0.074mm占80%左右，经一次粗选三次精选二次扫选产出低品位铜镍混合精矿。两个铜镍混合精矿合并送浓缩、过滤作业。其工艺流程图如图7-8所示。

浮选pH值为8.7，一段浮选矿浆浓度为28%，二段浮选矿浆浓度为24%。第一段浮选为一次粗选二次精选流程，产出高品位铜镍混合精矿。一段的粗选尾矿和精一尾矿进入第二段磨矿，磨矿细度为-0.074mm占80%，分级溢流进入第二段浮选。第二段浮选采用一次粗选、三次精选和二次扫选的浮选流程，产出低品位的铜镍混合精矿和最终尾矿。将高品位铜镍混合精矿与低品位的铜镍混合精矿混合后，送浓缩、过滤作业。

浮选药剂用量见表7-11。

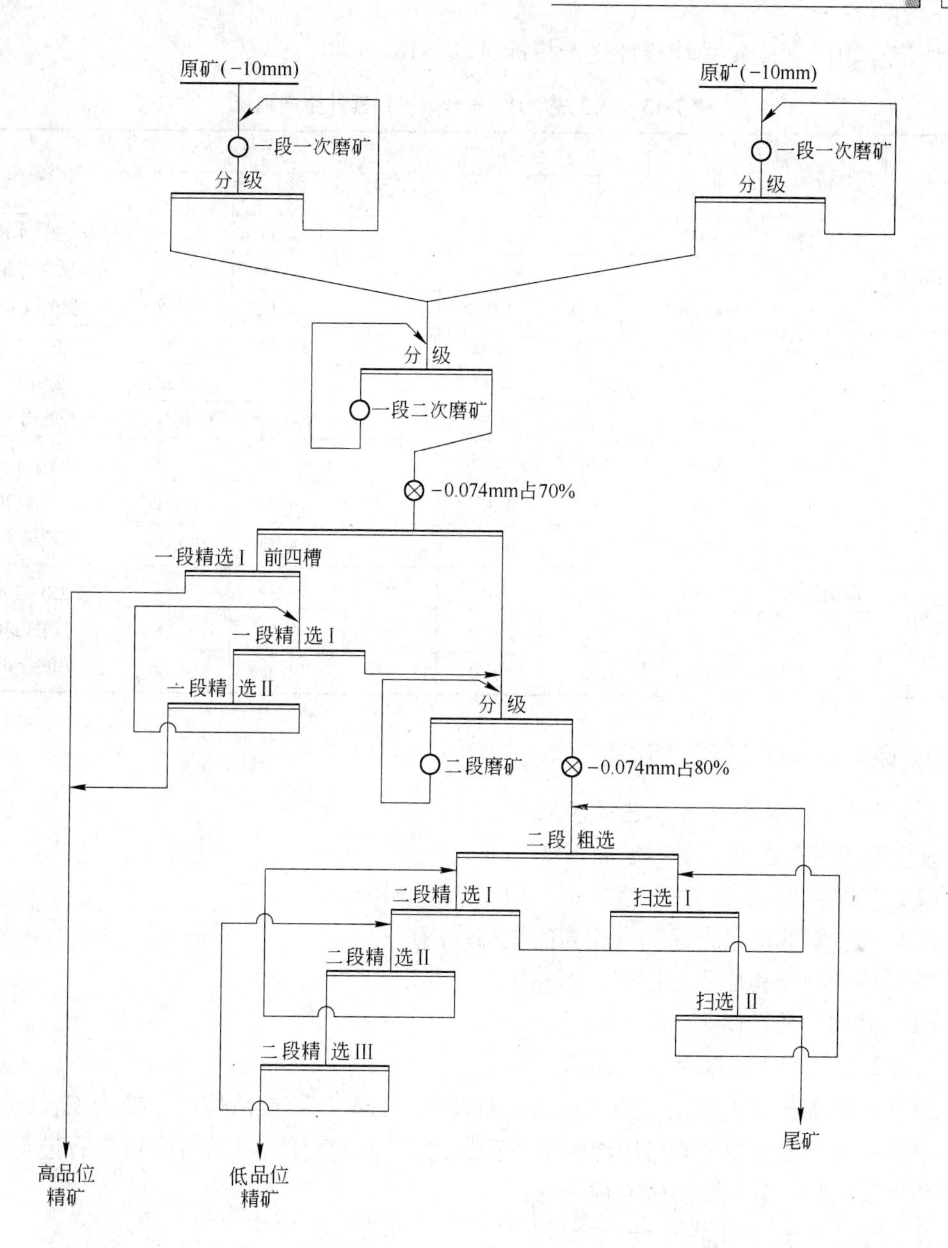

图7-8 金川选矿厂一选矿车间富矿系统工艺流程

表7-11 选矿厂一选矿车间浮选药剂用量

药 名	六偏磷酸钠	硫酸铜	丁基黄药	丁基铵黑药	J-622	硫酸铵
用量/$g \cdot t^{-1}$	300	160	250	20	70	1300

选矿厂一选矿车间2012年全年平均浮选指标见表7-12。

表7-12 选矿厂一选矿车间2012年全年平均浮选指标 (%)

原矿品位		混合精矿品位		尾矿品位		回收率	
Ni	Cu	Ni	Cu	Ni	Cu	Ni	Cu
1.35	0.97	8.154	5.124	0.236	0.286	85.05	74.67

现工艺2013年全年平均累计生产指标见表7-13。

表7-13 现工艺2013年全年平均累计生产指标

矿 种	产品名称	产率/%	品位/%			回收率/%		药剂用量/g·t^{-1}
			Ni	Cu	MgO	Ni	Cu	
1车间富矿	镍铜混精	13.532	8.388	5.40	7.00	86.06	77.74	丁黄250、J-622 70、铵黑药20、硫酸铵1500
	尾 矿	86.468	0.213	0.254	—	13.04	22.36	
	原 矿	100.00	1.319	0.985	—	100.00	100.00	
2车间贫矿（龙首）	镍铜混精	11.35	6.10	4.48	—	82.42	77.42	丁黄200、J-622 70、铵黑药10、碳酸钠3000
	尾 矿	88.65	0.17	0.17	—	17.58	22.58	
	原 矿	100.00	0.84	0.66	—	100.00	100.00	
2车间贫矿（西二）	镍铜混精	8.19	4.91	3.45	—	69.06	71.69	丁黄200、J-622 70、铵黑药10、碳酸钠3000
	尾 矿	91.81	0.196	0.121	—	30.94	28.31	
	原 矿	100.00	0.582	0.394	—	100.00	100.00	
3车间三矿贫矿	镍铜混精	13.44	6.08	3.12	—	84.38	70.42	丁黄250、J-622 70、铵黑药10、硫酸铵1000
	尾 矿	86.56	0.18	0.20	—	15.62	29.58	
	原 矿	100.00	0.97	0.60	—	100.00	100.00	

7.4.3 原矿浮选新工艺探索试验

7.4.3.1 现混合浮选工艺的不足

现生产工艺存在的主要不足如下：

（1）工艺流程较长，三段磨矿，二段浮选，能耗较高。

（2）镍、铜的浮选指标仍有相当的提高空间。

（3）药剂种类和加药点较多，不利于指标稳定。

（4）需用硫酸铵调浆。

7.4.3.2 新工艺探索试验结果

2012~2015年3次前往金川公司，在科技部、选矿厂、镍冶炼厂、矿物工程研究所和检化中心的大力支持下，前后历经4个年头，总共约6个月的时间对金川矿石进行了探索试验和小型试验，最主要的研究成果为：

A 2012年探索试验结果

a 试验流程

拟采用一段磨矿一段浮选流程，拟一次将原矿磨至 -0.074mm 占85%，采用一次粗选、二次精选、二次扫选的浮选流程进行闭路试验。

b 闭路试验结果

（1）磨矿细度为 -0.074mm 占85%。

闭路试验的药剂用量见表7-14。

表7-14 闭路试验的药剂用量

药 名	六偏磷酸钠	硫酸铜	丁基黄药	SB选矿混合剂
用量/g·t^{-1}	200	150	480	40

闭路试验指标见表7-15。

表7-15 闭路试验指标

产品	产率/%	精矿品位/%			回收率/%	
		Ni	Cu	MgO	Ni	Cu
混合精矿	14.72	7.19	6.42	5.96	73.39	79.26
尾矿	85.28	0.45	0.29		26.61	20.74
原矿	100.00	1.44	1.19		100.00	100.00

从表7-15中的数据可知，尾矿镍含量为0.45%，铜含量为0.29%。混合精矿中的镍回收率仅为73.39%，铜回收率仅为79.26%。

(2) 磨矿细度为-0.074mm占90%。

闭路试验的药剂用量见表7-16。

表7-16 闭路试验的药剂用量

药名	六偏磷酸钠	硫酸铜	丁基黄药	SB选矿混合剂
用量/$g \cdot t^{-1}$	200	150	500	40

闭路试验指标见表7-17。

表7-17 闭路试验指标

产品	产率/%	精矿品位/%			回收率/%	
		Ni	Cu	MgO	Ni	Cu
混合精矿	14.21	8.34	6.30	5.11	80.47	78.54
尾矿	85.79	0.34	0.29		19.53	21.46
原矿	100.00	1.47	1.14		100.00	100.00

从表7-17中的数据可知，尾矿镍含量为0.34%，铜含量为0.29%。混合精矿中的镍回收率为80.47%，铜回收率为78.54%。

对比表7-15和表7-17中的数据可知，在闭路药剂用量基本相同的条件下，仅磨矿细度从-0.074mm占85%提高至-0.074mm占90%，尾矿中的镍含量从0.45%降至0.34%，混合精矿中的镍回收率则从73.39%升至80.47%。因此，尾矿中的镍、铜含量较高，混合精矿中的镍、铜回收率较低的主要原因是有用矿物的单体解离度不够和混合捕收剂的比例仍不理想。

B 2014年的低酸新工艺试验

从2014年10月20日至2015年1月21日历时3个月，对金川选矿厂处理的矿浆样和原矿样进行了低酸新工艺小型试验，大幅度提高了混合精矿中的镍、铜浮选指标。

a 新工艺试验的初步设想

矿浆加硫酸将矿浆pH值降至弱酸性以下，以SB选矿混合剂与丁黄药组合药剂为捕收剂进行混合浮选获得镍铜混合精矿。在弱酸介质中，可提高硫化镍矿物和墨铜矿物的可浮性，矿化泡沫清爽，夹带矿泥少，有利于提高镍铜混合精矿中镍、铜的回收率和降低镍铜混合精矿中的氧化镁含量。

b 低酸新工艺试验结果

（1）试验流程。

一段磨矿的第一磨机的旋流分级溢流取矿浆样，磨矿细度约为 -0.074mm 占 55%。将矿浆样分为小样（干矿 400g），分别磨至 -0.074mm 占 95% 进行闭路试验。原矿样取自给矿皮带，碎至 -2mm，干矿 400g 分别磨至 -0.074mm 占 95% 进行闭路试验。闭路试验流程为一次粗选、二次精选、二次扫选，中矿循序返回。

（2）矿浆样闭路试验结果。

闭路试验的药剂用量见表 7-18。

表 7-18 闭路试验的药剂用量

药 名	SB 选矿混合剂	丁基钠黄药
用量/$g \cdot t^{-1}$	60	250

闭路试验指标见表 7-19。

表 7-19 矿浆样闭路试验

试 样	试样品位/%		产品名称	产率/%	品位/%			回收率/%	
	Ni	Cu			Ni	Cu	MgO	Ni	Cu
1 车间	1.41	1.10	混合精矿	20.11	7.71	4.65	6.60	92.68	83.00
			尾 矿	79.89	0.15	0.24		7.32	17.00
			给 矿	100.00	1.67	1.13		100.00	100.00
1 车间	1.25	1.32	混合精矿	17.61	8.23	7.68	5.00	91.96	84.25
			尾 矿	82.39	0.15	0.31		8.04	15.75
			给 矿	100.00	1.58	1.61		100.00	100.00
1 车间	1.43	1.09	混合精矿	19.86	8.36	5.59	5.66	92.56	84.01
			尾 矿	80.14	0.17	0.26		7.44	15.99
			给矿′	100.00	1.79	1.32		100.00	100.00
1 车间	1.50	1.21	混合精矿	17.95	8.14	5.83	5.69	92.40	84.16
			尾 矿	82.05	0.15	0.24	—	7.60	15.84
			给矿′	100.00	1.58	1.24	—	100.00	100.00
2 车间	0.87	0.69	混合精矿	11.98	8.51	7.10	4.84	84.25	84.56
			尾 矿	88.02	0.22	0.18		15.75	15.44
			给矿′	100.00	1.21	1.00		100.00	100.00
3 车间	0.98	0.66	混合精矿	16.02	6.34	3.44	5.96	91.67	83.45
			尾 矿	83.98	0.11	0.13		8.33	16.55
			给矿′	100.00	1.11	0.65		100.00	100.00
3 车间	1.00	0.50	混合精矿	16.76	6.31	3.23	6.23	91.36	87.37
			尾 矿	83.24	0.12	0.09		8.64	12.63
			给矿′	100.00	1.16	0.62		100.00	100.00

（3）原矿样校核试验闭路试验（回水）指标。

原矿样校核试验闭路试验（回水）指标见表7-20。

表7-20 原矿样校核试验（回水）的闭路指标（药剂用量与矿浆样闭路相同）

来 源	试样品位/%	金属平衡率/%	产品名称	产率/%	品位/%			回收率/%	
					Ni	Cu	MgO	Ni	Cu
1车间	Ni：1.42 Cu：1.10	Ni：94.67 Cu：99.10	混合精矿	16.74	8.20	5.54	5.19	91.50	83.57
			尾 矿	83.26	0.15	0.22	—	8.5	16.43
			给矿'	100.00	1.50	1.11	—	100.00	100.00
1车间	Ni：1.42 Cu：1.10	Ni：99.35 Cu：96.85	混合精矿	15.70	8.23	5.63	5.68	91.65	82.62
			尾 矿	84.30	0.20	0.22	—	8.35	17.38
			给矿'	100.00	1.41	1.07	—	100.00	100.00
1车间	Ni：1.42 Cu：1.10	Ni：95.30 Cu：92.99	混合精矿	16.40	8.36	5.14	6.19	92.00	82.60
			尾 矿	83.60	0.14	0.21	—	8.00	17.40
			给矿'	100.00	1.49	1.02	—	100.00	100.00
3车间	Ni：1.31 Cu：0.73	Ni：96.30 Cu：98.63	混合精矿	20.13	6.17	3.02	3.86	92.00	84.47
			尾 矿	79.87	0.14	0.14	—	7.00	15.53
			给矿'	100.00	1.35	0.72	—	100.00	100.00
3车间	Ni：1.31 Cu：0.73	Ni：96.94 Cu：98.41	混合精矿	20.39	6.01	3.03	5.20	91.48	83.54
			尾 矿	79.61	0.14	0.15	—	8.52	16.46
			给矿'	100.00	1.34	0.74	—	100.00	100.00
2车间 （龙首）	Ni：1.02 Cu：0.96	Ni：98.08 Cu：96.97	混合精矿	12.92	7.00	6.46	4.97	86.93	84.36
			尾 矿	87.08	0.17	0.18	—	13.07	15.64
			给矿'	100.00	1.04	0.99	—	100.00	100.00
2车间 （西二）	Ni：0.67 Cu：0.40	Ni：94.03 Cu：86.96	混合精矿	8.51	6.14	4.14	8.18	76.84	74.95
			尾 矿	91.49	0.17	0.13	—	23.16	35.05
			给矿'	100.00	0.68	0.46	—	100.00	100.00

从表7-19和表7-20数据可知，在磨矿细度、加酸量和浮选药剂用量基本相同的条件下，原矿样校核试验（回水）的闭路指标基本重现了矿浆样的闭路指标，但矿浆样的闭路指标的金属平衡率较低，原矿样校核试验（回水）的闭路指标的金属平衡率较高，浮选指标较稳定可靠。

对比表7-20原矿样校核试验（回水）的闭路指标和表7-13现工艺2013年全年平均累计生产指标可知：

（1）二矿富矿在精矿镍、铜品位相当或略有提高的前提下，富矿的镍回收率提高5%，铜回收率提高6%。

（2）龙首贫矿的镍回收率提高4%，铜回收率提高7%。

（3）西二贫矿的镍回收率提高6%，铜回收率提高3%。

（4）3车间三矿贫矿的镍回收率提高7%，铜回收率提高13%。

（5）原矿样校核试验（回水）的闭路的混合精矿中的氧化镁含量除西二贫矿外，其他混合精矿中的氧化镁含量均小于6.2%。

采用原矿一段磨矿磨至-0.074mm占95%，势必造成蚀变脉石的高度泥化。蚀变脉石的高度泥化将造成矿泥无选择性吸附浮选药剂而恶化浮选过程。因此，建议工业试验时将现生产磨矿流程改为三段磨矿，第一段磨矿磨至-0.074mm占55%，第二段磨矿将原矿磨至-0.074mm占83%，第三段磨矿将原矿磨至-0.074mm占92%，各段磨矿均与预检分级闭路，可降低蚀变脉石的过度泥化，工业试验时的磨矿产品粒度组成比小试时一段磨矿磨至-0.074mm占95%时要好得多。采用SB选矿混合剂与丁基黄药（或异戊基黄药）组合捕收剂，一点加药进行一次粗选、二次精选、二次扫选一段混合浮选，可产出合格的镍铜混合精矿。

金川集团公司准备将原矿低酸介质混合浮选新工艺用于工业生产，先在二车间1个1500t/d系列进行工业试验，然后再进行推广。

为了进一步提高镍铜的浮选指标，工业试验时，低酸工艺的工艺参数有待进一步优化。

7.4.4 高冰镍物理选矿工艺

7.4.4.1 概述

金川高冰镍磨浮厂设计于1964年，1981年扩建为一次高冰镍为180t/d，二次高冰镍为30t/d。

生产实践中可采用两种选矿方法进行铜镍分离，一是从原矿进行优先浮选直接产出单一铜精矿和单一的镍精矿或进行混合浮选再将铜镍混合精矿分离为单一铜精矿和单一的镍精矿；二是将铜镍混合精矿熔炼为高冰镍，再从高冰镍中进行铜镍分离。

处理硫化铜镍矿时，铜镍分离方法的选择主要取决于矿石特性、铜镍比值、冶炼对产品的要求和铂族元素的走向等因素。从原矿直接采用浮选法进行铜镍分离，可简化冶炼过程，节省能耗，可获得较高的金属回收率。但对性质复杂的难选硫化铜镍矿矿石而言，较难达到预期的分离效果。

从高冰镍中进行铜镍分离，由于铜镍混合精矿经熔炼产出高冰镍，可使铂族元素富集于镍铜铁合金中，可采用磁选法回收镍铜铁合金。将镍铁合金进行二次硫化，可产出二次高冰镍，再从二次高冰镍中进行铜镍分离可进一步富集铂族元素。从高冰镍中分离铜镍，不受矿石性质限制，适应性强，指标稳定。

7.4.4.2 高冰镍的性质

高冰镍为铜镍混合精矿冶炼过程中的一种中间产物，相当于铜、镍、硫的人造矿物，其物理化学性质与天然镍矿物相似。高冰镍的物质组成与金相结构直接影响铜镍分离效果。缓慢冷却是决定获得理想高冰镍金相结构的关键因素。

一次高冰镍的基本物相组成为硫化镍（Ni_3S_2）、硫化铜（Cu_2S）和镍铜铁合金（Cu-Ni-Fe），其中金属硫化物含量大于90%。

高冰镍中所含的金、银、铂、钯等贵金属，绝大部分富集于镍铜铁合金中。高冰镍中钴的分布与铁正相关，铁高则钴高，铁低则钴低，故钴主要富集于镍铜铁合金中。硫化银

（Ag_2S）与硫化铜（Cu_2S）呈类质同晶，故银主要富集于硫化铜精矿中。高冰镍中硫化镍和硫化铜的产率取决于镍铜比，镍铜铁合金的产率取决于高冰镍中的硫含量，硫含量低，则镍铜铁合金产率高，反之则镍铜铁合金产率低，合金中铜镍比约为1∶4。一次高冰镍的主要化学成分见表7-21。

表7-21 一次高冰镍的主要化学成分

元 素	Ni	Cu	Fe	S	Co	Pt	Pd
含量/$g \cdot t^{-1}$	48.38	22.51	2.15	23.87	0.62	15.8	5.45
元 素	Au	Ag	Rh	Os	Ru	Ir	
含量/$g \cdot t^{-1}$	5.89	27.54	1.15	1.07	2.00	2.82	

高冰镍硬而脆，易被破碎，密度为5.5g/cm^3。高冰镍在熔融状态下，经缓慢冷却，晶体逐渐变大；温度为530℃时，硫化镍开始晶变，由β-Ni_3S_2转变为α-Ni_3S_2，固溶的硫化铜析出，为铜镍分离创造了有利条件。因此，应控制好700℃至400℃间的缓冷过程，尤其是从570℃至520℃缓冷过程最重要。若冷却速度过快，使各相结晶粒度变细，不利于铜镍分离；冷却速度过快，可使高冰镍含铁量高，使高冰镍组成类似于斑铜矿、镍黄铁矿和磁黄铁矿的化合物，三者的可浮性相近，浮选分离较困难。高冰镍中铁含量增高，使各相呈细粒形态析出，也不利于铜镍分离。国外认为高冰镍中铁含量大于3%时，无法进行铜镍分离。金川的生产实践表明，高冰镍中铁含量小于5%时，对铜镍分离无明显影响。

7.4.4.3 高冰镍的物理选矿工艺

金川镍矿高冰镍的磨矿—物理选矿流程如图7-9所示。

选矿厂产出的铜镍混合精矿经回转窑干燥、电炉熔炼及转炉吹炼，获得高冰镍熔融体，将其倾入地下保温坑加盖缓慢冷却三天，获得高冰镍大块（每块重约5~6t），作为高冰镍磨矿—浮选车间的给料。

高冰镍冷却块先用吊锤打碎，再用电耙将其耙入破碎矿仓，经三段开路破碎，给料从-350mm碎至-20mm。

采用二段磨矿，第一段采用一台ϕ1500mm×3000mm球磨机与一台ϕ1000mm单螺旋分级机进行闭路磨矿。第二段采用一台ϕ1500mm×3000mm球磨机与一台ϕ1200mm双螺旋分级机进行闭路磨矿，磨矿细度为-0.053mm占95%。在第二段分级机返砂处装有一台ϕ600mm×450mm湿式永磁磁选机回收合金产品，磁选尾矿返回第二段球磨机再磨。

球磨分级溢流送入两个串联搅拌槽加药调浆，1号搅拌槽加入苛性钠将矿浆pH值调至12~13，2号搅拌槽加入丁基黄药。调药后的矿浆送至两个平行的浮选回路进行铜镍分离浮选。每个浮选回路均采用一次粗选、二次扫选、五次精选的浮选流程获得铜精矿、镍精矿两种产品。

浮选药耗为：苛性钠4500g/t，丁基黄药100g/t。

高冰镍的物理选矿指标见表7-22。

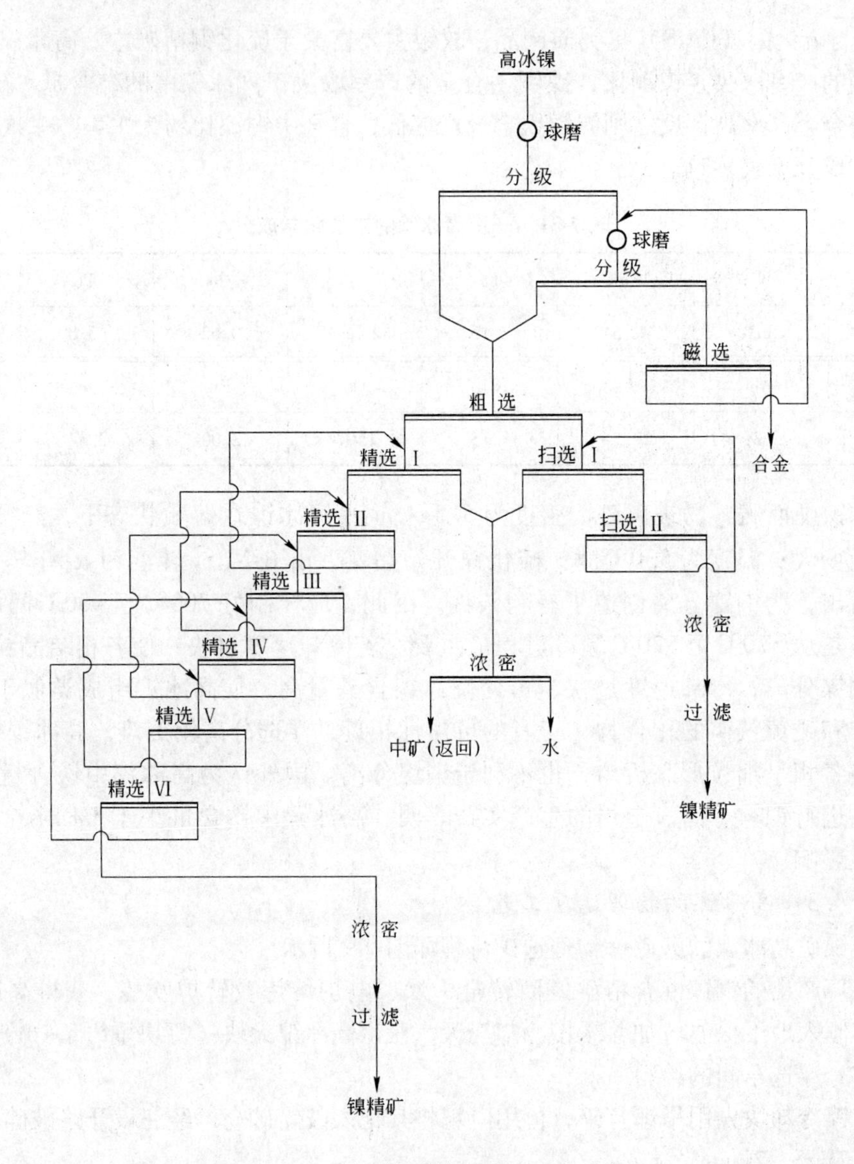

图 7-9 金川镍矿高冰镍的磨矿—选矿流程

表 7-22 高冰镍的物理选矿指标

产品	贱金属含量/%					贵金属含量/g · t^{-1}					
	Ni	Cu	Co	Fe	S	Au	Ag	Pt	Pd	Ru	Os
合金	60.45	18.21	1.12	8.81	3.05	39.81	13.06	154.40	51.21	25.20	12.30
镍精矿	63.09	3.57	0.85	3.80	22.59	7.13	38.16	12.93	0.82	1.09	0.85
铜精矿	3.42	75.50	0.12	3.20	22.00	1.10	262.82	0.74	0.54	0.13	0.07
一次高冰镍（给料）	46.18	24.41	0.67	4.04	20.60	8.24	107.04	21.66	7.60	2.89	1.61

生产实践表明，不计合金中硫化铜和硫化镍矿物的互含，浮选所得镍精矿和铜精矿中的镍、铜互含大于8%。

7.4.5 高冰镍的物理选矿新工艺探索试验

7.4.5.1 现工艺存在的不足

现工艺存在的不足主要为：

（1）磁选合金的地点有待改善：现工艺在第二段球磨分级返砂中进行磁选回收合金，返砂粒度较粗，合金与人造硫化铜矿物及硫化镍矿物的解离度不够，其结果之一是合金产品中含有相当量的未解离的硫化铜和硫化镍矿物，较低于合金中贵金属和铂族元素的含量；其次是降低了后续浮选作业的镍、铜回收率；再次是合金回收率较低，分级溢流中仍含相当数量的合金，导致镍精矿中含铜量偏高。

（2）浮选所得镍精矿和铜精矿中的镍、铜互含不小于8%。

7.4.5.2 新工艺探索试验流程

将高冰镍试样一次磨至 -0.053mm 占95%，采用一次粗选、一次精选的磁选流程回收镍铜铁合金，磁选尾矿送浮选；浮选作业以氢氧化钠或石灰为调整剂和抑制剂，以SB选矿混合剂为捕收剂进行铜、镍分离浮选，产出镍铜铁合金、单一铜精矿和单一镍精矿三种产品。

7.4.5.3 新工艺探索试验结果

A 以氢氧化钠为调整剂和抑制剂

闭路试验浮选药剂用量为：氢氧化钠2000g/t，SB选矿混合剂80g/t。

试验的闭路指标见表7-23。

表7-23 新工艺探索试验的闭路指标

产品	产率/%	精矿品位/%		回收率/%	
		Ni	Cu	Ni	Cu
镍铜铁合金	18.02	55.41	10.44	23.45	8.32
铜精矿	29.97	9.70	66.41	6.83	88.00
镍精矿	52.01	57.08	1.60	69.72	3.68
一次高冰镍	100.00	42.58	22.62	100.00	100.00

从表7-23中数据可知，由于氢氧化钠用量不够或SB用量过量，致使铜精矿中的镍含量为9.70%，但镍精矿中的铜含量已降至1.60%。因此，采用氢氧化钠作抑制剂不够理想，对硫化镍矿物的抑制作用弱，铜精矿中的镍含量很难降至理想的水平。

B 以石灰为调整剂和抑制剂

闭路试验浮选药剂用量为：石灰8000g/t，SB选矿混合剂60g/t。

试验的闭路指标见表7-24。

表7-24 新工艺探索试验的闭路指标

产品	产率/%	精矿品位/%		回收率/%	
		Ni	Cu	Ni	Cu
镍铜铁合金	17.77	56.41	10.11	23.54	7.94
铜精矿	26.69	3.72	74.69	1.08	88.13
镍精矿	55.54	57.79	1.60	75.38	3.93
一次高冰镍	100.00	42.58	22.62	100.00	100.00

从表7-24中数据可知，在提高高冰镍的磨矿细度（-0.038mm占95%）的前提下，采用石灰作硫化镍矿物的抑制剂较理想，可将铜精矿中的镍含量降至3.72%左右，镍精矿中的铜含量已降至1.60%左右，可使铜精矿和镍精矿中的铜镍互含降至4%左右。因此，镍铜铁合金和镍精矿中的镍回收率达98%，镍铜铁合金和铜精矿中的铜回收率达96%。

上述指标仅是探索试验的数据，理想指标有待小型试验工艺参数优化后才能获得，但小试的方向已明确了。

7.5 盘石镍矿的选矿实践

7.5.1 矿石性质

该矿为岩浆熔离型硫化铜镍矿床，现有两个矿区，主要金属矿物为磁黄铁矿、镍黄铁矿、紫硫镍铁矿、黄铜矿和黄铁矿，硫化矿物含量占矿石总量的20%左右，其中磁黄铁矿占硫化物的60%以上，磁黄铁矿与镍黄铁矿之比为（3～4）：1。脉石矿物主要为斜方辉石、透闪石、滑石、蛇纹石等，滑石等泥质脉石约占脉石矿物总量的20%～40%。

镍、铜物相分析表明，硫化矿物中镍、铜含量分别为93.2%和97.18%。大量磁黄铁矿与易浮、易泥化的次生硅酸盐脉石矿物如滑石、纤闪石、次闪石、蛇纹石等，是影响铜镍混合精矿品位和浮选回收率的主要因素。

镍呈类质同象形态存在于磁黄铁矿中，一部分镍黄铁矿呈固溶体形态嵌布于磁黄铁矿中。脉石矿物中的镍含量一般小于0.1%。因此，欲提高铜镍混合精矿的品位，除尽量去除脉石矿物外，还应设法去除镍含量低的磁黄铁矿。

矿石中除镍外，铜、钴等均可综合回收。钴呈固溶体形态存在于镍黄铁矿和磁黄铁矿中。铜主要呈黄铜矿，它与镍黄铁矿关系不密切。

7.5.2 选矿工艺

该矿选矿数质量流程如图7-10所示。

破碎采用三段一闭路流程，破碎最终产品粒度小于15mm。磨浮采用阶段磨矿-铜镍混合浮选-分离浮选的流程，产出单一铜精矿和单一镍精矿两种产品。

混合浮选采用碳酸钠调浆，矿浆pH值为9左右。采用25号黑药与丁基黄药组合捕收剂。第一段磨矿细度为-0.074mm占55%，第二段磨矿细度为-0.074mm占70%。产出含铜1.778%、含镍6.002%的铜镍混合精矿。

混合精矿分离浮选时，采用石灰调浆，矿浆pH值为12，采用羧甲基纤维素为脉石抑制剂，采用一粗一扫三精流程产出铜精矿和镍精矿。

浮选药剂用量见表7-25。浮选指标见表7-26。

表7-25 浮选药剂用量

药 名	25号黑药	丁基黄药	碳酸钠	羧甲基纤维素	石 灰
用量/$g \cdot t^{-1}$	291	158	1590	924	9366

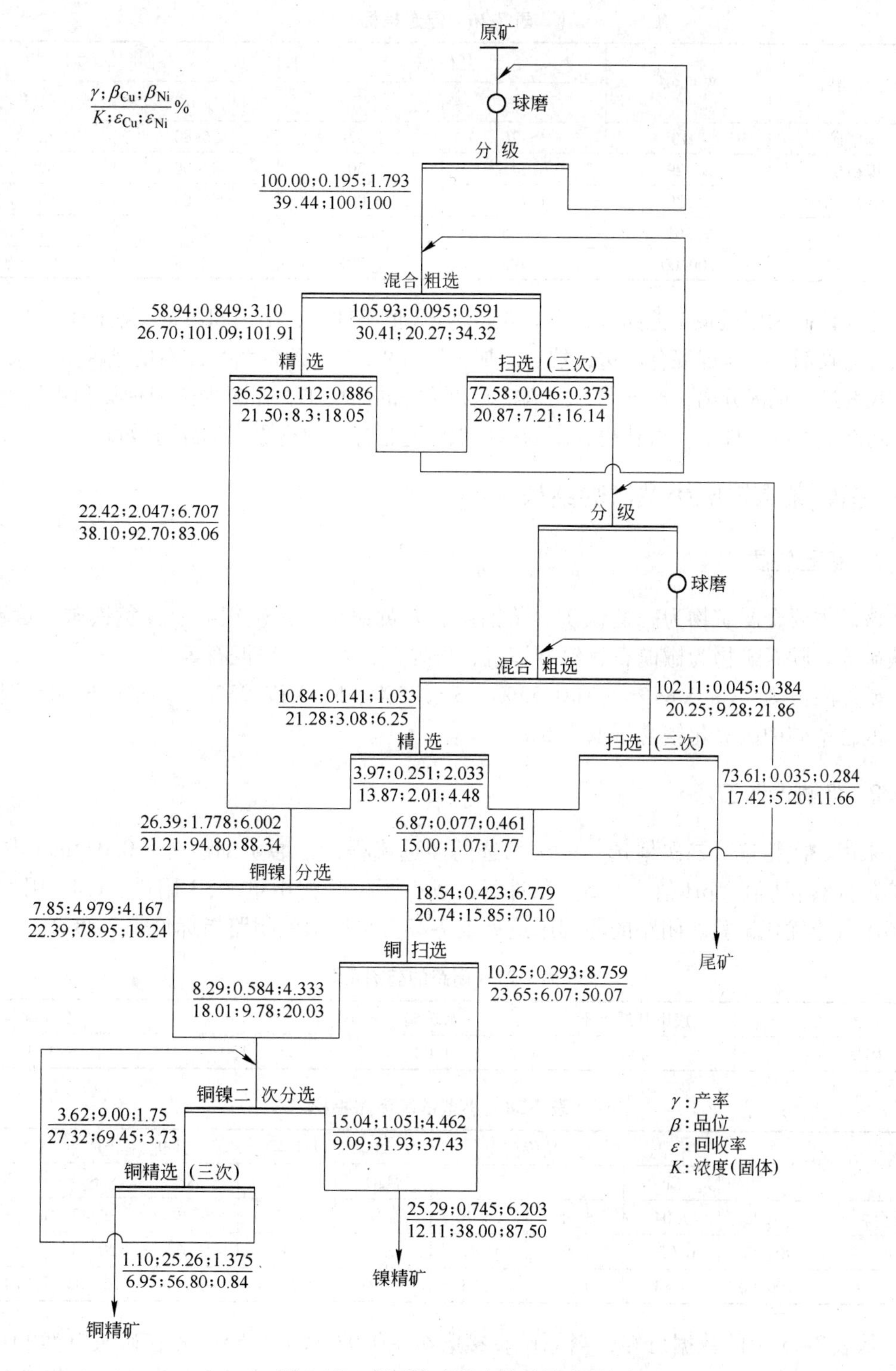

图 7-10　盘石镍矿浮选数质量流程

从表 7-23 中的数据可知，该矿浮选指标仍有提高的空间，混合浮选指标较理想，分离浮选指标不够理想，铜浮选回收率较低。

表 7-26 浮选指标

产品	产率/%	品位/%		回收率/%	
		Cu	Ni	Cu	Ni
铜精矿	1.10	25.26	1.375	56.80	0.84
镍精矿	25.29	0.745	6.203	38.00	87.50
铜镍混合精矿	26.39	1.778	6.002	94.80	88.34
尾矿	73.61	0.035	0.284	5.20	11.66
原矿	100.00	0.495	1.793	100.00	100.00

建议该矿采用低碱工艺路线，在矿浆自然pH值条件下，采用SB选矿混合剂与异戊基黄药组合捕收剂进行铜镍混合浮选，然后添加少量石灰，在pH值为9左右的条件下，采用SB作捕收剂进行铜镍分离，产出单一的铜精矿和单一的镍精矿。在减少药剂种类和用量，降低吨矿药剂成本的条件下，可获得较高的铜、镍浮选指标，取得更大的经济效益。

7.6 新疆某铜镍矿小型试验结果

7.6.1 矿石性质

该矿主要金属矿物为磁黄铁矿、黄铜矿、方黄铜矿、紫硫镍矿、镍黄铁矿、黄铁矿、磁铁矿等。脉石矿物为橄榄石、斜方辉石、角闪石、长石、绿泥石等。

矿样品位为：Cu 0.84%、Ni 0.53%、S 3.75%、MgO 17.93%。要求产出铜镍混合精矿，混合精矿中的氧化镁含量低于6%。

7.6.2 低碱浮选工艺

采用一次粗选、二次精选、一次扫选的浮选流程，在磨矿细度为 -0.074mm 占 85% 和矿浆自然 pH 值（pH 值为6.5）条件下，进行了硫酸铜用量、SB 用量、CMC 用量和水玻璃用量等优化试验。闭路的药剂用量见表 7-27。小型试验闭路指标见表 7-28。

表 7-27 闭路的药剂用量

药名	羧甲基纤维素	水玻璃	SB	丁基黄药
用量/$g \cdot t^{-1}$	400	1500	150	120

表 7-28 小型试验闭路指标

产品	产率/%	品位/%				回收率/%			
		Cu	Ni	S	MgO	Cu	Ni	S	MgO
混合精矿	11.28	7.04	3.95	26.40	5.16	94.11	84.36	79.42	3.25
尾矿	88.72	0.056	0.093	0.87	19.55	5.89	15.64	20.58	96.75
原矿	100.00	0.84	0.53	3.75	17.93	100.00	100.00	100.00	100.00

从表 7-25 中的数据可知，当原矿直接磨至 -0.074mm 占 85% 和在矿浆自然 pH 值条件下，采用 CMC 和水玻璃作氧化镁矿物的抑制剂，以 SB 选矿混合剂和丁基黄药组合药剂作硫化铜矿物和硫化镍矿物的捕收剂进行混合浮选，仅采用一次粗选、二次精选、一次扫选的简化流程，采用一点加药的方法即可获得比现工艺高的铜、镍浮选指标，混合精矿中的氧化镁含量仅3.25%，矿泥的有害影响较小。

8 硫化铜铅锌矿的浮选

8.1 概述

8.1.1 硫化铜铅锌矿的矿石特点

常将硫化铜铅锌矿称为多金属硫化矿。此类型矿石中，除含铜、铅、锌、硫的金属硫化矿物外，还常含有金、银、镉、铟、铋、锑、钨、锡及碲、硒、锗、镓等元素。因此，硫化铜铅锌矿石是提取有色金属铜、铅、锌和贵金属及稀有金属、稀散金属的重要矿产资源。

硫化铜铅锌矿矿石中，主要的金属矿物为黄铜矿、方铅矿、闪锌矿，其次为黄铁矿、磁黄铁矿、斑铜矿、辉铜矿、黝铜矿、磁铁矿和毒砂等。地表氧化带含有孔雀石、蓝铜矿、白铅矿、铅矾及褐铁矿等。脉石矿物主要为石英、方解石、绿帘石、透闪石、矽灰石及石榴子石等，有时还含一定量的重晶石、萤石和绢云母等。矿石中的金呈自然金形态存在或伴生于黄铁矿与黄铜矿中。银与矿石中的方铅矿、砷黝铜矿及黝铜矿共生，镉、锗、镓一般含于闪锌矿中。

硫化铜铅锌矿矿石主要产于热液型和矽卡岩型矿床，有时也产于其他类型矿床。矿石的矿物组成和化学组成因成矿条件和矿床类型而异，产于不同矿床类型的硫化铜铅锌矿石的特性有差异。

硫化铜铅锌矿矿石的特点为：矿石中的有用金属硫化矿物以方铅矿、闪锌矿为主，硫化铜矿物含量较低，黄铁矿含量一般也较低，但有的铅锌矿石原矿含硫可高达30%左右。选厂一般产出铜精矿、铅精矿、锌精矿三种产品，有时也产出硫精矿。次生铜矿物在磨矿过程中易产生铜离子活化闪锌矿，使有用金属硫化矿物的分离较困难。

8.1.2 矿石中主要金属硫化矿物的可浮性

（1）黄铜矿 $CuFeS_2$。纯矿物含 Cu 34.56%，含 Fe 30.52%，含 S 34.92%，密度为 4.1～4.3g/cm^3，莫氏硬度为3.5～4.2。在中性和弱碱性介质中可较长时间保持其天然可浮性。但在高碱介质中（pH 值大于10），其矿物表面结构易受 OH^- 侵蚀，生成氢氧化铁薄膜，使其天然可浮性下降（请参阅5.1.2节）。可用硫化矿物的捕收剂作硫化铜矿物的捕收剂，硫化铜矿物的抑制剂为氰化物、硫化钠和氧化剂，现生产中已不用氰化物，主要采用氧化剂或硫化钠作抑制剂，起泡剂一般可用常用起泡剂。但采用低碱介质浮选工艺路线，在矿浆自然 pH 值条件下浮选时，常用起泡剂的起泡能力无法满足浮选的要求，当浮选的有用矿物量大时更是如此。

（2）方铅矿 PbS。纯矿物含 Pb 86.6%，含 S 13.4%，密度为7.4～7.6g/cm^3，莫氏硬度为2.5～2.7。方铅矿中常含银、铜、锌、铁、锑、铋、砷、钼等杂质。试验表明，方铅矿的可浮性与矿浆 pH 值密切相关。方铅矿的天然可浮性较好，属易浮的硫化矿物。当矿浆 pH 值大于 9.5 时，捕收剂（如黄药、黑药等）在方铅矿表面的吸附量明显下降，其可浮性明显下降。因此，在低碱介质中浮选可提高方铅矿的可浮性，可大幅度降低捕收剂的用量。在高碱介质中浮选时，为获得较高的铅浮选回收率，只能采用高捕收能力的浮选捕收剂（如高级黄药、硫氮等）和提高捕收剂用量。因此，高碱介质浮选的药剂成本较高。可用硫化矿物的捕收剂作方铅矿的捕收剂，方铅矿的抑制剂为重铬酸盐、硫化钠等。生产中常用重铬酸盐（红矾）作方铅矿的抑制剂。

（3）闪锌矿 ZnS。纯矿物含 Zn 67.0%，含 S 33.0%，密度为 3.9 ~ 4.1g/cm^3，莫氏硬度为 3.5 ~ 4.0。闪锌矿中常含铁杂质形成铁闪锌矿，铁闪锌矿表观颜色有灰黑色和灰白色两种，常见的为灰黑色铁闪锌矿，其中铁含量为 5% ~ 10%，有的甚至高达 16%。闪锌矿的天然可浮性与其中铁含量密切相关，随闪锌矿中铁含量的增加，其可浮性下降。闪锌矿的天然可浮性与矿浆 pH 值密切相关，在酸性介质中，闪锌矿易浮；在碱性介质中，须采用 Cu^{2+} 活化后，才能采用硫化矿物捕收剂进行浮选。Cu^{2+} 活化闪锌矿的效果与矿浆 pH 值有关，当 pH 值为 6 左右时，闪锌矿表面对 Cu^{2+} 的吸附量最大；在酸性和碱性介质中，闪锌矿表面对 Cu^{2+} 的吸附量均下降。因此，采用低碱介质浮选可以降低硫酸铜的用量，提高闪锌矿的可浮性。可用硫化矿物的捕收剂作闪锌矿的捕收剂，闪锌矿的抑制剂为石灰、硫酸锌、硫酸亚铁、亚硫酸盐、二氧化硫气体等。生产中常用石灰与硫酸锌作闪锌矿的抑制剂。常用起泡剂均可作浮选闪锌矿的起泡剂。但在低碱介质和闪锌矿含量高时，常用起泡剂常无法满足浮选的要求。

8.1.3 硫化铜铅锌硫矿的浮选流程

（1）硫化铜铅锌硫矿的浮选流程：常用的为部分混合浮选流程，即铜铅混合浮选—浮选锌—浮选硫、铜铅混合精矿分离浮选流程，产出铜精矿、铅精矿、锌精矿和硫精矿四种单一精矿产品。

（2）硫化铅锌硫矿的浮选流程：常用的为优先浮选流程，即浮选铅—浮选锌—浮选硫的浮选流程，产出铅精矿、锌精矿和硫精矿三种单一精矿产品。

目前，生产实践中较少采用等可浮流程、全混合浮选流程。

8.2 硫化铜铅锌矿的浮选

8.2.1 广西佛子冲硫化铜铅锌矿的浮选

8.2.1.1 *矿石性质*

该矿为矽卡岩型高中温热液交代多金属硫化矿，主要金属矿物为方铅矿、铁闪锌矿、闪锌矿、磁黄铁矿，并伴生金、银等贵金属。主要脉石矿物为透辉石。矿石结构以致密块状、浸染状为主。

有用矿物的嵌布粒度粗细极不均匀，方铅矿的嵌布粒度为 0.005 ~ 20mm，以细粒为主，与其他矿物致密共生；铁闪锌矿的嵌布粒度为 0.004 ~ 1mm；闪锌矿常被其他金属矿物交替溶蚀，互相包裹；黄铜矿的嵌布粒度为 0.002 ~ 5mm，常局部富集，与其他矿物生成富集块状；银主要以类质同象赋存于方铅矿、黄铜矿中。矿石硬度为 6 ~ 11。

原矿平均品位为：Pb 3.12%，Zn 3.0%，Cu 0.234%，Au 0.28g/t，Ag 35.5g/t。

8.2.1.2 选矿工艺

A 高碱介质浮选工艺

原设计碎矿采用三段一闭路，最终破碎粒度 -20mm。采用一段闭路磨矿，磨矿细度为 -0.074mm 占75%左右。

原设计浮选流程为“混合浮选—再分离”流程，因药耗大、浮选指标低、氰化物用量高达500g/t 等原因，于1969 年10 月改为直接优先浮选流程。该流程与混合浮选流程比较，铅回收率提高了9.78%，锌回收率提高了18.59%，药剂成本降低2.89 元/吨，但铜回收率较低。1970 年10 月改为“铜铅混选—铜铅分离—混尾选锌”的浮选流程，后又增加了锌尾磁选磁黄铁矿产出硫铁精矿，此流程一直沿用至今，选厂规模为1000t/d。2009 年1～12 月的累计生产指标见表8-1。

表8-1 2009 年1～12 月累计生产指标

产 品	重量/万吨	产率/%	品位/%			回收率/%		
			Pb	Zn	Cu	Pb	Zn	Cu
铅精矿	1.185	4.235	64.045	4.558	0.339	89.13	5.59	5.73
铜精矿	0.187	0.668	5.169	10.609	22.300	1.14	2.05	59.34
铜铅混精	1.372	4.903	56.023	5.382	3.332	90.27	7.64	65.07
锌精矿	1.667	5.959	1.141	50.216	1.143	2.23	86.65	27.12
尾 矿	24.938	89.138	0.256	0.221	0.022	7.50	5.71	7.81
原 矿	27.977	100.000	3.043	3.453	0.251	100.00	100.00	100.00

该矿铜铅混合精矿进行铜铅分离时的重铬酸钾用量高达500g/t 原矿。

B 低碱介质浮选工艺

应该矿邀请，我们与该矿组成试验小组，从2010 年7 月6 日至8 月6 日历时一个月，对取自球磨给矿皮带的两个矿样分别进行了两个方案的低碱工艺小型试验，圆满地完成了试验任务，取得了较好的小型试验闭路指标。

小型试验流程为一次粗选、三次精选、一次扫选，“铜铅混选—浮锌”流程，磨矿细度为 -0.074mm 占80%。

第一方案为铜铅混选作业添加4000g/t 石灰和500g/t 硫酸锌作闪锌矿的抑制剂（pH 值为9），50g/t SB 和50g/t 硫氮作捕收剂；浮锌时添加400g/t 硫酸铜作闪锌矿的活化剂，20g/tSB 和70g/t 硫氮作捕收剂，锌尾矿浆 pH 值为7 左右。

第二方案为铜铅混选作业添加500g/t 硫酸锌作闪锌矿的抑制剂，40g/t SB 作捕收剂，矿浆 pH 值为6.5；浮锌时添加4000g/t 石灰作硫铁矿的抑制剂，400g/t 硫酸铜作闪锌矿的活化剂，20g/t SB 和90g/t 硫氮作捕收剂，锌尾矿浆 pH 值为7 左右。

小型试验闭路药方见表8-2。小型试验闭路指标见表8-3。

表8-2 小型试验闭路药方 (g/t)

药 名	石 灰	$ZnSO_4$	SB	SN	$CuSO_4$
第一方案	4000	500	70	120	400
第二方案	4000	500	60	90	400

表 8-3 小型试验闭路指标

方案	产品	产率/%	品位/%			回收率/%		
			Pb	Zn	Cu	Pb	Zn	Cu
第一方案	铜铅混精	5.94	51.848	5.795	4.406	94.49	7.82	68.67
	锌精矿	7.72	0.547	51.421	1.378	1.30	90.23	27.92
	尾矿	86.34	0.159	0.099	0.015	4.21	1.95	3.41
	原矿	100.00	3.259	4.400	0.381	100.00	100.00	100.00
第二方案	铜铅混精	4.70	55.809	5.572	4.575	92.87	7.43	70.72
	锌精矿	6.24	0.859	50.520	1.160	1.90	89.37	23.82
	尾矿	89.06	0.166	0.127	0.013	5.23	3.20	5.46
	原矿	100.00	2.824	3.527	0.304	100.00	100.00	100.00

从表 8-3 中的数据可知：

（1）第一方案的浮选指标高于第二方案的相应指标；

（2）第一方案的中矿循环量比第二方案小，尤其是第一方案的锌金属在铅循环的循环量比第二方案小得多；

（3）第一方案可用新水或回水，指标稳定，锌尾矿浆 pH 值为 7 左右，环境效益好，第二方案只能用新水，无法使用回水。

对比表 8-1 和表 8-3 中的数据可知：

（1）小型试验的混合精矿中的铅回收率比生产指标高 4.22%，铜回收率高 3.6%；

（2）小型试验的锌精矿的锌品位比生产指标高 1.2%，锌回收率高 3.58%。

铜铅混合精矿的开路分离浮选试验表明，采用 40g/t 原矿的重铬酸钾进行抑铅浮铜，可获得较理想的浮选分离指标，重铬酸钾的用量仅为生产用量的 10%。但因多种原因，该小型试验成果目前尚未用于工业生产。

8.2.2 湖南黄沙坪硫化铜铅锌矿的浮选

8.2.2.1 *矿石性质*

该矿为高-中温中深热液碳酸盐岩石中的裂隙充填交代矿床，主要金属矿物为黄铁矿、铁闪锌矿、方铅矿、纤维锌矿、黄铜矿、白铁矿、斜方砷铁矿、毒砂、磁黄铁矿、白铅矿、铅矾、孔雀石、锡石和黝锡矿等，含少量的辉铋矿、辉钼矿、辉银矿，伴生元素有镉、金、银、镓、铟、锗、碲、硒、铊等。可回收的有用矿物为方铅矿、铁闪锌矿、黄铁矿、黄铜矿和锡石。脉石矿物主要为石英、方解石、萤石、绢云母和绿泥石等，其中主要为石英和方解石。矿石构造以致密块状为主，其次为浸染状、角砾状、细脉状和条带状等。

方铅矿多呈不规则粒状集合体，充填于黄铁矿、铁闪锌矿的裂隙和间隙中，同时溶蚀交代黄铁矿和铁闪锌矿。方铅矿嵌布粒度大于 0.043mm 的粒级占 91%。

铁闪锌矿多呈不规则粒状集合体，嵌布于黄铁矿的间隙和裂隙中，常溶蚀交代黄铁矿。大部分铁闪锌矿中嵌布有乳浊状黄铜矿和磁黄铁矿，粒径大于 0.043mm 的粒级占 86.3%。纯度为 95% 左右的铁闪锌矿含 Zn 46.01%、Fe 14.37%、Sn 0.25%，此外还有少量普通的闪锌矿和极少量的纤维锌矿。

黄铁矿一般呈粒状集合体，粒径大于0.043mm的粒级占80.7%。黄铁矿生成较早，其颗粒或间隙之间常为较晚的铁闪锌矿、方铅矿、黄铜矿所充填和溶蚀交代。因此，产生有用矿物紧密共生，构成致密状矿石。

黄铜矿一般呈不规则粒状嵌布于黄铁矿间隙中，溶蚀交代黄铁矿，一部分黄铜矿呈乳浊状嵌布于铁闪锌矿中。黄铜矿的嵌布粒度为大于0.043mm粒级占54.5%。

锡石多呈半自形晶体，部分呈他形晶体产出，粒度一般为0.02～0.03mm，部分为0.09～0.12mm，细的为0.002mm左右。锡石与黄铁矿、铁闪锌矿嵌布较密切，有部分小于0.01mm的锡石分散于石英晶体中。

原矿多元素分析结果见表8-4。

表8-4 原矿多元素分析结果

元素	Pb	Zn	S	Cu	Fe	Sn	Au	Ag	Mn	F
含量/%	3.69	6.01	16.00	0.15	15.9	0.1	0.11g/t	65g/t	1.3	0.9
元素	As	Sb	全C	SiO_2	CaO	MgO	Al_2O_3	Cd	Ga	Ge
含量/%	0.67	0.02	2.57	20.73	11.7	3.74	4.35	0.02	0.001	0.0004

8.2.2.2 高碱介质浮选工艺

碎矿采用三段一闭路流程，将-600mm原矿碎至-20mm，1967年投产，流程经四次重大变革。1966年下半年短期试用二段磨矿全浮选；1967～1968年部分混合浮选；1968～1971年一季度一段磨矿全浮选；1971年二季度起选厂流程为“铅、锌、硫等可浮—锌硫混选—再分离”的浮选流程（如图8-1所示）。

在矿浆自然pH值（约6.5）条件下，不添加任何抑制剂，浮选方铅矿和部分可浮性好的黄铁矿及闪锌矿，等可浮粗精矿经一次分离粗选四次精选和二次扫选产出铅精矿；等可浮扫选尾矿在pH值为9～9.5条件下，添加硫酸铜活化闪锌矿、铁闪锌矿，采用乙丁黄药进行锌硫混合浮选；铅锌硫等可浮粗精矿分离后的尾矿与锌硫混浮的粗精矿一起进入锌硫分离作业，在pH值大于11的条件下，添加硫酸铜作活化剂进行浮锌抑硫，产出锌精矿和硫精矿。采用石灰作矿浆pH值调整剂。浮选药方见表8-5。1982年上半年的生产指标见表8-6。

表8-5 浮选药方 (g/t)

药　名	25号黑药	1∶1乙丁黄药	二号油	硫酸铜	石灰	硫酸锌	硫氮	加药点
铅锌等可浮	30～40	120～180	50～80	0	0	0	0	球磨机，搅拌槽
锌硫混浮	0	60～120	50～100	250～350	pH>10	0	0	搅拌槽，扫选Ⅰ、扫选Ⅱ
铅锌分离	0	0	0	0	pH=12	200～250	30	搅拌槽，精选Ⅳ
锌硫分离	0	40	0	50	pH>12	0	0	
合　计	30～40	220～300	100～180	300～350	15000	200～250	30	

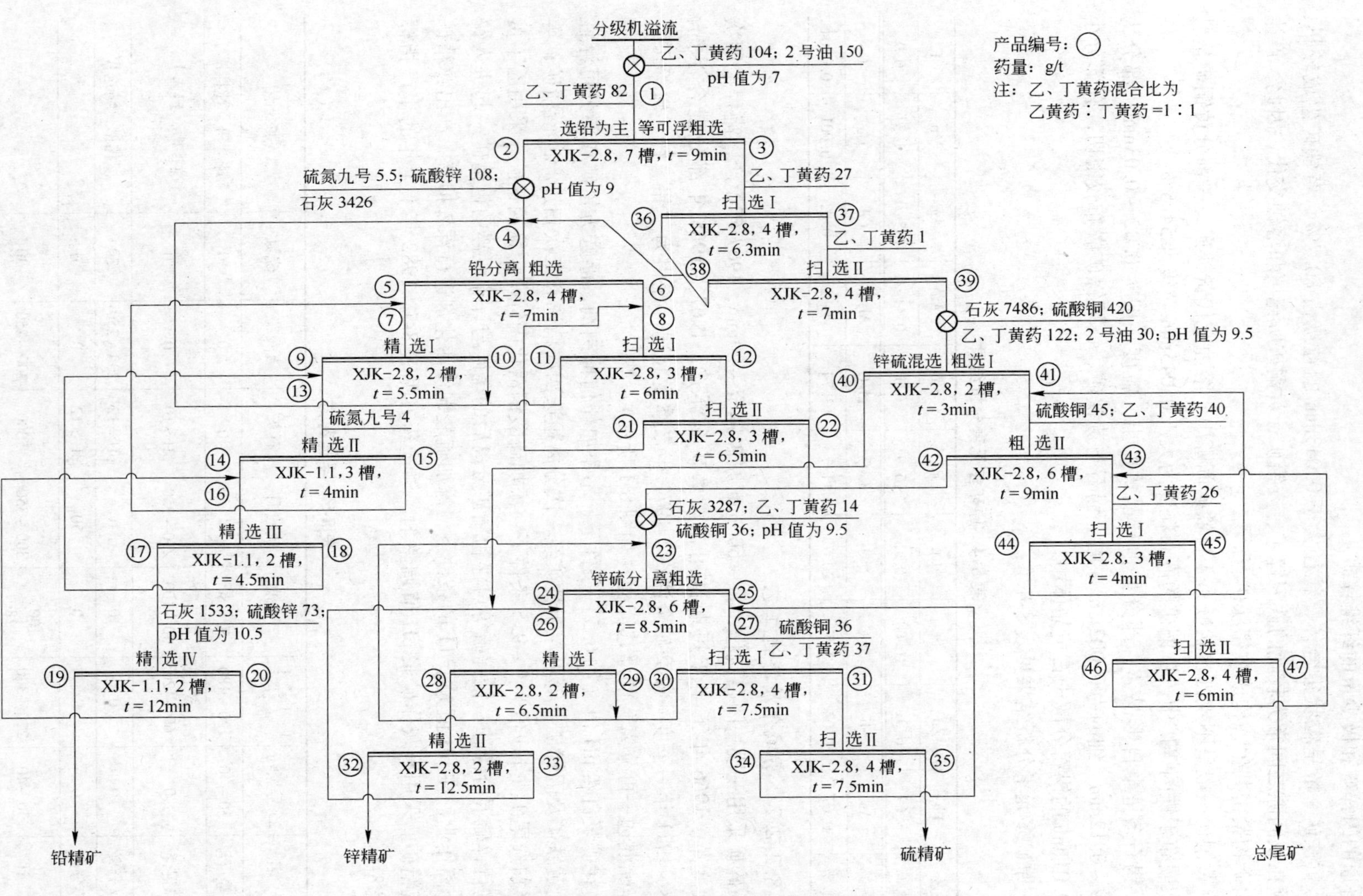

图 8-1 湖南黄沙坪硫化铜铅锌矿选厂磨矿-浮选流程

表 8-6 1982 年上半年的生产指标

产品	产率/%	品位/%			回收率/%		
		Pb	Zn	S	Pb	Zn	S
铅精矿	3.93	70.93	2.71	13.47	90.88	1.84	4.06
锌精矿	12.29	0.66	44.11	32.00	2.64	93.47	30.16
硫精矿	23.41	0.49	0.63	29.60	3.74	2.54	53.15
尾矿	60.37	0.14	0.21	2.73	2.74	2.15	12.63
原矿	100.00	3.07	5.80	13.04	100.00	100.00	100.00

1996 年在以铅为主等可浮前加了铜铅混浮，产出铜精矿、铅精矿、锌精矿和硫精矿四种产品。

近 30 年的生产实践表明该流程对矿石性质变化的适应性强，浮选过程稳定，易操作，尾矿品位较低，回收率较高。其存在的主要问题为：

（1）铅与锌硫分离尾矿产率约 20%，进入锌硫分离作业，使其循环负荷增大，黄铁矿上浮的干扰增大，使锌硫分离困难。

（2）铅与锌硫分离尾矿含硫约 40%，含锌 2% ~6%；锌硫混选进入分离的泡沫产品含硫约33%，含锌 25% 左右。两股矿浆混合后，锌品位下降 10%，硫品位上升 3%，降低了锌的入选品位，增加了提高锌精矿品位的难度。

（3）锌硫混选时夹带较多的脉石矿物，锌硫分离后全部进入硫精矿，致使硫精矿品位较低。

8.2.2.3 低碱介质浮选工艺

2002 年我们应该矿邀请，在矿试样室对取自球磨给矿皮带的试样进行了“铜铅混选—铜铅分离—混尾选锌”的流程试验。铜铅混选矿浆 pH 值为 11，采用丁铵黑药和硫氮作捕收剂和起泡剂。选锌硫酸铜用量为 400g/t，丁基黄药 100g/t，锌尾硫未回收，取得了比较理想的浮选指标。后来该矿对此流程进行了重复试验，此后生产现场流程全部改为此部分混选—优先浮选流程，一直沿用至今。锌尾原用摇床回收部分硫精矿，后改为添加硫酸活化硫铁矿，采用丁基黄药浮硫产出硫精矿。

建议该矿利用现有浮选设备和流程，改变浮选工艺路线和药方，实现低碱介质浮选铜、铅、锌和实现原浆浮选硫铁矿，可产出优质的铜精矿、铅精矿，含锌为 46% 的锌精矿及含硫达 46% 的硫精矿，各有用组分的回收率均可不同程度地高于现有指标，实现节能降耗，提高企业经济效益。

8.3 硫化铅锌矿的浮选

8.3.1 凡口铅锌矿的浮选

8.3.1.1 矿石性质

凡口铅锌矿的原矿为中低温热液充填接触交代形成的铅锌铁高硫硫化矿，有用金属硫化矿物呈细粒不均匀复杂嵌布。矿石性质复杂，铅、锌、铁关系密切。因该矿的硫化铁矿物主要为黄铁矿，硫与铁的比例稳定（铁硫比为 1∶1.15），故该矿较长时间以铁的含量代替硫的含量。原矿中主要金属矿物为黄铁矿、闪锌矿和方铅矿，次要金属矿物为白铁矿、磁黄铁矿、铅矾、白铅矿、毒砂、淡红银矿、辉银矿、黄铜矿等。还伴生有银、镉、镓、锗等稀贵金属。金属硫化矿的矿物量占矿石总量的60%以上，其中黄铁矿的矿物含量占40%以上。主要脉石矿物为石英、方解石、白云石、绢云母等。

该矿矿石中的黄铁矿分两期成矿，早期成矿早，黄铁矿晶粒较粗；晚期成矿较晚，黄铁矿晶粒较细。晚期黄铁矿被闪锌矿、方铅矿的成矿热液溶蚀交代而呈溶蚀交代残余结构。

部分早期黄铁矿的粒度较粗，一般大于0.1mm，且与方铅矿、闪锌矿结合不密切。另一部分黄铁矿粒度较细，一般为0.02~0.1mm，生成于闪锌矿、方铅矿的成矿阶段，这部分黄铁矿与闪锌矿、方铅矿的关系极为密切，铅锌硫较难分离。闪锌矿的粒度为0.1~0.5mm，部分粒度较细的为0.02~0.1mm。方铅矿成矿于黄铁矿、闪锌矿之后，受空间限制，方铅矿呈他形晶粒状或细脉状嵌布于黄铁矿与闪锌矿的间隙和裂隙中，并溶蚀交代黄铁矿和闪锌矿，方铅矿的粒度为0.018~0.5mm。因此，该矿铅、锌、硫分离的关键之一是浮选作业前，浮选矿浆应具有足够高的磨矿细度，矿石不怕细磨，只怕欠磨，浮选过程中，有用组分主要损失于过粗粒级和氧化铅、氧化锌矿物中。

由于锌原子半径为0.137nm，锗原子半径为0.146nm，镓原子半径为0.127nm，它们的原子半径较相近。因此，矿石中93%的锗和70%的镓均分布于闪锌矿中。矿石中铅氧化率为9.05%，锌氧化率为2.17%，属铅锌硫化矿。原矿多元素化学分析结果见表8-7。

表8-7　原矿多元素化学分析结果

元素	Pb	Zn	Fe	S	Cu	Ga	Ge	Cd	SiO_2	MgO	Al_2O_3	As_2O_3
含量/%	5.51	11.14	19.86	27.74	0.025	0.0066	0.002	0.022	15.03	5.81	2.75	0.14

8.3.1.2　高碱介质浮选工艺

凡口铅锌矿选厂从1968年投产至今已有40多年的历史，选厂的浮选工艺历经多次重大改革。1979年前，原矿含铅5%，含锌11%，产出的铅精矿、锌精矿的主品位仅40%~42%，主金属的回收率仅60%左右。1979年8月原西德鲁奇化学冶金公司在广州交易会中标，在凡口矿50t/d小选厂进行高细度和高碱度的“两高”半工业试验，在同样原矿品位条件下，获得铅精矿含铅53%，铅回收率为82%及锌精矿含锌55%，锌回收率为92%的浮选指标。半工业试验后的总结认为：半工业试验成功的主要原因是浮选前，原矿进行二段磨矿，磨矿细度高达-0.043mm占70%；其次是采用高碱介质浮选，矿浆pH值为13.5。凡口矿向当时的冶金部汇报后，冶金部向全国有关单位转发了凡口矿的总结报告，从此在全国有关选厂全面推行“高细度、高碱度”的“两高”工艺。半工业试验后，凡口矿选厂对选矿工艺流程和药方进行了重大改革，采用北京矿冶研究总院提供的流程和药方，一举取得了工业试验的成功。此后30多年期间，虽经多次流程改革，但只是在精选、扫选次数、浮选顺序及产品方案等方面不断完善，而精矿品位和主金属回收率未有明显提高，“两高”工艺的本质从未改变。

凡口矿选厂现生产磨矿-浮选工艺流程如图8-2所示。现生产指标见表8-8。

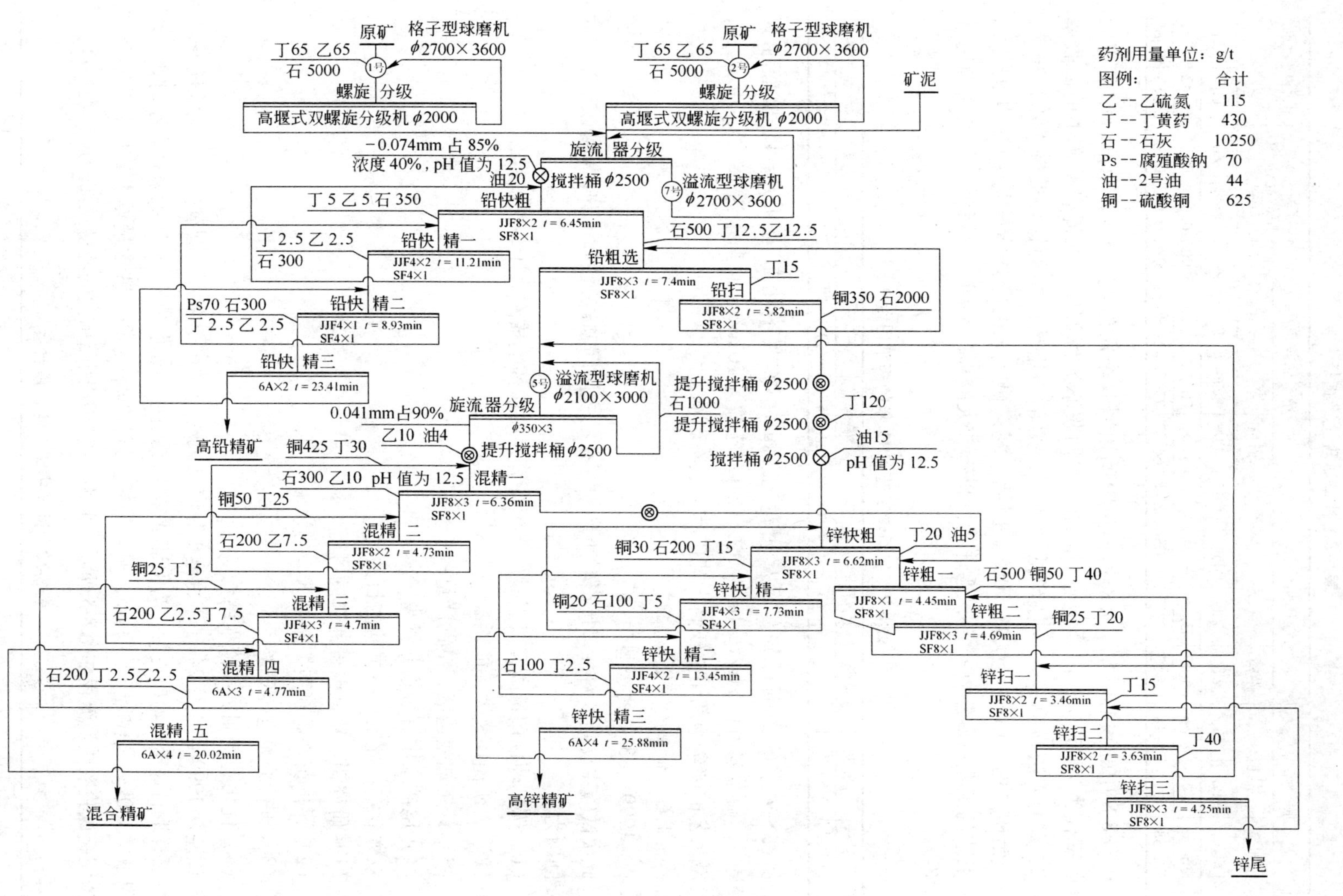

图 8-2 凡口矿选厂现生产磨矿-浮选工艺流程

表 8-8 凡口矿现生产指标

年份	原矿			精矿品位/%				精矿回收率/%				尾矿品位/%		综合回收率/%	
	处理量/t·班$^{-1}$	品位/%		铅精	锌精	混精		铅精	锌精	混精					
		Pb	Zn	Pb	Zn	Pb	Zn	Pb	Zn	Pb	Zn	Pb	Zn	Pb	Zn
2010	736.56	4.14	8.46	60.17	55.25	13.94	32.39	64.26	70.31	22.16	25.20	0.60	0.35	86.42	95.51
2011	732.38	4.17	8.18	60.57	55.30	16.03	30.48	64.03	73.57	22.80	22.08	0.57	0.32	86.83	95.65

从表 8-8 中的数据可知，单一铅精矿中的铅回收率仅为 64.03%，单一锌精矿中的锌回收率仅为 73.57%，混合精矿中的铅、锌回收率各为 22%。若混合精矿中的回收率以 1.2：1 的方法换算为单一精矿的回收率，则单一铅精矿中的铅回收率为 82.36%，单一锌精矿中的锌回收率为 91.90%。因此，现高碱工艺的浮选指标与 1979 年的“两高”工艺的工业试验指标持平，浮选指标仍有较大的提高空间。现高碱工艺的药剂用量见表 8-9。

表 8-9 现高碱工艺 2011 年的药剂用量

药名	硫酸铜	丁黄药	乙黄药	松醇油	硫酸	石灰	Ds	乙硫氮	苛性钠
用量/g·t^{-1}	501	485	83	49	9775	6957	55	97	4

从表 8-9 中的数据可知，石灰用量为 7kg/t，捕收剂用量为 0.7kg/t，松醇油为 0.05kg/t，硫酸铜为 0.5kg/t，Ds 为 0.05kg/t，硫酸为 10kg/t，总药量为 18.3kg/t。因此，现高碱工艺的吨矿药剂用量较高，吨矿药剂成本较高。

8.3.1.3 低碱介质浮选工艺

A 1999 年 3 月的小型试验

此次试验主要是针对凡口矿当时生产中存在的主要问题进行的。当时高碱工艺存在的主要问题为：

(1) 选矿药剂用量高，以当时的市价计算，吨矿药剂成本大于 20 元/吨；
(2) 中矿循环量大，能耗高；
(3) 锌尾加酸选硫，结钙严重；
(4) 尾矿水中有害物含量高。

双方商定，此次小型试验的目的为：

(1) 研究铅、锌低碱度浮选的可行性；
(2) 评价黄铁矿新型抑制剂 K_{202} 的效果；
(3) 进行原浆选硫试验；
(4) 优化药剂制度和流程结构。

试验从 1999 年 3 月 24 日开始至 4 月底结束，历时一个多月，圆满完成了试验任务。

试样取自球磨机给矿皮带，为保证试样的代表性，在同一地点分三天取样 3 小时 30 分，取得试样 150kg，全部碎至 -3mm，混匀装袋。试样的铅、锌、铁含量见表 8-10。低碱介质小型闭路试验数质量流程如图 8-3 所示。低碱工艺小型闭路试验的药量及加药点见表 8-11。

表 8-10 试样中铅、锌、铁含量

元素	Pb	Zn	Fe
含量/%	5.13	11.73	23.20

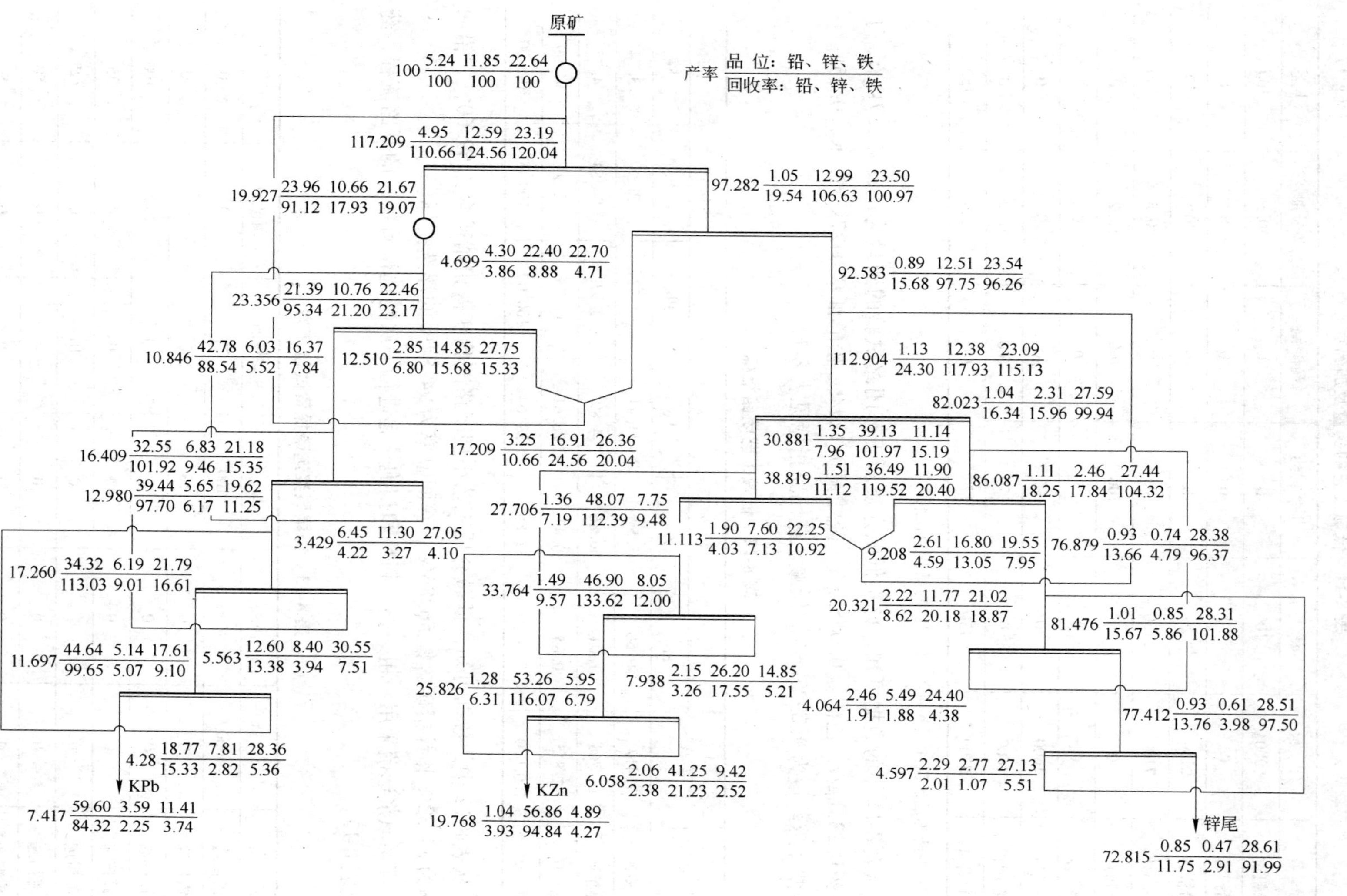

图 8-3 低碱介质小型闭路试验数质量流程

表 8-11 低碱工艺的药量及加药点 (g/t)

药 名	石 灰	混 药	丁基黄药	硫酸铜	2 号油	K_{202}
铅粗选	5000	100	0	0	30.5	100
铅扫选	0	10	0	0	0	0
铅精选	2100	20	0	0	0	50
铅小计	7100	130	0	0	30.5	150
锌粗选	0	0	100	100	12.2	0
锌扫选	0	0	35	0	0	0
锌精选	1600	0	35	0	0	0
锌小计	1600	0	170	100	12.2	0
铅锌合计	8700	130	170	100	42.7	150

注：混药为乙硫氮和丁基黄药（1∶1）的组合捕收剂。

从表 8-11 中的数据可知，此次低碱介质新工艺闭路试验的药量为：石灰 8.7kg/t，丁基黄药 0.235kg/t，乙硫氮 0.065kg/t，硫酸铜 0.1kg/t，松醇油 0.0427kg/t，K_{202} 0.15kg/t。铅锌循环总药量为 9.2925kg/t。低碱工艺闭路指标见表 8-12。

表 8-12 低碱工艺闭路指标

产 品	产率/%	品位/%			回收率/%		
		Pb	Zn	Fe	Pb	Zn	Fe
铅精矿	7.417	59.60	3.59	11.41	84.32	2.25	3.74
锌精矿	19.768	1.04	56.86	4.89	3.93	94.84	4.27
尾 矿	72.815	0.85	0.47	28.61	11.75	2.91	91.99
原 矿	100.000	5.24	11.85	22.64	100.00	100.00	100.00

从表 8-12 中的数据可知，低碱介质工艺小型闭路试验获得铅精矿含铅 59.60%、铅回收率为 84.32% 和锌精矿含锌 56.86%、锌回收率为 94.84% 的浮选指标。

锌尾原浆选硫采用一粗一扫、粗精和扫泡一起进行一次精选得硫精矿的开路流程，药方见表 8-13。

表 8-13 锌尾原浆选硫探索试验药方 (g/t)

药 名	石 灰	K_{202}	混 药	2 号油	硫酸铜	丁黄药
铅粗选	5000	100	100	25	0	0
铅扫选	0	0	10	0	0	0
锌粗选	0	0	0	10	100	100
锌扫选	0	0	0	0	0	35
硫粗选	0		0	10	0	125
硫扫选	0	0	0	0	0	50
硫精选	0	0	0	0	0	50
合 计	5000	100	110	45	100	360

从表8-13中的数据可知，铅锌硫分离浮选药量为：石灰5kg/t，K_{202}0.1kg/t，丁基黄药0.415kg/t，乙硫氮0.055kg/t，硫酸铜0.1kg/t，松醇油0.045kg/t。铅锌硫循环总药量为5.715kg/t。原浆选硫开路浮选指标见表8-14。

表8-14 原浆选硫浮选指标

产品	产率/%	品位/%			回收率/%		
		Pb	Zn	Fe	Pb	Zn	Fe
铅粗泡	19.926	22.80	14.40	20.50	86.23	24.41	18.00
铅扫泡	5.592	2.70	34.80	15.20	2.87	16.55	3.75
锌粗泡	16.648	1.16	39.90	11.00	3.67	56.50	8.07
锌扫泡	5.884	1.72	3.06	25.65	1.92	1.54	6.65
矿泥	7.510	0.56	0.16	20.30	0.80	0.10	6.72
硫精矿	29.483	0.54	0.20	39.40	3.02	0.50	51.20
硫中矿	2.821	0.73	0.28	9.85	0.39	0.07	1.22
尾矿	12.136	0.48	0.33	8.20	1.10	0.34	4.39
原矿	100.000	5.27	11.76	22.69	100.00	100.00	100.00

从表8-14中的数据可知，低碱工艺的锌尾经脱水脱泥后，进行原浆选硫可获得含硫45%（硫铁比为1.15）的优质硫精矿，原浆选硫时锌尾中的铅锌进入硫精矿中的量仅为3.5%左右，其余1.5%左右进入终尾，开路终尾中含铅0.48%，含锌0.33%。

对比试验的高碱工艺闭路数质量流程如图8-4所示。对比试验的高碱工艺的药量及加药点见表8-15。

表8-15 对比试验的高碱工艺的药量及加药点 (kg/t)

药名	石灰	混药	丁基黄药	硫酸铜	2号油	Ds	硫酸
铅粗选	7000	120	0	0	15	60	0
铅扫选	500	15	0	0	0	0	0
铅精选	4000	70	0	0	0	5	0
铅小计	11500	205	0	0	15	65	0
锌粗选	4000	0	180	400	25	0	0
锌扫选	2000	0	100	50	0	0	0
锌精选	2000	0	25	50	0	0	0
锌小计	8000	0	305	500	25	0	0
浮硫	0	0	200	0	0	0	12000
合计	19500	205	505	500	40	65	12000

注：混药为乙硫氮和丁基黄药（1∶1）的组合捕收剂。

从表8-15中的数据可知，高碱工艺小型闭路的药剂用量为：石灰19.5kg/t，捕收剂0.71kg/t，松醇油0.04kg/t，硫酸铜0.5kg/t，Ds 0.065kg/t，硫酸12kg/t，总药量32.815kg/t。故吨矿药剂用量相当高。对比试验的高碱工艺的闭路指标见表8-16。

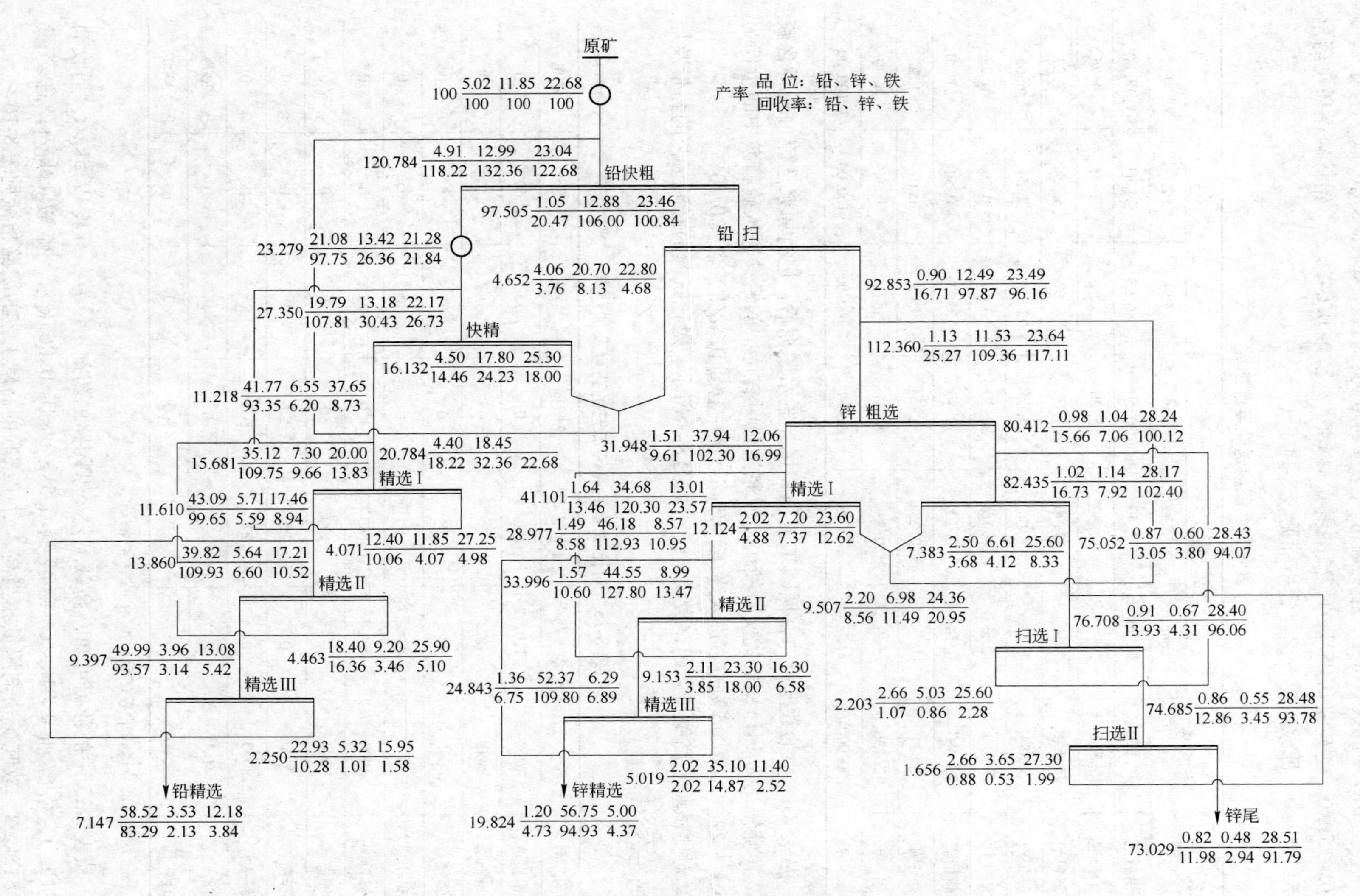

图 8-4 对比试验的高碱工艺闭路数质量流程

表 8-16 对比试验的高碱工艺的闭路指标

产品	产率/%	品位/%			回收率/%		
		Pb	Zn	Fe	Pb	Zn	Fe
铅精矿	7.218	58.52	3.53	12.18	83.29	2.13	3.88
锌精矿	20.022	1.20	56.75	5.00	4.76	94.93	4.42
尾矿	72.760	0.80	0.45	28.55	11.54	2.71	91.70
原矿	100.000	5.05	11.94	22.65	100.00	100.00	100.00

从表 8-16 中的数据可知，高碱介质工艺小型闭路试验获得铅精矿含铅 58.52%、铅回收率为 83.29% 和锌精矿含锌 56.75%、锌回收率为 94.93% 的浮选指标。两种工艺的药剂用量及药剂成本对比见表 8-17。

表 8-17 两种工艺的药剂用量及药剂成本对比

项目		石灰	丁黄药	乙硫氮	硫酸铜	2 号油	Ds	K_{202}	硫酸	合计
单价/元 · kg^{-1}		0.171	10.5	18.5	7.0	8.0	4.5	13.0	0.63	
低碱工艺	耗量/g · t^{-1}	8700	235	65	100	35	0	150	0	9285
	成本/元 · t^{-1}	1.488	2.468	1.203	0.7	0.28	0	1.95	0	8.098
高碱工艺	耗量/g · t^{-1}	19500	407.5	102.5	500	40	65	0	12000	32.615
	成本/元 · t^{-1}	3.335	4.279	1.896	3.500	0.32	0.293	0	7.56	21.183
差值(低碱-高碱)	耗量/g · t^{-1}	-10800	-172.5	-37.5	-400	-5	-65	150	-12000	-23.330
	成本/元 · t^{-1}	-1.847	-1.811	-0.693	-2.800	-0.04	-0.293	1.95	-7.56	-13.085

从表 8-17 中的数据可知，高碱工艺药剂总用量为 32.815kg/t，低碱介质浮选工艺的药剂总用量为 9.285kg/t，高碱工艺药剂总用量比低碱介质浮选工艺高 23.33kg/t。高碱工艺的吨矿药剂成本为 21.183 元，低碱介质浮选工艺的吨矿药剂成本为 8.098 元，高碱工艺的吨矿药剂成本比低碱介质浮选工艺的吨矿药剂成本高 13.085 元。两种工艺的闭路指标对比表见表 8-18。

表 8-18 两种工艺的闭路指标对比表

工艺	产品	产率/%	品位/%			回收率/%		
			Pb	Zn	Fe	Pb	Zn	Fe
低碱工艺	铅精矿	7.417	59.60	3.59	11.41	84.32	2.25	3.74
	锌精矿	19.768	1.04	56.86	4.89	3.93	94.84	4.27
	尾矿	72.815	0.85	0.47	28.61	11.75	2.91	91.99
	原矿	100.00	5.24	11.85	22.64	100.00	100.00	100.00
高碱工艺	铅精矿	7.147	58.52	3.53	12.18	83.29	2.13	3.84
	锌精矿	19.824	1.20	56.75	5.00	4.73	94.93	4.37
	尾矿	73.029	0.82	0.48	28.51	11.98	2.94	91.79
	原矿	100.00	5.02	11.85	22.68	100.00	100.00	100.00

从表 8-18 中的数据可知，低碱工艺的铅精矿品位和铅回收率均比高碱工艺约提高

1%，低碱工艺的锌浮选指标与高碱工艺的锌浮选指标相当。

试验的结论为：

（1）试验对降低石灰用量进行了大胆的探索，在保证铅粗选较高的pH值条件下，其他作业可尽量少用石灰，并可取得高碱工艺相应的指标；

（2）试验表明，K_{202}能改善铅矿物的选别效果，但对黄铁矿的抑制效果不明显；

（3）试验对原浆选硫进行了探索试验，取得较好的指标，但对该项技术措施应结合生产实际进一步验证；

（4）试验对生产工艺流程的药剂制度进行了全面的优化，特别是降低了硫酸铜和硫酸的用量，若生产上能实现，将取得明显的经济效益。

此次试验是继德兴铜矿低碱铜硫分离浮选工业试验和工业试生产后，首次对硫化铅锌硫多金属矿石进行的低碱介质浮选小型试验。试验虽然取得了较好的结果，但也发现了一些亟待改进和解决的问题，主要有：

（1）采用丁黄药：乙硫氮 = 1：1的混药作方铅矿的捕收剂，无论从捕收能力和选择性方面考虑均无法满足低碱工艺的要求；

（2）采用2号油作起泡剂，在低碱介质中的起泡能力差，无法满足低碱介质浮选对起泡剂起泡能力的要求；

（3）采用丁基黄药作闪锌矿的捕收剂的选择性差，不利于抑硫浮锌和原浆选硫，对低碱介质浮选而言，应寻求更高效和选择性高的药剂作为活化后的闪锌矿的捕收剂；

（4）试验的石灰用量偏高，浮铅的矿浆pH值不宜超过9.5，否则不利于伴生组分的综合回收和原浆选硫。

针对所发现的问题，1999年至今的15年来，我们一直从事各种硫化矿物的低碱介质浮选工艺及其适应性的试验研究工作。目前，当年低碱介质浮选试验中所出现的问题均已完全解决。现在可以认为金属硫化矿物低碱介质浮选工艺已相当成熟，毫不逊色地成为处理各种金属硫化矿石的常规浮选工艺。

B 2012年5月的小型开路试验

试验矿样于2011年9月29日取自破碎5号皮带，2012年5月16日将该矿样碎至-3mm，混匀装袋，每袋800g。此次探索试验进行了高碱工艺与低碱工艺的开路对比试验。试验流程为铅、锌、硫优先浮选，铅、锌循环均采用一粗二精一扫的开路流程，高碱工艺开路不选硫，低碱工艺采用一粗一扫开路流程原浆选硫。

a 高碱介质开路浮选试验

试验药方见表8-19。试验指标见表8-20。

表8-19 高碱介质开路试验药方 (g/t)

药 名	石 灰	混 药	松醇油	硫酸铜	丁黄药
球磨机	6000	90	0	0	0
铅粗选	0	0	25	0	0
铅扫选	0	20	0	0	0
铅精选Ⅰ	1000	0	0	0	0
铅精选Ⅱ	1000	0	0	0	0

续表 8-19

药　名	石　灰	混　药	松醇油	硫酸铜	丁黄药
铅小计	8000	110	25	0	0
锌粗选	2000	0	0	300	80
锌扫选	0	0	0	0	30
锌精选Ⅰ	1000	0	0	50	10
锌精选Ⅱ	500	0	0	0	0
锌小计	3500	0	0	350	120
合　计	11500	110	25	350	120

注：混药为丁基黄药和乙硫氮（1∶1）的混药。

表 8-20　高碱介质开路浮选指标

产　品	产率/%	品位/%			回收率/%		
		Pb	Zn	S	Pb	Zn	S
铅精矿	3.31	63.07	2.13	19.90	47.40	0.73	2.26
精选Ⅱ尾	7.66	18.91	3.91	37.00	32.89	3.07	9.74
（精选Ⅰ泡）	10.97	32.23	3.37	31.84	80.29	3.80	12.00
精选Ⅰ尾	10.68	3.36	20.20	36.80	8.15	22.14	13.51
（铅粗选泡）	21.65	17.99	11.67	34.29	88.44	25.94	25.51
铅扫选泡	4.45	2.11	6.60	34.10	2.13	3.01	5.21
（铅尾）	73.89	0.56	9.37	27.29	9.43	71.05	69.28
锌精矿	7.93	0.64	55.72	30.20	1.15	45.34	8.23
精选Ⅱ尾	3.99	1.06	40.50	30.60	0.96	16.58	4.19
（精选Ⅰ泡）	11.92	0.78	50.63	30.33	2.11	61.92	12.42
精选Ⅰ尾	6.70	1.06	10.66	26.80	1.62	7.33	6.17
（锌粗选泡）	18.62	0.88	36.25	29.06	3.73	69.25	18.59
锌扫选泡	2.15	1.30	2.23	31.20	0.63	0.49	2.31
锌　尾	53.13	0.42	0.24	26.50	5.07	1.31	48.38
原　矿	100.00	4.404	9.745	29.102	100.00	100.00	100.00

从表 8-19 中的数据可知，高碱介质开路试验的药剂用量为：石灰 11.5kg/t，捕收剂 0.23kg/t，松醇油 0.023kg/t，硫酸铜 0.35kg/t。再加锌尾浮选硫的硫酸用量 9.77kg/t，丁基黄药用量 0.2kg/t，松醇油 0.02kg/t，则高碱介质开路试验的总药剂用量为：石灰 11.5kg/t，捕收剂 0.43kg/t，松醇油 0.043kg/t，硫酸 9.77kg/t，硫酸铜 0.35kg/t。总药量为 22.093kg/t。

b　低碱介质开路浮选试验

试验药方见表 8-21。试验指标见表 8-22。

表 8-21 低碱开路试验药方 (g/t)

药 名	石 灰	硫酸锌	SB 选矿混合剂	丁黄药	硫酸铜
球磨机	3000	1000	0	0	0
铅粗选	0	0	60	50	0
铅扫选	0	0	0	20	0
铅小计	3000	1000	60	70	0
锌粗选	0	0	30	100	100
锌扫选	0	0	0	20	0
锌小计	0	0	30	120	100
硫粗选	0	0	30	150	0
硫扫选	0	0	0	50	0
硫小计	0	0	30	200	0
合 计	3000	1000	120	390	100

表 8-22 低碱开路浮选试验指标

产 品	产率/%	品位/%			回收率/%		
		Pb	Zn	S	Pb	Zn	S
铅精矿	3.76	57.12	2.13	22.30	47.38	0.89	2.71
精选Ⅱ尾	6.90	17.76	5.99	36.80	27.03	4.60	8.21
（精选Ⅰ泡）	10.66	31.64	4.63	31.69	74.41	5.49	10.92
精选Ⅰ尾	12.69	4.61	8.93	34.50	12.90	12.62	14.15
（铅粗选泡）	23.35	16.95	6.97	33.22	87.31	18.11	25.07
铅扫选泡	4.23	2.78	20.35	33.30	2.59	9.58	4.55
（铅尾）	72.42	0.63	8.97	30.06	10.10	72.31	70.38
锌精矿	9.39	0.66	53.85	31.00	1.37	56.29	9.41
精选Ⅱ尾	1.96	1.20	28.67	32.90	0.52	6.26	2.08
（精选Ⅰ泡）	11.35	0.75	49.50	31.33	1.89	62.55	11.40
精选Ⅰ尾	9.96	1.23	7.46	32.60	2.87	8.27	10.50
（锌粗选泡）	21.31	1.01	29.85	31.92	4.75	70.82	21.99
锌扫选泡	6.48	0.98	1.06	35.70	1.40	0.76	7.48
（锌尾）	44.63	0.40	0.15	28.35	3.95	0.73	40.91
硫精矿	33.13	0.46	0.13	36.80	3.18	0.48	39.42
硫扫选泡	2.22	0.53	0.26	9.00	0.26	0.06	0.65
硫 尾	9.28	0.25	0.18	2.80	0.51	0.19	0.84
原 矿	100.00	4.53	8.98	30.93	100.00	100.00	100.00

从表 8-21 中的数据可知，低碱开路浮选试验药量为：石灰 3.0kg/t，硫酸锌 1kg/t，SB 选矿混合剂 0.12kg/t，丁基黄药 0.3kg/t，硫酸铜 0.1kg/t，铅锌硫浮选分离的总药量为 4.52kg/t。

对比表8-19和表8-21中的数据可知，低碱介质浮选的药剂种类少和药剂用量较低，加药点少，多数药剂为一点加药。就总药量而言，高碱介质浮选与低碱介质浮选相比较，石灰用量高8.5kg/t，捕收剂用量相同，硫酸高9.77kg/t，硫酸铜高0.25kg/t，松醇油高0.043kg/t，但高碱工艺未添加硫酸锌。

对比表8-20和表8-22中的数据可知，低碱介质浮选的指标不低于相应的高碱介质的浮选指标，而低碱浮选所得锌尾中的铅、锌含量均较低，且可实现原浆选硫，硫的回收率高。硫精矿精选后可产出硫含量达49%的高硫精矿和硫含量为38%的标硫精矿。

预计低碱介质浮选的小型试验闭路指标见表8-23。

表8-23 预计低碱介质浮选的小型试验闭路指标

产 品	产率/%	品位/%			回收率/%		
		Pb	Zn	S	Pb	Zn	S
铅精矿	6.64	59.00	3.04	20.50	86.48	2.25	4.40
锌精矿	15.39	0.90	56.00	30.50	3.06	95.97	15.18
高硫精矿	31.56	0.60	0.20	49.00	4.18	0.70	50.00
标硫精矿	21.79	0.50	0.30	38.00	2.41	0.73	26.77
尾 矿	24.62	0.71	0.13	4.59	3.87	0.35	3.65
原 矿	100.00	4.53	8.98	30.93	100.00	100.00	100.00

从表8-23可知，低碱介质浮选工艺可获得较高的铅、锌、硫浮选指标，可产出单一的铅精矿、锌精矿、高硫精矿和标硫精矿四种产品，且可实现原浆选硫。单一铅精矿含铅为59%，铅回收率为86%；单一锌精矿含锌56%，锌回收率为96%；高硫精矿含硫49%，硫回收率为50%；标硫精矿含硫38%，硫回收率为26.77%。

若将此低碱工艺进行较系统的小型试验，对相关工艺参数进行优化，结合现场实际将其用于工业生产，铅与锌、硫分离的石灰用量可降至1kg/t左右（矿浆pH值约8左右），可产出单一铅精矿、单一锌精矿、高硫精矿和标硫精矿四种产品，外排尾矿pH值约为7左右，可获得显著的经济效益和环境效益。

但因多种原因，此新工艺至今尚未进行系统的小型试验和用于工业生产。

8.3.2 厂坝铅锌矿的浮选

8.3.2.1 *矿石性质*

白银有色金属公司厂坝铅锌矿为我国大型铅锌矿之一。经整合后，目前新建选厂处理能力为4500t/d，已从露采转为井下开采。矿区情况复杂，老采矿点多，采场空区多，出矿点变化大，选厂处理的矿石性质变化频繁，波动大，矿石性质较复杂，铅、锌氧化率高，生产指标较低。

原矿中主要有用矿物为铁闪锌矿、方铅矿、黄铁矿等。脉石矿物主要为石英、碳酸盐类矿物。原矿含铅1%左右，含锌7%左右，含硫5%左右。铅氧化率为20%左右，锌氧化率为10%左右，属混合硫化铅锌矿石，较难选。

8.3.2.2 *高碱介质浮选工艺*

2006年现场生产流程为铅粗精矿再磨的铅锌优先浮选流程，铅循环为一次粗选-铅粗精再磨-三次精选三次扫选；锌循环为一粗四精三扫流程。铅循环添加石灰10000g/t(pH值为12)，硫酸锌2000g/t，丁基黄药60g/t，松醇油40g/t优先浮铅；锌循环添加硫酸铜400g/t，丁基黄药100g/t浮锌。锌尾矿浆pH值大于11，硫未回收。

原矿含铅1.12%，含锌6.69%，磨矿细度为-0.074mm占75%，铅粗精矿再磨细度为-0.074mm占90%，铅精矿含铅51%，铅回收率73%，锌精矿含锌54%，锌回收率为80%。

8.3.2.3 低碱介质浮选工艺

2006年9~10月应厂坝铅锌矿的邀请，在矿试验室进行“厂坝铅锌矿铅锌矿物低碱介质浮选分离新工艺小型试验”。

2006年9月19日白班在2号和3号球磨机给矿皮带上每隔半小时刮取矿样一次，8小时内采取试样100kg，全部碎至-2mm，混合均匀后取原矿样，经化验所得铅、锌含量及氧化铅、锌含量见表8-24。

表8-24 试样的铅、锌含量及氧化铅、锌含量

项目	含量/%				氧化率/%	
	总Pb	PbO	总Zn	ZnO	Pb	Zn
含量/%	0.98	0.25	5.77	0.53	25.51	9.19

现场2006年8月原矿平均含铅1.12%，含锌6.69%。该试样原矿品位明显低于生产现场的原矿品位，而铅、锌氧化率却高于生产原矿的氧化率，属偏难选。经讨论，双方确认仍采用该试样进行小型试验。

双方组成联合试验组，在矿领导的直接领导和支持下，试验组与矿质检中心从9月20日至10月12日，历时三周，连续奋战，圆满完成了合同所规定的任务。其间进行了“无石灰铅锌硫浮选分离新工艺”和“加少量石灰的低碱介质铅锌硫浮选分离新工艺”两个方案的试验研究工作，试验中配制了13种新药剂，较详细地检验了各种药剂在低碱介质条件下的浮选性能，为金属硫化矿物低碱介质浮选工艺的完善奠定了良好的基础。

小型试验闭路指标见表8-25。产品中PbO、ZnO和SiO_2的含量见表8-26。

表8-25 小型试验闭路指标

试验方案	产品	产率/%	品位/%		回收率/%	
			Pb	Zn	Pb	Zn
无石灰（自然pH值，pH值为6.5）	铅精矿	1.30	54.21	10.43	73.01	2.24
	锌精矿	9.32	1.52	54.56	14.64	84.15
	尾矿	89.38	0.13	0.92	12.35	13.61
	原矿	100.00	0.97	6.04	100.00	100.00
少量石灰（pH值为9.0）	铅精矿	1.32	51.22	13.87	69.21	3.06
	锌精矿	9.23	1.55	53.92	14.61	83.14
	尾矿	89.45	0.18	0.92	16.19	13.80
	原矿	100.00	0.98	5.99	100.00	100.00

表 8-26 产品中 PbO、ZnO 和 SiO_2 的含量 (%)

项目	无石灰			少量石灰		
产品	铅精矿	锌精矿	尾矿	铅精矿	锌精矿	尾矿
PbO	0.1	0.11	0.12	0.25	0.10	0.18
ZnO	0.3	0.11	0.70	0.11	0.15	0.74
SiO_2		3.19			3.50	

试验结论为：

（1）无石灰铅锌硫浮选分离新工艺可完全代替现有的高碱浮选分离工艺，可利用现有高碱工艺的设备和工艺流程实现无石灰铅锌硫浮选分离新工艺，技改费用低；

（2）在原矿铅锌品位和氧化率相同，现有磨矿细度为 -0.074mm 占 75% 左右条件下，新工艺的铅回收率与高碱工艺相当，但铅精矿含铅较高，含锌相当；新工艺的锌回收率比高碱工艺高 3.5%，锌精矿中锌含量相当；

（3）若年处理原矿 105 万吨，在降低吨矿药剂成本的条件下，新工艺可年净增锌金属 2300t 以上；

（4）新工艺所得锌精矿中的二氧化硅含量小于 3.5%；

（5）若流程中增加锌粗精矿再磨作业，可提高铁闪锌矿的单体解离度，可降低硫化锌在尾矿中的损失，预计锌回收率还可提高 1% ~2%。

因多种原因，该新工艺未用于工业生产。

8.3.3 锡铁山硫化铅锌矿的浮选

8.3.3.1 *矿石性质*

该矿矿石多为致密块状，细脉浸染状矿石较少。金属矿物多为较大的晶体，呈集粒状、散粒状分布于矿石和脉石矿物中。矿石中的黄铁矿、闪锌矿的晶体破碎甚烈。矿物组成较复杂，金属矿物主要为占矿物总量 17% 的黄铁矿、占矿物总量 10% 的铁闪锌矿以及占矿物总量 5% 的方铅矿，其次为白铁矿、少量黄铜矿等。脉石矿物以石英、碳酸盐矿物为主，其次为长石、石膏等。围岩为大理岩、绿泥石片岩等。

矿石中的方铅矿与铁闪锌矿密切共生，其结晶多为 1 ~3mm 的粗粒晶体，最小粒径为 0.004mm。矿石中的铁闪锌矿多呈致密状分布，粒径一般为 0.5 ~1.0mm，最小粒径为 0.0035mm 左右。矿石中的黄铁矿呈粗粒状集合体或粒状集合体嵌布，晶体破碎强烈，粒径一般为 1 ~2mm，最小粒径为 0.005mm，破碎后的粒径为 0.1 ~0.4mm。原矿品位为：Pb 2.92%，Zn 6.53%，S 17.79%，Au 0.44g/t，Ag 25.0g/t。矿石密度为 3.59g/cm^3，松散密度为 2.24g/cm^3，原矿粒度为 0 ~600mm，硬度系数为 6 ~8。

1978 年建成年产 100 万吨的矿山，选厂规模为 3000t/d，1986 年建成投产。21 世纪初扩建为 4000t/d。

选厂碎矿采用三段一闭路，将 600mm 原矿石碎至 -15mm，一段磨矿磨至 -0.074mm 占 60%。浮选采用等可浮流程（如图 8-5 所示），产出铅精矿、锌精矿和硫精矿三种产品。

生产调试指标见表 8-27。金、银在产品中的分布率见表 8-28。

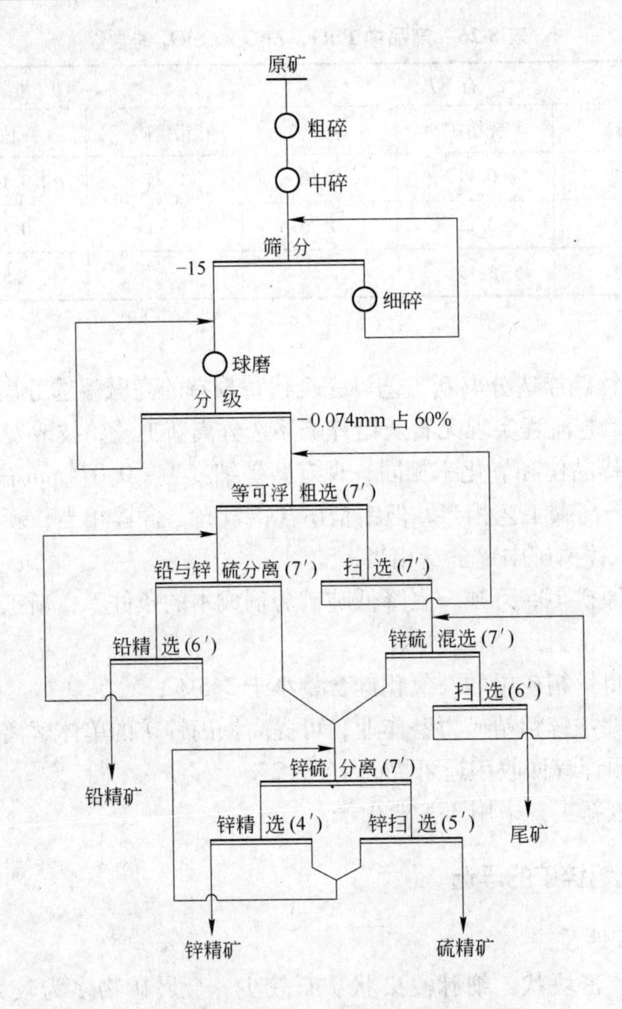

图 8-5 锡铁山铅锌矿原设计等可浮流程

表 8-27 等可浮流程生产调试指标

产 品	产率/%	品位/%			回收率/%		
		Pb	Zn	S	Pb	Zn	S
铅精矿	3. 637	72. 70	3. 21	16. 42	88. 69	2. 56	4. 63
锌精矿	8. 350	1. 14	46. 60	31. 32	3. 19	85. 40	20. 29
硫精矿	19. 100	0. 51	0. 49	41. 63	3. 27	2. 06	61. 71
尾 矿	68. 904	0. 21	0. 66	2. 50	4. 85	9. 98	13. 37
原 矿	100. 000	2. 98	4. 56	12. 89	100. 00	100. 00	100. 00

表 8-28 金、银在产品中的分布率

产 品	产率/%	含量/$g \cdot t^{-1}$		回收率/%	
		Au	Ag	Au	Ag
铅精矿	3. 637	2. 6	654	22. 50	70. 42
锌精矿	8. 350	0. 52	25	14. 77	8. 83

续表 8-28

产 品	产率/%	含量/g·t^{-1}		回收率/%	
		Au	Ag	Au	Ag
硫精矿	19.109	0.62	13	44.88	11.71
尾 矿	68.904	0.13	5.3	17.83	9.04
原 矿	100.000	0.4055	32.597	100.00	100.00

从表 8-27 中的数据可知，等可浮流程所得的铅、锌、硫浮选指标不够理想，铅精矿中的金、银回收率分别可达 22.5% 和 70.42%。随后浮选流程改为优先浮铅-铅尾添加硫酸铜和石灰进行锌硫等可浮-锌硫分离的流程，铅、锌、硫的浮选指标均有较大幅度的提高。

8.3.3.2 高碱介质浮选工艺

目前，选厂日处理量为4000t，分四个系列，其中一个系列为优先浮选流程，在 pH 值为 13～14 的条件下优先浮铅，铅尾采用硫酸铜活化铁闪锌矿后，在 pH 值为 13 的条件下，采用丁基黄药选锌。锌尾采用摇床回收部分黄铁矿产出硫含量较低的硫精矿。其余三个系列为优先浮铅-铅尾添加硫酸铜和石灰进行锌硫等可浮-锌硫分离的流程。在自然 pH 值条件下，首先采用 25 号黑药优先浮铅，铅尾采用硫酸铜活化铁闪锌矿后，在 pH 值为 10 左右（石灰 6kg/t），采用丁基黄药进行锌硫等可浮，等可浮产出的锌硫粗精矿采用一粗三精二扫流程，在 pH 值大于 12 的条件下进行锌硫分离浮选，产出锌精矿和少量硫精矿。因此，四个系列均为高碱浮选工艺，但产出部分硫精矿的方法不同。

2003 年只有三个系列，处理量为 3000t/d。2002 年浮选药方见表 8-29，平均生产指标见表 8-30。后经扩建，增加一个系列使日处理量变为 4000t，这个系列采用优先浮选流程，高碱介质产出铅精矿和锌精矿，锌尾采用摇床产出部分硫精矿。

表 8-29 2002 年浮选药方 (g/t)

药 名	石 灰	25 号黑药	硫酸铜	丁基黄药	pH 值
铅循环	0	80	0	0	6.5
锌硫等可浮	6000	0	400	100	10
锌硫分离	2000	0	0	0	12
合 计	8000	80	400	100	12

表 8-30 2002 年平均生产指标

产 品	产率/%	品位/%			回收率/%		
		Pb	Zn	S	Pb	Zn	S
铅精矿	7.10	72.00	2.61	12.85	92.95	2.82	5.70
锌精矿	11.00	0.81	48.00	26.12	1.62	88.00	17.96
硫精矿	18.29	0.30	0.50	35.00	1.00	1.39	40.00
尾 矿	63.61	0.38	0.70	9.14	4.43	7.39	36.34
原 矿	100.00	5.50	6.00	16.00	100.00	100.00	100.00

8.3.3.3 低碱介质浮选工艺

2003 年 7 月底应该矿邀请在该矿试验室进行浮选工艺参数优化试验，当时该矿生产原矿含铅约5.5%，含锌约6%。浮选指标为：铅精矿含铅72%，铅回收率为93%；锌精矿含锌48%，锌回收率为88%。采用目前仍在应用的优化浮铅-锌硫等可浮-锌硫分离浮选得铅精矿、锌精矿和少量硫精矿的生产流程。

此次试验矿方要求采用生产用的浮选药剂进行工艺参数优化，当时回水不返回，生产用水全用新鲜水。因此，仅进行了工艺参数优化试验。工艺条件优化后，闭路药方见表8-31，闭路指标见表8-32。

表8-31 闭路药方

药 名	25号黑药	石 灰	硫酸铜	丁基黄药	
用量/$g \cdot t^{-1}$	80	5000	400	90	150
加药点	铅粗选	锌粗选	锌粗选	锌粗选、锌扫选	硫粗选、硫扫选

表8-32 闭路指标

产 品	产率/%	品位/%			回收率/%		
		Pb	Zn	S	Pb	Zn	S
铅精矿	8.84	72.74	2.47	12.74	95.37	3.11	7.08
锌精矿	12.74	0.70	49.18	25.25	1.32	89.17	20.24
硫精矿	28.81	0.30	0.43	37.06	1.28	1.76	67.15
尾 矿	49.61	0.28	0.84	1.77	2.03	5.96	5.53
原 矿	100.00	6.74	7.03	15.90	100.00	100.00	100.00

表8-32中小型试验闭路指标与表8-30中生产指标比较，在铅精矿品位相当时，铅回收率提高3%左右；在锌精矿品位相当时，锌回收率提高2%左右。但此小型试验方案无法应用回水。为了应用回水，降低铅精矿中的锌含量，提高锌精矿品位和锌的回收率及提高硫精矿品位和硫的回收率，建议利用现有厂房和设备，改为优先浮选流程，采用低碱工艺路线和药方，在降低吨矿药剂成本的前提下，进一步提高铅、锌的浮选指标，实现原浆选硫，产出硫含量为46%以上的优质硫精矿，硫回收率可达70%以上。

若想进一步提高浮选指标，除采用优先浮选流程和低碱介质浮选工艺路线外，还须增加铅中矿再磨和锌中矿再磨两个作业，以进一步降低铅锌互含，提高铅、锌精矿品位和相应金属的回收率。预计在原矿品位为Pb 5%，Zn 6%，S 16%，粗磨细度 -0.074mm 占65%，铅中矿再磨、锌中矿再磨细度 -0.074mm 占85%~90%的前提下，可达浮选指标为：铅精矿含铅75%，铅回收率为97%左右；锌精矿含锌50%，锌回收率为93%左右；硫精矿含硫48%，硫回收率70%左右。此低碱介质浮选新工艺可利用回水，可降低互含，可实现原浆浮选黄铁矿，较大幅度提高企业经济效益。

9 硫化锑矿的浮选

9.1 概述

9.1.1 锑矿物原料

锑为亲铜、亲硫元素，主要生成硫化物。在自然界已知的锑矿物有120多种，但具有工业意义的锑矿物为：

（1）辉锑矿 Sb_2S_3。纯矿物含锑71.4%，含硫28.6%。密度为4.5~4.6g/cm^3，莫氏硬度为2.0。

（2）方锑矿 Sb_2O_3。含锑83.3%，含氧16.7%。密度为5.2~5.3g/cm^3，莫氏硬度为2.0~2.5。

（3）锑华 Sb_2O_3。含锑83.5%，含氧16.5%。密度为5.5g/cm^3，莫氏硬度为2.5~3.0。

（4）黄锑矿 Sb_2O_4。含锑78.9%，含氧21.1%。密度为4.1g/cm^3，莫氏硬度为4.0~5.0。

上述四种具工业价值的锑矿物中，只有辉锑矿为原生的锑矿物，其他的锑矿物为辉锑矿的氧化产物。

辉锑矿中常含有硒、砷、铋、铅、铜、铁、汞、金、银等，其中绝大部分为机械混入物。辉锑矿不导电，属斜方晶系、斜方双锥晶类。

辉锑矿的成因如下：

（1）低温热液型。辉锑矿产于标准的低温热液矿床中，与辰砂、重晶石、方解石、萤石等共生，有时与雌黄、雄黄、自然金等共生。呈充填脉状或交代脉状产出，此类型经济价值最大。

（2）中温热液型。产量较小，常与方铅矿、黄铁矿、毒砂等共生。

（3）火山升华及温泉中有时也可见少量的辉锑矿。

在氧化带，辉锑矿较易氧化分解为黄色、白色、赭色、褐色的锑氧化物，如黄锑华（$Sb_2O_4 \cdot nH_2O$）、方锑矿、黄锑矿等。这些锑氧化物覆盖于辉锑矿表面，有的呈假象而保持辉锑矿原有的晶形。未完全氧化的辉锑矿为硫化锑矿物与锑华的混合物 $2Sb_2S_3 \cdot Sb_2O_3$。

除上述锑矿物外，锑常与其他元素生成复杂的锑矿物，如脆硫锑铅矿（$Pb_4FeSb_6S_{14}$）、车轮矿（$CuPbSbS_3$）、圆柱锡矿（$6PbS_6 \cdot SnS_2 \cdot Sb_2S_3$）、硫汞锑矿（$HgS \cdot 2Sb_2S_3$）等。

9.1.2 锑矿床类型

锑矿床分原生锑矿床和次生锑矿床两大类。全部原生锑矿床均为岩浆期后热液矿床，次生锑矿床则是由原生锑矿床经地表氧化再经搬运堆积而成的锑矿床。

原生锑矿床可分为以下两种：

（1）热液层状锑矿床。此为原生锑矿床的主要类型，其特点是矿体常呈层状或囊状产于灰岩或白云岩中。当石灰岩上为透水性差的页岩覆盖时，对锑的富集特别有利。此类矿床成因于热液交代作用。矿石中的主要金属矿物为辉锑矿，与石英一起呈浸染状分布于石灰岩中。脉石矿物主要为石英、萤石、重晶石等。此类矿床分布广，储量大，品位较高。我国锡矿山锑矿床属此类矿床。

（2）热液脉状锑矿床。其特点是矿体呈脉状产于各种围岩的裂隙中，规模大小不一，围岩常见硅化现象。主要金属矿物为辉锑矿，伴生金属矿物为黄铁矿、闪锌矿、毒砂、黝铜矿、自然金等。脉石矿物主要为石英，其次为重晶石、方解石、萤石等。此类型矿床虽然分布广，但储量较小，锑品位也较低，工业意义较小。

硫化锑矿石按选矿工艺可分为以下几种：

（1）单一硫化锑矿石。此类矿石中的金属矿物为辉锑矿，如湖南锡矿山南选厂、贵州半坡锑矿、广东庆云锑矿等。

（2）混合硫化-氧化锑矿石。如锡矿山北选厂、湘西金矿、云南木利锑矿、贵州晴隆锑矿等。

（3）含锑复杂多金属硫化物矿石。矿石中金属矿物除辉锑矿外，还有钨、金等。可细分为铅锑矿、金锑矿、锑钨矿、锑金钨矿等。如湖南板溪锑矿、广西茶山锑矿、江西德安锑矿等。

9.1.3 锑矿物的可选性

9.1.3.1 手选

锑矿石常呈粗大结晶或块状集合体形态产出，锑矿物与脉石矿物在颜色、光泽和形状等方面均有较大的差异。因此，锑选矿厂常采用人工分选法进行锑矿石的分选。含锑7%以上的块锑精矿可用竖炉焙烧法生产三氧化锑，然后再进行还原精炼产出金属锑。其反应可表示为：

$$2Sb_2S_3 + 9O_2 \longrightarrow 2Sb_2O_3\uparrow + 6SO_2\uparrow$$

$$2Sb_2O_3 + 3C \longrightarrow 4Sb + 3CO_2\uparrow$$

含锑高于45%的手选块状硫化锑精矿可采用熔析法制取纯硫化锑（俗称生锑），用于火柴和军工企业。

手选工艺适用于单一硫化锑矿石及混合硫化氧化锑矿石，也可用于含锑复杂多金属硫化物矿石（如钨锑金矿石）。除用于粗粒嵌布的锑矿石外，对粗细不均匀嵌布的锑矿石，只要其围岩（脉石）锑含量极低，也可采用手选法大量抛尾以提高入选原矿的锑品位。

手选的矿石粒级一般为 -150mm +28mm，粒度愈小，生产率愈低，锑回收率愈低；手选粒度过大，不利于提高块矿精矿中的锑品位。

对于粗粒嵌布的锑矿石，原矿含锑2%以上即可进行手选。原矿品位愈高，选矿比愈低，块矿精矿的富矿比愈高。

矿石手选前须经洗矿作业，以清除黏附于矿石表面的矿泥。洗矿一般在洗矿筛上进行，常采用多段洗矿流程。

手选常在手选皮带上进行，皮带线速度为0.15～0.2m/s，少数为0.3m/s。皮带宽度为500～800mm，少数为1000mm。手选皮带首轮底部装有导向轮，使上下皮带面相距0.7～0.8m，以便于手选操作人员坐着进行手选。

9.1.3.2 重选

锑矿物的密度大于4.5g/cm^3，石英的密度为2.7g/cm^3。因此，可采用重选的方法选别简单或复杂的锑矿石。在选别锑矿石时，重选可作为浮选前的预选作业，也可作为主要选别作业，直接产出粗粒级及某一粒级的合格锑精矿。

锑矿石重选时，可采用重介质选矿、跳汰选矿、摇床选矿、溜槽选矿等重选方法。

9.1.3.3 辉锑矿的可浮性

辉锑矿的可浮性与雄黄AsS、雌黄As_2S_3类似，其可浮性与其晶体结构密切相关。

辉锑矿的晶体结构为链状，其晶体由紧密衔接的锑和硫原子链或带所组成，链体内Sb-S的距离为0.25nm，其间为离子键-金属键的过渡性键连接，而相邻侧面链体与链体之间为分子键连接。其任何两个相对应的原子间（Sb-S）相距0.32nm。因此，辉锑矿的解理面平行于化学键最强的方向，其解理面为（010）板面，解理面的投影图如图9-1所示。

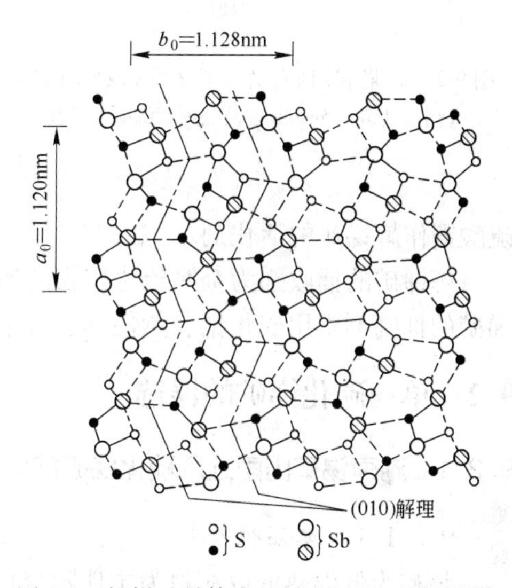

图9-1 辉锑矿晶体在（010）面上的投影图

解理面破裂的为弱的分子键，故辉锑矿的可浮性好。若沿其他方向破裂，则其可浮性差，但此现象很少发生。

在水溶液中，由于氧化作用及氧化产物的水解作用，在辉锑矿表面存在类似（$SbS_x \cdot O_yH_2$）$^{n-}$形态的离子基团而使表面荷负电。

试验表明，辉锑矿具有碱溶性。其反应可表示为：

$$2NaOH + H_2S + S \longrightarrow 2NaHS + 2OH^-$$

$$Sb_2S_3 + 2NaHS \longrightarrow Na_2S \cdot Sb_2S_3 + H_2S$$

由于辉锑矿表面上生成可溶性复合物$Na_2S \cdot Sb_2S_3$，可阻止活化剂或捕收剂离子在矿物表面的附着，降低辉锑矿的可浮性，使辉锑矿被抑制。因此，在碱性介质中浮选，辉锑矿将明显被抑制。

矿浆pH值对表面接触角的影响如图9-2所示。

矿浆pH值对辉锑矿可浮性的影响如图9-3所示。

从图9-2和图9-3中的曲线可知，辉锑矿浮选的最佳pH值为3～4，此时采用非极性油类捕收剂（如烃类油、页岩焦油等）也可获得满意的浮选指标。在矿浆自然pH值条件下（一般pH值为6.5），辉锑矿仍可保持较好的可浮性，采用丁基黄药或异戊基黄药等高级黄药作捕收剂也可获得满意的浮选指标。

许多金属离子如Cu^{2+}、Pb^{2+}、Hg^+、Ag^+对辉锑矿的浮选具有活化作用。这些金属阳离子的活化能力顺序为：$Hg^{2+} > Ag^+ > Hg^+ > Pb^{2+} > Cu^{2+}$。生产中常用硝酸铅、醋酸铅、

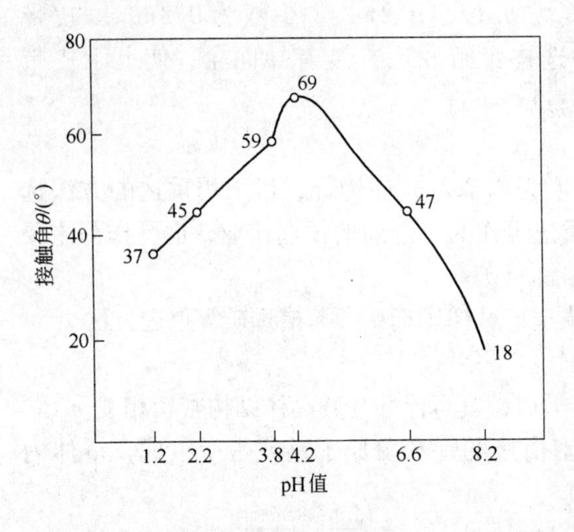

图 9-2 矿浆 pH 值对辉锑矿表面接触角的影响
（用戊基黄药 5mg/L 溶液处理辉锑矿纯矿物）

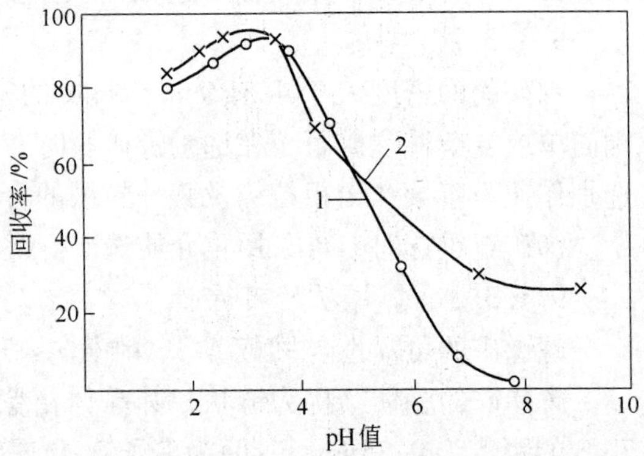

图 9-3 矿浆 pH 值对辉锑矿可浮性的影响
1—戊基黄药 5mg/L；2—硝酸铅 10mg/L、戊基黄药 5mg/L

硫酸铜作辉锑矿的活化剂。

辉锑矿的捕收剂为金属硫化矿物的捕收剂，如黄药、黑药、乙硫氮、非极性油等。辉锑矿的抑制剂常用硫化钠、苛性钠、丹宁酸、石灰、重铬酸钾等。

9.2 单一硫化锑矿的浮选

9.2.1 湖南锡矿山南选厂硫化锑矿的浮选

9.2.1.1 *矿石性质*

该矿为低温热液以充填为主伴随交代的单一硫化锑矿床，主要金属矿物为辉锑矿，其次为少量的黄锑华、锑华及黄铁矿、褐铁矿等。脉石矿物以石英为主，其次为方解石、重晶石、高岭土、石膏。围岩为硅化灰岩。

辉锑矿呈块状、脉状、交错角砾状、星点状及晶硐状五种类型存在，具有自形、他形晶等结构。辉锑矿呈粗粒嵌布，大于 1mm 者占 95.8%，矿石中矿物的大致含量见表 9-1。

表 9-1 矿石中矿物的大致含量

矿 物	辉锑矿	氧化锑	黄铁矿	石 英	硅化灰岩	其 他
含量/%	5.10	0.19	0.10	37.10	57.45	0.06

9.2.1.2 *选矿工艺*

A 1980 年的选矿工艺

选厂采用手选-重介质-浮选的联合流程（如图 9-4 所示）。手选、重介质、浮选作业的处理量百分比分别为 33.3%、6.6% 和 60.1%。

该厂采用二段一闭路的碎矿流程，给矿粒度为 -480mm +0mm，由竖井箕斗将矿石卸入原矿仓，经虎口机（600mm×900mm）碎至 0~150mm，经 1250mm×4000mm 双层振动

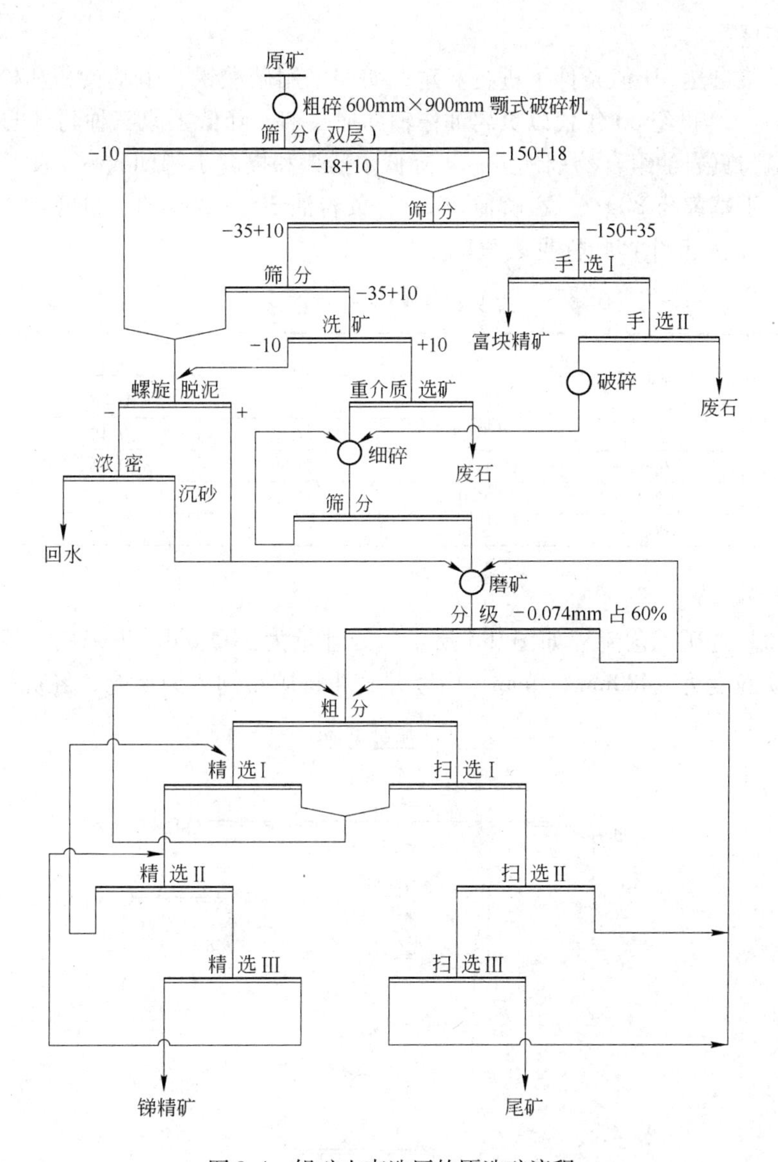

图 9-4 锡矿山南选厂的原选矿流程

筛进行筛分和洗矿，分为 -150mm +35mm、-35mm +10mm、-10mm 三种产品。-150mm +35mm 进入手选作业，-35mm +10mm 进入重介质选矿作业，所得重产物经 ϕ1200mm 圆锥破碎机与 1500mm × 3000mm 筛子闭路细碎至 -10mm，其产物与原矿中的 -10mm粒级合并送细矿仓，然后进入磨矿和浮选作业。

手选作业采用二段皮带正手选，选出的富块锑精矿（青砂）直接出厂。贫块锑精矿（花砂）经 250mm ×400mm 虎口机破碎后进入细碎闭路筛分作业，然后送磨矿-浮选作业。手选废石经皮带送废石场。

磨矿-浮选分三个系列，磨矿细度为 -0.074mm 占 54% ~60%，一、二系列用浮选柱进行一粗三扫浮选，三系列采用浮选机进行一粗二扫浮选，浮选粗精矿均进入各自的浮选机进行精选。三个系列的扫选尾矿合并用 6A 浮选机进行再扫选，泡沫产品返浮选柱系统，尾矿为丢弃终尾。

浮选在矿浆自然 pH 值条件下进行。建厂初期采用硝酸铅、丁基黄药和松醇油作浮选药剂，药耗高。20 世纪 60 年代以页岩油作辅助捕收剂，降低了原三种药剂的耗量，70 年代采用乙硫氮与页岩油组合药剂，进一步降低了药耗和提高了锑回收率。生产药方为：硝酸铅 160g/t、丁基黄药 80g/t、乙硫氮 90g/t、页岩油 300 ~ 350g/t、松醇油 120g/t、煤油 60g/t。1980 年该厂年生产指标见表 9-2。

表 9-2 1980 年生产指标

选别作业	处理量/%	锑品位/%			回收率/%
		原 矿	精 矿	尾 矿	
手 选	33.3	2.25	7.8	0.12	95.95
重介质选矿	6.6	1.58	2.65	0.18	95.11
浮 选	60.1	3.19	47.58	0.21	93.97
全 厂	100.0	2.68	19.44	0.18	94.11

B 现选矿工艺

目前，该厂选矿工艺流程如图 9-5 所示。处理量为 1100t/d。现采用二段一闭路的碎矿流程，给矿粒度为 -480mm +0mm，由竖井箕斗将矿石卸入原矿仓，经虎口机（600mm

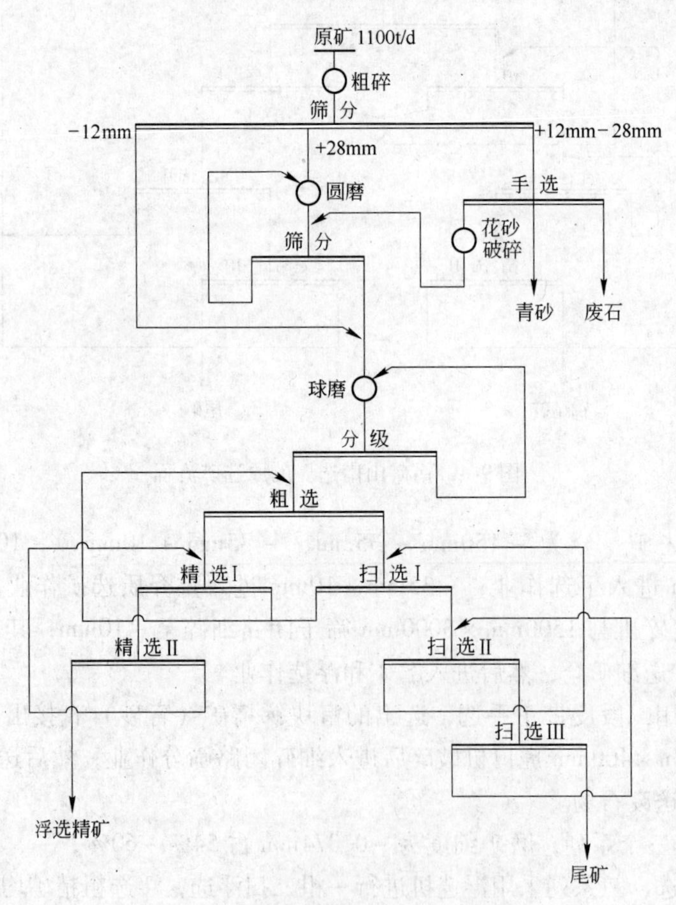

图 9-5 锡矿山南矿选厂原则流程图

×900mm）碎至 0～150mm，经 1250mm×4000mm 双层振动筛进行筛分和洗矿，分为 -150mm+28mm、-28mm+12mm、-12mm 三种产品。-150mm+28mm 进入手选作业，产出花砂、青砂和废石三种产品；花砂经破碎后与 -28+12mm 粒级的圆锥破碎机产物一起送 1500mm×3000mm 筛子筛分；筛下产物（-10mm）与 -12mm 产物合并送细矿仓，然后进入磨矿和浮选作业。

磨矿-浮选分两个系列，磨矿细度为 -0.074mm 占 54%～60%，采用一粗三精三扫浮选流程，产出的锑精矿采用 ϕ18m 周边传动式浓缩机浓缩至底流浓度为 45%～50%，经圆筒过滤机过滤，产出水分含量为 18%～20% 的滤饼。浮选尾矿经螺旋溜槽进行粗选，所得重产物经摇床精选产出锑硫氧精矿。

2012 年浮选药方为：硝酸铅 150g/t，MA 100g/t，硫氮 120g/t，煤焦油 320g/t，松醇油 180g/t。2011 年全年生产指标见表 9-3。

表 9-3 2011 年全年生产指标

作业	锑品位/%			锑回收率/%
	原矿	精矿	尾矿	
浮选	2.63	49.42	0.21	92.00
全厂（包括手选）	2.29	47.38	0.17	93.12

从上可知，目前浮选作业存在的主要问题为：

（1）浮选药剂用量高，其中捕收剂用量为 220g/t，辅助捕收剂为 320g/t，起泡剂为 180g/t；

（2）提高锑浮选回收率仍有空间；

（3）提高锑精矿品位仍有一定空间，现场浮选矿化泡沫黏，二次富集作用极有限，中矿循环量较大；

（4）可适度提高磨矿细度；

（5）浮选药剂添加顺序和地点可进一步优化。

C 新工艺探索试验

2012 年 8 月 30 日采用同样的活化剂和捕收剂进行 SB 和松醇油的对比试验，其结果见表 9-4。

表 9-4 SB 和松醇油的对比试验结果

序号	产品	产率/%	锑品位/%	锑回收率/%	药剂用量/$g \cdot t^{-1}$
1	粗泡	6.60	2.79	13.45	硝酸铅 150 丁基黄药 250 SB 60
	扫泡	6.40	3.83	17.91	
	尾矿	87.00	1.08	68.64	
	原矿	100.00	1.37	100.00	
2	粗泡	5.80	11.66	51.40	硝酸铅 150 丁基黄药 250 SB 100
	扫泡	3.60	2.16	5.91	
	尾矿	90.60	0.62	42.69	
	原矿	100.00	1.32	100.00	

续表 9-4

序 号	产 品	产率/%	锑品位/%	锑回收率/%	药剂用量/g·t^{-1}
3	粗 泡	8.20	9.77	57.01	硝酸铅 150 丁基黄药 250 SB 150
	扫 泡	5.20	1.79	6.63	
	尾 矿	86.60	0.59	36.36	
	原 矿	100.00	1.41	100.00	
4	粗 泡	9.97	9.97	65.70	硝酸铅 150 丁基黄药 250 SB 200
	扫 泡	1.42	1.42	5.60	
	尾 矿	84.50	0.50	28.70	
	原 矿	100.00	1.47	100.00	
5	粗 泡	9.70	10.76	60.78	硝酸铅 150 丁基黄药 250 松醇油 150
	扫 泡	2.20	0.97	1.45	
	尾 矿	89.50	0.62	37.77	
	原 矿	100.00	1.47	100.00	

从表 9-4 中的数据可知：

（1）SB 药剂具有捕收能力和起泡能力，在丁基黄药用量不足的条件下，锑回收剂随 SB 用量的增加而提高；

（2）在硝酸铅 150g/t，丁基黄药 250g/t 的条件下，SB 200g/t 的尾矿锑含量为 0.50% 比 150g/t 松醇油的尾矿锑含量 0.62% 低 0.12%，尾矿锑回收率低 9.07%。

建议采用 SB 与异戊基黄药的组合药剂代替现行的浮选药方，不用添加活化剂，在矿浆自然 pH 值条件下进行浮选，可进一步降低药耗和吨矿药剂成本；若增加中矿再磨作业，可进一步提高辉锑矿的单体解离度和减少不可浮过粗粒级的含量。采取此两大措施后，可降低生产成本和进一步提高锑的回收率，预计锑的浮选回收率可增至 95% 左右。

9.2.2 安化某硫化锑矿的选矿

9.2.2.1 矿石性质

该矿为中低温热液裂隙充填矿床，主要有用矿物为辉锑矿，脉石矿物以石英为主，其次为方解石。辉锑矿呈粗细不均匀嵌布。

9.2.2.2 选矿工艺

选厂生产流程如图 9-6 所示。矿石经筛分，+150mm 的矿石人工捶碎和手选，-150mm 送筛分，+50mm 粒级矿石送洗矿和手选，得块锑精矿和丢弃部分废石；-50mm 矿石经二段一闭路碎矿将矿石碎至 -22mm 送细矿仓。碎后矿石经一段闭路磨矿，磨矿细度为 55% -0.074mm，采用一粗一扫浮选产出锑精矿和丢弃尾矿。浮选药方为：硝酸铅 180g/t，丁基黄药 400g/t，松醇油 130g/t。1980 年生产指标见表 9-5。

表 9-5 安化某硫化锑矿 1980 年生产指标

矿石类型	锑含量/%			回收率/%
	原 矿	精 矿	尾 矿	
新采矿与堆存混合矿	3.32	48.9	0.52	85.07
新采矿	3.0	>50	0.16~0.18	92~93

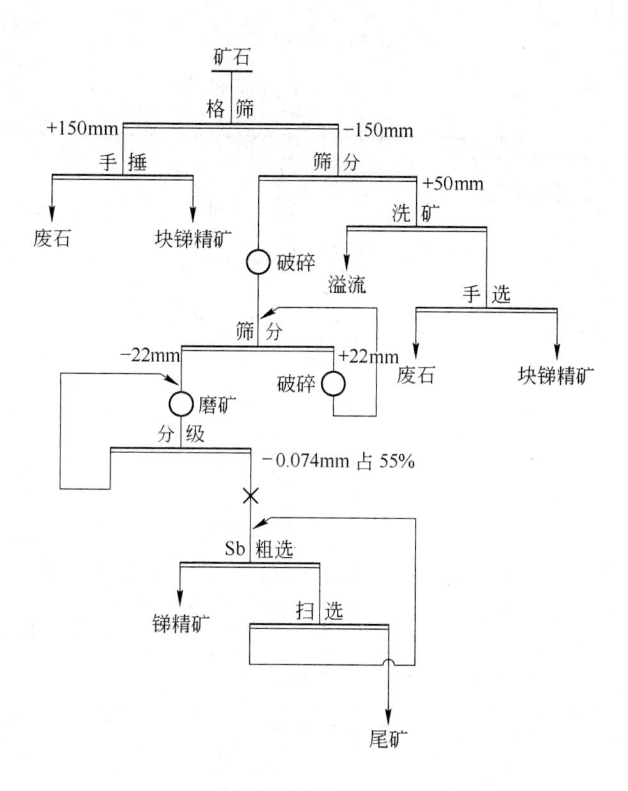

图 9-6 安化某硫化锑矿选厂生产流程

该选厂丁基黄药和松醇油用量大，建议改用 SB 与异戊基黄药组合药剂代替丁基黄药与松醇油组合药剂，不用添加硝酸铅作活化剂，以降低生产成本。若增加中矿再磨作业，可进一步提高辉锑矿的单体解离度和降低不可浮过粗粒级的含量。采用此两大措施后，预计锑的回收率可增至 95% 左右。

9.3 混合硫化-氧化锑矿石的选矿

9.3.1 湖南锡矿山混合硫化-氧化锑矿石的选矿

9.3.1.1 矿石性质

湖南锡矿山北选厂处理混合硫化-氧化锑矿石，日处理量为 600t。该矿为低温热液充填交代矿床，主要有用矿物为辉锑矿、黄锑华，其次为水锑钙石和少量的锑赭石、锑华、硫氧锑矿。辉锑矿呈块状构造和晶硐构造，具自形晶、半自形晶、他形晶，放射状结构。氧化锑呈土状、多孔状、残余、皮壳、胶状、骨骼状构造。黄锑华、水锑钙石均为隐晶质结构，锑华呈放射状结构。辉锑矿与氧化锑矿物的混合矿石具有块状、残余构造。脉石矿物主要为石英，其次为方解石、石灰石、重晶石、石膏、锆英石、电气石、白云石、绢云母、绿帘石、自然硫等。围岩主要为矽化灰岩、灰岩和页岩，为粒度不均匀嵌布矿石。

9.3.1.2 选矿工艺

选矿厂选矿工艺流程如图 9-7 所示，处理量为 600t/d。

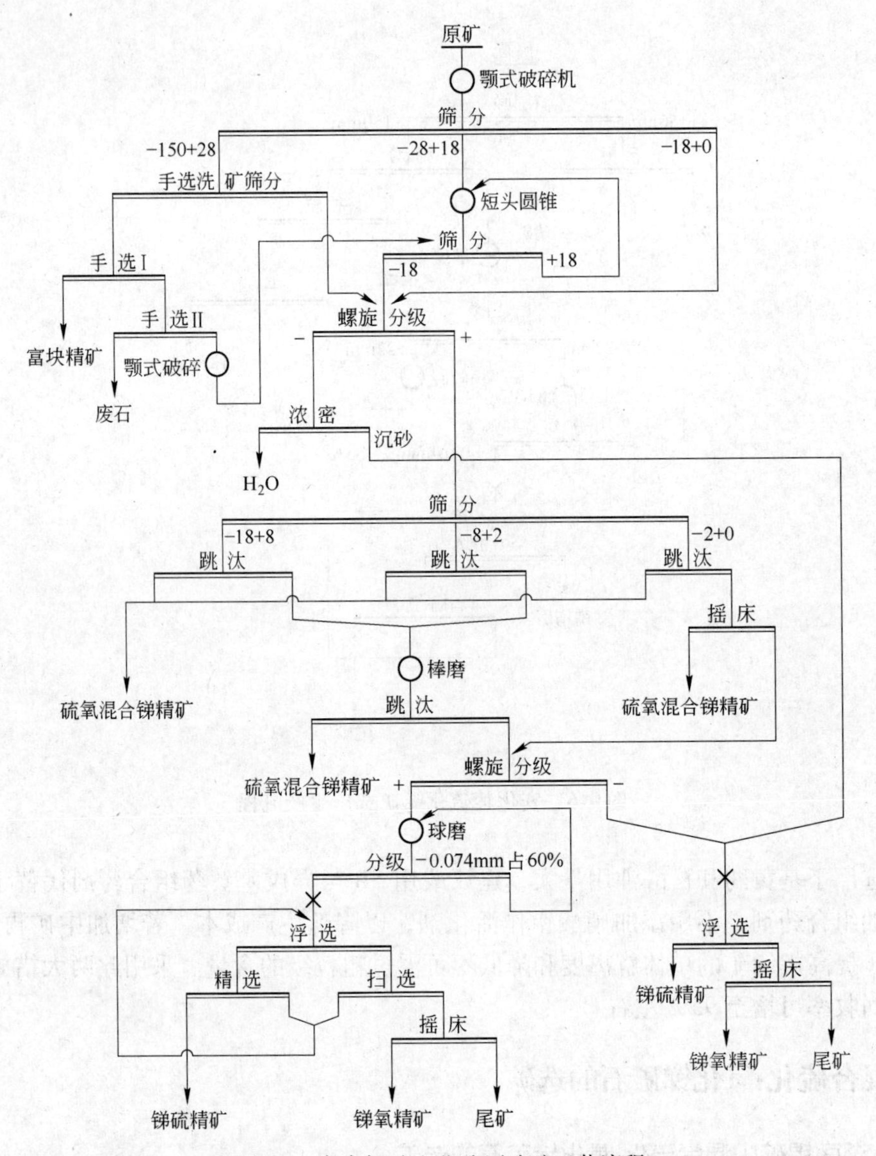

图 9-7 湖南锡矿山北选厂选矿工艺流程

(1) 破碎：采用二段一闭路碎矿流程将 -400mm 原矿碎至 150mm，经双层筛分为 -150mm +28mm、 -28mm +18mm、 -18mm 三个粒级。 -150mm +28mm 矿石经筛洗后送去手选，产出硫氧富块锑精矿和硫氧贫块锑精矿及废石，废石送废石场堆存，贫精矿破碎后与 -28mm +18mm 矿石经第二段闭路破碎至 -18mm。 -18mm 矿石经单螺旋分级机脱泥，返砂进入细矿仓，矿泥经浓密机脱水后送矿泥浮选作业。

(2) 手选：采用二段正手选，产出硫氧富块锑精矿、贫精矿和废石。硫氧富块锑精矿直接出厂，贫精矿经破碎、脱泥后送重选作业。废石送废石场堆存。

(3) 重选：破碎和手选后的矿石进行 -18mm +8mm、 -8mm +2mm、 -2mm +0mm 三级跳汰，前二级跳汰中矿经棒磨为 -4mm +0mm 再跳汰一次， -2mm +0mm 的跳汰尾矿经摇床选一次。跳汰和摇床均产出硫氧混合锑精矿。

（4）浮选：跳汰和摇床尾矿磨至 -0.074mm 占 60%，送浮选。浮选采用一粗一精一扫流程产出锑硫精矿，浮选尾矿经摇床选矿产出锑氧精矿。原矿经螺旋脱泥产出的原生及次生矿泥经浮选产出锑硫精矿，浮选尾矿经摇床选矿产出锑氧精矿。

浮选药方为：硝酸铅 210g/t，丁基黄药 350g/t，松醇油 150g/t。曾试用乙硫氮、页岩油等组合药方，现已用于工业生产。目前，生产流程取消了棒磨作业，现生产浮选药方为：硝酸铅 150g/t，MA 300g/t，松醇油 150g/t。2011 年全年生产指标见表 9-6。

表 9-6 2011 年全年生产指标

作　业	锑品位/%			锑回收率/%
	原　矿	精　矿	尾　矿	
浮　选	2.61	50.40	1.13	57.30
全厂（包括手选、重选）	1.77	27.70	0.46	74.89

从上可知，现浮选工艺存在的主要不足为：

（1）浮选药剂用量高；

（2）浮选回收率不理想；

（3）浮选尾矿含锑高达 0.46%；

（4）浮选尾矿处理流程不够完善。

建议采用 SB 选矿混合剂与异戊基黄药的组合药方代替现用的浮选药方，在矿浆自然 pH 值条件下浮选，可降低药剂用量和提高锑的回收率，其次是将浮选尾矿先经螺旋溜槽进行预选，以除去矿泥和大部分轻矿物，所得重产物经摇床精选，可得硫氧锑精矿，可大幅度降低最终尾矿中的锑含量，可进一步提高锑的回收率。

9.3.2 甘肃某锑矿的选矿

9.3.2.1 矿石性质

该矿为中低温热液充填交代矿床，锑矿体主要赋存于灰岩与板岩接触带或灰岩中，受构造和岩性控制。工业矿体含硫化锑矿石和硫氧混合锑矿石，氧化带一般较浅，深度一般为 40m 左右。主要金属硫化矿物为辉锑矿，脉石矿物为石英、方解石、萤石、炭质物等。硫氧混合矿石的金属矿物主要为辉锑矿和锑氧化物，脉石为石英、方解石等。

9.3.2.2 选矿工艺

采用单一浮选法产出锑精矿，选厂浮选工艺流程如图 9-8 所示。

原矿采用一段磨矿，将矿石磨至 -0.074mm 占 65%，经二次粗选产出的粗精矿再磨至 -0.053mm 占 90%，经二次精选产出锑精矿，粗选尾矿经二次扫选丢尾，扫选Ⅱ泡与精选Ⅰ尾合并经扫选Ⅲ丢尾矿，扫选Ⅲ泡与精选Ⅱ尾合并返回精选Ⅰ。试验指标见表 9-7。

表 9-7 试验指标

矿石类型	锑含量/%			回收率/%
	原　矿	精　矿	尾　矿	
硫化锑矿石	3.35	45.85	0.26	93.89
混合硫化氧化锑矿石	2.37	41.58	0.43	82.79

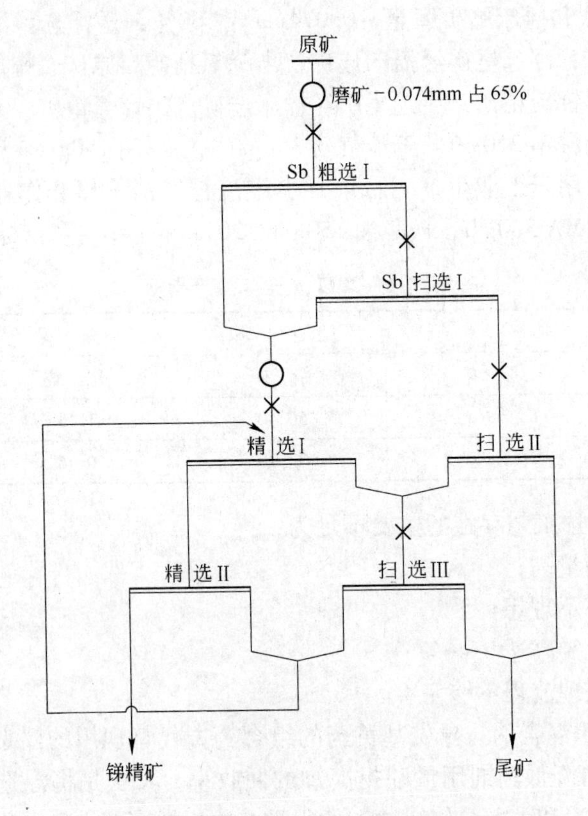

图 9-8 甘肃某锑矿选厂浮选工艺流程

9.4 含锑复杂多金属硫化矿的选矿

9.4.1 概述

含锑复杂多金属硫化矿中，有用矿物除辉锑矿外，还有黄铁矿、毒砂、辰砂、金等。因此，根据回收的主金属类型，可将此类矿石细分为锑砷金矿石、锑钨金矿石、锑金矿石、锑汞金矿石等。

9.4.2 锑砷金硫化矿石的选矿

9.4.2.1 *矿石性质*

此类矿石主要金属硫化矿物为辉锑矿，其次含有较多的黄铁矿、毒砂，含一定量的金。要求回收锑、金、硫、砷。

9.4.2.2 *选矿工艺*

A 优先浮选法

a 抑辉锑矿浮毒砂（金）

某矿将苛性钠 136g/t 加入磨机中，使矿浆 pH 值大于 8 ~9，以抑制辉锑矿。加入硫酸铜活化黄铁矿和毒砂，加入黄药类捕收剂和起泡剂，可优先浮选黄铁矿和毒砂，此时金富集于黄铁矿和毒砂的泡沫产品中，产出含硫砷的金精矿。然后在浮选槽内加入硝酸铅活化辉锑矿，加入黄药类捕收剂和起泡剂，可产出辉锑矿精矿。

b 抑毒砂浮辉锑矿

在矿浆自然pH值条件下，加入硝酸铅活化辉锑矿，采用丁铵黑药和松醇油浮选辉锑矿产出锑精矿。锑尾矿可用硫酸铜作活化剂活化浮选槽内的毒砂，采用丁基黄药和起泡剂浮选，产出含金的毒砂精矿。然后采用相应的工艺分别从锑精矿和毒砂精矿中回收金。

B 混合浮选-再分离流程

a 湖南某锑金砷矿

原矿含锑7.22%，含砷0.65%，含金8.13g/t。磨细后，在矿浆自然pH值条件下（pH值为6.5），加入硫酸铜、硝酸铅作活化剂，丁基铵黑药和丁基黄药作捕收剂进行混合浮选，产出混合锑金精矿。混合精矿再磨后，用碳酸钠和硫化钠作调整剂和抑制剂，在pH值为11的条件下进行抑锑浮砷（金）的分离浮选，产出锑精矿和金砷精矿。所得浮选指标见表9-8。

表9-8 湖南某锑金砷矿的浮选指标

产 品	产率/%	品 位			回收率/%		
		Sb/%	As/%	Au/g·t^{-1}	Sb	As	Au
锑精矿	14.41	46.95	0.81	14.43	93.58	17.96	25.27
金砷精矿	2.84	9.92	16.17	184	3.9	70.58	64.25
混合精矿	17.25	40.84	3.34	42.35	97.48	88.55	89.85
尾 矿	82.75	0.22	0.09	1.0	2.52	11.45	10.18
原 矿	100.00	7.22	0.65	8.13	100.00	100.00	100.00

b 美国Bradley锑金银矿

该矿选矿厂浮选的原则流程如图9-9所示。

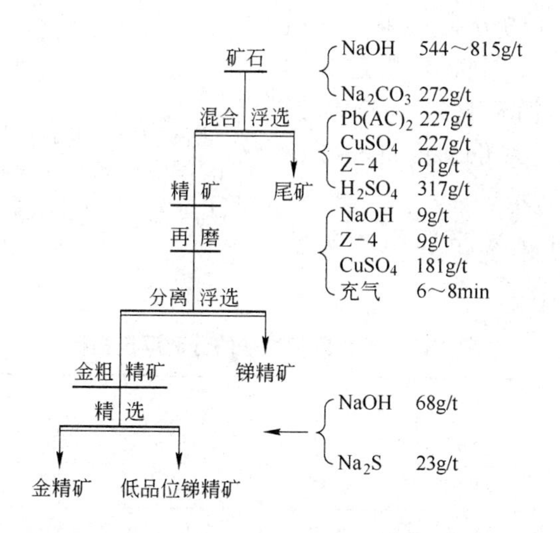

图9-9 Bradley选矿厂浮选的原则流程

在磨机中加苛性钠与碳酸钠，再加入醋酸铅、硫酸铜作活化剂，采用硫酸将矿浆调至弱酸性，加入丁基黄药进行混合浮选，产出金锑混合精矿和尾矿。混合精矿再磨时加入苛性钠以抑制辉锑矿，加入硫酸铜作活化剂，充气几分钟，采用丁基黄药进行抑锑浮金分离浮选，产出金粗精矿和锑精矿。金粗精矿进行精选，产出金精矿和低品位锑精矿。该矿浮选指标见表9-9。

表9-9 Bradley选矿厂的浮选指标

产品	产率/%	品位			回收率/%		
		$Au/g\cdot t^{-1}$	$Ag/g\cdot t^{-1}$	Sb/%	Au	Ag	Sb
金精矿	1.82	83.07	226.8	1.5	60	22	2
锑精矿	1.82	11.91	623.7	51.3	8	60	75
低品位锑精矿	0.44	36.86	226.8	20	7	5	8
混合精矿	4.08	48.76	419.58	29	78	87	86
尾矿	95.92	0.57	2.84	0.20	22	13	14
原矿	100.00	2.41	19.85	1.30	100	100	100

c 某锑砷矿

该矿主要金属硫化矿物为辉锑矿，含少量的方铅矿、斜硫锑铅矿和斜方硫锑铅矿及黄铁矿、毒砂。原矿含锑1.95%、含铅0.4%、砷0.3%。混合浮选所得混合精矿中含黄铁矿65%，含辉锑矿23%，含4%的硫锑铅矿和毒砂。混合精矿分离前，在矿浆液固比为3∶1的条件下，加入漂白粉CaOCl或高锰酸钾，搅拌1min，然后再加入醋酸铅活化辉锑矿，加入丁基黄药浮选辉锑矿，取得了良好的分离效果。锑粗精矿精选四次得锑精矿，中矿经粗选和扫选得低品位锑精矿，循环尾矿为硫精矿（黄铁矿、毒砂精矿）。氧化剂用量与浮选指标的关系如图9-10所示。

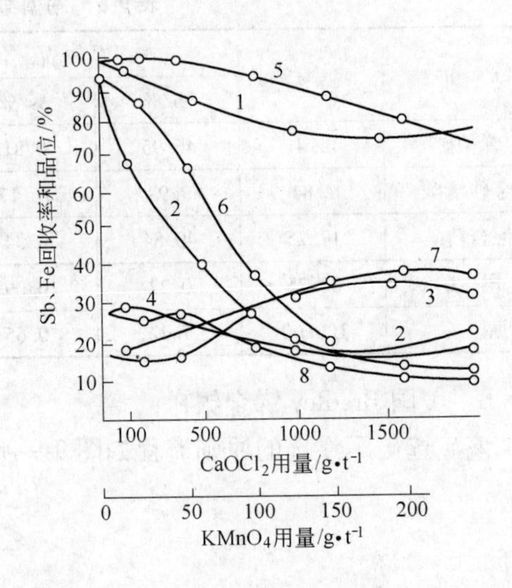

图9-10 氧化剂用量与浮选指标的关系

1，4—漂白粉；5，8—高锰酸钾；1，5—精矿中锑回收率；2，6—精矿中铁回收率；3，7—精矿中锑品位；4，8—精矿中铁品位

氧化剂抑制法的分离浮选指标见表9-10。

表9-10 氧化剂抑制法的分离浮选指标

产品	产率/%	品位/%			回收率/%		
		Sb	Fe	As	Sb	Fe	As
锑精矿	13.6	44.71	9.32	0.31	52.6	4.6	3.5
低品位锑精矿	11.4	26.58	15.76	1.18	26.1	6.6	10.9
总锑精矿	25.0	36.6	12.2	0.71	78.7	11.2	14.4
硫精矿	75.0	3.32	32.2	1.41	21.3	88.8	85.6
混合精矿	100.0	11.6	27.25	1.24	100.0	100.0	100.0

9.4.3 锑汞硫化矿的选矿

锑汞硫化矿的分离方法有优先浮选法、混合浮选-分离法、联合法。

9.4.3.1 优先浮选法

原矿磨细后，添加苛性钠作矿浆调整剂和辉锑矿的抑制剂，在碱性条件下可抑制辉锑矿，而辰砂仍保持其天然可浮性。采用选择性较高的硫化矿物捕收剂，进行优先浮选，可产出汞精矿。汞尾加入醋酸铅活化辉锑矿，加适量捕收剂可产出锑精矿。

9.4.3.2 混合浮选-分离法

原矿磨细后，加入醋酸铅活化辉锑矿，加入硫化矿物捕收剂和起泡剂，进行锑汞混合浮选，可产出锑汞混合精矿。混合精矿中加入重铬酸钾抑制被 Pb^{2+} 活化了的辉锑矿，进行抑锑浮汞，产出汞精矿和锑精矿。

9.4.3.3 联合法

原矿磨细后，加入醋酸铅活化辉锑矿，加入硫化矿物捕收剂和起泡剂，进行锑汞混合浮选，可产出锑汞混合精矿。混合精矿用蒸馏炉进行真空蒸馏，可产出金属汞。蒸馏炉渣送反射炉熔炼，可产出金属锑。

10 硫化汞矿的浮选

10.1 概述

10.1.1 汞矿产资源

汞在地壳中的克拉克值为 $7.7\times10^{-6}\%$，其中99.8%呈分散状态赋存于各类岩石中，仅0.2%的汞富集成为汞矿床，而且汞矿中的汞含量一般均小于1%。

目前，已知的汞矿物约20种，主要呈硫化汞（辰砂）形态存在，其他为少量的自然汞、硒化汞、碲化汞、硫盐、卤化物及氧化物等。汞主要呈硫化汞（辰砂）形态存在于所有汞矿床中，为选厂回收的主要汞矿物。

世界主要汞产地为地中海沿岸、美洲西海岸及我国西南地区。汞产量较高的国家为西班牙、意大利、俄罗斯等。我国的汞产量在20世纪50年代末曾居世界首位，现仍居世界前列。

10.1.2 汞矿物

辰砂为最具工业价值的硫化汞矿物，其化学式为HgS，含汞86.2%，含硫13.8%。颜色鲜红，性脆，密度为8.09~8.20g/cm^3，硬度为2~2.5。属三方晶系，常呈菱面体、三方柱等晶形产出，有的呈六方晶系的菱面体或薄板状产出。良好的晶体一般不常见，但在我国黔东和湘西地区常可见发育良好的单晶和穿插双晶。

在硫化汞矿床中可偶见少量的黑辰砂，其化学式与辰砂相同，颜色为灰黑色，常呈细小晶体或土状粉末及黑色薄膜状产出。密度为7.7~7.8g/cm^3，硬度为2~3，结晶为等轴晶系的四面体或六面体，性脆。

与辰砂伴生的常见金属矿物为黄铁矿、辉锑矿、毒砂、雄黄、雌黄、闪锌矿等，伴生元素为硒、碲、镓、铟、铊等。伴生组分的类型及数量因成矿条件而异。

10.1.3 硫化汞矿石类型

根据矿物组成，硫化汞矿石可分为以下两种：

（1）单一硫化汞矿石。此类型汞矿石中的汞矿物主要为辰砂，其他伴生矿物无回收价值，汞是唯一可回收有用组分。脉石矿物多为硅酸盐矿物或碳酸盐矿物，主要为白云石、方解石和石英等。我国黔东和湘西地区的汞矿床属此类型，汞是唯一可回收有用组分。

（2）复杂硫化汞矿石（多金属硫化汞矿石）。此类矿石中除含辰砂外，尚含相当数量的辉锑矿、毒砂、黄铁矿、雄黄及铅、锌、铜的硫化矿物。前苏联的海达尔肯汞矿的矿石属此类型。

10.2 汞矿石的可选性

10.2.1 选择性破碎磨矿

辰砂性脆，破碎过程中辰砂易富集于细粒级别。如美国苏里弗尔-班克汞选厂曾对破碎产物进行筛分，将+225mm产物丢尾，筛下产物送筛分、洗矿和手选作业。

若辰砂呈细粒浸染状存在于玄武岩中，此类矿石原矿含汞0.2%，破碎筛分后，+50mm粒级中汞含量为0.088%，废石丢弃率达70%，汞回收率约80%。但废石中的汞含量常高达0.07%~0.075%。

10.2.2 手选

汞矿体变化较大，开采时的贫化率较高。对于原矿品位低，贫化率较高，汞矿物呈集合体嵌布或矿化矿块与围岩有明显色泽区别的矿石，有利于采用手选的方法抛弃尾矿，以提高入选品位。手选皮带常为平胶带，带宽为800mm，带长为10000~15000mm，带速为0.1~0.5m/s。某汞矿的手选流程如图10-1所示。该矿采用一段破碎，筛分洗矿，-100mm +25mm粒级进行手选，原矿含汞为0.15%时，可选出废石；当原矿品位低于0.1%时，可选出品位为0.3%的富矿块精矿，汞回收率为60%~70%。

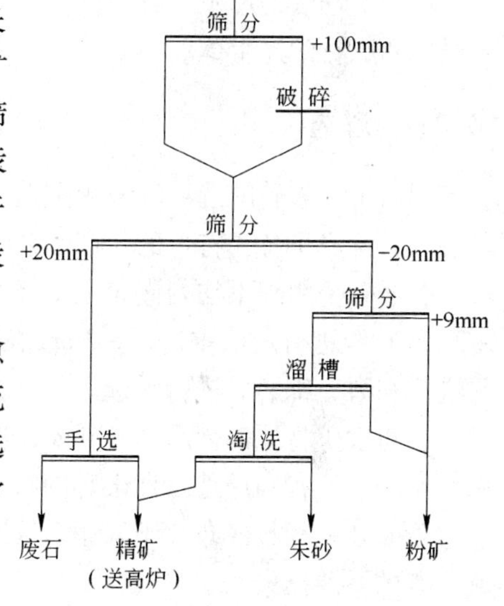

图10-1 某汞矿的手选流程

洗矿是提高手选效率的有效措施。手选粒度愈小，手选效率愈低；手选粒度过大，易造成金属流失。因此，手选粒度应适当，应通过试验确定手选的粒度。手选法简单而经济，但劳动强度较大，常常较难控制抛弃废石的品位。

10.2.3 重选

汞矿石能否采用重选法处理主要取决于有用矿物和脉石矿物的密度差及有用矿物的浸染特性。重选法分离有用矿物和脉石矿物的难易程度常用等降比e进行判断。

$$e = \frac{\delta_2 - \Delta}{\delta_1 - \Delta}$$

式中 δ_2——汞矿物的密度，g/cm^3；

δ_1——脉石矿物的密度，g/cm^3；

Δ——重选介质的密度，g/cm^3。

一般认为，当$e>2.5$时，采用重选法可使有用矿物易与脉石矿物相分离。

矿石中的辰砂密度为8~8.2g/cm^3，汞矿石中的主要脉石矿物为钙镁碳酸盐和硅酸盐矿物，其密度为2.65~2.90g/cm^3。计算其e值为3.79~4.20。因此，单一辰砂型汞矿石易于重选。由于汞矿石细磨后，辰砂表面疏水良好，常漂浮于矿浆表面，给重选回收辰砂造成困难。

辰砂重选时，常用的重选设备为跳汰机、摇床、溜槽和螺旋选矿机等，其中摇床使用最广。

跳汰法产出的辰砂常用作药材，其商品名称为朱砂，为一种贵重药材。据部颁标准（YB 746—70），药用朱砂中 HgS 含量应大于96%，硒含量应小于0.4%。

重选朱砂在我国有悠久的历史，从粉碎矿或手选富矿经破碎后的矿石中，采用溜槽或淘汰盘人工淘洗生产朱砂，此为我国多年沿用的方法，至今某些汞选厂仍在使用。此法生产的朱砂产量最高达 150 ~ 160t（1959 年）。

新晃汞矿重选厂处理高炉无法冶炼的 -25mm 的粉矿，采用棒磨机将粉矿磨至 -3mm，进行分级-摇床重选，精矿含汞3.4%，汞回收率为56%。另一选厂采用对辊机将矿石碎至 -4mm，进行分级-摇床重选，尾矿采用溜槽扫选，精矿含汞 32% ~ 36%，汞回收率为72%。

单一重选法处理汞矿石的指标不太高，其原因为辰砂在溢流中的漂浮损失及尾矿中仍有辰砂和脉石的连生体。

10.2.4 浮选

国内生产朱砂的选厂均采用重选—浮选的联合流程，根据各自矿石性质和对产品的质量要求，形成了各具特色的生产工艺流程。

若辰砂呈粗细不均匀嵌布（如新晃矿），将 +20mm 的块矿碎至 -16mm，其中 -6mm +3mm 粒级进行跳汰重选，-3mm 粒级进行摇床重选。重选尾矿与 -16mm +6mm 粒级合并进行细磨，细磨后进行浮选。

贵州汞矿将原矿棒磨至 -3mm，进行摇床重选回收朱砂，尾矿细磨后进行浮选，产出汞精矿。此流程利用选择性破碎的特点，可提高朱砂的产量。

若辰砂呈细粒嵌布，则采用多段磨矿多段选别流程。由于流程中增加脱水作业，易造成辰砂的漂浮损失。

综上所述，对单一辰砂型的汞矿石，若辰砂呈粗粒或粗细不均匀嵌布时，宜采用重选-浮选联合流程。采用跳汰或摇床产出粗精矿，尽可能实现粗粒抛弃尾矿，避免中间脱水作业以减少金属的漂浮损失。

10.2.5 原矿直接焙烧冶炼

采用高炉（竖炉）、回转窑、多膛炉和沸腾炉等对原矿进行焙烧冶炼，这些焙烧设备与冷凝器组合为炼汞的专用设备。焙烧过程中，辰砂分解为金属汞蒸气，经冷凝获得液态汞。原矿直接焙烧提汞一直是生产汞的主要方法，原矿直接焙烧冶炼，过程简单，回收率高，生产成本低。

由于汞矿石的原矿品位逐年下降，为了减少汞冶炼的矿石量和降低直接冶炼三废（废气、废水、废渣）的危害，汞矿石的选矿愈来愈重要。目前，品位较高的原矿直接焙烧冶炼，品位较低的汞矿石须经选矿处理，选矿精矿再送冶炼处理。

10.3 辰砂的可浮性

10.3.1 概述

辰砂的浮选试验研究始于1916年，20世纪30年代用于工业生产。我国辰砂的浮选试验研究始于20世纪50年代末期，于20世纪60年代初期用于工业生产。

与汞矿石的原矿直接焙烧冶炼相比，低品位的汞矿石浮选具有下列优点：

（1）浮选可处理低品位矿石或湿粘的矿石，浮选的汞回收率较高，而湿粘汞矿石或粉末状汞矿石无法直接冶炼；

（2）浮选法处理汞矿石对人体危害小，而冶炼汞的烟气有毒，对人体危害大；

（3）可处理组成复杂的汞矿石；

（4）生产规模较灵活，易操作，易管理；

（5）基建费较低，设备再利用率高。

10.3.2 辰砂的可浮性

辰砂矿物表面具有较好的疏水性，其可浮性较好。辰砂的可浮性与介质pH值的关系如图10-2所示。

从图10-2中的曲线可知，在pH值为4～8.5的范围内，汞的回收率均大于96%。因此，辰砂浮选宜在矿浆自然pH值条件下进行。浮选过程添加石灰可提高矿浆液相的pH值，此时可获得较稳定的矿化泡沫，但对辰砂浮选有抑制作用，将降低汞的浮选回收率。

辰砂浮选时一般无需添加活化剂。当矿石中含雄黄（AsS）时，雄黄在磨矿过程中易被氧化和水解，生成硫化氢，其反应可表示为：

$$4AsS + 4H_2O + O_2 \longrightarrow 2As_2O_3 + 4H_2S$$

硫化氢对辰砂浮选起抑制作用，此时添加适量的硫酸铜或硝酸铅，可提高辰砂的可浮性。试验表明，硫酸铜对辰砂浮选回收率的影响如图10-3所示。

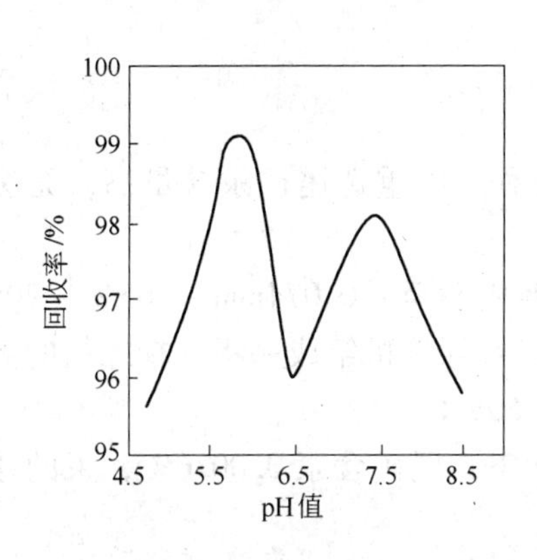

图10-2 辰砂的可浮性与介质pH值的关系

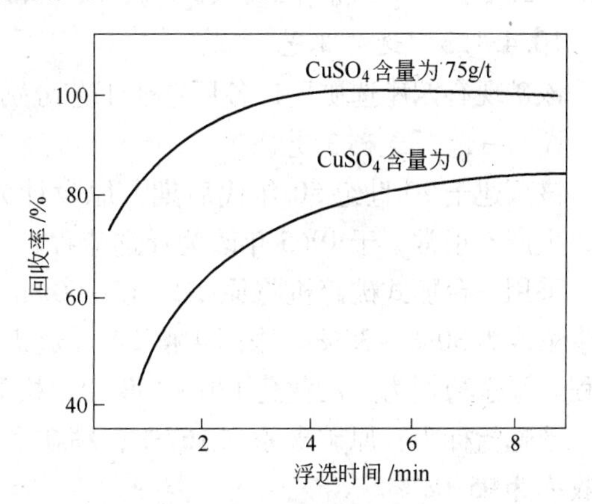

图10-3 硫酸铜对辰砂浮选回收率的影响
（条件：碳酸钠250g/t、乙黄药60g/t、松油19g/t）

硫酸铜和氯化汞均为辰砂的活化剂，而氯化汞为辰砂最有效的选择性活化剂。

水玻璃可分散矿泥，抑制石英和白云石等脉石矿物，但用量过大时，对辰砂也有抑制作用，其用量一般为500~1000g/t。

可溶性淀粉和羧甲基纤维素等为炭质物及钙镁碳酸盐脉石的抑制剂，可改善汞精矿的质量。

采用浮选金属硫化矿物的捕收剂即可浮选辰砂。

10.4 硫化汞矿石的选矿

10.4.1 贵州汞矿的选矿

10.4.1.1 概述

贵州汞矿为我国最大的汞采矿、选矿、冶炼企业，为我国汞和朱砂的主要生产基地。有悠久的生产历史，目前采出矿石的50%经选矿处理。选矿产品为朱砂和汞精矿两种，其朱砂产量占全国总产量的50%以上。

汞精矿送电热蒸馏炉炼汞。选矿流程多为单一浮选流程或重选—浮选联合流程。

10.4.1.2 矿石性质

矿石中主要汞矿物为辰砂，偶见自然汞，极少见黑辰砂。伴生矿物为少量的黄铁矿、辉锑矿、闪锌矿。脉石矿物主要为白云石，其次为石英、方解石及少量的玉髓、云母、长石等。辰砂的单矿物分析表明，辰砂中不含其他有害杂质元素，某些矿段的硒含量具有工业价值。

矿石多为条带状、浸染状构造，还有角砾状、晶洞状等构造。辰砂以充填结构为主，分为自形、他形和半自形粒状结构；其次为交代溶蚀结构，可细分为边缘溶蚀、交代残余和骸晶结构。

辰砂的嵌布粒度不均匀，最粗达12mm，最细为0.002mm，0.1~0.5mm居多。原矿含汞平均为0.1%~0.3%，真密度为2.7~2.8g/cm^3，假密度为1.6~1.7g/cm^3。原生矿泥少，各矿段的主要成分略有差异，矿石某些其他成分含量为：CaO 20%~25%，MgO 13%~21%，SiO_2 10%~34%，CO_2 28%~40%。

10.4.1.3 选矿工艺

该矿现有四座选矿厂，各厂选矿工艺分别介绍如下。

A 一选厂选矿工艺

该厂建于20世纪50年代后期。原设计为重选流程，因重选尾矿汞含量高，无法丢尾，生产不正常，于1965年改为浮选流程。

采用一台颚式破碎机将原矿碎至-50mm。用球磨机磨至-0.074mm占65%~70%。矿浆浓度为30%~35%。采用4槽5A浮选机和10槽3A浮选机组成一粗一精二扫的浮选流程。浮选药剂为：乙黄药170~180g/t，松醇油40~60g/t。

浮选指标为：原矿含汞0.167%，精矿含汞16.09%，尾矿含汞0.0076%，汞的浮选回收率为95.68%。

B 二选厂选矿工艺

二选厂1979年7月投产，采用重选—浮选联合流程，产出朱砂和汞精矿两种产品。

其工艺流程如图10-4所示。

原矿采用颚式破碎机和ϕ900mm标准圆锥破碎机二段开路破碎，将原矿碎至-50mm。送入一台ϕ1500mm×3000mm棒磨机开路磨矿，排矿粒度为-3mm。经矿浆分配器直接送至摇床进行重选。辰砂含量约50%的摇床粗精矿送朱砂精加工车间生产朱砂。摇床尾矿送球磨-分级回路磨至-0.074mm占70%～80%，矿浆浓度为25%～30%，送浮选作业。

浮选作业采用16槽5A浮选机组成一粗一精二扫的浮选回路，浮选精矿经浓缩过滤后，送电热蒸馏炉炼汞。

浮送药剂为：硫酸铜200～250g/t，乙黄药180～200g/t，松醇油50～70g/t。

选矿指标为：原矿含汞约0.3%，浮选精矿含汞15%～20%，选矿总回收率为95%～97%。产品中朱砂产品的汞回收率占40%～50%，最终尾矿含汞为0.01%左右。

此流程中棒磨产品不分级进行摇床重选及摇床尾矿不脱水直接进球磨机，可以最大限度提高朱砂产量和减少辰砂的漂浮流失。

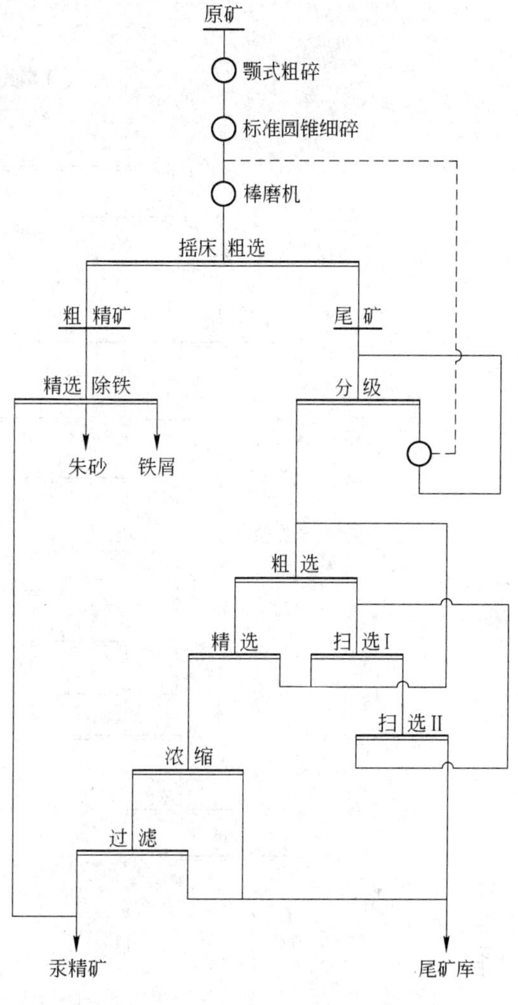

图10-4 贵州汞矿二选厂生产工艺流程

朱砂精加工流程为：采用试验室小型摇床进行精选，在小摇床精选带上方悬挂磁铁以除去铁屑。精选所得摇床精矿经红外线低温干燥，获得朱砂产品。

C 三选厂选矿工艺

该厂于1981年10月投产，其生产流程如图10-5所示。原矿经颚式破碎机和ϕ1200mm中型圆锥破碎机和1800mm×3600mm单层振动筛组成的二段一闭路碎矿流程将矿石碎至-16mm。经1250mm×2500mm单层振动筛预先筛分，+3mm粒级进ϕ1500mm×3600mm棒磨机磨至-3mm。棒磨产物与预先筛分的筛下产物合并，分级送摇床重选。

摇床粗精矿送精加工生产朱砂。摇床尾矿经ϕ2000mm分泥斗脱水，沉砂进入ϕ2100mm×3000mm球磨机和ϕ1500mm双螺旋分级机组成的磨矿-分级回路磨至-0.074mm占75%～80%，矿浆浓度为30%～33%。分级溢流送浮选。

浮选药方为：硫酸铜120～140g/t，乙黄药120g/t，松醇油50g/t。浮选精矿浓缩过滤后送电热蒸馏炉炼汞。

浮选指标为：原矿含汞0.08%～0.15%，尾矿含汞0.003%～0.008%，精矿含汞

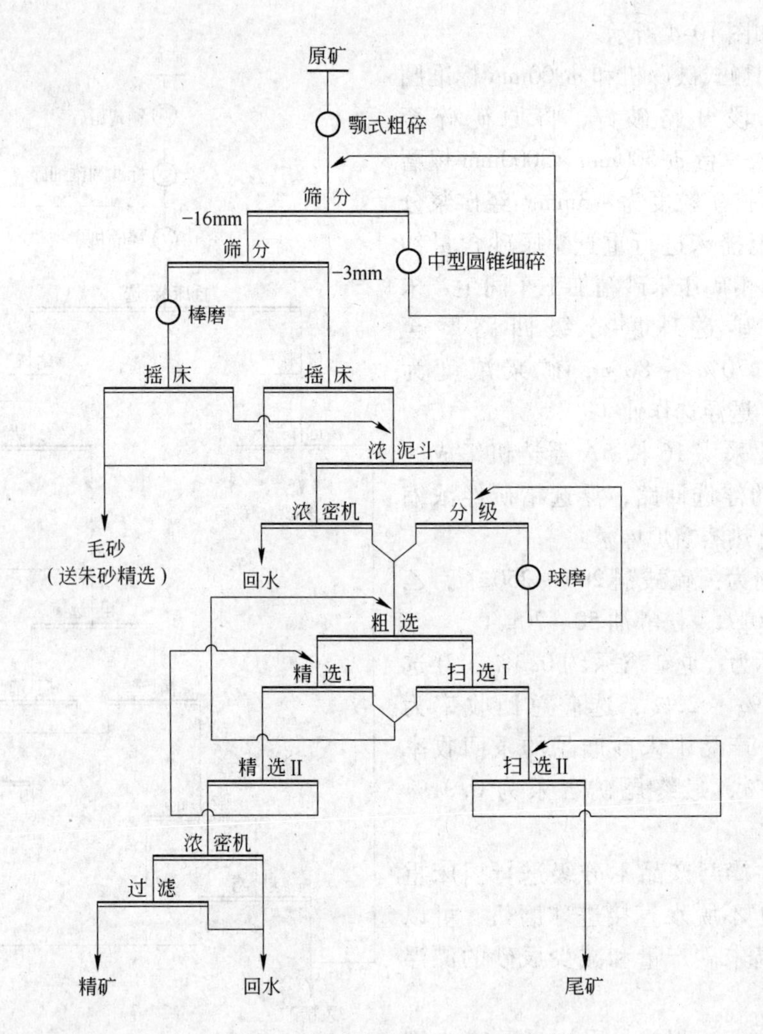

图 10-5 贵州汞矿三选厂生产流程

15% ~25%，选矿总回收率为 90% ~95%，其中朱砂中汞的回收率为 20% ~40%。

10.4.2 我国某汞矿的浮选

10.4.2.1 *矿石性质*

该矿含汞矿物为辰砂，伴生金属矿物为少量黄铁矿和微量的白铁矿、辉锑矿、褐铁矿，偶见方铅矿、闪锌矿、雄黄和雌黄。脉石矿物主要为方解石，其次为白云石、石英、石髓，偶见萤石和纤维石膏及微量至少量的泥质和有机质等。

大多数辰砂呈粒状稀疏浸染状嵌布于方解石、白云石的颗粒间，少量辰砂呈脉状充填于方解石、重晶石、硅化白云岩中。此外，还有少量辰砂呈脉石包裹体。辰砂呈他形不等粒嵌布，其嵌布粒度极不均匀，微细粒为 0.02 ~0.06mm，少量集合体为 0.25 ~1mm。

10.4.2.2 *浮选工艺*

浮选工艺生产流程如图 10-6 所示。原矿经 250mm × 400mm 颚式破碎机和 ϕ600mm × 300mm 对辊机二段开路破碎，将矿石碎至 -15mm。磨矿分三个系列，每个系列由

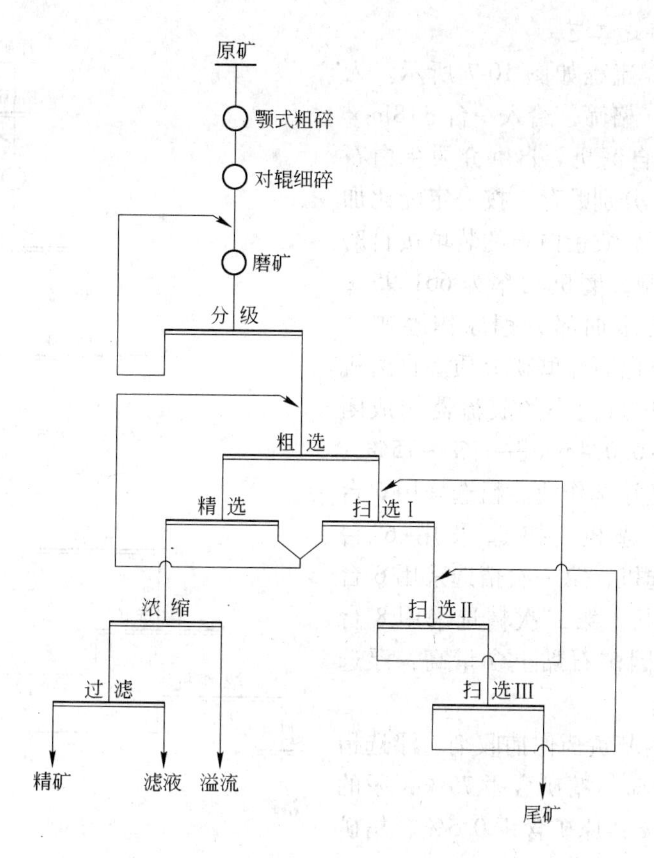

图 10-6 浮选工艺生产流程

ϕ1500mm×1500mm 球磨机和 ϕ1000mm 单螺旋分级机组成回路，磨矿细度为 -0.074mm 占 75%～80%。浮选采用 12 槽 3A 浮选机组成一粗一精三扫流程。

浮选药剂为：硫酸铜 50g/t，乙黄药 100g/t，松醇油 60g/t。浮选指标为：原矿含汞 0.10%～0.13%，精矿含汞 9%～13%，尾矿含汞 0.006%～0.01%，浮选汞的回收率为 90%～93%。

浮选汞精矿经浓缩过滤后，送电热蒸馏炉炼汞或作化学沉淀法生产朱砂的原料。

10.4.3 美国麦克德米特（MC Dermitt）汞选矿厂

10.4.3.1 *矿石性质*

麦克德米特（MC Dermitt）汞矿为美国最大的汞企业，于 1975 年建成投产，年产汞 690t，占美国汞需要量的 50%。选厂处理量为 600～700t/d，原矿全采用浮选法富集，汞精矿送多膛炉炼汞。

该矿为湖底沉积矿床，含汞矿物辰砂占 70%，氯硫汞矿占 30%。氯硫汞矿为含氯高的地下水局部与辰砂相互作用的产物，本质为辰砂的氯化物。汞矿物呈细粒稀疏状嵌布于湖床的高岭石黏土中。下层湖床黏土含有大量蛋白石和玉髓，致密坚硬的蛋白石作为选厂自磨机的磨矿介质。该矿采用露天开采，矿石用汽车运至选厂堆栈，用装载机给入 50t 原矿仓。

10.4.3.2 浮选工艺

浮选工艺生产流程如图 10-7 所示。入选矿石经一台 18in 格筛，给入一台 ϕ18in × 9in 哈丁型瀑落式自磨机。自磨介质蛋白石与矿石分别开采、分别贮存，按一定配比加入自磨机中。自磨介质蛋白石的装填按自磨机的功率加以控制，磨机功率为 661.95 ± 36.79kW。曾试用添加部分钢球作磨矿介质，现全部采用蛋白石作磨矿介质。自磨机与可调整底部排料口大小的旋流器构成闭路，溢流粒度为 -0.074mm 占 65% ~75%。

旋流器溢流送浮选作业。粗选采用 6 台 16.98m^3 丹佛浮选机，扫选采用 6 台 16.98m^3 丹佛浮选机，第一次精选采用 6 台 5.66m^3 丹佛浮选机，第二次精选采用 8 台 1.42m^3 浮选机。因矿石黏土含量高，浮选矿浆浓度为 20%。

浮选采用异丙基黄药作捕收剂。浮选指标为：原矿含汞 1%，精矿含汞 75%，汞的浮选回收率为 95%；原矿含汞 0.5%，精矿含汞 75%，汞的浮选回收率为 90%。

浮选精矿经浓缩、过滤，滤饼含水约 20%，送多膛炉炼汞。

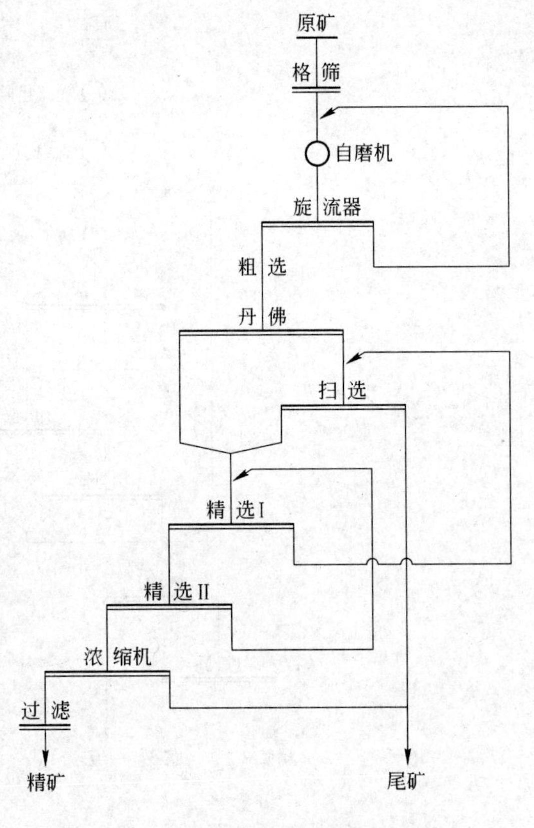

图 10-7 麦克德米特（MC Dermitt）汞矿浮选生产流程

10.5 汞炱的选矿

10.5.1 概述

火法冶炼汞矿石、汞精矿和含汞物料时，尽管汞的焙烧挥发率高达 97% ~99% 以上，所得汞蒸气需经冷凝凝聚后，才能获得金属汞。但在汞蒸气冷凝凝聚过程中，将生成部分汞炱。对目前的火法炼汞的冷凝设施而言，不可能完全避免汞炱的生成。

汞炱为含汞烟尘和沉淀泥的总称，它是一种夹附多种杂质的含汞的疏松物质。其他重有色金属冶炼厂和化工厂，若处理含汞原料时，也会产出此类物质。

汞炱的产生，不仅降低汞的回收率，若处理不当，还将污染环境，造成公害。因此，研究和选择合理的汞炱处理方法，已日益引起人们的重视。实践表明，采用选矿方法处理汞炱是较适宜的好方法。

10.5.2 汞炱的产生原因及其特性

10.5.2.1 产生汞炱的原因

就火法炼汞作业而言，产生汞炱的原因大致为：

（1）火法炼汞过程的除尘系统不完善，部分矿粉或煤粉等进入冷凝系统；

（2）汞炱为炼汞过程中的化学平衡和相转变的平衡产物所致。

不同作业产出的汞炱中的汞含量见表10-1。

表10-1 不同作业产出的汞炱中的汞含量 （%）

汞炱类别	汞冶炼						重有色冶炼
	高炉汞炱	蒸馏炉汞炱	沸腾炉汞炱	高炉沉淀泥尘	蒸馏炉沉淀泥尘	沸腾炉沉淀泥尘	锌烟尘、汞烟尘
汞含量	78.7	42.72	20~51	17~16.4	17~16.4	1~6	27~85

从表10-1中的数据可知，汞炱中的汞含量相当高，从这些汞炱含汞物料中回收汞，对综合利用矿产资源、防治汞污染、保护环境等均具有十分重要的意义。

10.5.2.2 汞炱的基本性质

汞炱中，通常含有细尘、未反应的硫化汞、硫酸汞、冷凝的各种锑和砷的氧化物、大量的碳氢化合物、大量的水分及细的金属汞珠等。汞炱表观颜色为灰色至黑色。汞炱的大致化学组成见表10-2。汞炱的铁质冷凝器内可出现含量为3%~4%的$Fe(OH)_2$、$Fe(OH)_3$及$Me(OH)_n$产物。铁的氢氧化物进入汞珠表膜层将阻碍汞珠结合，使其产生粉化。

表10-2 汞炱的大致化学组成

组分		金属汞	HgS	$HgSO_4$	总锑	Sb_2O_3	As_2O_3	SiO_2	Al_2O_3	CaO	备注
含量/%	回转窑	69.5~60.1	2.7~3.4	0.002~0.003	0.29~0.33	0.07	0.32~0.43	5.30~10.00	3.15~5.57	0.55~0.42	剩余部分为水分和少量其他杂质
	蒸馏炉	80.3	0.25	—	0.06	0.02	0.06	1.10	0.54	2.55	

从表10-2中的数据可知，无论汞炱类型如何，汞炱的主要组分为金属汞，其次为硫化汞，硫酸汞的含量仅为0.002%~0.003%左右。汞炱中各组分的特性见表10-3。

表10-3 汞炱中各组分的特性

组分	密度/$g \cdot cm^{-3}$	熔点/℃	沸点/℃	溶解度/%			备注
				在水中		在有机溶剂中	
				20℃	100℃		
金属汞	13.6	-38.87	356.9	—	—	—	溶于硝酸、王水中
HgO	11.4	—	—	易溶	易溶	—	
HgS	8.1	升华583.5	—	1×10^{-6}	—	—	
$HgSO_4$	6.47	分解	—	反应	反应	—	
Sb_2O_3	5.2~5.7	656	1500	难溶	难溶	醋酸	
As_2O_3	3.7~4.1	—	升华	2.04（25℃）	11.46	乙醇	
SiO_2	2.2~2.65	1725~1713	2590	—		—	
Al_2O_3	3.5~4.1	2050	2980	1×10^{-4}	不溶	—	
CaO	3.4	2585	2850	0.12反应	0.06反应	—	

汞炱中的金属汞粒度一般为0.001～0.1mm，经强烈搅拌后，大部分汞粒可转为连续相，成为液态汞。-0.1μm的汞粒只有少量成为胶体状。几个微米至几十微米的汞粒多呈悬浮态。由于第一、第二电离能较高，易沉淀分离，不易氧化，碰撞时易集结长大。汞珠虽为球形，表面张力大，影响其可浮性，但含少量的锌、镉、铅、铋等杂质，或遇氧与二氧化碳等气体时，汞粒的表面张力将降低，从而改变汞粒的表面特性。金属汞表面亲油疏水，具有较好的可浮性。研究表明，阻碍汞粒集结的表面膜和泥膜亲水疏油，但在强烈搅拌、冲洗下，表面膜和泥膜易脱落，易与汞粒分离。

汞炱中的脉石的密度为2.2～5.7g/cm^3，汞的密度为13.6g/cm^3，两者有较大的密度差。因此，可采用重力选矿、浮选及化学选矿法处理汞炱。

10.5.3 汞炱的处理方法

10.5.3.1 人工法

架锅起灶，将汞炱放入锅中，用柴火加热，用铁钩不断搅拌，有时还加入石灰。焙烧时汞蒸气压力大，汞蒸气冷凝后可获得液态汞。残渣含汞达10%～35%，仍需回炉进行二次焙烧。汞炱颜色为灰黑色，处理后，残渣呈疏软灰色。

人工处理汞炱的劳动强度大，回收率低，处理能力小，易汞中毒。该法已逐渐被淘汰。

10.5.3.2 机械法

（1）离心机。离心机采用转速为2400r/min的不锈钢离心机，可破坏汞珠表面膜，使其集结为液态汞。

（2）搅拌机。搅拌机类似于搅拌槽或浮选槽，轴上装有叶片，在打汞轮上面装有带中心孔的锥形盖，沿槽周边可形成环状间隙。

（3）打汞机。打汞机为一直径1～2m的圆桶，高度小于直径，低部向中央倾斜。中心轴上装有十字柄，柄上装有一系列刮刀，用于搅拌、挤压物料。转速为5～10r/min，有的在桶底或桶壁外加保温装置（电加热或蒸气加热）。

采用机械处理汞炱排出的残渣仍需送冶炼炉进行焙烧以回收残留的汞。

10.5.3.3 重选法

一般采用摇床或水力旋流器处理汞炱，两者均已用于生产。

10.5.3.4 浮选法

浮选法处理汞炱时，汞的回收率可达95%以上，渣可废弃，水可循环使用。

10.6 汞炱的选矿实践

10.6.1 汞炱的重选

10.6.1.1 摇床处理汞炱

摇床处理汞炱的工艺流程如图10-8所示。

贵州汞矿产出的贫汞炱，先经强烈搅拌，再采用矿泥摇床进行重选。重选指标见表10-4。

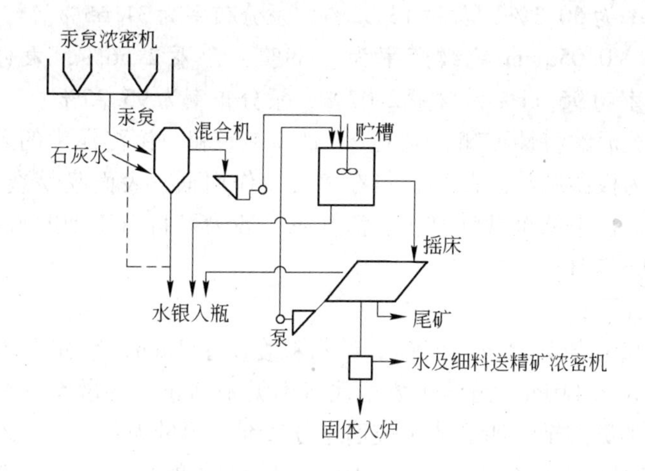

图 10-8 摇床处理汞炱的工艺流程

表 10-4 矿泥摇床选别汞炱的指标

汞炱含汞/%	精矿含汞/%	尾矿含汞/%	汞回收率/%
1.889	99.99	0.068	97.5

10.6.1.2 水力旋流器处理汞炱

贵州汞矿采用水力旋流器处理汞炱的流程如图 10-9 所示。

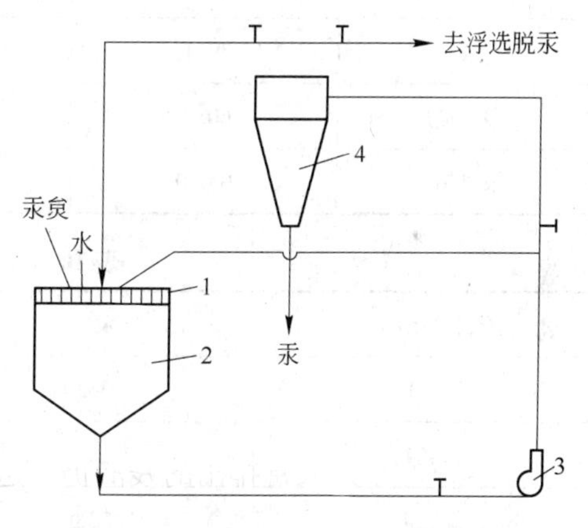

图 10-9 水力旋流器处理汞炱的流程
1—筛子；2—泵池（搅拌槽）；
3—泵；4—旋流器

采用水力旋流器处理汞炱时，先将汞炱与水在搅拌槽中制浆，浓度为 25% ~40%。汞炱浆进入水力旋流器后，在离心力作用下，密度大的细小汞珠互相碰撞摩擦和挤压，兼并为大汞粒。大汞粒沿器壁下落至锥体底部，经排汞闸门或 U 形管自动流出、装罐。汞炱中密度小和颗粒细小的大量烟尘杂质则从溢流排出，达到良好的分离。

某汞矿研究所采用水力旋流器分离汞炱，其结论为：

（1）水力旋流器适用于处理富汞炱和贫汞炱；

（2）给料固体浓度以 5% ~10% 为宜；

（3）汞炱含汞一定的条件下，给料的固体浓度为 10% ~20% 时，活性汞的产率较高；

（4）延长循环时间可提高汞的回收率；

（5）溢流管直径以 6 ~10mm 为宜；

（6）进口压力为 0.1MPa 时，可提高汞的回收率。

贵州汞矿采用水力旋流器，处理沸腾炉炼汞打汞后的汞炱渣及沸腾炉炼汞产出的沉淀泥，其特性为：

（1）汞炱渣：+0.074mm 粒级产率为 49.7%，含汞 30.18%，汞分布率为 68.35%；

-0.074mm 粒级产率为50.3%，含汞13.92%，汞分布率为31.65%。

（2）沉淀泥：+0.053mm 粒级产率为3.89%，含汞2.56%，汞分布率为4.75%；-0.053mm 粒级产率为96.11%，含汞2.07%，汞分布率为95.25%。

从汞炱渣和沉淀泥的特性可知，汞炱渣中的汞粒较粗，沉淀泥中的汞粒绝大部分为极微细粒，脉石多数为极微细粒。此种物料在离心力作用下，表面膜易裂开，汞粒易脱出，易集结，大部分呈活性汞从沉砂嘴排出。活性汞一般为可自由流动的液体汞团，过滤后，产品纯度可达99.999% Hg。

分选工艺参数如下：

（1）分选汞炱渣：给料含汞约30%，给料粒度小于1mm，给料固体浓度约为10%~20%，进口压力约为0.4MPa，循环次数至残渣不见汞为止。分散剂视情况而添加，一般不加，如需要，可加碳酸钠、明矾或水玻璃作分散剂，用量为0.5~1kg/t 渣。

（2）分选沉淀泥：给料含汞0.7%~10%，给料粒度小于1mm，给料固体浓度约为5%~10%，进口压力约0.17MPa（因给料含汞料，采用低压），循环次数至残渣不见汞为止。若物料含汞太低，可经预先处理，集中处理沉砂，必要时可添加分散剂。

汞炱渣的分选指标见表10-5。沉淀泥的分选指标见表10-6。

表10-5 汞炱渣的分选指标

产 品	产率/%	汞含量/%	汞量/kg	汞回收率/%
汞	39.1	99.99	243.00	99.87
溢 流	60.9	0.084	0.13	0.13
汞炱渣	100.0	39.18	243.13	100.00

表10-6 沉淀泥的分选指标

给料含汞/%	汞	溢流含汞/%	汞回收率%
2.551	2.073	0.478	81
1.464	1.36	0.104	93
2.220	1.538	0.682	69
0.78	0.676	0.104	86

10.6.2 汞炱的浮选

某汞冶炼厂产出的汞炱中的有用组分为金属汞和硫化汞，含汞0.6%~1%，其中金属汞占95%，硫化汞占5%。给料粒度小于10μm，水分含量大于56%。

浮选药剂为：SN-9 243g/t，松醇油300g/t，水玻璃965g/t。经一粗二精三扫流程浮选，浮选精矿含汞99%，汞回收率为98%。

10.6.3 汞炱的重选—浮选

汞炱的重选—浮选流程如图10-10 所示。

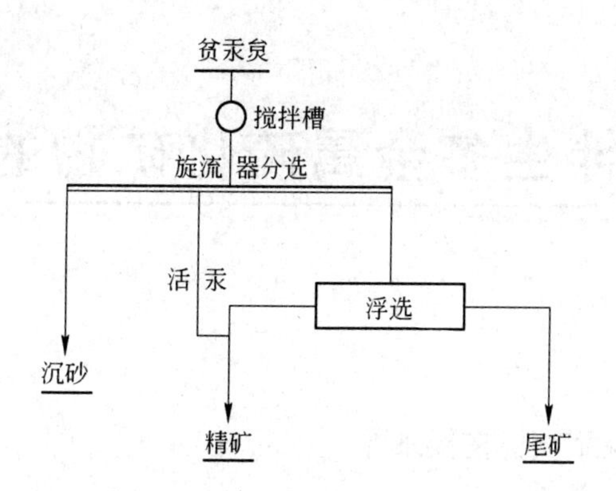

图 10-10 汞炱的重选—浮选流程

浮选药剂为 SN-9、松醇油。给料含汞 0.6% ~1%，尾矿含汞 0.012%，精矿含汞 99.99%，汞回收率为 98.93%。

11 伴生多金属硫化矿物的浮选

11.1 概述

11.1.1 伴生多金属硫化矿物的主要来源

11.1.1.1 含钨多金属硫化矿

我国的钨矿资源极其丰富，多属气化高温钨矿床。主要类型为细脉浸染型、矽卡岩型、石英脉型和砂钨矿床。其中石英脉型的工业价值最高，为各类钨矿床中分布最广、储量大和远景最好的矿床类型。其矿物组成较复杂，金属矿物除黑钨矿和白钨矿外，伴生金属矿物有锡石、辉钼矿、辉铋矿、自然铋、黄铁矿、方铅矿、闪锌矿、黝锡矿等。脉石矿物主要为石英、长石、云母（以锂云母和铁锂云母为主）、黄玉、电气石、磷灰石、萤石、方解石、氟磷酸铁锰矿等。

除脉状钨矿床外，细脉浸染型钨矿床具有较大的远景。细脉浸染型钨矿床也是含钨的多金属硫化矿物矿石。除含黑钨矿和白钨矿外，常伴生钽、铌、钼等元素，伴生的硫化矿物有黄铜矿、辉钼矿、斜方砷钴矿、毒砂、辉铋矿、黄铁矿、磁黄铁矿、闪锌矿、方铅矿等。脉石矿物主要为白云母、石英、正长石、绢云母、石榴石、电气石、绿泥石、方解石等。

11.1.1.2 含锡多金属硫化矿

含锡多金属硫化矿多为热液型矿床。根据国内主要伴生有用矿物种类，可将含锡多金属硫化矿分为：锡石-毒砂型、锡石-硫化铅锌矿型、锡石-磁性矿物型、锡石-铜钨铋矿物型等四类。矿石中除锡石外，硫化矿物主要为毒砂、黄铁矿、磁黄铁矿、铁闪锌矿和脆硫锑铅矿，其次为黄铜矿，还伴生有白钨矿、自然铋等。

11.1.2 伴生多金属硫化矿物的回收

11.1.2.1 含钨多金属硫化矿物的回收

含钨多金属硫化矿的选矿以回收黑钨矿物为主，并尽可能回收伴生的多金属硫化矿物。黑钨矿石常采用手选、跳汰选、摇床选、离心选矿机选、皮带选矿机选、浮选、磁选、电选和化学选矿等选矿方法获得黑钨精矿或黑钨粗精矿。在黑钨矿石重力选矿过程中，其中伴生的金属硫化矿物常与黑钨矿物一起进入黑钨粗精矿中。粗粒黑钨粗精矿中伴生的多金属硫化矿物，常采用摇床台浮的方法，产出黑钨精矿、黑钨中矿、金属硫化矿物混合精矿和尾矿。细粒黑钨粗精矿中伴生的多金属硫化矿物，常采用浮选的方法产出金属硫化矿物混合精矿和黑钨中矿。产出的金属硫化矿物混合精矿经磨矿和分离浮选或化学选矿，产出含相应有用组分的单一矿物精矿或化学精矿。

11.1.2.2 含锡多金属硫化矿物的回收

含锡多金属硫化矿的选矿以回收锡石矿物为主，并尽可能回收伴生的多金属硫化矿物；当处理锡石-铜钨铋矿物型锡矿石时，主要回收多金属硫化矿物，并尽可能回收伴生的锡石。锡石矿石常采用手选、重介质选矿、跳汰选、摇床选、离心选矿机选、皮带选矿机选和化学选矿法等选矿方法获得锡石精矿或粗精矿。在锡石矿石重力选矿过程中，其中伴生的金属硫化矿物常与锡石矿物一起进入锡石粗精矿中。粗粒锡石粗精矿中，伴生的多金属硫化矿物常采用摇床台浮或磨矿后浮选的方法，产出锡石精矿、锡石中矿、金属硫化矿物混合精矿和尾矿。细粒锡石粗精矿中伴生的多金属硫化矿物，常采用浮选的方法产出金属硫化矿物混合精矿和锡石中矿。产出的金属硫化矿物混合精矿经磨矿、分离浮选或化学处理，产出含相应有用组分的单一矿物精矿或化学精矿。处理锡石-铜钨铋矿物型含锡多金属硫化矿时，以回收伴生多金属硫化矿物为主，综合回收锡。

11.2　含钨伴生多金属硫化矿物的分离

11.2.1　硫化钠分离法

11.2.1.1　*硫化钠抑制金属硫化矿物的顺序*

硫化钠可脱除金属硫化矿物混合精矿中各种金属硫化矿物表面的捕收剂，使其中的金属硫化矿物被抑制而无法浮选。但随着矿浆中硫化钠的氧化分解，矿浆液相中硫化钠的浓度不断降低，被硫化钠抑制的金属硫化矿物复活而可浮选。

硫化钠抑制金属硫化矿物的抑制作用由强至弱的顺序为：方铅矿 > 被 Cu^{2+} 活化过的闪锌矿（铁闪锌矿） > 黄铜矿 > 斑铜矿 > 铜蓝 > 黄铁矿 > 辉铜矿等。

随着矿浆中硫化钠的氧化分解，被硫化钠抑制的金属硫化矿物可恢复其浮游活性，其顺序为：黄铁矿 > 方铅矿 > 黄铜矿 > 闪锌矿。

11.2.1.2　*应用实例*

A　*韶关钨矿精选厂*

原韶关钨矿精选厂处理粤北 8 个钨矿山所产的钨粗精矿。各矿山钨粗精矿的主要化学组成见表 11-1。

表 11-1　粤北 8 个钨矿山所产的钨粗精矿的主要化学组成　（%）

化学组成	WO_3	Sn	MoO_2	Bi	Cu	S	As	P
石人嶂	25.33	4.07	0.02	0.14	0.28	0.71	14.42	0.022
梅　坑	25.75	0.58	0.008	0.40	0.52	7.9	6.0	0.034
师　坑	25.89	0.23	0.96	4.4	3.4	12.07	0.40	0.05
瑶　岭	25.81	1.49	0.27	1.23	0.78	11.21	2.0	0.105
红　岭	25.50	0.06	0.90	3.50	2.08	6.78	0.11	0.268
棉土窝	26.56	0.36	0.37	3.50	2.09	1.81	0.15	0.288
龙　胫	22.25	0.12	0.30	2.04	1.55	9.60	0.50	0.068
大　笋	23.60	0.10	0.47	3.10	0.19	8.91	0.08	0.17

该厂主要产品为黑钨精矿、白钨精矿、锡精矿、铋精矿、钼精矿、铜精矿和仲钨酸铵等。

该厂工艺流程较灵活，根据来矿性质，采用不同的流程，目的是尽量提高来矿中各有用组分的回收率，达到综合回收和综合利用的目的。大部分来矿先经对辊机破碎，破碎产物进磁选，产出黑钨精矿，磁尾进行台浮和重选。抬重精矿干燥后再进磁选，磁尾进行电选以分离锡石和白钨矿。根据产物中的组成情况，精矿再进行二次加工，其中有台浮脱铜，盐酸浸出降磷，盐酸浸出降铋，焙烧降锡，焙烧除砷等作业。台浮和浮选产出的硫化矿物混合精矿主要含辉钼矿、辉铋矿、黄铜矿和毒砂。采用以硫化钠为抑制剂进行浮选分离，产出辉钼矿精矿、铋精矿和铜精矿。铜精矿中的铋含量较高，采用盐酸、氯化铁加锰粉为浸出剂，浸出铜精矿中的辉铋矿，浸液采用水解法产出氯氧铋。生产指标见表11-2。

表11-2　生产指标

产　品	元　素	设　计	最高（1979年）	1985年
原矿/%	WO_3	—	41.95	42.50
	Sn	—	3.18	1/11
	Cu	—	4.43	2.19
	Mo	—	0.84	0.94
	Bi	—	0.94	0.94
精矿/%（同名精矿）	WO_3	65~70	67.28	69.51
	Sn	60	71.29	70.52
	Cu	20	19.0	16.76
	Mo	48	50.14	51.56
	Bi	15	19.33	19.46
回收率/%（同名精矿）	WO_3	93~96	97.35	96.26
	Sn	83	95.45	74.33
	Cu	80	80.89	82.83
	Mo	60	92.40	83.65
	Bi	30	60.80	57.17

20世纪90年代初期，由于相关矿山选厂相继建成精选工段，直接产出钨精矿和相关副产品，韶关精选厂逐渐停产和转产。

B　赣州钨矿精选厂

赣州钨矿精选厂的原料来自华兴钨业公司部分钨矿山及地方县办钨矿生产产出的钨粗精矿、中矿、钨细泥及毛锡砂等。因此，来矿性质比较复杂，但均属高温热液矿床，许多为钨锡复合矿，粗中矿均为钨锡硫化矿的混合精矿。

原料中主要金属矿物为黑钨矿、白钨矿、锡石、黄铜矿、辉铋矿、辉钼矿、黄铁矿、钨华、方铅矿、闪锌矿、铁闪锌矿、黄铋矿和褐铁矿等。脉石矿物主要为石英，其次为长石、云母、石榴子石和毒砂等。几种典型的钨粗精矿和钨中矿的多元素分析结果见表11-3。

表 11-3 几种典型的钨粗精矿和钨中矿的多元素分析结果

来矿	品位/%											
	WO_3	Sn	S	Cu	Mo	As	P	SiO_2	Ca	Bi	Pb	As
粗精矿 1	56.68	1.56	6.61	0.061	2.30	0.096	0.01	4.90	1.43	1.56	0.22	0.02
粗精矿 2	47.29	0.47	7.48	0.82	1.80	3.60	0.012	8.89	1.93	0.92	1.22	0.04
中矿 1	21.28	0.42	3.67	0.23	0.67	0.044	0.22	27.50	7.66	0.94	0.021	0.02
中矿 2	10.87	0.15	20.62	13.33	0.50	0.06	0.088	11.20	2.47	1.60	0.26	0.04

该厂原料来自40多个矿山60多个矿点，钨粗精矿和钨中矿的矿物组成和化学组成的差异均较大，故其选别流程较灵活。该厂主要采用磁选、重选、台浮、电选、浮选和化学选矿等，产出符合 GB 2825—81 技术标准的黑钨精矿、白钨精矿，综合回收锡、铜、钼、铋。产出黑钨精矿、白钨精矿、锡精矿、铜精矿、钼精矿和铋精矿等六种矿物精矿。该厂选矿生产流程如图 11-1 所示。

该厂除选矿车间外，还有锡铋冶炼车间、钨化学处理车间、硬质合金车间。除产出黑钨、白钨、铜、钼、铋、锡六种矿物精矿产品外，还产出精锡、精铋、锡基焊料条、锡基轴承合金、铅、碲、银、工业纯和化学纯钨氧、合成白钨、锡酸钠、钨酸、仲钨酸铵、碳化钨等产品。

20 世纪 90 年代初期，由于相关矿山选厂相继建成精选工段，直接产出钨精矿和相关副产品，赣州精选厂选矿车间停产，转产为有色金属冶炼厂。

C 铁山垅杨坑山钨矿选矿厂

该矿为高中温裂隙充填矿床，属黑钨矿-多金属硫化矿石英脉型，其中可分为单脉、大脉、细脉。属内外接触带型矿床。各类原矿多元素分析结果见表 11-4。

表 11-4 各类原矿多元素分析结果 (%)

元素	WO_3	Sn	Bi	Mo	Cu	Zn	Pb
大脉	1.30～0.476	0.044	0.157	0.033	0.203	0.148	0.028
细脉	0.289	0.014	0.014	0.004	0.198	0.271	0.047

矿石中主要金属矿物为黑钨矿、黄铜矿、黄铁矿，其次为辉铋矿、辉钼矿、锡石、方铅矿、闪锌矿等。脉石矿物主要为石英，其次为长石、白云母、铁锂云母和萤石，少量绿泥石、电气石、叶蜡石和方解石。

原矿经洗矿脱泥，筛分，经六级手选，再经四段开路破碎将原矿碎至 -12mm；经三级跳汰，六级摇床重选；经二段开路磨矿，粗粒摇床重选，中矿再磨再选、贫富分选；原、次生矿泥浓缩合并，先浮选脱硫，浮选尾矿经离心选矿机粗选丢尾，粗精矿送钨浮选和摇床精选，最后经湿式磁选、降磷和降锡，产出 WO_3 含量为 50% 左右、回收率为 60% 左右的黑钨细泥精矿。

所得粗精矿经双层筛筛分，+1.7mm 经跳汰产出合格黑钨精矿，跳汰尾矿经对辊机破碎后返回双层筛；-1.7mm +0.25mm 粒级送台浮脱硫，产出合格黑钨精矿、尾矿和台浮硫化矿混合精矿，经棒磨、筛分，磨至 -0.25mm。然后，送浮选钼铋，再顺序浮铜、锌和黄铁矿。浮选尾矿经摇床产出黑钨精矿和精选尾矿；粗细粒钨精矿经干燥、筛分，+1.7mm 粒级经对辊、筛分分为 -1.7mm +0.38mm 和 -0.38mm 两个粒级，分别经强磁选产出合格黑钨精矿，磁选尾矿经浮选和摇床回收泡铋矿和锡精矿。

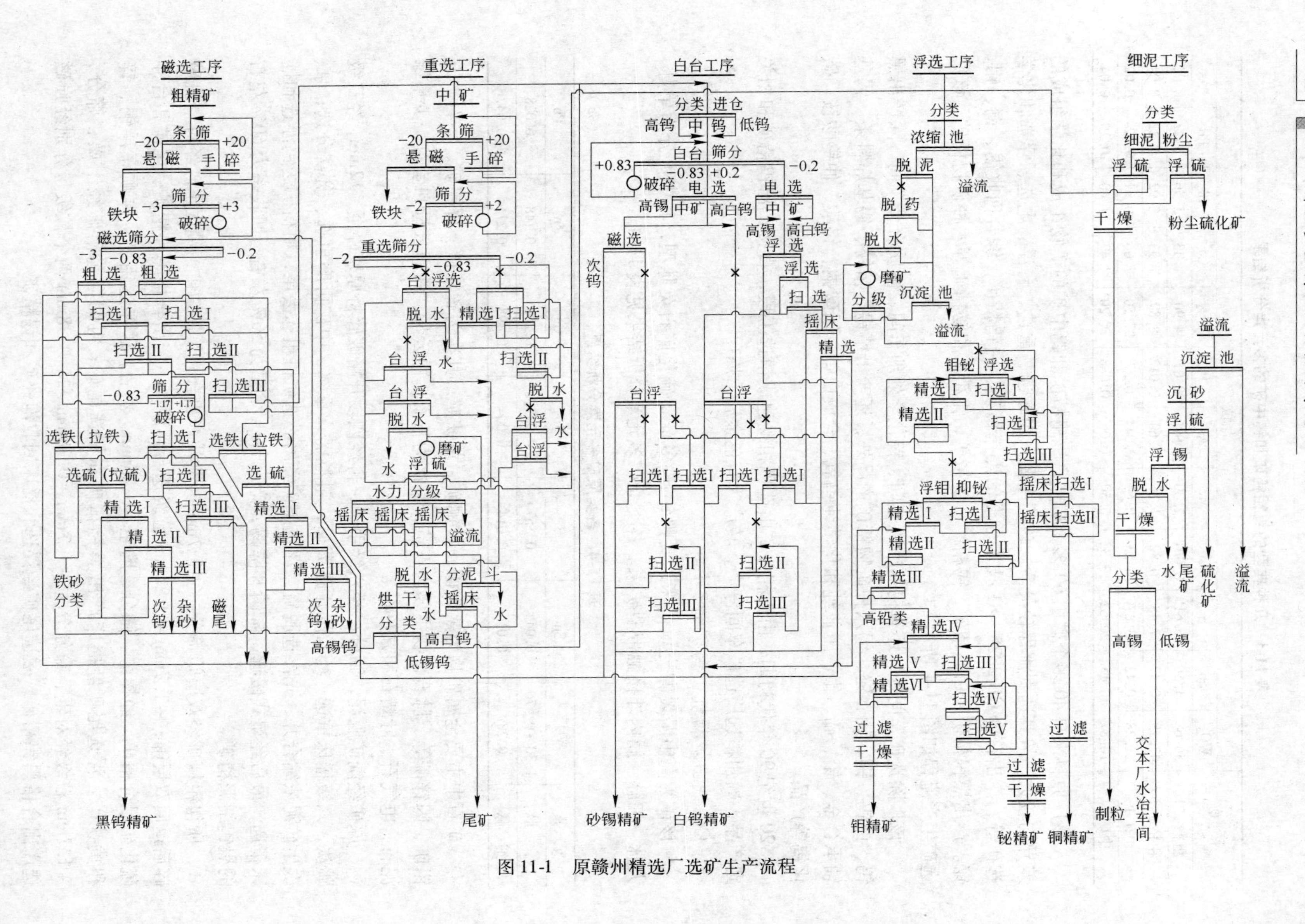

图 11-1 原赣州精选厂选矿生产流程

该选厂最终产出黑钨精矿、锡精矿、铜精矿、钼精矿、铋精矿和锌精矿。该选厂的生产指标见表11-5。

表11-5 选厂的生产指标

成 分	原矿品位/%	同名精矿品位/%	同名精矿回收率/%
WO_3	0.233	70.1	83.45
Cu	0.714	21.83	56.47
Mo	0.019	47.50	29.16
Sn	0.092	49.03	26.50
Zn	0.577	21.41	13.73
Bi	0.106	41.67	34.78

D 大吉山钨矿选矿厂

该矿为黑白钨共生的大型石英脉矿床。主要金属矿物为黑钨矿、白钨矿、辉钼矿、辉铋矿、自然铋、绿柱石、磁黄铁矿、黄铁矿、黄铜矿、斑铜矿等。主要脉石矿物为石英、云母、长石，其次为电气石、萤石、绿泥石和方解石等。黑钨矿粒度较粗，一般为0.15～0.35mm。白钨矿较细，多数小于0.15mm。自然铋多呈细粒集合体形态存在，粒度较粗者为0.5～1.0mm。辉铋矿呈柱状，辉钼矿多为不规则粒状。此外，还含有钽铌锂铍矿物和稀土矿物。

该选厂工艺流程包括破碎段、重选段和精选段三部分。

a 破碎段工艺流程

破碎段工艺流程包括破碎、洗矿和手选，采用三段一闭路破碎流程将原矿（500mm）碎至-8mm。粗碎后进行三反一正手选，手选废石产率为55%～57%，原矿品位由0.25%～0.27%上升至0.5%～0.64%以上。洗矿溢流水汇集于浓密机，浓密底流送重选段的细泥作业处理。

b 重选段工艺流程

双筛产品经三级跳汰，粗、中粒级送一段棒磨，与双筛成闭路，细粒尾矿经四级摇床选矿，次生矿泥和原生矿泥一起送细泥作业。摇床中矿再磨再选，形成中矿处理系统。重选段的钨作业回收率见表11-6。重选段毛精矿的WO_3品位为29%～31%。

表11-6 重选段的钨作业回收率

作 业	跳 汰	矿砂摇床	细泥摇床	全段理论	全段实际
作业回收率/%	71.6	86.35	41.29		
局部回收率/%	62.61	21.45	5.19	88.98	89.25

c 精选段工艺流程

粗粒跳汰毛精矿，经跳汰加工可产出最终黑钨精矿，其WO_3品位可达70%以上。一般不精选，除用户有特殊要求才进行精选。

中、细粒跳汰毛精矿和矿砂摇床毛精矿送双层筛分为4.5～1.5mm、1.5～0.25mm、0.25～0mm三个粒级，前两个粒级送台浮作业，直接获得最终黑钨精矿，其中矿再送跳汰机扫选一次，其尾矿经对辊破碎后与细粒中矿一起返双筛构成闭路。粗粒台浮尾矿经小球磨机磨矿后送浮选作业，泡沫产品与细粒台浮尾矿合并送浮选回收铋和钼，浮选尾矿送钨细泥作业。0~0.25mm 粒级的毛精矿直接送浮选作业回收铋和钼。浮选尾矿通过二次摇床获得最终钨精矿。当用户对钙含量有特殊要求时，用湿式强磁选机将其分为黑钨精矿和白钨精矿。

重选细泥毛粗精矿的 WO_3 品位可达5%~7%，可先经浮选脱硫，再经振摆溜槽精选，可获得 WO_3 品位达50%~55%的粉钨精矿，一般将其混入粗粒级钨精矿中搭配出厂。

产品为黑钨精矿、白钨精矿、铋精矿和钼精矿。

全厂生产指标为：原矿 WO_3 品位0.54%，精矿 WO_3 品位70.45%，WO_3 回收率为87.65%。每年还可产出30~50t 氧化稀土。

11.2.2　浸出—浮选分离法

11.2.2.1　盘古山钨矿选矿厂

该矿为钨、铋、水晶综合矿床，属石英-黑钨-硫化矿物型。主要金属矿物为黑钨矿、辉铋矿和铅辉铋矿，其次为白钨矿、黄铁矿、磁黄铁矿、辉钼矿和黄铜矿等。主要围岩为石英砂岩、板岩和千枚岩等。

黑钨矿呈板状，晶粒粗大，长轴可达40mm，一般为6mm。辉铋矿-铅辉铋矿常呈柱状，长轴可达10mm，一般为1~8mm。白钨常与黑钨共生，一般粒度小于0.2mm。

原矿多元素分析结果见表11-7。

表11-7　原矿多元素分析结果

元　素	WO_3	Bi	Fe	Cu	Pb	Mo	Yb_2O_3	Y_2O_3	Sn	BeO
含量/%	0.48	0.052	0.70	0.0061	0.029	<0.005	0.00022	0.003	<0.0044	0.0026
元　素	SiO_2	Al_2O_3	TiO_2	Mn	P	MgO	K_2O	Na_2O	Li_2O	
含量/%	81.64	7.2	0.38	0.153	0.718	1.06	2.60	0.01	0.25	

从表11-7中的数据可知，除可回收钨、铋外，还可综合回收钼、锡、稀土等。稀土呈独居石、磷钇矿的形态存在。

该选厂主要包括碎矿、洗矿、手选、磨矿、跳汰、摇床、浮选和磁选等作业。全厂可分为粗选、重选、细泥和精选四个工段。

（1）粗选段。原矿经初步脱泥分级后，+250mm 的矿块经颚式破碎机碎至 -150mm，全部物料经脱泥分级后分四级手选丢废石。-6mm 粒级经跳汰后进入螺旋分级机脱除原生矿泥。原生矿泥进入细泥段。螺旋返砂、手选合格矿及 -25mm +6mm 粒级的矿砂一并送重选段处理。

（2）重选段。合格矿经颚式破碎机和对辊机进行中、细碎，筛分为三个粒级进行跳汰。粗、中粒跳汰尾矿进行一段闭路磨矿。细粒跳汰尾矿分为七个粒级进行摇床选（一粗一扫），扫选中矿进行再磨再选。次生矿泥归队后送细泥作业。

（3）细泥段。原生矿泥和次生矿泥经浓密机浓缩后，底流送分级，各粒级分别进行摇床选，原生矿泥采用一粗二扫流程，次生矿泥采用一粗一扫流程。溢流混合后送离心机选别，采用一粗二精的流程。

（4）精选段。跳汰毛砂采用磁选机分离钨和铋。摇床毛砂采用台浮法分离钨和铋。离心选矿机毛砂采用浮选法先浮辉铋矿，再浮黄铁矿，钨中矿再用磁选法分离钨和铋。最终产出钨精矿和铋精矿。

生产指标见表11-8。

表11-8　生产指标

原矿品位/%		同名精矿品位/%		同名精矿的回收率/%	
WO_3	Bi	WO_3	Bi	WO_3	Bi
0.906	0.123	70.0	28.88	88.74	46.72

11.2.2.2　盘古山钨矿选矿厂含铋金属硫化矿物混合精矿的浸出—浮选—重选分离法

盘古山钨矿的铋含量较高，为选厂主产品之一。金属硫化矿物采用硫化钠抑制法进行浮选分离时，铜铋互含高，铋的回收率低，铋精矿含铋常为30.0%左右，铋回收率常为40%左右。该矿为了提高铋的生产指标，将磁选尾矿、台浮铋精矿及离心机毛精矿等含铋硫化矿混合精矿进行磨矿-浸出-浮选，浮选尾矿再经摇床选，产出钨中矿。

国内外单一的铋矿床极少，铋常和多金属硫化矿物共生于多金属矿中。我国的铋资源较丰富，主要来源于钨、铅、锡矿的综合回收产品。铋的工业矿物主要为辉铋矿、泡铋矿和自然铋。辉铋矿和自然铋的可浮性好，不被氰化物所抑制，硫化钠对辉铋矿的抑制作用较弱。因此，硫化矿物混合精矿浮选分离时，辉铋矿、自然铋常混杂于钼精矿或铜精矿中，使铋矿物精矿中的铋含量低和铋回收率低。

根据含铋金属硫化矿物混合精矿的组成，可采用盐酸、硫酸与食盐混合液，氯化铁与盐酸混合液，稀硝酸或液氯等作浸出剂，将易氧化的辉铋矿、自然铋、方铅矿等分解，铋、铅转入浸液中。含铋金属硫化矿物混合精矿的浸出—浮选—重选的原则流程如图11-2所示。

含铋金属硫化矿物混合精矿的浸出反应可表示为：

$$Bi_2S_3 + 6HCl \longrightarrow 2BiCl_3 + 3S^0 + 6H^+$$

$$Bi + 3HCl \longrightarrow BiCl_3 + 3H^+$$

$$Bi_2O_3 + 6HCl \longrightarrow 2BiCl_3 + 3H_2O$$

$$Bi_2S_3 + 6FeCl_3 \longrightarrow 2BiCl_3 + 3S^0 + 6FeCl_2$$

$$Bi + 3FeCl_3 \longrightarrow BiCl_3 + 3FeCl_2$$

$$Bi + 3FeCl_3 \longrightarrow BiCl_3 + 3FeCl_2$$

$$Bi_2O_3 + 2FeCl_3 \longrightarrow 2BiCl_3 + Fe_2O_3$$

浸出矿浆进行过滤、洗涤，混合精矿中的黄铁矿、黄铜矿、辉钼矿、钨矿物、锡矿物等不分解而留在浸渣中，氧化浸渣送浮选—重选作业，可综合回收钼、铜、硫、钨、锡等有用组分。

浸液中含铋、铅和过量的氧化浸出剂。为了降低浸出剂耗量，常采用含铋金属硫化矿物混合精矿作还原剂进行还原浸出。还原浸出反应与氧化浸出相同，只是浸渣中含有未反应的含铋金属硫化矿物混合精矿。因此，还原浸出矿浆须经过滤洗涤，滤饼须返回氧化浸

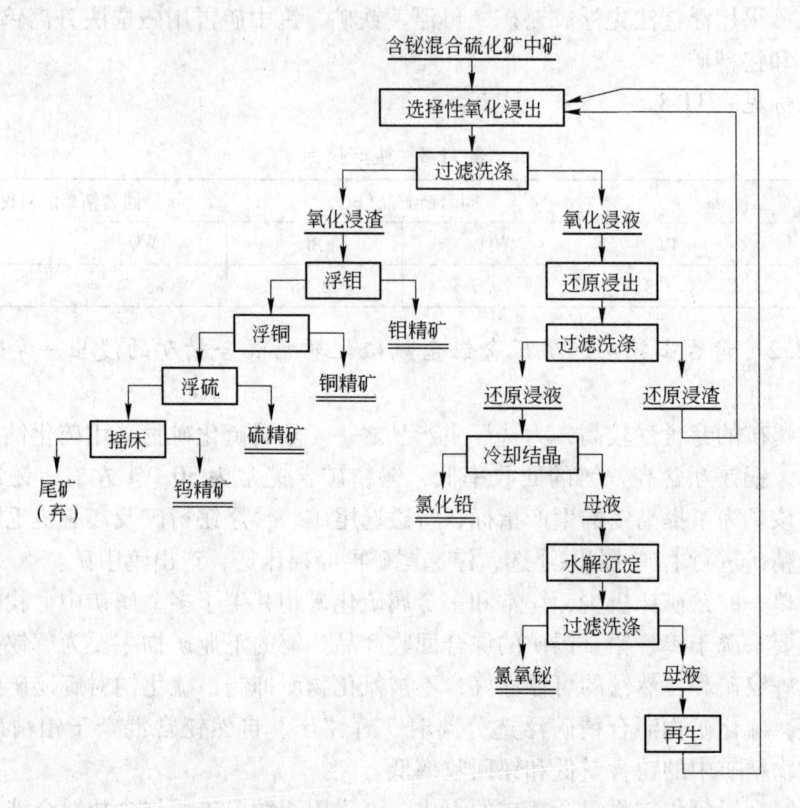

图 11-2 含铋金属硫化矿物混合精矿浸出—浮选—重选的原则流程

出作业以回收滤饼中的铋、铅等有用组分。将还原浸液冷却，可析出氯化铅。过滤洗涤可获得氯化铅产品和含铋净液。将含铋净液进行中和或水解，即可析出氢氧化铋或氯氧铋沉淀。其反应可表示为：

$$BiCl_3 + H_2O \longrightarrow BiOCl\downarrow + 2HCl$$

$$BiCl_3 + 3NH_4OH \longrightarrow Bi(OH)_3\downarrow + 3NH_4Cl$$

经过滤、洗涤、烘干，可获得含铋达 70% 以上、铋回收率达 90% 以上的铋化学精矿。

11.2.3 烘焙—浸出—浮选—重选分离法

有的选厂产出的含铋金属硫化矿物混合精矿的量较少，常采用堆存至一定量后再进行间断作业的方式进行分离，以回收其中所含的有用组分。含铋金属硫化矿物混合精矿在堆存过程中，将自然干燥，部分浮选药剂会氧化分解。因此，此类含铋金属硫化矿物混合精矿常呈散砂状。

处理此类含铋多金属硫化矿物混合精矿时，可在 150 ~ 200℃ 左右条件下进行烘焙，以彻底氧化分解矿物表面的浮选药剂。将烘焙后的含铋金属硫化矿物混合精矿磨细，然后采用浸出—浮选—重选分离法综合回收其中的相关有用组分。其分离原则流程与图 11-2 所示相似。

11.3 含锡伴生多金属硫化矿物的分离

11.3.1 含锡伴生多金属硫化矿的矿石类型及其特性

11.3.1.1 含锡伴生多金属硫化矿的矿石类型

含锡伴生多金属硫化矿属热液矿床，主要产生于燕山期和阿尔卑斯早期。按地球化学和岩石学特征，含锡伴生多金属硫化矿可分为硫化物-铁类和硅-碱类两大类。硫化物-铁类可分为矽卡岩、锡石-硫化物、锡石-碳酸盐、锡石-碳酸盐-硫化物四小类。硅-碱类主要为锡石-石英脉矿石。

根据我国情况，根据伴生的有用矿物种类，可将含锡伴生多金属硫化矿分为以下几种类型：

（1）锡石-毒砂型。其特点为矿物组成较简单，除锡石外，主要金属矿物为毒砂，毒砂矿物含量有时大于50%；其次是锡石嵌布粒度较粗，含量高，矿石可选性好。

（2）锡石-硫化铅锌矿型。其特点为矿石中矿物种类多，除锡石外，金属硫化矿物主要为黄铁矿，其次为铁闪锌矿和脆硫锑铅矿等；金属矿物多呈集合体嵌布，围岩矿化少，锡石呈粗细不均匀嵌布，但主要与金属硫化矿集合体呈粗粒嵌布，矿石可选性为中等。

（3）锡石-磁性矿物型。其特点为矿石中矿物种类多而复杂，除锡石外，伴生约50%的磁性矿物。磁性矿物主要为磁黄铁矿，其次为磁铁矿；金属硫化矿物多呈集合体嵌布，锡石大部分呈细粒嵌布于脉石中，少部分锡石嵌布于黄铁矿中，矿石较难选。

（4）锡石-铜钨铋矿物型。其特点是矿石中的金属矿物总量大于矿石量的60%，除锡石外，金属硫化矿物主要为磁黄铁矿和黄铁矿，其次为黄铜矿，还伴生有白钨矿、自然铋等；锡石结晶粒度细，主要嵌布于磁黄铁矿、萤石和辉石矿块中，此类型矿石较难选。

11.3.1.2 含锡伴生多金属硫化矿的选矿特点

A 以回收锡为主，综合回收伴生多金属硫化矿

其选矿工艺流程一般包括下列工段：

（1）粗选段。原矿经粗碎—洗矿筛分—预选，预选方法各选厂不一，有的采用重介质选矿丢尾，有的采用手选的方法丢尾，丢尾产率常达30%～60%，可使原矿的入选品位提高1.5～2.5倍。

（2）重选段。通常采用多段跳汰、多段摇床重选的方法获得锡硫化矿物混合精矿。重选段还带有多段破碎与棒磨，尽量使有用矿物集合体与脉石矿物解离，降低锡石的过粉碎。

（3）细泥段。含锡伴生多金属硫化矿的原生矿泥较少，但在矿石采矿、运输、破碎、磨矿过程中可产生较多的次生矿泥。粗选和重选段的溢流水全部进入浓密机进行浓缩脱水。浓密机底流经离心选矿机、溜槽等重选设备获得锡、硫化矿物混合精矿，或先经浮选脱硫获得伴生多金属硫化矿物的混合精矿。浮选尾矿再经离心选矿机、溜槽等重选设备获得锡精矿。

（4）锡石与伴生多金属硫化矿物的分离。粗粒级锡硫化矿物混合精矿常采用台浮或粒浮的方法使锡石与伴生多金属硫化矿物分离，获得锡精矿和多金属硫化矿物的混合精矿；细粒级锡硫化矿物混合精矿或物料常采用浮选的方法使锡石与伴生多金属硫化矿物分离，

浮选尾矿常用摇床重选回收锡，获得锡精矿和多金属硫化矿物的混合精矿。

(5) 伴生多金属硫化矿物的分离。伴生多金属硫化矿物的混合精矿中主要含铜、铅、锌、锑、铋、WO_3、锡、硫、砷等组分，其矿物组成主要为黄铜矿、方铅矿、脆磁锑铅矿、铁闪锌矿、辉铋矿、黑钨矿、锡石、磁黄铁矿、黄铁矿和毒砂等，主要脉石矿物为石英。根据伴生多金属硫化矿物的混合精矿的矿物组成、粒度特性和有用矿物解离情况，可采用浮选—重选、浸出—浮选—重选、磁选—浸出—浮选—重选等原则流程进行分离，最终产出各有用组分的单一精矿。

B 以回收伴生多金属硫化矿物为主，综合回收锡

此类型含锡伴生多金属硫化矿的主要特点是伴生多金属硫化矿物含量高，原矿中锡含量低，一般锡含量仅0.05%~0.3%。处理此类型含锡伴生多金属硫化矿时，以回收伴生多金属硫化矿物为主，锡仅作为副产品进行综合回收。

处理此类型矿石时，通常采用处理多金属硫化矿的方法。根据伴生多金属硫化矿物的矿物组成、嵌布粒度特性决定适宜的磨矿细度、浮选工艺路线、浮选流程和浮选药方，首先采用浮选的方法产出有关有用组分的单一精矿，然后考虑采用相应的细泥重选方法或浮选方法，从浮选尾矿中综合回收锡石和黑钨矿，产出锡精矿和钨精矿。

11.3.2 含锡伴生多金属硫化矿的选矿

11.3.2.1 华锡集团长坡选矿厂

A 矿石性质

该矿为经多次脉动式成矿作用而形成的高中温热液矿床。可分为裂隙脉型、细脉带型、似层状交代型、似层状细脉浸染交代型和似层状网状浸染型等。主要金属矿物为锡石、铁闪锌矿、黄铁矿、砷黄铁矿、磁黄铁矿、脆硫锑铅矿、硫锑铅矿等。脉石矿物主要为石英、方解石、石膏。围岩为灰岩、页岩和灰质页岩。矿石中主要元素分析结果见表11-9。

表11-9 矿石中主要元素分析结果

元　素	Sn	Pb	Sb	Zn	S	As	Fe	C	SiO_2	CaO
含量/%	0.3~0.45	0.3~0.45	0.2~0.3	1.5~2.0	5~6	0.3~0.6	5~10	2~3	40~50	10~12

从表11-9中的数据可知，该矿主要有用组分为锡、锌、铅、锑、硫、砷，此外还伴生具经济价值的铟、镉、镓等。

锡石主要与金属硫化矿物共生，嵌布粒度较粗。原矿碎至-20mm时，约有70%的脉石从矿石中解离。当原矿碎至-3~4mm时，脉石和矿石基本解离。矿石中的金属矿物含量约为30%左右，含铜较低。金属硫化矿物受天然氧化和浸蚀少，通常均保持其天然可浮性。金属硫化矿物呈粗细不均匀嵌布，以细粒嵌布为主，嵌布较致密。除黄铁矿磨至0.2mm可基本解离外，其他金属硫化矿物须磨至0.1mm以下才能基本解离。

锡主要呈锡石形态存在，硫化锡仅占全锡的8%~10%。铅、锌、锑均呈硫化矿物形态存在，其氧化物不超过总量的5%。矿石的可选性为中等。

B 选矿工艺

a 选矿工艺流程

长坡选厂工艺流程如图 11-3 所示。碎矿采用三段一闭路流程，将原矿碎至 -20mm +0mm。-20mm +0mm 矿石送筛分，-20mm +4mm 粒级矿石送重介质预选，丢废产率为

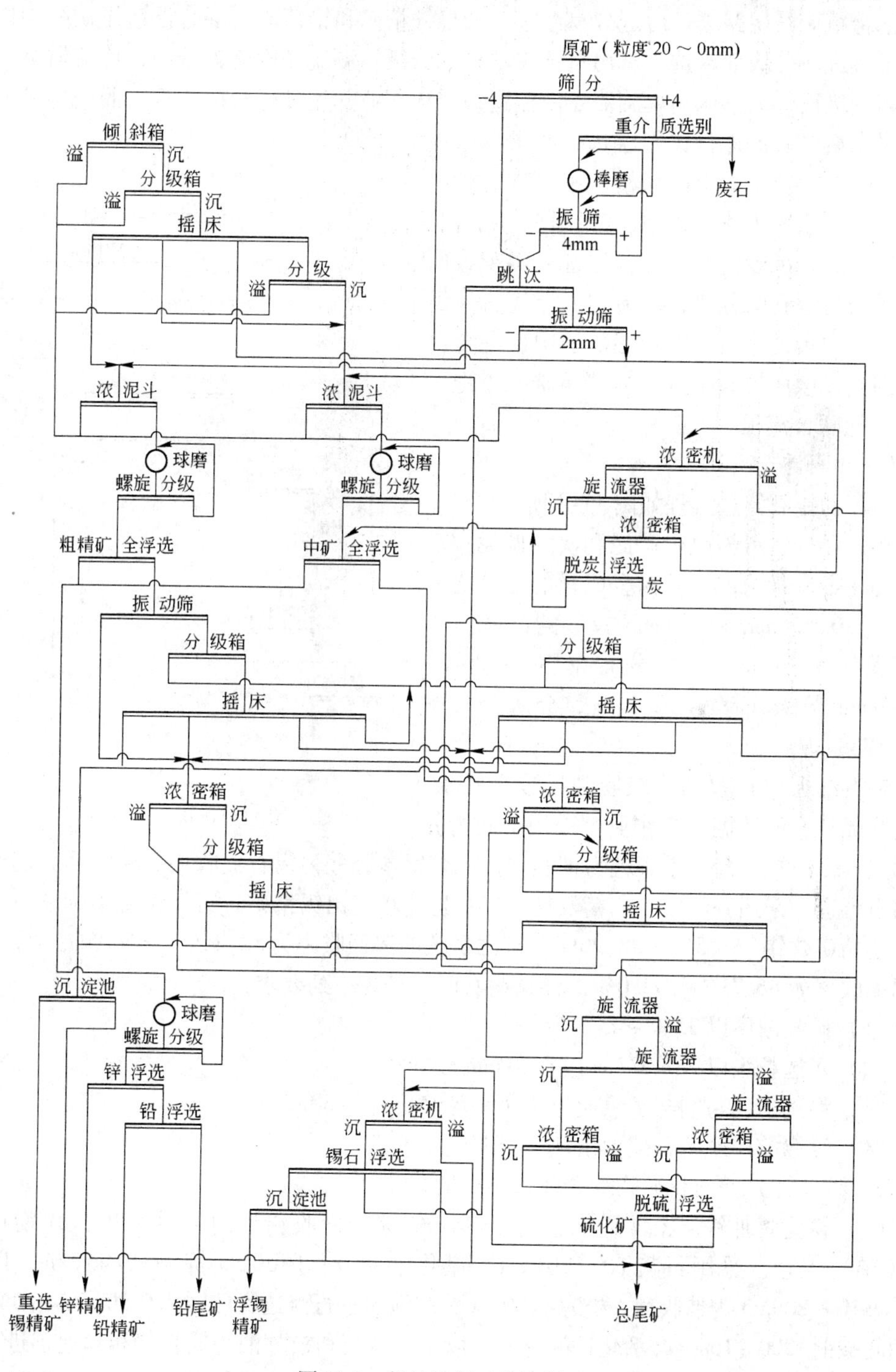

图 11-3 长坡选厂工艺流程

30% ~40%，废石含锡 0.05% 左右，可使选厂处理量提高一倍，使选厂生产成本下降 30% ~40%。重产物经棒磨机闭路磨至 -0.074mm 占 12% ~14%，与 -4mm 筛下产物一起进入跳汰、摇床重选，获得锡含量为 1.5% ~2% 的粗精矿和中矿。粗精矿和中矿分别闭路磨矿磨至 -0.074mm 占 30% ~50% 后，进入硫化矿物全混合浮选获得硫化矿物混合精矿。混合精矿经闭路磨矿后送分离浮选，产出锌精矿和铅精矿。混合浮选尾矿分别进分级箱分级，进行分级摇床选，产出重选锡精矿。分级箱溢流经旋流器分级，旋流器沉砂返回分级箱分级而进入摇床选。旋流器溢流进入浮选作业，先进行脱硫浮选，脱硫尾矿经浓密脱泥脱水后，底流进行锡石浮选，产出浮选锡精矿。跳汰、摇床产出的粗精矿和中矿的浓泥斗溢流，经浓密机浓缩，溢流为终尾，底流经旋流器分级，沉砂进中矿混合浮选以实现金属硫化矿物与锡石的分离，旋流器溢流送脱炭浮选，脱出的炭送终尾，脱炭尾矿送中矿混合浮选。因此，该厂的选矿流程为“重选—浮选—重选”的联合流程。

b 锡石浮选

该厂的锡石浮选流程如图 11-4 所示。

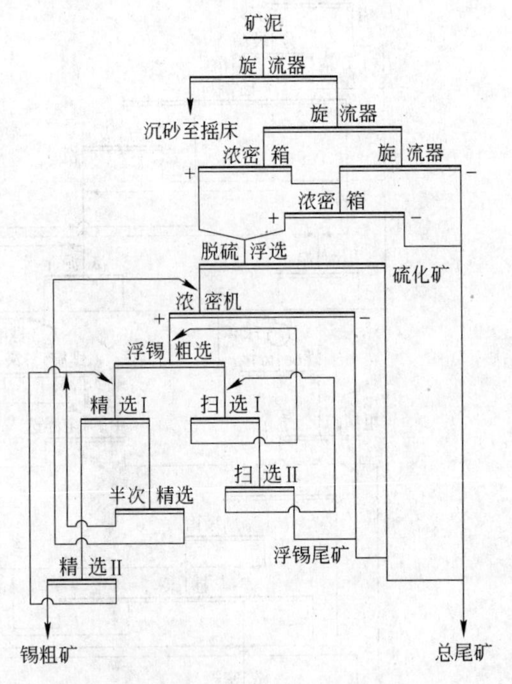

图 11-4 锡石浮选流程

锡石浮选物料为原生矿泥和次生矿泥，矿泥中的锡金属量约占原矿锡金属量的三分之一左右，-0.074mm +0.01mm 粒级的产率占入选矿泥的 51.68%，金属分布率占 59.86%；-0.01mm 粒级产率为 42.11%，金属分布率占 20.83%。

锡石细泥浮选包括分级脱泥、浓密脱水、浮选脱硫、锡浮选等四个作业。采用硫酸为介质调整剂，以羧甲基纤维素钠为抑制剂，混合甲苯胂酸为锡石捕收剂，松醇油为起泡剂进行锡石浮选。采用一粗二扫二精及精一尾扫选流程产出锡精矿。给料含锡 0.64% ~0.76% 时，锡精矿含锡 25.45% ~28.96%，矿泥系统的锡回收率为 52.44% ~66.05%，浮选作业的锡回收率为 86.71% ~93.0%。浮选锡石时应满足下列要求：

(1) 矿浆浓度以 35% ~45% 为宜；

(2) 入选粒级以 -0.074mm +0.01mm 较佳；

(3) 浮选前，药剂与矿浆搅拌时间宜足够长（如 50min）；

(4) 浮锡前应脱硫，硫含量须小于 1%。

c 铅（锑）锌硫化矿物混合浮选精矿的分离

(1) 氰化物抑锌浮铅（锑）工艺。1964 年综合回收铅锌时，曾采用氰化物抑锌浮铅（锑）工艺。采用石灰 10 ~20kg/t，氰化钠 900 ~1500g/t 抑制铁闪锌矿，以丁基黄药 640 ~800g/t 为捕收剂，松醇油 50g/t 为起泡剂进行浮选脆硫锑铅矿和硫锑铅矿，然后采用硫酸铜 1200 ~1600g/t 活化铁闪锌矿，以丁基黄药和松醇油为捕收剂和起泡剂进行浮选铁闪锌矿。此工艺浮选药剂耗量高，且须采用剧毒的氰化钠为抑制剂。此工艺已被淘汰。

（2）无氰抑铅浮锌工艺。无氰抑铅浮锌工艺流程如图 11-5 所示。无氰抑铅浮锌工艺采用石灰 15kg/t，以抑制脆硫铅锑矿、硫铅锑矿和硫、砷硫化矿物。以硫酸铜 102g/t 为铁闪锌矿的活化剂，以 SN-9 为捕收剂、松醇油为起泡剂浮选铁闪锌矿。锌尾先调浆，以六偏磷酸钠 1094g/t 为脉石抑制剂，以 SN-9 为捕收剂、松醇油为起泡剂浮选硫化铅矿物。浮选指标见表 11-10。

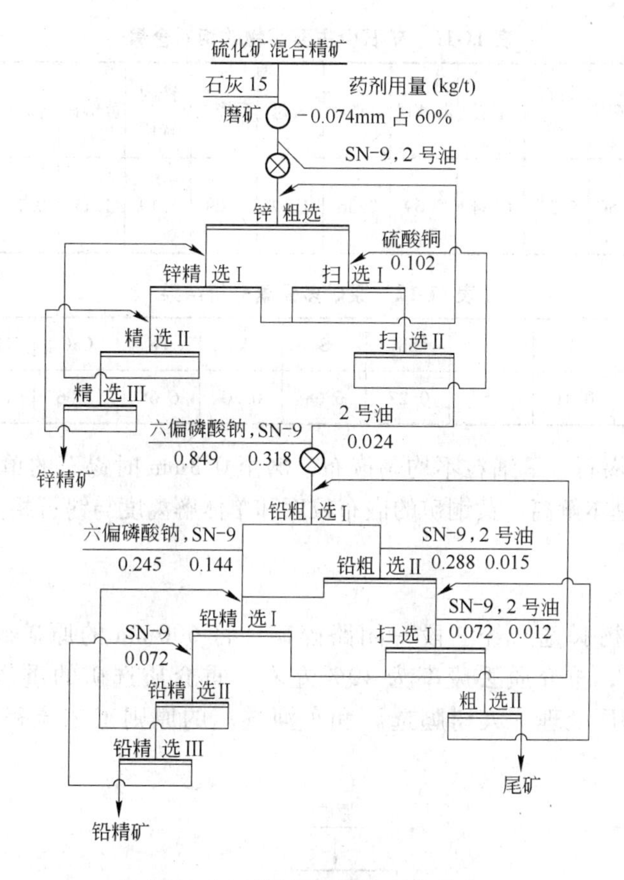

图 11-5 无氰抑铅浮锌工艺流程

表 11-10 无氰抑铅浮锌工艺的试生产指标

产 品	产率/%	精矿品位/%		回收率/%	
		Pb	Zn	Pb	Zn
锌精矿	21.47	0.78	51.10	7.30	92.59
铅精矿	6.44	26.15	3.92	72.50	2.17
尾 矿	71.09	0.66	0.86	20.20	5.24
给 矿	100.00	2.32	11.65	100.00	100.00

11.3.2.2 华锡集团车河选矿厂

A 矿石性质

该矿为接触带的高温热液锡石多金属硫化矿床。分布于隐伏花岗岩顶部，赋存于矽卡岩与大理岩间，呈似层状及镜状产出。矿石主要为粗结晶致密块状硫化矿、细结晶致密块状硫化矿、浸染型矽卡岩和断层氧化矿等四种类型。

矿石中主要金属矿物为磁黄铁矿、锡石、黄铜矿、白钨矿、铁闪锌矿和自然铋等。主要脉石矿物为辉石、萤石、方解石、石英和云母。矿石中主要矿物为磁黄铁矿，其矿物量约占24%，其次为辉石，其矿物量约占22%，方解石约占22%，其他矿物量较低，锡石约占0.73%。主要矿物含量见表11-11。原矿多元素分析结果见表11-12。

表11-11 矿石中主要矿物的相对含量

矿物	磁黄铁矿	方解石	透辉石	长石石英	萤石	褐铁矿	黄铁矿	云母	石榴石	铁闪锌矿	黄铜矿	锡石	符山石	白钨矿	自然铋
含量/%	23.24	22.05	21.50	9.31	6.84	5.69	2.36	1.62	1.29	1.19	1.17	0.73	0.26	少	少

表11-12 原矿多元素分析结果

元素	Sn	Cu	Pb	Zn	Sb	S	As	Fe	CaO	MgO	SiO_2	C
含量/%	0.36	0.037	0.41	1.57	0.27	6.68	0.20	6.68	7.06	1.41	50.50	1.78

主要锡矿物为锡石，呈细粒不均匀嵌布，磨至0.3mm时锡石的单体解离度仅15%，磨至0.01mm时才基本解离。黄铜矿的嵌布粒度和单体解离度与锡石相似。

B 选矿工艺

a 原则流程

采出原矿在大树脚选厂经三段一闭路碎矿，将600mm的原矿碎至-2mm。碎矿产品送重介质选矿，重介质丢废率为40%左右。重介质选矿的重产物及螺旋分级返砂经索道送车河选厂处理。大树脚选厂和车河选厂的原则工艺流程分别如图11-6和图11-7所示。

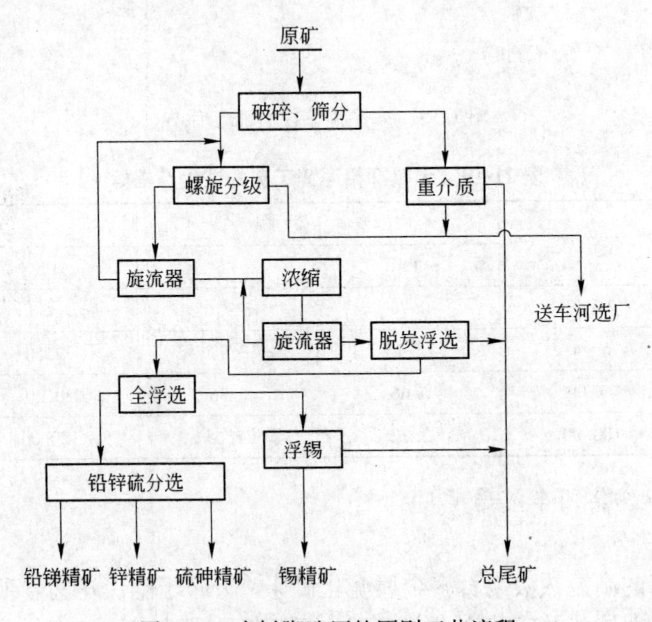

图11-6 大树脚选厂的原则工艺流程

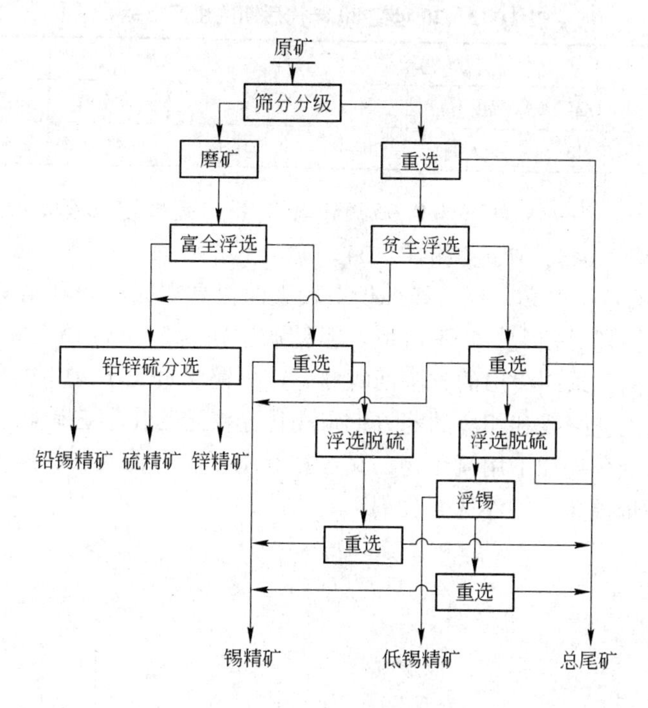

图 11-7 车河选厂的原则工艺流程

车河选厂处理重介质选矿的重产物和 -3mm +0.074mm 的矿石，分两个系列，每系列日处理量为 1100t。设计采用“重选—浮选—重选”联合流程。

b 前重选

矿石经棒磨机磨至 -3mm，通过跳汰粗选、摇床扫选丢弃一部分尾矿，获得粗精矿、中矿及细泥产品。粗精矿组成为：Sn 32% ~37%，WO_3 4% ~8%，Bi 0.15% ~4%，S 10% ~15%。粗精矿中各有用组分的金属回收率为：Sn 70% ~80%，WO_3 45% ~55%，Bi 4% ~8%，S 1%。

粗精矿中的主要矿物为磁黄铁矿、毒砂、锡石、白钨矿、自然铋、萤石、透辉石等。粗精矿中各有用矿物之间的密度差较小，结晶粒度细，大部分为 -0.2mm +0.037mm 粒级。

c 混合浮选

粗精矿经棒磨后进入富系统进行混合浮选，中矿经棒磨后与细泥合并进入贫系统进行混合浮选。富、贫两系统混合浮选的混合精矿合并进行分离浮选，获得铅锑精矿、锌精矿、硫精矿和砷精矿。

d 后重选

富、贫两系统混合浮选的尾矿，各自经旋流器脱泥和分级，分为 +0.074mm、-0.074mm +0.037mm、-0.037mm 三级别，前两粒级分别进入后重选摇床选别，获得锡精矿。贫系统摇床中矿、富系统摇床尾矿、砷浮选尾矿合并磨至 -0.074mm 后与 -0.037mm 粒级一起经旋流器脱泥后送锡石浮选，获得含锡为 45% 的锡精矿和含锡为 8.46% 的锡中矿。20 世纪 80 年代后期的生产指标见表 11-13。

表 11-13 20 世纪 80 年代后期的生产指标 (%)

原矿品位			锡精矿		铅精矿		锌精矿	
Sn	Pb	Zn	品 位	回收率	品 位	回收率	品 位	回收率
0.73	0.29	2.13	49.84	62.03	21.87	44.19	44.66	58.02

浮选药剂（kg/t）为：丁基黄药 0.95，硫酸 3.33，硫酸铜 0.47，氰化钠 0.17，纤维素 0.018，甲苯胂酸 0.043，亚硫酸钠 0.154。

从表 11-13 中的数据可知，生产指标仍有较大的提高空间，尤其是锡和锌的回收率不很理想，而且氰化钠耗量较大，实不可取。粗精矿中铋含量为 0.15% ~4%，建议粗精矿磨矿后、混合浮选前，采用浸出的方法回收铋，产出铋含量大于 70% 的单一铋精矿；建议采用低碱介质浮选工艺路线和相应的药方，采用优先浮选与化学选矿联合流程获得相应的单一精矿，既可降低药耗和不用氰化物，又可提高指标，降低互含；其次是寻求更有效的锡石捕收剂以进一步提高锡的浮选回收剂。

12 含金银硫化矿的浮选

12.1 概述

12.1.1 金矿物原料

12.1.1.1 金矿物

金在地壳中的含量为$5\times10^{-7}\%$。金为亲硫元素，但在自然界从不与硫化合，更不与氧化合，除存在少量碲化金和斜方金锑矿外，金主要呈单质的自然金形态存在于自然界。主要金矿物有以下几种：

（1）自然金。自然金中的主要杂质为银、铜、铅、铁、碲、硒，而铋、钼、铱、镤的含量较少，又称“毛金”。其密度为15.6～18.3g/cm³，莫氏硬度为2～3。含银较高（银含量为15%～50%）的自然金称为金银矿。含银高达50%～70%的自然金称为银金矿。自然金含铁杂质而具磁性，为电和热的良导体。在原生条件下，金矿物常与黄铁矿、毒砂等硫化矿物共生。与金共生的主要金属矿物为黄铁矿、磁黄铁矿、辉锑矿、毒砂和黄铜矿等，有时还含有方铅矿和其他金属硫化矿物及有色金属氧化矿物。脉石矿物主要为石英。

低温热液矿床中产出的自然金一般含银较高，高温热液矿床和次生再沉积矿床矿的自然金含银低，金含量高，较纯。金的颜色及条痕均为金黄色，并随金含量而异。金含量高，其颜色及条痕较深（金黄色）。纯金略带红色，故称赤金；含银达34.38%的金的颜色及条痕为淡金黄色；含银达50%的金的颜色及条痕为黄白色。因此，根据自然金的颜色及条痕可大致估计金的纯度（成色）。

自然金常呈不规则片状、鳞片状、颗粒状、块状产出，有时也呈线状、网状、树枝状及浸染状等形态出现，偶尔可见呈等轴晶系的发育完整的晶体。

（2）碲金矿（Au、Ag)Te_2。密度为9.0～9.3g/cm³，莫氏硬度为2.5，含金39%～44%，含银3%，呈淡黄色。

（3）斜方碲金矿（Au、Ag)Te_2。密度为8.3～8.4g/cm³，莫氏硬度为2.5，含金35%，含银13%，呈灰色。

12.1.1.2 金矿床工业类型

金矿床工业类型大致有以下五类：

（1）高温热液金-毒砂矿矿床。此类矿床常产于前寒武纪古生代的花岗岩和变质岩中。最常见的为含金石英脉，偶见有硅化和黄铁矿化的含金片岩。矿石中的重要金属矿物为毒砂和黄铁矿，其次为磁黄铁矿，有时有辉钼矿、黄铜矿和闪锌矿。脉石矿物主要为石英，有时有电气石、阳起石、黑云母。金呈自然金形态存在，部分混在毒砂、黄铁矿、其他硫化矿物中。矿石中的金粒一般较粗，当矿区受破坏时易生成富的砂金矿床，如吉林某些金矿即为此类型。

（2）中温热液金-多金属矿矿床。此类矿床常产于花岗岩类侵入体顶部的围岩中，或产于岩体内部。矿体为脉状或脉带状。矿石中矿物组成较复杂，常见金-黄铁矿型矿石，个别为富含多金属硫化矿物的复杂含金矿石。除金外，具有综合回收价值的还有铜、铅、锌、硒、碲、锑等，有时还含铟、铊及其他一些分散元素。脉石矿物除石英外，还有碳酸盐类矿物。山东玲珑金矿属此类型。

（3）低温热液型金-银矿矿床。此类矿床与火山活动有关，常产于火山岩中。矿脉不很大，厚度可达几米，甚至更大。矿石中有用组分除金外，有些矿床主要为黄铁矿，有些矿床则为闪锌矿和方铅矿，或黄铁矿、白铁矿、深红银矿，有的矿床为碲化物。台湾金瓜石金矿属此类型。

（4）砂金矿矿床。砂金矿矿床分为残积型和冲积型两种。最有工业价值的为冲积砂金矿矿床。冲积砂金矿可分为河床砂矿、阶地砂矿、海成砂矿，其中分布最广的为河床砂金矿和阶地砂金矿。

（5）含金古砾岩矿床。此类矿床较少，多数人认为此类矿床的成因为金矿与砾石同时沉积，后受变质作用和岩墙的侵入，使金发生溶解、重结晶、再沉淀。也有人认为是热液形成的矿床。

因此，可大致将金矿分为脉金矿和砂金矿两大类金矿床。

12.1.1.3 脉金矿石类型

根据脉金矿石选矿工艺特点，可将脉金矿石分为以下六种类型：

（1）含金石英脉矿石。此类矿石矿物组成较简单，金是唯一可回收的有用组分。自然金粒度较粗，选别流程简单，选别指标较高。

（2）含少量硫化矿物的金矿石。金是唯一可回收的有用组分，硫化矿物含量少，且硫化矿物呈黄铁矿形态存在。多为石英脉型，自然金的粗度较粗，可采用简单的选别流程获得较高的选别指标。

（3）含多量硫化矿物的金矿石。此类矿石中的黄铁矿和毒砂的含量较高，金含量较低。一般黄铁矿和毒砂为载金矿物，金常包裹于黄铁矿和毒砂中。常采用浮选法回收矿石中的黄铁矿、毒砂和金，产出含金混合精矿，就地或送冶炼厂综合回收金、银、铜、硫、砷等有用组分。

（4）含金多金属硫化矿矿石。此类矿石除含金外，含有约10% ~20%的金属硫化矿物。自然金除与黄铁矿密切相关外，还与铜、铅的硫化矿物密切共生。自然金的粒度较粗，但变化范围大，分布不均匀，且随开采深度而变化。处理此类矿石一般采用浮选法将金和有色金属硫化矿物一起浮选，产出含金的混合精矿，就地或送冶炼厂综合回收混合精矿中的各有用组分。

（5）复杂难选含金矿石。矿石中除含金外，还含相当数量的锑、砷、碲、泥质和碳质物等。选别此类矿石时，一般先采用浮选法将含金的有色金属硫化矿物选为含金的混合精矿，然后采用低温氧化焙烧、热压氧化浸出、细菌预氧化浸出等方法从金精矿中除去砷、锑、碲、碳等有害杂质，再用氰化法从浸渣或焙砂中提取金银。采用酸性硫脲溶液直接从含砷、锑、碳、硫的难氰化金精矿中提取金银的试验研究工作取得了很大的进展，小型试验指标较理想，将来有可能用于工业生产。

（6）含金铜矿石。此类矿石与含金多金属硫化矿矿石的区别在于含金铜矿石中的金含量较低，属综合回收组分。自然金粒度中等，但变化范围大，金与其他有用矿物的共生关系复杂。浮选硫化铜矿物时，大部分金富集于铜精矿中，在铜冶炼过程中综合回收金、银。

处理含微粒金的多金属矿物原料时，一般先采用浮选法将其富集为混合精矿，然后采用高温氯化挥发法、低温氧化焙烧、热压氧浸、细菌氧化酸浸等预处理方法使载金矿物分解，使载金矿物中的包体金解离或裸露，然后再用氰化法或硫脲等方法从浸渣或焙砂中提取金银，可综合回收金银和其他共生的有用组分。

12.1.1.4 浮选流程

为了提高黄金产量，目前金矿山多数选厂只产出含金的混合精矿，一般不产出单一精矿。当混合精矿中金含量低时，可将某有用组分分离为金含量低的单一精矿，产出金含量较高的金精矿和金含量低的某单一精矿。

12.1.2 银矿物原料

12.1.2.1 银矿物

地壳中银的含量为 $1\times10^{-5}\%$。银在自然界除少数呈自然银、银金矿、金银矿存在外，主要呈硫化矿物形态存在。主要的银矿物如下：

（1）自然银。含银72.0%～100.0%，密度为10.1～11.1g/cm³。

（2）辉银矿 Ag_2S。含银87.1%，密度为7.2～7.3g/cm³，莫氏硬度为2.0～2.5。

（3）锑银矿 Ag_9SbS_6。含银75.6%，密度为6.0～6.2g/cm³，莫氏硬度为2.0～3.0。

（4）脆银矿 Ag_5SbS_4。含银68.5%，密度为6.2～6.3g/cm³，莫氏硬度为2.0～2.5。

（5）深红银矿 Ag_3SbS_3。含银60.0%，密度为5.7～5.8g/cm³，莫氏硬度为2.5～3.0。

（6）淡红银矿 Ag_3AsS_3。含银65.4%，密度为5.5～5.6g/cm³，莫氏硬度为2.0～2.5。

（7）角银矿 AgCl。含银75.3%，密度为5.5g/cm³，莫氏硬度为1.0～1.5。

（8）硫锑铜银矿 $(Ag,Cu)_{16}(Sb,As)_2S_{11}$。含银75.6%，密度为6.0～6.2g/cm³，莫氏硬度为2.0～3.0。

此外还有黝铜银矿、含银方铅矿、含银软锰矿、针碲金银矿等。除少数单一银矿外，银主要伴生于有色金属硫化矿中。我国生产的伴生金和伴生白银的比例约为1∶100。我国有色金属矿山伴生金银回收的比例见表12-1。

表12-1 国内有色金属矿山伴生金银回收比例 （%）

精矿名称	黄　金	白　银	精矿名称	黄　金	白　银
铜精矿	87.95	32.17	银精矿	0.1	2.13
铅精矿	7.15	52.80	其他精矿	0.66	0.90
锌精矿	11.86	12.1	合　计	99.96	99.99
金精矿	4.10	0.04			

12.1.2.2 银矿石

根据银矿石的矿物组成和选矿特点，可将银矿石分为以下几种：

（1）含少量硫化物的银矿石。此类矿石中银是唯一可回收的有用组分，硫化物主要为黄铁矿，其他有回收价值的有用组分含量少。常将此类银矿称为单一银矿。此类矿石可采用浮选法产出银精矿，进而可实现就地产银。

（2）含银铅锌矿石。此类矿石中的银、铅、锌均有回收价值，是产出白银的主要矿物原料。此类矿石一般采用浮选法将银富集于铅精矿和锌精矿中，送冶炼厂综合回收铅、锌、银等有用组分。黄铁矿精矿中的银一般损失于黄铁矿烧渣中。

（3）含银金矿石或金银矿石。金矿中的银与金共生，其合金称为银金矿或金银矿，回收金时可回收相当数量的银。此类矿石中的银常与黄铁矿密切共生，一般采用浮选法将其富集为矿物精矿。采用氰化法就地产出金银或送冶炼厂综合回收金银。

（4）含银硫化铜矿石。各国产出的硫化铜矿石中，多数含有少量的银。银与金及其他硫化矿物密切共生。一般采用浮选法将矿石中伴生的金银富集于硫化铜精矿中，送冶炼厂综合回收金银。

（5）含银钴矿石。有的钴矿石中，银存在于方解石中，与毒砂、斜方砷铁矿共生。此类矿石较少，其选矿流程较复杂。

（6）含银锑矿石。此类矿石中的银、锑、铅等均有回收价值，一般采用浮选法将其富集为矿物精矿，送冶炼厂综合回收其中的各有用组分。

此外有色金属冶炼副产品及金银的废旧材料是提取金银的重要原料。

12.2 单一脉金矿的浮选

12.2.1 概述

12.2.1.1 *矿石性质*

此类矿石以热液充填含金石英脉为主，其次为热液充填交代型含金石英脉及蚀变岩型石英脉。矿石中主要金属矿物为黄铁矿、黄铜矿、闪锌矿、磁铁矿、褐铁矿、磁黄铁矿、自然金、银金矿、自然银等。脉石矿物为石英、绢云母、斜长石、白云母、黑云母、角闪石、高岭土、重晶石、独居石、正长石等。

12.2.1.2 *选矿工艺*

矿石中的金常呈粗细不均匀嵌布，有些选厂将矿石碎矿—磨细后，最初采用混汞—浮选—氰化流程实现就地产金。现在较少采用混汞法回收粗粒金，有的选厂改用重选或单槽浮选法回收粗粒金，更多选厂将矿石磨细后直接进行浮选产出金精矿，有的选厂则将金精矿就地氰化产出合质金或金锭和银锭。

为了提高金回收率以增加黄金产量，目前选厂基本上全采用混合浮选法，产出含金混合精矿，就地产金或出售给冶炼厂以综合回收混合精矿中的金、银及相关有用组分。

12.2.2 生产实例

12.2.2.1 *山东招远金矿的选矿*

A *矿石性质*

招远金矿有玲珑和灵山两个矿区，分别建有选厂。该矿为破碎带蚀变岩型含金石英脉矿床，具有规模大、埋藏浅、延续深，矿化连续性较好，矿物组合简单，金含量较低，易选等特点。

矿石结构主要为自形和半自形晶粒结构、压碎结构、变晶结构、变余结构等。矿石主要构造为细脉浸染状、网脉状、角砾状等。围岩蚀变主要为中低温热液的黄铁绢英岩化、绢云母化、硅化、钾化等，其次为绿泥石化、高岭土化、碳酸盐化等。

含金石英脉型金矿石中的主要金属矿物为银金矿、自然金、黄铁矿，其次为黄铜矿、方铅矿、磁黄铁矿、闪锌矿等，还含少量的毒砂、斑铜矿、辉铜矿、辉钼矿、斜方辉铅铋矿、磁铁矿等。脉石矿物主要为石英、绢云母和长石等。

招远金矿始建于1962年7月，相继建立了灵山和玲珑两个采选生产系统，现已成为我国最大的黄金生产企业之一。该矿主要采用留矿法和下向胶结充填法进行地下开采。留矿法的回采量占总采矿量的90%，回采率为80%左右，贫化率为30%。

B 选矿工艺

入厂原矿经二段一闭路碎矿（细碎前加洗矿筛分作业）后进入棒磨机磨矿，开路棒磨排矿进行二段球磨闭路磨矿，将原矿磨至 -0.074mm 占55%，分级溢流送浮选。

原设计浮选流程为优先浮选流程，产出金铜混合精矿和含金黄铁矿精矿。金铜混合精矿送冶炼厂综合回收铜、金、银，含金黄铁矿精矿经再磨后采用氰化法就地产金，产出合质金，并建有氰化物回收车间，如图12-1所示。

随着采场深度的变化，原矿中铜含量不断降低。为了提高黄金产量，将优先浮选流程改为混合浮选流程，只产出含金混合精矿。招远玲珑选厂现生产工艺流程如图12-2所示。

含金混合精矿再磨后经浓密机进行脱水、脱药，浓密机底流进行二浸二洗氰化提金。每次浸出为五级顺流氰化浸出，然后采用三层浓密机进行逆流洗涤。所得贵液进行锌粉置换，金泥熔炼得金银合质金。合质金经电解分银，阳极泥熔铸产出金锭，电银熔铸产出银锭。

氰化尾矿经过滤机脱水，产出硫精矿。脱金贫液采用酸化法回收氰化钠。处理后的废液与浮选尾矿送至尾矿库进行曝气处理，曝气后的废水中的氰根含量小于0.5mg/L，符合国家规定的排放标准。

该矿1985年的生产指标见表12-2，1985年的材料消耗指标见表12-3。

表12-2 1985年的生产指标

浮选			氰化				
原矿含金 /g·t^{-1}	精矿品位 /g·t^{-1}	金回收率/%	氰原/g·t^{-1}	浸出率/%	洗涤率/%	置换率/%	氰化回收率/%
6.63	64.39	95.13	64.39	97.62	99.75	99.96	97.34

表12-3 1985年的材料消耗指标

浮选（按原矿计）					氰化（按精矿计）				
水 /m^3·t^{-1}	电 /kW·h·t^{-1}	钢球 /kg·t^{-1}	丁黄药 /kg·t^{-1}	2号油 /kg·t^{-1}	电 /kW·h·t^{-1}	石灰 /kg·t^{-1}	氰化钠 /kg·t^{-1}	锌粉 /kg·t^{-1}	醋酸铅 /kg·t^{-1}
2.14	29.0	1.66	0.118	0.06	103.0	5.94	6.66	0.20	0.02

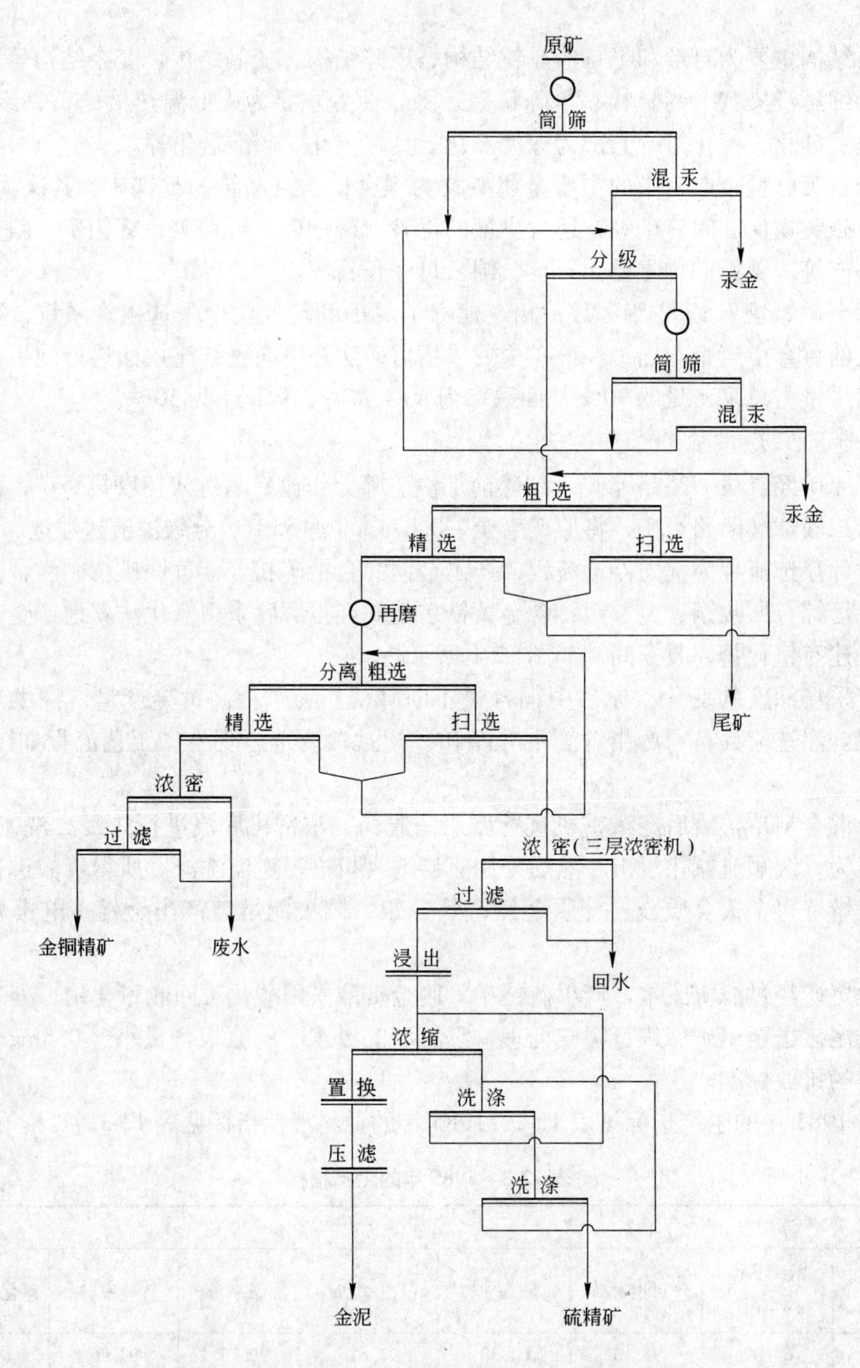

图 12-1 招远玲珑选厂原设计工艺流程

12.2.2.2 广西龙水金矿选矿厂

A 矿石性质

该矿为中温热液裂隙充填型含金硫化物矿床，矿体赋存于花岗岩与砂页岩地层接触部位。矿石中的主要金属矿物为黄铁矿，其次为方铅矿、黄铜矿、少量闪锌矿、斑铜矿和自然金等。脉石矿物主要为石英，少量绢云母、白云石、方解石和重晶石等。

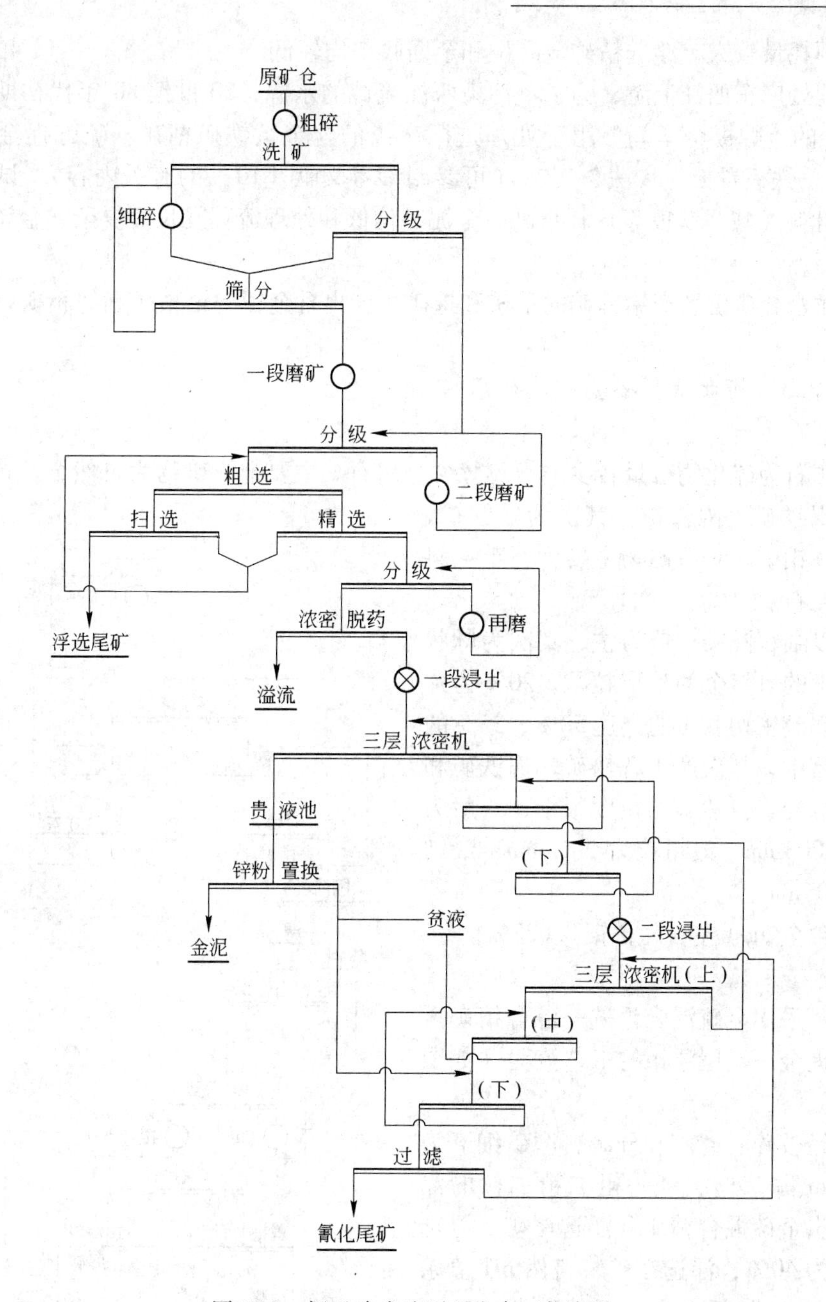

图 12-2 招远玲珑选厂现生产工艺流程

自然金主要赋存于黄铁矿裂隙中，一般与黄铁矿和石英共生。金的嵌布粒度不均匀，大部分小于0.1mm，一般为0.01~0.006mm。矿石密度为2.87g/cm^3，莫氏硬度为8~10。

B 选矿工艺

选厂处理量为100t/d，采用单一浮选流程产出含金黄铁矿精矿，送冶炼厂回收金、硫。

选厂生产指标为：原矿含金3.05g/t，金精矿含金32.72g/t，浮选回收率为87.88%。

浮选药方为：丁基黄药130g/t，丁基铵黑药40g/t，2号油110g/t。从上数据可知，该矿吨矿药剂耗量较大，浮选精矿金品位和金回收率均较低。

该矿地处广东西江上游，为了不污染西江流域的水源，20 世纪 80 年代初期，该矿曾建有 10t/d 的硫脲提金车间，用于处理选厂产出的含金黄铁矿精矿。硫脲提金采用的是“硫脲浸出—铁板置换一步法”工艺（可参阅参考文献［10］的有关内容）。试生产几年后，因原材料（酸、铁板等）耗量高、金泥品位低和处理流程冗长而复杂、金属量不平衡等原因而停产。

目前龙水金矿已转产铅锌矿的采矿和选矿，产出含金银的铅精矿和锌精矿，并且正在扩建中。

12.2.2.3 河北金厂峪金矿选矿厂

A 矿石性质

该矿矿石为硫化物含量较少的石英脉含金矿石。主要金属矿物为自然金、黄铁矿、磁黄铁矿、褐铁矿、闪锌矿，其次为磁铁矿、黄铜矿、辉钼矿。脉石矿物主要为石英、斜长石、绿泥石。

矿石以细粒浸染构造为主，其次为脉状构造。80% 的自然金为他形粒状，20% 为片状。与黄铁矿密切共生的金达 58%，35% 的金产于石英中，其次产于辉铋矿、褐铁矿和石英的接触处。自然金的粒度很细，一般为 0.025 ~ 0.003mm，最粗粒为 0.15mm，最细粒为 0.0005mm。

原矿含金 5g/t 左右，含钼 0.027%。

B 选矿工艺

该选厂采用金硫混合浮选—混合精矿再磨—氰化提金—氰尾浮钼的工艺流程（如图 12-3 所示）。

原矿经破碎、磨矿和分级，磨矿细磨为 -0.074mm 占 55%，经一粗二精二扫的浮选作业产出金硫混合精矿和浮选尾矿。浮选矿浆浓度为 40%，浮选在矿浆自然 pH 值条件下进行，浮选药方为：丁基黄药 40g/t，丁基铵黑药 25g/t，松醇油 30g/t。混合精矿含金 120 ~ 140g/t，金浮选回收率为 94%。混合金精矿经两段再磨后送氰化提金，产出合质金，金的氰化浸出率为 94%，金的总回收率为 83%。

氰化尾矿经调浆后送浮钼作业，采用一粗三精一扫的浮选流程产出钼精矿和丢弃尾矿。

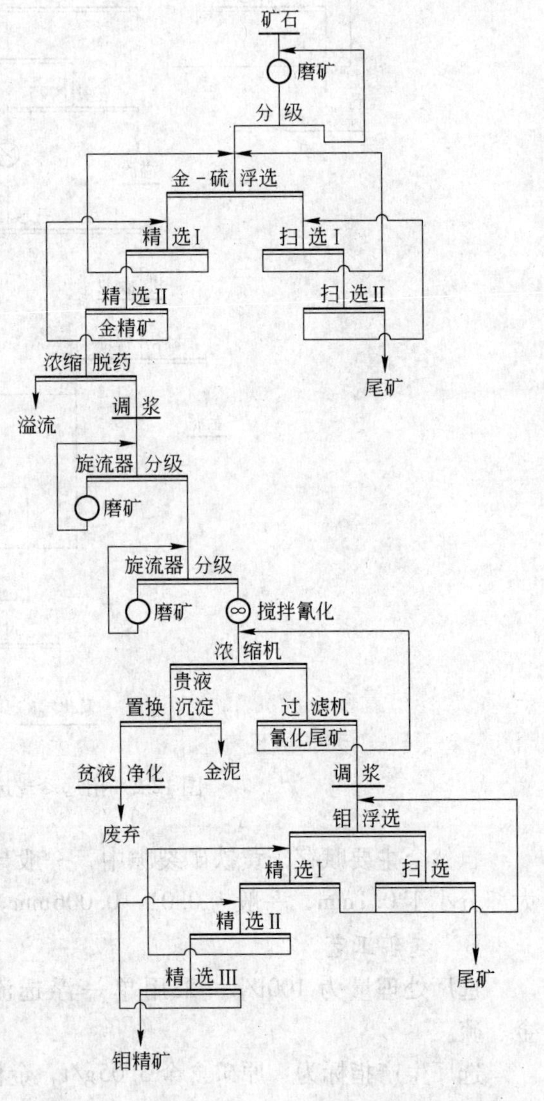

图 12-3 河北金厂峪金矿选矿厂的工艺流程

12.2.2.4 新疆阿希金矿选矿厂

A 矿石性质

该矿矿石为硫化矿物含量少的石英脉型及强蚀变斜长花岗斑岩型金矿石，主要金属矿物为银金矿、自然金、黄铁矿、白铁矿，其次为磁黄铁矿和毒砂。脉石矿物主要为石英、长石，其次为方解石等。载金矿物主要为黄铁矿和石英。金属矿物呈浸染状及星散-星点状分布于岩石中，石英颗粒间相互紧密镶嵌，并与长石等矿物紧密共生。

金粒以 -0.04mm +0.01mm 细粒级为主，占 66.67%；其次为 -0.01mm 微细粒级，约占 30%。矿石中的金矿物以粒间金为主，其中以石英粒间金和黄铁矿粒间金为主，包裹金主要包裹于黄铁矿中。因此，浮选前矿石须磨至 -0.074mm 大于 90%。

B 选矿工艺

原矿碎磨至 -0.074mm 大于 90%，采用二粗二精二扫的浮选流程产出金精矿。浮选在矿浆 pH 值为 8~9 的条件下进行，目前的浮选药方为：碳酸钠 1500g/t 左右（pH 值为 8~9），异戊基黄药 300g/t，丁基铵黑药 40g/t，松醇油 30g/t，水玻璃 1500g/t。在原矿含金 4g/t 时，产出含金 40g/t 左右的金精矿，金浮选回收率约 86% 左右。

由于金精矿中的金约有 20%~30% 呈包裹体金形态存在，为了提高氰化浸出率，氰化前须将金精矿进行再磨-生物预氧化酸浸，使载金矿物分解，使包体金转变为单体解离金或裸露金。

生物预氧化酸浸矿浆经浓缩脱水—过滤洗涤后，将滤饼制浆—石灰调整矿浆 pH 值至 10~11 后，送氰化车间进行树脂矿浆氰化浸出—载金树脂解吸—贵液电积—金泥熔炼，产出金锭。

该矿为一个完整的采矿、选矿、冶炼的黄金企业（可参阅参考文献［10］的有关内容）。

该矿的浮选作业的金精矿品位和金的回收率不够理想。建议采用低碱介质新工艺浮选路线和药方，预计在原矿含金 4g/t 左右，磨矿细度 -0.074mm 大于 90% 的条件下，金精矿含金可大于 50g/t，金回收率可达 90% 以上。

浮选金精矿再磨—生物预氧化酸浸—氰化树脂矿浆浸金—载金树脂解吸—贵液电积—金泥熔铸的提金流程冗长而复杂，能耗高，生产成本高。为了进一步提高企业经济效益，2012 年该矿又将提金工艺改为：浮选金精矿氧化焙烧—再磨氰化浸金—多段浓密机逆流洗涤—贵液锌粉置换—金泥熔炼—电解精炼—金锭的工艺流程。此工艺为逆流洗涤的经典二步法提金工艺，该提金工艺已于 2013 年上半年投入生产。

12.2.2.5 山东某银矿

我国山东某银矿的银矿物赋存于石英脉中，主要金属矿物为黄铁矿、黄铜矿、自然金、闪锌矿、方铅矿、银金矿、辉银矿等，含少量的磁黄铁矿、磁铁矿、赤铁矿和褐铁矿等。脉石矿物主要为石英、绢云母、斜长石、白云石、高岭土等。金属矿物中黄铁矿占 90%，脉石矿物中石英占 70% 以上。

原矿银含量为 300g/t，采用混合浮选—混合精矿再磨—氰化提银的选矿流程。选厂浮选工艺流程如图 12-4 所示。

原矿磨至 -0.074mm 占 70%，采用一粗二精二扫浮选流程产出混合精矿。浮选矿浆 pH 值为 7，浮选时加入丁基铵黑药 90g/t，丁基黄药 70g/t，松醇油 10g/t。

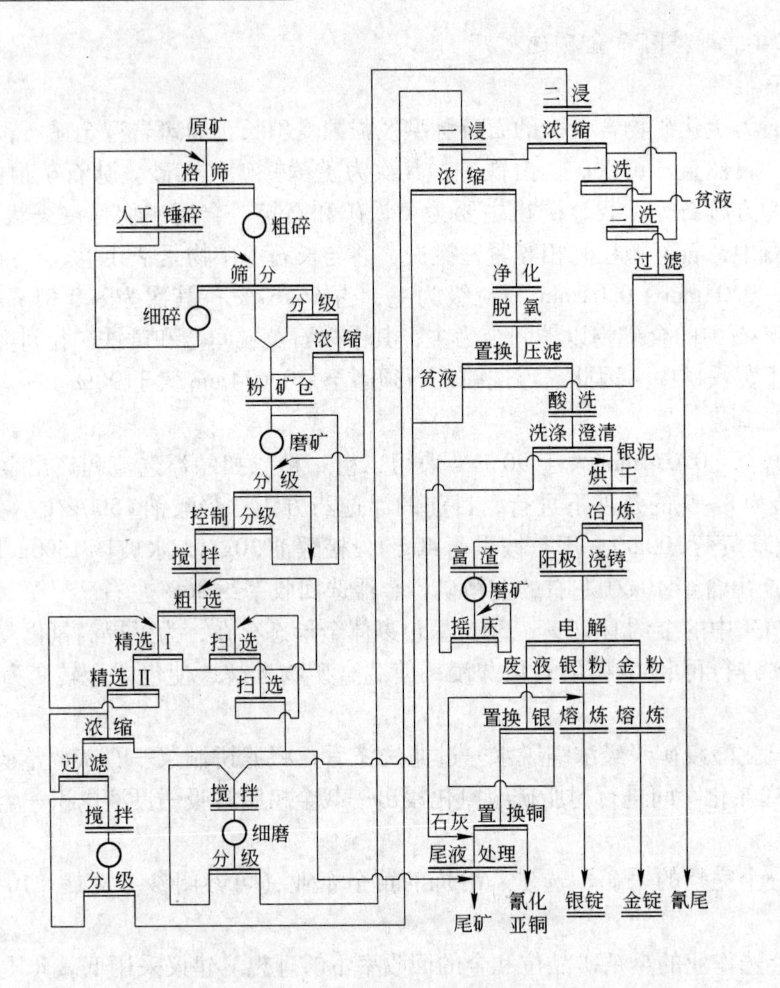

图 12-4 我国某银矿的浮选工艺流程

混合银精矿含 Ag 1200g/t，含 Pb 5%，含 Zn 7%，银的浮选回收率为91%。

混合银精矿再磨后送氰化-电解车间提取金、银，产出金锭和银锭。

12.2.2.6 单一金、银矿无石灰浮选法

A 江西德兴市某金矿

江西德兴市某金矿为单一金矿，硫化矿物含量低，除含少量黄铁矿外，还含极少量的砷。选厂处理量为250t/d，原矿含金仅 0.6 ~ 0.7g/t，在原矿磨矿细度为 -0.074mm 占 60% ~65% 的条件下，除部分自然金已单体解离外，主要呈包体金形态存在于黄铁矿中。脉石矿物极易泥化，次生矿泥含量较高。

原工艺采用38号捕收剂、松醇油、丁基铵黑药等浮选药剂，在矿浆自然 pH 值条件下进行混合浮选，泡沫发黏，像稠稀饭状，金精矿中矿泥含量较高，尾矿含金品位较高。浮选药剂用量愈高，泡沫愈黏。浮选指标为：原矿含金 0.66g/t，金精矿含金 50g/t，尾矿含金 0.14g/t，金浮选回收率为 78.79%。

采用38号捕收剂与SB选矿混合剂组合药剂，在矿浆自然 pH 值条件下进行混合浮选。矿化泡沫非常清爽，夹带矿泥较少，金精矿品位较高。

该矿由于设备老化，充气能力差，使泡沫浮选变为表层浮选，难形成稳定的泡沫层，更谈不上二次富集作用。即使如此差的浮选条件，工业试验仍取得了较满意的浮选指标。工业试验的平均浮选指标为：原矿含金0.66g/t，金精矿含金43.19g/t，尾矿含金0.087g/t，金浮选回收率为87.03%。

建议检修浮选机，在矿浆自然pH值条件下，采用SB选矿混合剂和异戊基黄药组合捕收剂进行混合浮选，预计可将浮选尾矿中的金含量降至0.07g/t左右，金浮选回收率可增至90%左右。

B 江西德兴市某金矿

该矿现选厂处理量为150t/d，在建的新选厂的处理量为400t/d，回收的有用组分为金，其他组分无回收价值。矿石有部分粒度较粗的明金和相当部分的包体金，故金的嵌布粒度相当不均匀。原矿磨矿细度为-0.074mm占60%~65%，在分级与磨矿回路装有汞板以回收部分粗粒金（新厂拟采用绒布溜槽回收粗粒金），现工艺采用硫酸铜、38号捕收剂、松醇油、丁基铵黑药等浮选药剂，在矿浆自然pH值条件下进行混合浮选，泡沫发黏，像稠稀饭状，金精矿中矿泥含量较高，尾矿含金品位较高。浮选药剂用量愈高，泡沫愈黏。浮选指标为：浮选原矿含金1g/t，金精矿含金50g/t，尾矿含金0.18g/t，金浮选回收率为80%左右。

工业试验采用38号捕收剂与SB选矿混合剂组合药剂，在矿浆自然pH值条件下进行混合浮选。矿化泡沫非常清爽，夹带矿泥较少，金精矿品位较高。在原矿磨矿细度为-0.074mm占60%~65%，在分级与磨矿回路装有汞板以回收部分粗粒金，浮选原矿含金1g/t，硫酸铜用量100g/t，38号捕收剂用量150g/t，SB 40g/t的条件下，可获得金精矿含金58.24g/t，尾矿含金0.15g/t，金浮选回收率为85.22%的浮选指标。

建议在矿浆自然pH值条件下，采用SB选矿混合剂和异戊基黄药组合捕收剂进行混合浮选，预计可将浮选尾矿中的金含量降至0.1g/t左右，金浮选回收率可增至90%左右。

12.3 含锑金矿的选矿

12.3.1 概述

12.3.1.1 矿石性质

金锑矿石一般含金1.5~2g/t，含锑1%~10%。金主要呈自然金存在，锑主要呈辉锑矿形态存在。在部分氧化锑矿中还含锑华、锑赭石、方锑矿、黄锑华和其他锑氧化物。最常见的伴生金属矿物为黄铁矿、磁黄铁矿。脉石矿物主要为石英、方解石等。矿石中自然金呈不均匀嵌布，黄铁矿中常含微粒金。

12.3.1.2 选矿工艺

A 选矿流程

金锑矿石的选矿方法取决于辉锑矿的嵌布粒度和结构构造。当辉锑矿呈粗粒嵌布或呈块矿产出时，将矿石碎至一定粒度后，应预先经洗矿、筛分，进行手选或重介质选矿。手选可产出锑含量达50%的富块锑精矿和丢弃部分废石，重介质选矿可提高矿石入选品位和丢弃相当量的废石。碎磨后的金锑矿石可用跳汰法或其他重选方法处理，以回收金和锑。

碎磨过程中应设法防止辉锑矿的过粉碎。

浮选法是处理金锑矿石最有效的选矿方法，一般均能废弃尾矿并产出金精矿和锑精矿产品。金锑矿石浮选的原则流程如图 12-5 所示。

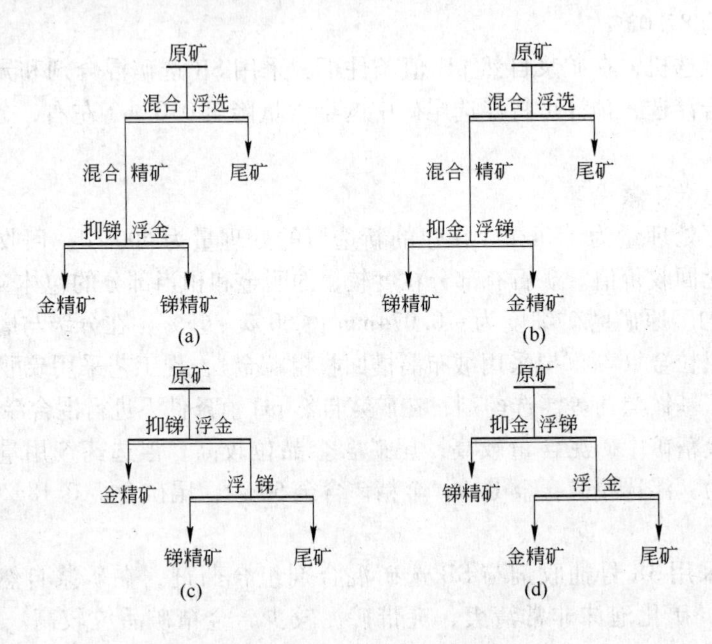

图 12-5 金锑矿石浮选的原则流程

（a）混合浮选-抑锑浮金；（b）混合浮选-抑金浮锑；

（c）抑锑浮金-浮锑；（d）抑金浮锑-浮金

金锑矿石浮选流程的选择主要取决于矿石性质，其中主要包括原矿的金、锑含量，锑的存在形态，金的赋存状态，金的嵌布粒度及其在各矿物中的分布，其他金属硫化矿物含量等。

金锑矿石的混合浮选可在矿浆自然 pH 值条件下进行，以铅盐（硝酸铅、醋酸铅）作辉锑矿的活化剂，以黄药类药剂作捕收剂，以松醇油为起泡剂浮选获得金锑混合精矿。混合精矿再磨（或不再磨）后可采用抑锑浮金或抑金浮锑的方法进行分离浮选。抑锑浮金时，可在再磨机中加入苛性钠、石灰或苏打，在 pH 值为 11 的条件下浮选可获得金精矿，然后添加铅盐和黄药浮选，可获得锑精矿。混合精矿采用抑金浮锑方案时，以氧化剂（漂白粉、高锰酸钾等）作含金黄铁矿的抑制剂，添加铅盐活化辉锑矿，用黑药类捕收剂浮选，可获得锑精矿，然后采用黄药类捕收剂浮选，可获得金精矿。

金锑矿石的混合浮选在矿浆自然 pH 值条件下，可不添加铅盐，直接采用 SB 选矿混合剂与异戊基黄药组合捕收剂进行，可获得较高的浮选指标，大幅度降低药耗。

采用优先浮选流程，可采用优先浮金或优先浮锑的方案。优先浮金时，可在磨机中加入苛性钠，使矿浆 $pH > 9$ 以抑制辉锑矿，加入硫酸铜以活化毒砂和黄铁矿，加入黄药和起泡剂浮选得金精矿，然后加入铅盐活化辉锑矿，加入黄药和起泡剂浮选，可得锑精矿；若优先浮锑，可用铅盐活化辉锑矿，采用矿浆自然 pH 值，采用黑药类捕收剂浮选得锑精矿，然后添加黄药类捕收剂和起泡剂浮选，可产出金精矿。

当矿石中的锑主要呈氧化锑形态存在时，则须采用阶段重选和浮选的联合流程，产出氧锑精矿和硫锑精矿。浮选时，常采用弱酸介质、铅盐、黄药与中性油组合捕收剂等药剂进行浮选，可获得硫锑-氧锑混合精矿。

含部分氧化锑的矿石浮选时，可产出硫锑精矿和氧锑精矿两种产品。硫锑精矿主要含辉锑矿，氧锑精矿主要含锑氧化物，此两种锑精矿的化学性质有较大的差异。硫化锑易被硫化钠溶液浸出，高阶锑氧化物则不溶于硫化钠溶液中。浓度为8%～10%的硫化钠溶液是辉锑矿和某些锑氧化物的良好浸出剂，在80～90℃，液固比为2∶1条件下浸出1～2h，可获得较高的锑浸出率，金不被浸出。浸渣水洗、过滤，制浆后可采用氰化法实现就地产金。

B 浸出

金锑精矿再磨后直接氰化浸出时，锑的简单硫化物易溶于碱性氰化物溶液中。其主要反应可表示为：

$$Sb_2S_3 + 6NaOH \longrightarrow Na_3SbO_3 + Na_3SbO_3 + 3H_2O$$

$$2Na_3SbS_3 + 3NaCN + \frac{3}{2}O_2 + 3H_2O \longrightarrow Sb_2S_3 + 3NaCNS + 6NaOH$$

辉锑矿在pH值为12.3～12.5的苛性钠溶液中的溶解度最大，生成亚锑酸盐和硫代亚锑酸盐。硫代亚锑酸盐易溶于氰化物溶液中，消耗大量的氰化物和溶解氧，反应生成的硫化物沉积于金粒表面形成硫化锑膜。硫化锑膜重新溶于苛性钠溶液中，生成的亚锑酸盐又溶于氰化物溶液中，直至全部硫化锑均转变为氧化锑后，这些消耗氰化物和溶解氧的反应才会终止。

金锑精矿可采用低碱度（氧化钙含量小于0.02%，或用苏打代替石灰）、低氰化物含量（氰化钠浓度小于0.03%）的氰化物溶液，预先添加氧化剂或预先进行强烈充气搅拌、加铅盐（用量为0.3～11g/t）等措施进行氰化浸出，以降低硫化锑对氰化浸金的有害影响。浮选所得金锑精矿直接氰化前须进行再磨和碱处理。当氰化尾矿不能废弃时，可进行二段氰化或送去进行氧化焙烧，焙砂再磨后进行氰化提金。氰化法处理含金锑矿物原料所得金泥常含锑，采用硫酸处理金泥时会生成有毒的SbH_3气体。因此，采用硫酸处理含锑的金泥时，一定要具备很好的通风条件，以防氢化锑中毒。

金锑精矿可直接在氨介质中进行热压氧浸。氨介质热压氧浸时生成的硫代硫酸盐是金的良好浸出剂，可获得较高的金浸出率。氨介质热压氧浸的工艺参数为：氢氧化铵浓度33%～35%，温度170～175℃，氧压1.5～1.6MPa（15～16atm）。浸出24～30h，金浸率可达99%以上。

金锑精矿中的金若呈单体形态存在或再磨后可使自然金单体解离和裸露，可直接采用酸性硫脲溶液直接浸金。酸性硫脲溶液浸金的工艺参数为：硫酸浓度0.1%～0.5%（pH值为1～1.5），硫脲浓度0.1%～1%，氧化剂（常为高铁盐）0.01%～0.1%。浸出5～10h，可获得较高的金浸出率。

难于直接用水溶液浸出剂浸出的全锑精矿送冶炼厂进行火法处理，可综合回收其中的伴生金。

C 焙烧

金锑精矿焙烧时可使锑呈三氧化二锑（Sb_2O_3）气体挥发。焙烧温度应小于650℃，以免焙砂熔结。焙烧时最好进行二段焙烧，先在 500～600℃条件下焙烧 1h，然后在 1000℃条件下焙烧 2～3h。挥发的三氧化二锑烟尘可用收尘器回收。所得焙砂可先用稀硫酸浸出，以除去有害氰化浸金的杂质，硫酸浸渣经过滤、洗涤后，送氰化提金。硫化锑焙烧时的主要反应可表示为：

$$2Sb_2S_3 + 9O_2 \longrightarrow 2Sb_2O_3\uparrow + 6SO_2\uparrow$$

$$4FeS_2 + 11O_2 \longrightarrow 2Fe_2O_3 + 8SO_2\uparrow$$

$$FeS_2 + O_2 \longrightarrow FeS + SO_2\uparrow$$

$$Sb_2O_3 + O_2 \longrightarrow Sb_2O_5$$

$$2Sb_2O_3 + O_2 \longrightarrow 2Sb_2O_4$$

$$3FeO + Sb_2O_5 \longrightarrow Fe_3(SbO_4)_2$$

三氧化二锑易挥发，高价锑氧化物（Sb_2O_4、Sb_2O_5）及锑酸盐 $Fe_3(SbO_4)_2$ 在高温条件下相当稳定，留在焙砂中。由于相同温度下，三氧化二锑及三硫化二锑比相应的三氧化二砷及三硫化二砷的蒸气压小，故金锑精矿焙烧过程中的脱锑率比脱砷率低，焙砂中残留的锑、硫、亚铁含量较高。焙砂氰化前，应先采用稀硫酸浸出焙砂，硫酸浸渣再送氰化提金。

12.3.2 湘西金矿的选矿

12.3.2.1 *矿石性质*

该矿为中低温热液脉状锑矿床，工业类型为裂隙充填辉锑矿。金属矿物主要为辉锑矿，其次为毒砂、黄铁矿和微量的自然金、黄铜矿、白钨矿等。脉石矿物主要为燧石和石英，其次为白云石、方解石、绢云母、绿泥石、磷灰石、长石等。矿石密度为 2.75g/cm³，松散密度为 1.65g/cm³；脉石密度为 2.65g/cm³，脉石松散密度为 1.6g/cm³。

矿石中矿泥含量为3%，有用矿物呈不均匀嵌布，辉锑矿多呈块状，也有的呈星点状，粗粒达 6mm，细粒为 0.074～0.1mm，可采用手选产出部分富块锑精矿。金从 0.1mm 开始解离，当磨至 0.1～0.2mm 时解离较完全。

原矿品位为：Au 6～8g/t，WO_3 0.4%～0.6%，Sb 4%～6%。

12.3.2.2 *选矿工艺*

选厂选矿工艺流程如图 12-6 所示。该选厂采用重选—浮选联合流程，用重选产出部分金精矿和白钨精矿，用浮选法产出金-锑精矿和白钨精矿。金-锑精矿送火法冶炼产出金属锑，综合回收伴生的金。白钨粗精矿经浓缩、加温、水玻璃解吸、精选和脱磷后产出白钨精矿。浮选药方如下：

（1）金浮选：硫酸 46g/t，氟硅酸钠 91g/t，丁基黄药 46g/t，煤油 8.2g/t，松醇油适量。

（2）浮金-锑：硝酸铅 100g/t，硫酸铜 70g/t，丁基黄药 200g/t，丁基铵黑药 80g/t，松醇油适量。

（3）浮白钨：碳酸钠 3000～4000g/t，水玻璃 1000g/t，油酸 120g/t。

生产指标见表 12-4。

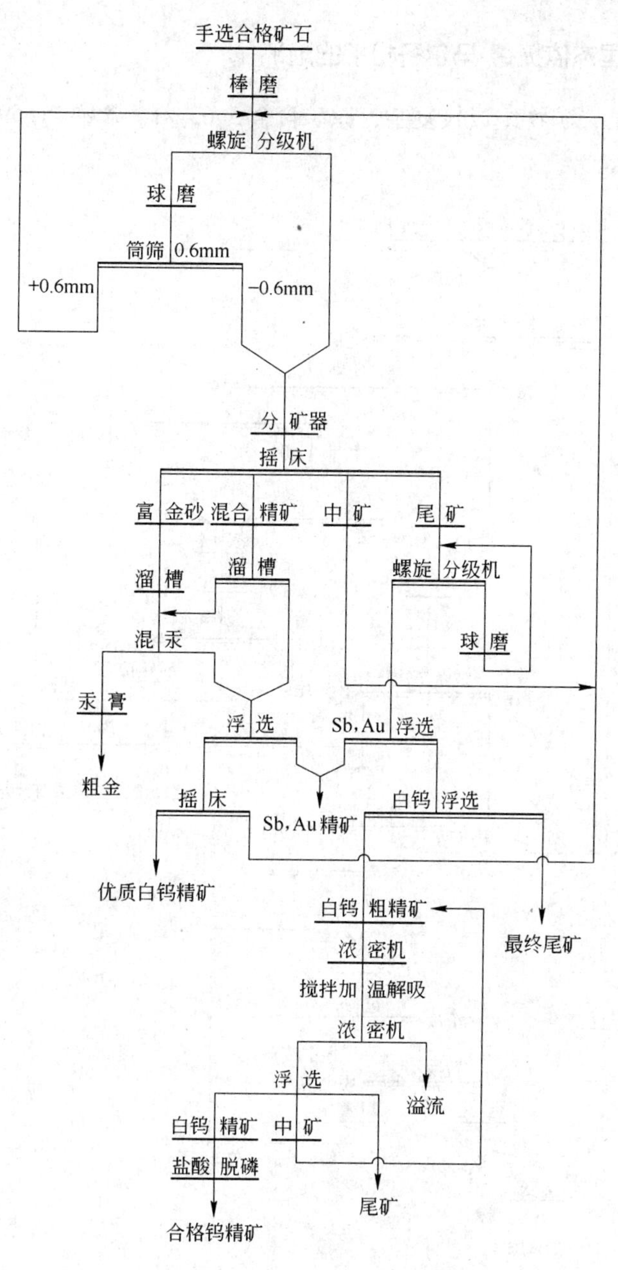

图 12-6 湘西金矿选矿工艺流程

表 12-4 湘西金矿选厂生产指标

产 品	产率/%	品 位			回收率/%		
		WO_3/%	Sb/%	Au/g·t^{-1}	WO_3	Sb	Au
合质金	0	0	0	98.4	0	0	13.75
金-锑精矿	7.43	0.21	41.66	61.25	2.47	96.59	72.87
白钨精矿	0.71	73.20	0	0	84.42	0	0
废 石	2.12	0.045	0.17	1.41	2.09	0.18	0.50
尾 矿	89.74	0.081	0.076	0.8	11.02	3.23	12.88
原 矿	100.00	0.631	3.205	6.246	100.00	100.00	100.00

12.3.3 南非康索里杰依捷德-马尔齐松矿的选矿

该矿为含金锑矿，矿物组成较复杂，原矿含金5.63g/t，含锑11.59%。选厂生产工艺流程如图12-7所示。

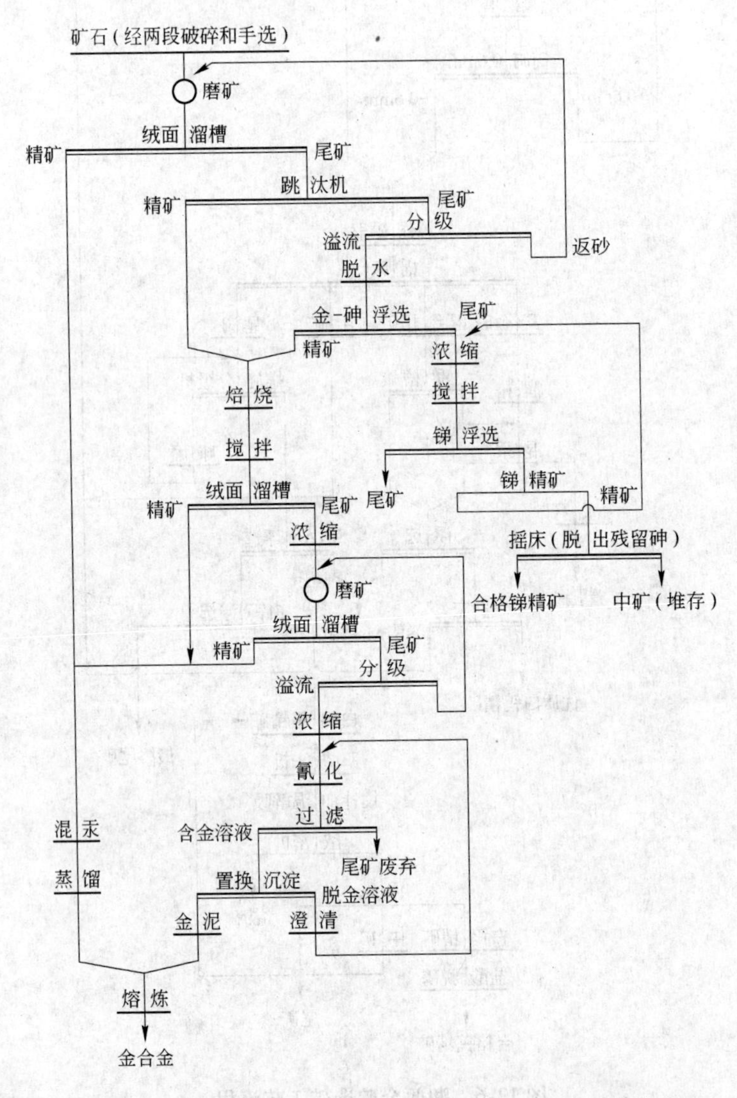

图12-7 南非康索里杰依捷德-马尔齐松矿的选矿工艺流程

矿石破碎后采用手选法产出富块锑精矿和废弃部分废石。手选后的矿石经磨细后采用绒面溜槽回收部分粗粒金，产出重砂产物。溜槽尾矿进跳汰选矿，产出跳汰精矿。跳汰尾矿送螺旋分级，分级溢流送金-砷浮选，产出金-砷精矿，分级返砂返至手选后的矿石磨矿作业。

跳汰精矿与金-砷浮选精矿合并进行焙烧脱砷，焙砂制浆经绒面溜槽捕金得金重砂。溜槽尾矿经脱水后送再磨，磨矿产物用绒面溜槽进行扫选捕金，产出扫选金重砂。所有绒面溜槽捕金产出的金重砂合并送混汞作业，产出的金汞齐经压汞、蒸馏作业，产出海绵金和回收汞。

绒面溜槽扫选捕金后的尾矿经分级后的分级溢流，经浓缩脱水后送氰化提金，贵液经锌粉置换，产出金泥和脱金液，含锌金泥经焙烧、酸洗得金泥。金泥与混汞作业产出的海绵金合并送熔炼，产出合质金。

金-砷浮选尾矿经脱水后送锑浮选作业，产出锑粗精矿和尾矿。锑粗精矿经摇床脱砷后产出合格锑精矿和锑中矿（暂堆存）。

各作业药方和工艺参数为：

（1）金-砷浮选药方：浮选 pH 值为 8，硫酸铜 50g/t，丁基黄药 25g/t，松油 5g/t。

（2）氰化浸出：液固比为 4∶1，充气并加硝酸铅除 S^{2-}，pH 值为 12，NaCN 浓度 0.3%。

（3）熔炼熔剂配比：硼酸 20%，萤石 20%，氧化硅 35%，铁 2.5%。

该选厂生产指标见表 12-5。

表 12-5 生产指标

产 品	品 位		回收率/%	
	$Au/g\cdot t^{-1}$	Sb/%	Au	Sb
合格锑精矿	17.6	61.94	53.6	91.4
合质金		0	34.0	0
尾 矿	0.87	1.2	12.5	8.6
原 矿	5.63	11.50	100.0	100.0

12.4 含砷金矿的选矿

12.4.1 矿石性质

原生含砷金矿石中常含砷 1%～12%，含金 3～6g/t。砷在矿石中主要呈砷黄铁矿（毒砂）的形态存在，有时也呈简单的砷化物雄黄和雌黄的形态存在。金主要呈自然金、银金矿的形态存在。其他金属硫化矿物主要为黄铁矿、磁黄铁矿，脉石矿物主要为石英。

12.4.2 选矿工艺

处理含砷金矿石的常用选矿方法是将矿石碎磨至一定细度后，采用浮选法获得含金砷的混合精矿和废弃尾矿。若浮选尾矿无法废弃时，可送去进行氰化提金，进行就地产金，氰化尾矿经处理后送尾矿库堆存。

含砷金矿石的浮选常在矿浆自然 pH 值条件下，采用硫酸铜作毒砂等硫化矿物的活化剂，采用丁基铵黑药和丁基黄药作捕收剂，添加适量松醇油进行浮选，产出金-砷-黄铁矿混合精矿和丢弃尾矿。

金砷混合精矿或金砷黄铁矿混合精矿的处理方法取决于金的嵌布粒度和砷矿物的存在形态。

12.4.2.1 混合精矿分离浮选

金-砷-黄铁矿混合精矿可在碱性介质中，采用软锰矿、空气、高锰酸钾等作砷黄铁矿的抑制剂进行浮选分离，产出金-黄铁矿精矿和金-砷精矿。如某金矿采用浮选法获得金-砷-黄铁矿混合精矿，精矿含金180.74g/t，含砷8.3%。在矿浆浓度为15%，高锰酸钾为100g/t，搅拌5min，丁基黄药为80g/t的条件下进行分离浮选，产出含金黄铁精矿和砷精矿。含金黄铁矿精矿含金328.05g/t，含砷1.74%，金回收率为93.43%；砷精矿含金24.5g/t，含砷15.26%，砷回收率为89.22%。

12.4.2.2 碱处理-氰化

若金-砷混合精矿中含简单的砷硫化物（如雄黄和雌黄）时，金-砷精矿可直接氰化，由于简单的砷硫化物易溶于碱性氰化物溶液中生成硫化钠和硫代砷酸盐，可大量消耗氰化物和溶解氧。为了降低简单的砷硫化物的有害影响，可采用预先碱处理、阶段氰化和低浓度氧化钙（低于0.02%）的氰化液浸出。氰化过程中应向矿浆中加入氧化剂或预先进行强烈充气搅拌并加入铅盐。

12.4.2.3 快速氰化法

若金-砷精矿中的砷只呈毒砂形态存在，由于毒砂的氧化速度较低，此时可将混合精矿充分细磨，采用提高固-液接触界面和较强的氰化条件，尽量缩短氰化浸出时间的方法降低砷的有害影响。

12.4.2.4 氧化焙烧-氰化法

当金-砷精矿中的金呈微细粒存在，高磨矿细度条件下仍无法单体解离或裸露，主要呈毒砂和黄铁矿的包体金形态存在时，为了提高金的氰化浸出率和降低砷的有害影响，常采用预氧化法进行预处理，使载金矿物分解，使包体金单体解离或裸露。常用的预氧化法为氧化焙烧、热压氧浸、细菌预氧化酸浸、高阶铁盐酸浸、硝酸浸出等。

氧化焙烧时的主要反应为：

$$2FeAsS + 5O_2 \longrightarrow Fe_2O_3 + As_2O_3 + 2SO_2$$

$$2FeS_2 + \frac{11}{2}O_2 \longrightarrow Fe_2O_3 + SO_2$$

$$FeAsS \xrightarrow{\triangle} FeS + As$$

$$2As + \frac{3}{2}O_2 \longrightarrow As_2O_3$$

$$As_2O_3 + O_2 \longrightarrow As_2O_5$$

$$FeS_2 + O_2 \longrightarrow FeS + SO_2$$

$$3FeO + As_2O_5 \longrightarrow Fe_3(AsO_4)_2$$

三氧化二砷（低价砷氧化物）易挥发，温度为120℃时挥发已相当显著，其挥发率随温度的升高而快速增大，温度为500℃时的蒸气压可达0.101MPa。

部分三氧化二砷与空气中的氧或易被还原的氧化铁、二氧化硫等氧化剂作用可生成不易挥发的五氧化二砷（高价砷氧化物）。升高焙烧温度和增大空气过剩系数将促进五氧化二砷的生成。生成的五氧化二砷将与金属氧化物作用生成砷酸盐。

为了提高焙烧过程的脱砷率和脱硫率，金-砷精矿常采用二段焙烧工艺。第一段焙烧温度为550~580℃，空气过剩系数为零，进行还原焙烧。第二段焙烧温度为600~620℃，空气过剩系数大，进行氧化焙烧。此种二段焙烧工艺可避免焙砂的熔结，脱砷率和脱硫率较高，焙砂中的残余砷含量可除至1%～1.5%，可获得孔隙率高的焙砂。

若采用较高温度和空气过剩系数大的条件进行一段氧化焙烧，易使焙砂熔结，易生成不易挥发的砷酸盐。导致焙砂中的残余砷含量高，砷酸盐还将覆盖金粒表面，降低金的浸出率。

焙烧不完全时，焙砂中的砷、硫含量高，焙砂中的砷除少量呈砷硫化物形态存在外，主要呈不易挥发的砷酸盐形态存在。焙砂中的硫除少量呈砷硫化物和黄铁矿、磁黄铁矿形态存在外，主要呈 FeS 形态存在。因此，金-砷精矿焙烧不完全时，不仅残余的砷、硫含量高，而且大量的铁以亚铁形态存在于焙砂中，对焙砂氰化提金极为有害。若金-砷精矿的焙砂送火法冶炼处理，可采用一段焙烧工艺，焙砂中的砷含量可允许高达2%。

金-砷精矿二段焙烧后的焙砂中的砷、硫含量应小于1.5%。焙砂氰化前先经再磨，用水洗涤以洗去焙砂中的可溶化合物，可大幅度降低氰化物和石灰耗量。焙砂氰化浸出时，氰化物浓度应大于0.08%，pH 值为10～12，通常金的浸出率较高。当焙砂中的金较难浸出时，可采用二段或三段氰化浸金。有时可在各段氰化之间进行碱处理。碱处理时的苛性钠浓度为6%～8%，温度为80～90℃，浸出2～3h，碱处理可溶解砷酸铁等砷氧化物，使包体金单体解离或裸露。碱处理后的矿浆经脱水、氰化，可提高金的氰化浸出率。

若将金-砷精矿二段焙砂后的焙砂再经高温处理，可进一步提高金的氰化浸出率。如某金矿的金-砷精矿含金 175g/t，含砷 10.72%，含硫 20.78%，含锑 0.85%，含铅 0.22%。二段焙烧后的焙砂再磨至 -0.074mm 占95%，金的氰化浸出率为89%。若将金-砷精矿二段焙烧后的焙砂先经温度为1000℃的高温处理（此温度低于焙砂熔点），在相同的磨矿细度条件下，金的氰化浸出率可增至94.8%，氰化物耗量可从0.92kg/t 降至0.61kg/t。二段焙烧后的焙砂再经高温处理时，可使部分呈固溶体形态存在于氧化铁中的包体金单体解离或裸露。

金-砷精矿进行一段焙烧时，脱砷率和脱硫率较低，焙砂中的砷、硫和亚铁含量较高。焙砂再磨后氰化时，消耗大量的石灰、氰化物和溶解氧，金的氰化浸出率特低。为了消除焙砂中的残留砷、硫和亚铁对氰化浸金的有害影响，再磨后的焙砂可采用酸洗法处理，酸洗水的 pH 值应小于1.5。酸洗时可分解焙砂中的大部分砷、硫和亚铁化合物，可使这些化合物中的包体金解离或裸露，酸洗浆经脱水、制浆、氰化，可大幅度提高金的氰化浸出率。

部分金-砷氧化矿中的砷以臭葱石和其他砷氧化物形态存在，此类矿石中的自然金粒常被臭葱石薄膜覆盖。因此，此类矿石难于用常规的浮选法和氰化法回收其中的金，但可采用脂肪酸类捕收剂浮选臭葱石。

为了从部分氧化的金-砷矿石中回收金和砷，矿石磨细后可采用黄药类捕收剂浮选回收金和硫化矿物，所得金-砷精矿可采用二段焙烧-焙砂氰化的工艺回收金。浮选尾矿可采用苛性钠溶液浸出法浸出砷和除去金粒表面的臭葱石薄膜。碱浸渣可送氰化回收金，碱浸液可用石灰或高浓度苛性钠溶液作沉淀剂沉析砷。

12.4.3 生产实例

12.4.3.1 罗马尼亚达尔尼金矿

该矿选厂处理能力为800t/d，其选矿工艺流程如图12-8所示。

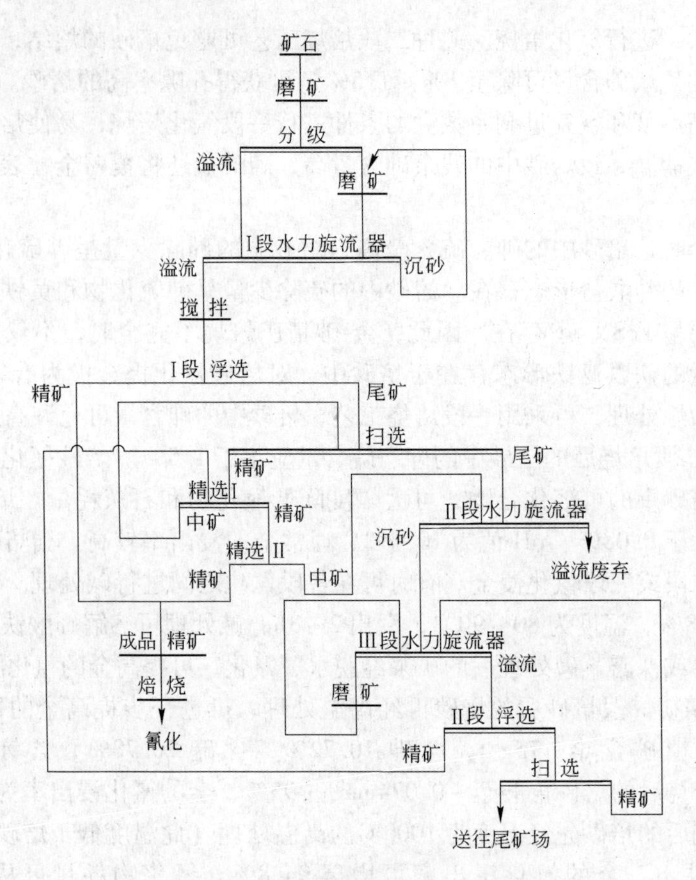

图 12-8 达尔尼金矿选厂工艺流程

原矿含金 6.2 ~ 7g/t，采用阶段浮选-焙烧-氰化的联合流程提金。原矿经二段破碎后送棒磨开路磨矿（ϕ3.66m × 7.1m 棒磨机），棒磨排矿送球磨闭路磨矿（ϕ2.4m × 2.4m 球磨与 ϕ609mm 水力旋流器闭路）。水力旋流器溢流送浮选，浮选分两段进行。

Ⅰ段浮选尾矿采用 ϕ457mm 水力旋流器脱泥，沉砂送 ϕ1.67m × 3.05m 管磨机与 ϕ304mm 水力旋流器进行闭路磨矿。总的磨矿细度为 -0.074mm 占 90% ~ 95%。Ⅱ段水力旋流器溢流细度为 -0.044mm 占 96% ~ 98%，含金 0.58g/t，Ⅱ段浮选扫选尾矿含金 0.68g/t，可废弃。浮选精矿含金 90 ~ 125g/t，含硫 16% ~ 22%，含砷 6%，金的浮选回收率约为 89%。浮选产出的金-砷精矿采用双室沸腾焙烧炉进行焙烧，焙砂送氰化提金，金的氰化浸出率为 95% ~ 97%。浮选药方见表 12-6。金-砷精矿沸腾焙烧条件和氰化指标见表 12-7。

表 12-6 浮选药方 (g/t)

加药点	碳酸钠	丁（戊）黄药	硫酸铜	丁黄药	道福劳斯 250	25 号黑药
棒磨机	750	65	—	—	—	—
球磨机	—	—	55	30	10	—
Ⅲ段旋流器给矿	—	10	20		—	—
Ⅲ段旋流器沉砂	—	10	20	—	—	—
浮选给矿	—	—	—	—	10	15
合　计	750	85	95	30	20	15

表 12-7 金-砷精矿沸腾焙烧条件和氰化指标

浮选精矿品位			精矿焙烧量/t·d^{-1}	焙烧段数	焙烧温度/℃	焙砂品位			焙砂氰尾含金/g·t^{-1}	焙砂氰化回收率/%
Au/g·t^{-1}	S/%	As/%				Au/g·t^{-1}	S/%	As/%		
90~125	16~22	6	25	2	560	125~150	1~2	1~1.5	4.5~6.0	95~97

从图 12-9 可知，该厂流程复杂冗长，浮选药方复杂，加药点多且不太合理。

12.4.3.2 江西某金矿

原矿主要金属矿物为毒砂、黄铁矿，其次为方铅矿、黄铜矿、铁闪锌矿、自然金和银金矿等。脉石矿物主要为石英。原矿含金 7g/t、银 230g/t、砷 8.66%、硫 7.86%、铅 2.08%、锌 0.98%、铜 0.068%。

应矿方邀请，我们承担了选矿小型试验任务，要求产出混合金精矿和寻求就地产金的方法。

将原矿试样磨至 -0.074mm 占 70%，在矿浆自然 pH 值条件下，添加硫酸铜 250g/t 作活化剂，丁基黄药和丁基铵黑药为捕收剂，加少量松醇油作起泡剂进行浮选。浮选指标见表 12-8。

表 12-8 混合浮选指标

产 品		混合精矿	尾 矿	原 矿
产率/%		35	65	100
品 位	Au/g·t^{-1}	20.58	0.46	7.0
	Ag/g·t^{-1}	800	25.12	230.0
	Cu/%	0.23	0.007	0.068
	Pb/%	6.06	0.001	2.08
	Zn/%	3.84	0.033	0.98
	As/%	24.40	0.57	8.66
	S/%	21.02	0.77	7.86
回收率/%	Au	95.77	4.23	100.00
	Ag	92.90	7.10	100.00
	Cu	93.02	6.98	100.00
	Pb	95.95	4.05	100.00
	Zn	97.83	2.17	100.00
	As	95.71	4.29	100.00
	S	93.60	6.40	100.00

将混合精矿再磨至 -0.041mm 占 97%，pH 值为 10~12（加石灰调浆），氰化钠 8000g/t 混精，浸出 16h，混合精矿中金的氰化浸出率可达 85% 以上。

若将混合精矿在 600℃ 条件下氧化焙烧 2h，焙砂组成为：Au 30.21g/t，Ag 1089.5g/t，As 1.78%，S 8.95%。采用氰化钠 8000g/t、石灰 1089.5g/t 焙砂，液固比为 2∶1，浸出 16h，焙砂中金的氰化浸出率仅为 12.52%。若将焙砂再磨至 -0.038mm 占 99%，采用上述焙砂不再磨的直接氰化浸出条件进行氰化浸出，金的氰化浸出率仅为10.13%。若焙砂再磨后采用180kg/t硫酸浸出铜，然后采用上述氰化条件进行浸铜后的再磨焙砂进行氰化浸出，金的氰化浸出率也仅为16.49%。从上述试验结果可知，在试验条件下焙砂的氰化浸出率较低，究其原因是因氧化焙烧时砷、硫脱除率低，焙砂中残留的砷、硫含量较高，焙砂中的亚铁含量高，致使氰化过程中，这些有害物大量消耗氰化物和溶解氧。

推荐流程为：原矿碎磨至 -0.074mm 占70% ~75%后进行混合浮选产出混合精矿，混合精矿中的砷呈毒砂形态存在，铜含量较低，将混合精矿再磨至 -0.041mm 占97%后直接氰化提金或硫脲酸性液浸出提金可获86%左右的金浸出率，可实现就地产金的目标。但应用于工业生产，仍有许多工作有待完善和解决。

由于该矿被乱采乱挖，矿体被严重破坏，导致该矿无规模开采价值，使试验研究工作无法进行。

12.5 从氰化浸出渣中浮选回收金银

12.5.1 概述

19世纪80年代氰化浸金工艺工业化至今100多年来，国内外金银矿山主要采用氰化法就地产出金银。一般以合质金锭的形态出售，大金矿则以金锭、银锭出售。大部分氰化渣仍堆存于尾矿库中，其数量相当可观。

氰化提金产出的氰化渣，大致可分为下列几种类型：

（1）氰化堆浸渣。此类氰化渣的粒度较粗，矿粒常大于10mm。氰化堆浸渣的矿物组成和化学组成与原矿相似。视堆浸渣堆存时间的长短，氰化渣的氧化程度各异。该类氰化渣金含量高，一般含金1~3g/t，含硫各异，有的还含少量的铜、锑、铅、锌、砷等组分。一般经碎磨至 -0.074mm 占95%后，采用浮选的方法可回收其中所含的金银。

（2）全泥氰化渣。全泥氰化渣的粒度细，矿泥含量高。由于堆存时间长，常混有其他杂物。由于全泥氰化工艺的差异，有时全泥氰化渣中还含少量的细粒载金炭或细粒载金树脂。此类氰化渣含金常大于1g/t，含硫大于1%。常用浮选法回收其中的金银。

（3）金精矿再磨直接氰化渣。此类氰化渣的粒度细，硫含量高，其中含金常大于3g/t，含硫常大于3% ~5%。常用重选法、浮选法回收其中的金银。

（4）金精矿再磨预氧化酸浸后的氰化渣。此类氰化渣的粒度常为 -0.040mm 占95%，矿泥含量高。渣中含金常大于3g/t，硫含量常为3% ~5%。常用浮选法回收其中的金银。

12.5.2 从氰化堆浸渣中回收金银

在氰化堆浸渣含金大于1g/t，浸渣堆存时间较久，矿堆中的硫化矿物氧化严重，矿堆底部的防渗水层没破坏的条件下，可采用对原矿堆进行再氰化堆浸的方法回收金银。此法的金银回收率虽较低，但成本低，有一定的经济效益。

在不具备上述条件，尤其是堆存时间长，防渗水层被破坏的条件下，最常用的方法为浮选法。堆浸渣经破碎、磨矿，磨至 -0.074mm 占90%以上，最好先用硫酸调浆（pH = 6.5 ~7.0），加入浮选硫化矿物的浮选药剂（如硫酸铜、丁基铵黑药、丁基黄药等）浮选单体解离金和硫化矿物中的包体金，金银浮选回收率可达80%以上。

12.5.3 从全泥氰化渣中回收金银

某金矿上部为氧化矿，含金大于4g/t，含硫1%左右。经试验和技术论证，决定采用全泥氰化工艺产出金锭。具体工艺流程为：原矿经自磨、球磨磨至90% -0.074mm送树脂矿浆氰化作业浸出吸附金，载金树脂用硫脲酸性液解吸金。所得贵液送电积、熔铸作业，产出金锭。后来该矿由露天开采转为井下开采，随原矿中硫含量的提高和硫化矿物中包体金含量的提高，全泥氰化指标每况愈下。2003年全泥氰化工艺改为：自磨—两段球磨—分级溢流经旋流器检查分级—经浮选得金精矿—金精矿再磨后送细菌氧化酸浸—预浸矿浆经压滤—滤饼制浆中和至pH=10后送树脂矿浆氰化作业—载金树脂用硫脲酸性液解吸金—所得贵液送电积—熔铸作业—产出金锭。2012年该矿又将提金工艺改为：浮选金精矿氧化焙烧—再磨氰化浸金—多段浓密机逆流洗涤—贵液锌粉置换—金泥熔炼—电解精炼—金锭的工艺流程。此工艺为逆流洗涤的经典二步法提金工艺。

多年的全泥氰化，矿山留下了数量可观的全泥氰化渣和表外矿石。为了回收其中所含的金银，2006年，该矿新建一座处理量为500t/d的浮选车间。该车间给料中表外矿100t/d、氰化渣400t/d。表外矿碎至15mm送球磨磨矿，球磨与螺旋分级机闭路，螺旋分级溢流经旋流器检查分级，旋流器沉砂返回螺旋分级机。尾矿库中的全泥氰化渣，采用水采水运的方法送入浓密机。浓密机底流与旋流器溢流一起进入浮选作业（细度为95% -0.074mm）。添加硫酸铜、丁基铵黑药、丁基钠黄药和二号油。采用一次粗选、三次精选、三次扫选、中矿循序返回的浮选流程。当给矿含金2g/t时，可产出含金25g/t的浮选含金黄铁矿精矿，金回收率约为60%，浮选尾矿含金约为0.76g/t。

低碱介质工艺工业试验时，将500t/d的给矿全部进球磨机，磨矿细度仅-0.074mm占60%。采用硫酸铜、硫酸调浆至pH值为6.5~7.0，以SB选矿混合剂和丁黄药组合药剂，采用原生产流程进行试验，尾矿含金降至0.7g/t，金浮选回收率仅为70%右右。建议炼复原生产流程，只将表外矿100t/d进球磨机，分级机溢流经旋流器检查分级后的溢流与浓密机底流（金泥氰化渣400t/d）混合后，采用低碱介质浮选药方进行浮选，由于磨矿细度可达-0.074mm占95%，故尾矿含金可降至0.5g/t左右，金的浮选回收率可达85%左右。

12.5.4 从金精矿再磨后直接氰化渣中回收金银

当金的嵌布粒度大于0.037mm时，金精矿再磨至-0.041mm占95%的条件下，金精矿中绝大部分金呈单体解离金和裸露金的形态存在。金精矿再磨后直接氰化可以获得较满意的金浸出率。

此类氰化渣含金常大于5g/t，含硫常大于20%，浸渣细度常为-0.041mm占95%，渣中的金绝大部分呈硫化矿物包体金的形态存在。常用浮选法从氰化渣中回收金银。浮选的关键是先将被氰化物抑制的硫化矿物活化。然后采用浮选硫化矿物的方法浮选。

此类氰化渣硫含量高，有两种浮选方案：一是产出含金低的含金黄铁矿精矿。用硫酸调浆至pH=6.5~7.0，加入丁基铵黑药、丁基钠黄药进行浮选，金、硫浮选回收率可达85%以上，含金黄铁矿精矿金含量较低（约10g/t）。二是产出含金量稍高的含金黄铁矿精矿。用硫酸调pH=6.5~7.0，加入对硫捕收能力弱的高效捕收剂（如丁基铵黑药、SB选矿混合剂等）进行浮选。金浮选回收率可达80%，硫浮选回收率约为40%，含金黄铁矿精矿中金含量可大于25g/t。

12.5.5 从金精矿再磨预氧化处理后的氰化渣中回收金银

此类氰化渣粒度细，矿泥含量高，含金常大于3g/t，含硫为3%～5%。处理此类氰化渣的浮选，依其堆存时间、提金浸出方法和浸出剂的氧化分解程度等因素，浮选前的矿浆调浆方法稍有差异。

若预氧化处理采用氧化焙烧法，其氰化渣的浮选与金精矿再磨后直接氰化渣的浮选相似。浸渣细度常为-0.041mm占95%，渣中的金绝大部分呈硫化矿物包体金的形态存在。常用浮选法从氰化渣中回收金银。浮选的关键是先将被氰化物抑制的硫化矿物加硫酸活化。然后采用浮选硫化矿物的方法浮选。

若预氧化处理采用预生物氧化酸浸法，其氰化渣浮选前，宜先制浆、过滤、洗涤以除去残余氰化物和其他药剂。滤饼制浆，用硫酸调浆至pH=6.5～7.0，加入丁基铵黑药、丁基黄药等药剂进行浮选。金、硫浮选回收率可达85%，金精矿含金大于35g/t。金精矿中的金主要为硫化矿物包体金，单体金含量低。

若预氧化处理采用热压氧浸法，其氰化渣的浮选与金精矿再磨后直接氰化渣的浮选相似。

若预氧化处理采用高价铁盐酸浸法，其氰化渣的浮选与金精矿再磨后直接氰化渣的浮选相似。

若预氧化处理后的矿浆采用酸性硫脲法提金，浸出矿浆经固液分离、洗涤后的浸渣，其特性与氰化渣有较大的差异。硫脲浸渣制浆后，矿浆呈酸性、液相中含有一定量的杂质离子，渣中的残余硫化矿物不被硫脲抑制，具有较好的可浮性。与氰化渣相似，渣中的自然金几乎全部为包体金。因此，处理硫脲浸渣时，可采用低碱介质浮选工艺和药方，但浮选前须采用碱将矿浆pH值调至6.5～7.0以消除大部分杂质离子的干扰。否则，将增加辅收剂耗量和药剂成本。

13 有色金属冶炼中间产品和冶炼渣的浮选

13.1 概述

可采用浮选法回收某些有色金属冶炼中间产品和冶炼渣中所含的有用组分，其分离效率和有用组分的回收率均较高。生产实践表明，采用选矿方法回收某些有色金属冶炼中间产品和冶炼渣中的有用组分，是非常经济、有效的分离回收方法。

硫化铜矿物精矿的火法炼铜渣与湿法炼铜渣，均可采用浮选法从中回收铜及渣中所含的其他有用组分，获得铜含量较高的铜浮选精矿，其他有用组分富集于铜精矿中。

粗铜电解精炼时产出的铜阳极泥，可用浮选法富集其中所含的贵金属和铂族元素，可获得较高的经济效益。

硫化锌精矿经焙烧，浸出产出的湿法冶炼渣，可用浮选法回收其中所含的锌等有用组分，产出锌精矿。

含金银的硫精矿经氧化焙烧、制酸产出的硫酸烧渣可采用浮选法回收其中所含的金、银等有用组分，产出含金、银的硫精矿。

硫化镍铜混合精矿经造锍、吹炼、缓冷产出的高冰镍，可采用磁选和浮选的方法将其分离为镍铜铁合金、硫化铜精矿和硫化镍精矿三种产品，为贵金属、铂族元素，铜冶炼和镍冶炼创造了较好的条件。

13.2 硫化铜精矿冶炼渣的浮选

13.2.1 硫化铜精矿火法冶炼渣的浮选

13.2.1.1 硫化铜精矿火法冶炼渣的特性

目前，世界上80%以上的铜采用火法冶炼法进行生产。硫化铜精矿火法冶炼的原则流程如图13-1所示。

从图13-1中可知，硫化铜精矿火法冶炼时，除部分预备作业和电解精炼作业外，其他冶炼过程均在高温条件下进行。硫化铜精矿火法冶炼法的最大优点是其对铜精矿的适应性强、能耗低，尤其适用于处理一般硫化铜精矿和铜含量高的氧化铜矿。

硫化铜精矿经预备作业处理后，采用冶炼炉在1150～1250℃的条件下进行熔炼，生成两种互不相溶的冰铜和炉渣液相。将冰铜送吹炼炉进行吹炼产出粗铜，粗铜送精炼炉精炼产出精铜（含铜99.5%）。将精炼铜铸成阳极板送电解精炼，可产出电解铜和阳极泥。然后，可从阳极泥中综合回收其中所含的贵金属及其他有用组分。

冰铜熔炼时对炉渣的基本要求为：与冰铜不相溶，Cu_2S在渣中的溶解度极低，炉渣具有良好的流动性并且密度低。冰铜熔炼时的炉渣为炉料与燃料中各种氧化物互

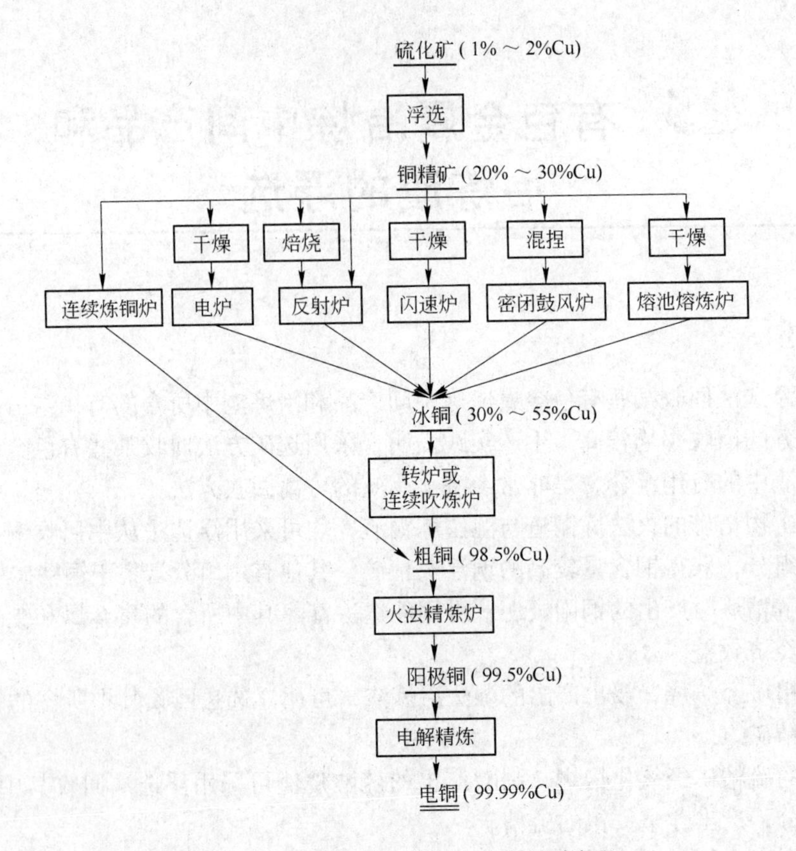

图 13-1 硫化铜精矿火法冶炼的原则流程

相混合熔融而生成的共熔体，主要氧化物为 SiO_2 和 FeO，其次为 CaO、Al_2O_3、MgO 等。固态炉渣可认为是 $2FeO \cdot SiO_2$ 及 $2CaO \cdot SiO_2$ 等复杂分子化合物，液态炉渣则为离子熔体。此离子熔体由氧阴离子 O^{2-}、各种硅氧阴离子 $Si_xO_y^{z-}$ 及金属阳离子 Fe^{2+}、Ca^{2+}、Mg^{2+} 等组成。

常采用炉渣的碱度对炉渣进行分类。若炉渣的碱度为 M_0，则

$$M_0 = \frac{(\%CaO + \%MgO + \%FeO)}{(\%SiO_2 + \%Al_2O_3)}$$

$M_0 = 1$，称为中性渣；$M_0 > 1$，称为碱性渣；$M_0 < 1$，称为酸性渣。

鼓风炉渣的 $M_0 = 1.1 \sim 1.5$ 左右，为典型的碱性渣；反射炉渣依铜精矿中含铜量和含铁量的不同可分为碱性渣或酸性渣，处理低品位铜精矿时，其渣的 $M_0 = 1.2 \sim 1.4$，产出碱性渣；处理含铜高含硫低的铜精矿时，其渣的 $M_0 = 0.5 \sim 0.65$，产出酸性渣；闪速炉熔炼渣为碱性渣（$M_0 = 1.4 \sim 1.6$）。

各种冰铜熔炼炉的典型炉渣组成见表 13-1。

从表 13-1 中的数据可知，熔炼炉渣中铜的含量依熔炼炉型而异，鼓风炉熔炼渣中的铜含量为 0.2% ~0.42%，反射炉熔炼渣中的铜含量为 0.37% ~0.51%，闪速炉熔炼渣中的铜含量为 0.62% ~1.5%，诺兰达炉产冰铜时的炉渣含铜为 5%，诺兰达炉产粗铜时的炉渣含铜为 10.6%。

表 13-1 各种冰铜熔炼炉的典型炉渣组成

熔炼炉类型	化学组成/%							
	Cu	Fe	Fe_3O_4	SiO_2	S	Al_2O_3	CaO	MgO
敞开鼓风炉	0.42	34.4	—	34.9	0.91	3.4	7.6	0.74
密闭鼓风炉	0.20	29.0	—	38	—	7.5	12	3
生精矿反射炉	0.51	33.2	7.0	36.5	1.40	7.2	5.2	1.5
焙烧料反射炉	0.37	35.1	11.0	38.1	1.30	6.5	1.1	—
奥托昆普闪速炉（不贫化）	1.5	44.4	11.8	26.6	1.6	—	—	—
奥托昆普闪速炉（不贫化）	1.0	34.0	—	37.0	—	5.1	5.0	—
印柯闪速炉	0.62	39.0	10.8	37.1	1.1	4.72	1.73	1.61
奥托昆普闪速炉（电炉贫化）	0.78	44.06	—	29.7	1.4	7.8	0.6	—
诺兰达炉（产冰铜）	5.0	38.2	20.0	23.1	1.7	5.0	1.5	1.5
三菱法熔炼炉	0.6	38.2	—	32.2	0.6	2.0	5.0	—
瓦纽柯夫炉	0.50	36.0	5.0	34.0	—	—	2.6	—
白银炉	0.45	35.0	3.15	35.0	0.70	3.3	8.0	1.4
诺兰达炉（产粗铜）	10.6	34.0	25	20.0	2.4	—	—	—

冰铜熔炼时，铜主要损失于烟尘和炉渣中。据统计，烟尘损失占铜总损失量的0.5%左右，渣中铜的损失量约占冶炼厂产铜量的1%～2%。因此，渣中铜损失是冰铜熔炼时，铜损失的主要途径。

目前较一致地认为，渣中铜的存在形态主要为铜的电化学溶解和铜的机械夹带。铜硫化矿物的溶解及铜的氧化和造渣而进入渣中，均属电化学溶解。铜氧化物、铜硫化物及总铜溶解损失与冰铜品位的关系如图13-2所示。

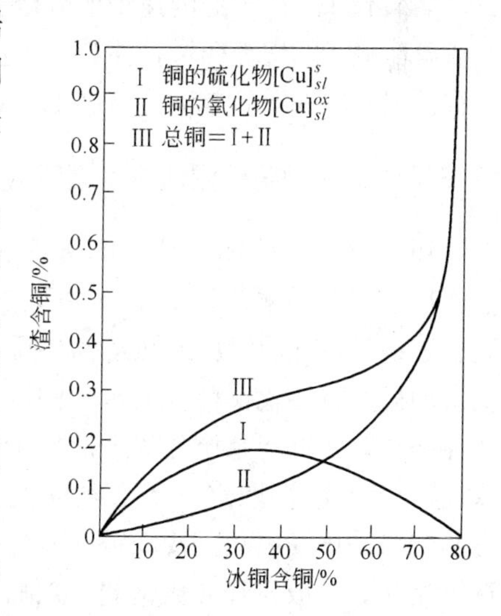

图 13-2 铜溶解损失与冰铜品位的关系

从图13-2中的曲线可知，渣中铜硫化物损失随冰铜品位的提高而下降；渣中氧化铜损失随冰铜品位的提高而显著增大；渣中的总铜损失随冰铜品位的提高而显著增大。

炉渣中的机械夹带物主要为冰铜悬浮物、铜金属夹杂物和未彻底澄清分离的冰铜液滴。夹带液滴的粒度很细，其粒度范围的测量数据不一，有人认为炉渣中的冰铜滴上限粒度为0.2mm，其下限粒度为0.5×10^{-3}mm，夹带的金属铜粒的粒度为7×10^{-6}mm。炉渣中铜的存在形态见表13-2。

表 13-2 炉渣中铜的存在形态

冶炼方法	渣含铜/%	渣中铜损失率/%		平均比值	渣中 SiO_2 含量/%
		机械夹带损失	电化学溶解损失		
鼓风炉熔炼	0.3～0.4	70～75	25～30	2.65	
反射炉熔炼	0.47～0.54	47～52	48～53	1.00	29～36
电炉熔炼	>0.5	60～65	35～40	1.66	

从表 13-2 中的数据可知，虽然炉渣中铜的存在形态因冶炼炉类型有所差异，但渣中铜的主要形态为机械夹带损失。

影响炉渣中铜损失的因素较复杂，其主要影响因素为熔融炉渣的黏度、密度、表面张力、冰铜品位、熔体温度及转炉渣的处理方法等。

研究表明，炉渣在大于1000℃条件下保温较长时间（1～8h，视保温设备而异），铜可从熔融体中析出，可使渣中的铜粒长大，其平均粒径与冷却时间的对数成近似正比关系；当温度小于1000℃时，可采用喷水的方法加速冷却，不影响炉渣的可磨性和铜的可浮性。

13.2.1.2 浮选工艺

试验测定，炉渣的可磨性为：若铜矿石的可磨系数为1.0，缓冷的反射炉渣的可磨系数为1.03，废弃反射炉渣的可磨系数为0.72，快速冷却反射炉渣的可磨系数为0.63，转炉渣的可磨系数为0.90，低硅渣较易磨。

炉渣经破碎、筛分，再磨细至-0.036mm 占95%，送浮选。浮选作业常在矿浆自然 pH 值条件下进行，采用黄药类捕收剂和常用的松醇油作起泡剂，但用量较高。若在矿浆自然 pH 值条件下，采用SB 选矿混合剂作捕收剂与黄药组合捕收剂，将取得较理想的浮选指标。

某铜冶炼厂产出的闪速炉冶炼渣含铜1.3%左右，将其磨至-0.036mm 占95%，采用丁基黄药和丁基铵黑药进行浮选，可产出铜含量达50%以上的铜精矿，尾矿含铜约0.3%左右，铜的浮选回收率可达90%以上。

13.2.2 硫化铜精矿湿法冶炼渣的浮选

13.2.2.1 硫化铜精矿湿法冶炼渣的特性

目前，世界铜产量的15%由湿法冶炼法生产。湿法炼铜是在常温常压或热压条件下，采用浸出剂从富铜矿石或硫化铜精矿的焙砂中浸出铜，铜浸出液经净化，使铜与杂质分离。最后采用电积法、萃取-电积等方法提取铜，产出电解铜。氧化铜矿和自然铜可采用浸出剂直接浸铜，对硫化铜矿石或浮选铜精矿，一般先经氧化焙烧，然后采用相应的浸出剂浸出焙砂中的铜。现湿法炼铜已成为处理硫化铜矿和复杂铜矿的重要方法，为化学选矿的重要内容之一。硫化铜精矿焙烧-浸出-电积法流程图如图 13-3 所示。

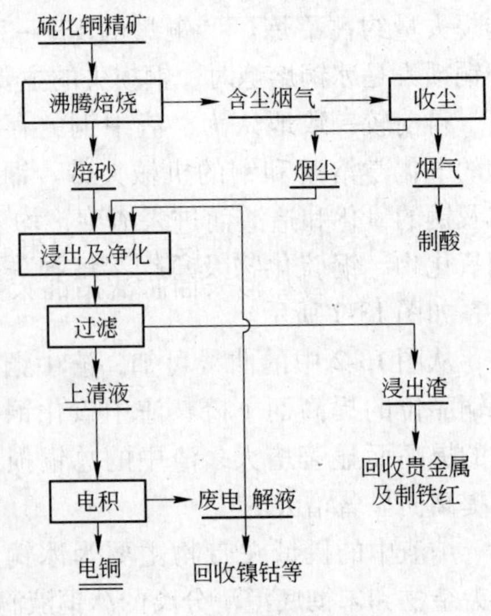

图 13-3 硫化铜精矿焙烧-浸出-电积法流程图

若硫化铜矿中含伴生金、银等组分时，氧化焙烧过程中基本不发生变化，焙砂中的残硫一般为1%～3%，即仍有少量的硫化铜矿物未被氧化，仍呈硫化铜矿物形态存在于浸出渣中。浸出渣中除含氧化物外，还含少量的铜、铅、铋硫化物和硫化铜精矿中所含的全部贵金属。

13.2.2.2　选矿工艺

为了回收硫化铜精矿湿法冶炼渣中的铜、金、银等有用组分，可采用摇床选和浮选的方法，获得富含金、银、铜的混合精矿。可将此混合精矿送铜冶炼厂综合回收铜、金、银，也可采用硫脲提取金银的方法就地综合回收铜、金、银。

13.3　硫化锌精矿湿法冶炼渣的浮选

13.3.1　湿法炼锌渣类型与组成

硫化锌精矿焙砂浸出的原则流程如图13-4所示。

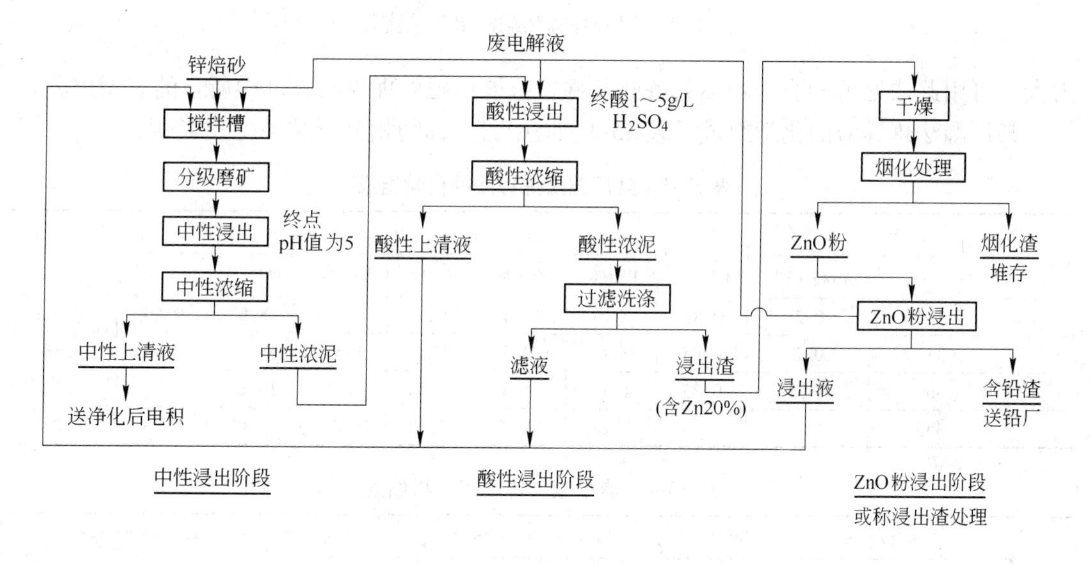

图13-4　硫化锌精矿焙砂浸出的原则流程

从图13-4中可知，整个浸出过程分为中性浸出、酸性浸出和ZnO粉浸出三个阶段。焙砂经中性浸出和酸性浸出后，浸出渣中仍含20%左右的锌，故浸出渣常采用烟化挥发法处理，以氧化锌粉形态回收渣中的不溶锌。此氧化锌粉单独处理，可回收其中所含的金属铟。

20世纪30年代开始采用热酸（90℃，H_2SO_4浓度为200g/L）浸出浸渣中的$ZnFe_2O_4$和ZnS，以取代烟化挥发工艺，此时铁大量溶解，直至20世纪60年代发现新的沉铁方法后，热酸浸出工艺才用于工业生产。湿法炼锌热酸浸出工艺流程如图13-5所示。

从上可知，湿法炼锌渣有烟化挥发渣（窑渣）、赤铁矿法铁渣、黄钾铁矾法铁渣和针铁矿法铁渣四种形态。多数锌冶炼厂采用回转窑挥发法回收渣中的铅锌，此时银不挥发而留在渣中，渣中的银含量可达300～400g/t。有些锌厂将此类渣作为铅精矿的铁质助熔剂送铅熔炼，使锌渣中的金银富集于粗铅中，在粗铅精炼过程中综合回收金银。若铅冶炼能

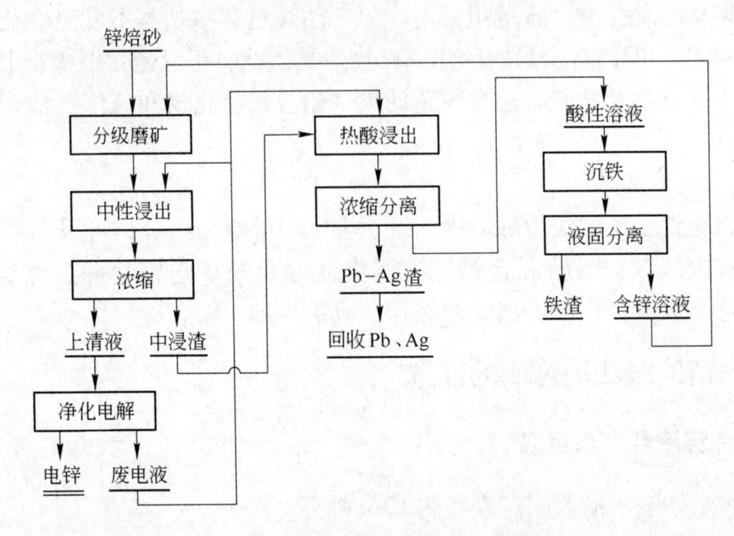

图 13-5 湿法炼锌热酸浸出工艺流程

力大，可用此法处理窑渣。若不具备此条件，只能单独处理以回收其中所含的有用组分。

某厂湿法炼锌渣的化学组成见表 13-3。渣中银、锌物相分析结果见表 13-4。

表 13-3 某厂湿法炼锌渣的化学组成

编 号	含 量									
	$Ag/g \cdot t^{-1}$	$Au/g \cdot t^{-1}$	Cu/%	Pb/%	Zn/%	Fe/%	$S_{总}$/%	SiO_2/%	As/%	Sb/%
1	270	0.2	0.82	3.3	19.4	27.0	5.3	8.0	0.59	0.41
2	340	0.2	0.85	4.6	20.5	23.8	8.57	9.72	0.79	0.36
3	360	0.25	0.83	4.33	21.8	23.54	5.0	10.63	0.57	0.33
4	355	0.2	0.73	3.18	20.38	21.14	5.47	8.88	0.54	0.21

表 13-4 渣中银、锌物相分析结果

锌	锌物相	$ZnSO_4$	ZnO	$ZnSiO_3$	ZnS	$ZnO \cdot Fe_2O_3$	
	相对含量/%	16.73	14.13	0.96	7.54	60.64	
银	银物相	自然银	AgS	Ag_2SO_4	AgCl	Ag_2O	脉 石
	相对含量/%	10.03	61.80	2.14	3.50	5.44	17.09

从表 13-4 中的数据可知，71.83% 的银呈自然银和硫化银的形态存在于渣中，氯化银和氧化银含量仅为 8.94%，与脉石共生的银占 17.09%；渣中的锌主要呈铁酸锌、硫酸锌、氧化锌和硫化锌的形态存在。锌浸出渣的筛析结果见表 13-5。

表 13-5 锌浸出渣的筛析结果

粒级/mm	+0.147	−0.147 +0.104	−0.104 +0.074	−0.074 +0.037	−0.037 +0.019	−0.019 +0.010	−0.010	合 计
产率/%	3.84	8.07	3.57	13.49	14.55	12.17	44.31	100.00
银含量/$g \cdot t^{-1}$	150	130	220	360	300	220	120	235
银分布/%	2.94	5.34	4.00	24.75	22.24	13.64	27.09	100.00

从表13-5中的数据可知，锌浸出渣中-0.074mm粒级含量占84.52%。-0.074mm粒级中的银分布率占87.72%，其中-0.01mm粒级的银占27.09%。

从湿法炼锌渣的化学组成、物相分析结果和粒度筛析结果可知，可采用直接浸出法、浮选-精矿焙烧-焙砂浸出法和硫酸化焙烧-水浸法等工艺回收湿法炼锌渣中的金银。

13.3.2 湿法炼锌渣的浮选

某厂湿法炼锌渣浮选采用一粗三精三扫的浮选流程，浮选药剂为：Na_2S 250~350g/t，丁基铵黑药700~1000g/t，松醇油250~300g/t。在室温、矿浆浓度为30%的条件下浮选。浮选指标见表13-6。

表13-6 湿法炼锌渣的浮选指标

产品	产率/%	品位									
		Ag/g·t^{-1}	Cu/%	Pb/%	Zn/%	Fe/%	$S_{总}$/%	In/%	Ge/%	Ga/%	Cd/%
精矿	2.70	9410	4.50	0.28	39.90	5.73	29.80	0.014	0.0031	0.012	0.26
尾矿	97.30	90	0.097	4.41	19.06	24.03	4.66	0.038	0.0069	0.021	0.13
浸渣	100.00	342	0.80	4.30	29.60	23.54	5.34	0.037	0.0068	0.021	0.18
产品	产率/%	回收率/%									
		Ag	Cu	Pb	Zn	Fe	$S_{总}$	In	Ge	Ga	Cd
精矿	2.70	74.29	15.19	0.18	3.64	0.66	15.07	0.07	1.23	1.54	3.90
尾矿	97.30	25.71	84.81	99.82	96.36	99.34	84.93	99.93	98.77	98.46	96.10
浸渣	100.00	100.00	100.00	100.00	100.00	100.00	100.00	100.00	100.00	100.00	100.00

从表13-6中的数据可知，浮选所得精矿实为富含银的硫化锌精矿，98%以上的铅、铟、锗、镓留在浮选尾矿中，银的回收率仅为74.29%，仍有待进一步完善浮选工艺。建议采用SB与异戊基黄药组合捕收剂进行浮选，预计可进一步降低药剂用量和可获得较理想的浮选指标。浮选精矿的化学组成见表13-7。

表13-7 浮选精矿的化学组成

元素	Au/g·t^{-1}	Ag/%	Cu/%	Zn/%	Cd/%	Pb/%	As/%	Sb/%	Bi/%	SiO_2/%	Fe/%	$S_{总}$/%
1号精矿	2.0	1.0	4.68	48.4	0.32	0.98	0.15	0.14	0.02	4.28	5.31	28.86
2号精矿	2.0	0.94	4.85	48.7	0.29	0.94	0.15	0.13	0.02	3.90	6.06	28.71
3号精矿	2.5	0.74	4.25	46.2	—	0.44	0.24	0.15	—	3.90	6.35	29.0

从表13-7中的数据可知，精矿中金、银、铜和锌的含量均较高，可从精矿中回收金、银、铜和锌。精矿中银、锌和铜的物相组成见表13-8。

表13-8 湿法炼锌渣浮选精矿的物相组成

元素	Ag				Zn				
物相	AgO	Ag_2S	Ag_2SO_4	$Ag_{总}$	ZnS	ZnO	$ZnSO_4$	$ZnO+Fe_2O_3$	$Zn_{总}$
含量/%	0.0026	0.76	0.018	0.781	41.38	0.25	0.25	6.62	48.50
分布/%	0.03	97.31	2.30	100.00	85.32	0.51	0.52	13.65	100.00

续表 13-8

元素	Cu				
物相	$CuS+Cu_2S$	CuO	$CuSO_4$	Cu^0 结合	$Cu_{总}$
含量/%	4.32	0.19	0.011	0.011	4.532
分布/%	95.32	4.19	0.24	0.25	100.00

从表 13-8 中的数据可知，浮选精矿中 97.31% 的银以硫化银形态存在，85.32% 的锌以硫化锌形态存在，95.32% 的铜以硫化铜形态存在。从浮选精矿中回收银的工艺流程如图 13-6 所示。

浮选精矿在 650～750℃ 条件下进行 2.5h 的硫酸化焙烧，焙砂进行硫酸浸出，硫酸用量为 700kg/t，在液固比为（4～5）∶1，温度为 85～90℃ 条件下浸出 2h，银的浸出率可大于 95%。

固液分离可获得富含 Ag、Cu、Zn 的浸出液和含 Pb、Au、Ag、Zn 的浸出渣，浸渣进铅冶炼以综合回收其中所含的有用组分。

浸出液送还原银作业，以二氧化硫气体作还原剂，还原温度为 50℃，银的还原率大于 99.5%。所得银粉的组成（%）为：Ag 95.12，Cu 0.05，Zn 0.01。为防止铜被还原，应严格控制二氧化硫的通入量。用 Cl^- 检查银是否完全沉淀，一旦银完全沉淀，立即停止通二氧化硫。

沉银母液采用锌粉沉铜，锌粉用量为理论量的 1.2 倍，反应温度为 80℃，反应时间为 1～2h，所得铜粉含铜为 80%。

沉铜后液送净化生产 $ZnSO_4 \cdot 7H_2O$。

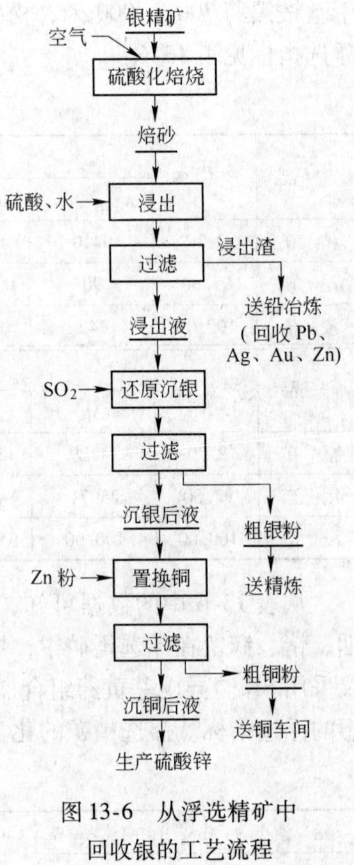

图 13-6 从浮选精矿中回收银的工艺流程

13.4 铜电解阳极泥的浮选

铜电解阳极泥的原处理流程为：氧化焙烧脱硒—熔炼铜锍和贵铅—贵铅灰吹氧化精炼—银、金电解。此常规流程较成熟，至今仍为许多国内外冶炼厂所采用。但此流程冗长复杂、设备多、原材料消耗高、工艺过程间断作业、劳动强度大、返料多、有用组分回收率较低。

日本 6 座铜冶炼厂采用火法冶炼铜阳极泥的月平均技术经济指标见表 13-9。

为了提高贵金属的回收率，改善操作条件和减少铅害，近 20 年来除对传统阳极泥处理工艺进行改进和完善外，还试验研究了采用浮选法富集阳极泥中的贵金属等有用组分，并已成功用于工业生产。采用浮选法处理铜阳极泥的国家有中国、俄罗斯、芬兰、日本、美国、德国和加拿大等国家。

表 13-9 日本 6 座铜冶炼厂采用火法冶炼铜阳极泥的月平均技术经济指标

项 目			单 位	小 坂	日 立	日 光	竹 原	新居浜	佐贺关
阳极泥主成分	Au		g/t	1.13	10.45	1.91	4.96	7.44	10.10
	Ag		g/t	222.8	129.3	207.9	166.4	81.1	90.1
	Cu		%	20.36	22.48	8.65	17.03	19.00	27.30
	Pb		%	12.54	8.90	19.32	16.78	15.60	7.01
贵铅炉熔炼	炉料总量		t	77.4	74.5	56.3	67.8	125.5	137.3
	其中	阳极泥	t	45.8	20.3	23.2	38.4	30.6	34.0
		铅铜锍	t	4.8	12.4				
	产品总量		t	96.9	41.8	43.4	68.6	108.5	119.7
	其中	贵铅	t	24.0	14.2	17.5	23.3	66.2	74.7
		铜锍	t	45.1	5.0		2.9		15.1
	重油消耗		kg	37.3	电炉 33100 度	18.4			
分银炉熔炼	炉料总量		t	34.0	7.7	24.9	69.6	46.4	48.1
	其中	贵铅	t	23.7		19.1	23.9	35.8	33.3
		杂银	t	1.5		0.8		0.1	
		粗银	t	2.1	6.6	0.2	1.5	0.3	5.1
		熔剂	t	6.7	1.0	3.2	28.5	8.1	8.7
	产品总量		t	31.5	7.7	26.3	63.1	52.5	67.1
	其中	银阳极板	t	10.9	6.1	6.8	14.0	7.9	8.7
		密陀僧	t	20.6		9.9	43.0	33.9	24.6
	重油消耗		kg	728	5.1	丁烷 19.1	38.1	28.7	27.8

日本大阪精炼厂处理的阳极泥的化学组成见表 13-10。该厂采用浮选法处理铜阳极泥的工艺流程如图 13-7 所示。首先将铜阳极泥给入球磨机中将其磨至 -0.03mm 占 100%，磨机中加入硫酸，在磨机中进行磨矿脱铜。脱铜后的阳极泥溢流送入丹佛浮选机，在 pH = 2、矿浆浓度为 10% 的条件下，加入 50g/t 208 号黑药进行浮选。Au、Ag、Se、Te、Pt、Pd 等进入浮选精矿中，大部分 Pb、As、Sb、Bi 等留在浮选尾矿中。浮选技术指标见表 13-11。所得浮选精矿在同一冶炼炉中完成氧化焙烧除硒、熔炼和分银三个工序，最后产出硒尘、银阳极板和炉渣。银阳极板送电解作业回收银和金。熔炼时可不添加熔剂和还原剂，产生的烟尘和氧化铅副产品很少。

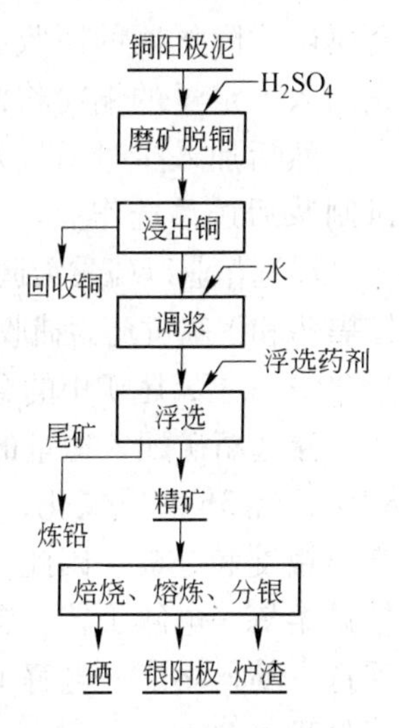

图 13-7 日本大阪精炼厂采用浮选法处理铜阳极泥的工艺流程

美国和德国的铜冶炼厂与日本的指标相似。

前苏联报道的铜阳极泥浮选是在 150 ~ 200g/t 的硫酸介质中，采用 250g/t 黄药作捕收剂进行浮选，60% ~ 65% 的铜进入矿浆液相，98% ~ 100% 的 Au、Ag、Pd 和 Se 进入浮选精矿中，镍富集于浮选尾矿中。

表 13-10 日本大阪精炼厂处理的阳极泥的化学组成

元素	Au /g·t⁻¹	Ag /g·t⁻¹	Cu/%	Pb/%	Se/%	Te/%	S/%	Fe/%	SiO_2/%
阳极泥 A	22.55	198.5	0.6	26	21	2.2	4.6	0.2	2.4
阳极泥 B	6.24	142	0.6	31	17	1.0	6.7	0.1	1.0

表 13-11 日本大阪精炼厂的浮选技术指标

产品	产率/%	品位									
		Pb/%	Se/%	Te/%	As/%	Sb/%	Bi/%	Pt/g·t⁻¹	Pd/g·t⁻¹	Au/kg·t⁻¹	Ag/kg·t⁻¹
精矿	45	7.14	31.22	4.6	0.15	1.1	0.42	132	410	16.1	351.5
尾矿	55	53.79	0.08	0.05	0.75	3.26	1.02	10	27	0.03	0.6
给矿	100	32.8	14.09	2.1	0.48	2.29	0.35	45	199	7.13	158.5
产品	产率/%	回收率/%									
		Pb	Se	Te	As	Sb	Bi	Pt	Pd	Au	Ag
精矿	45	9.80	99.69	98.70	14.10	21.60	25.20	91.50	92.50	99.77	99.79
尾矿	55	90.20	0.31	1.30	85.90	78.40	74.80	8.50	7.50	0.23	0.21
给矿	100	100.00	100.00	100.00	100.00	100.00	100.00	100.00	100.00	100.00	100.00

我国铜冶炼厂的铜阳极泥浮选工艺大致为：首先采用氯酸盐浸出铜阳极泥，使铜、硒转入浸液中，使银转化为氯化银，并有部分金、铂、钯转入浸液中。浸出矿浆不固液分离，将适量铜粉加入矿浆中，使氯化银转变为金属银，并使浸液中的金、铂、钯还原析出，还可使部分极难浮选的贵金属结合体得到“活化”，可提高这部分“顽固”贵金属结合体的可浮性。但铜粉过量时，会使浸液中的亚硒酸和硒酸还原为金属硒，降低硒的回收率。因此，对硒含量较高的铜阳极泥，氯酸盐酸化浸出后，可先加入一定量的铜粉将浸出液中的大部分银、金、铂、钯还原析出，使硒留在浸出液中，然后加入少量活性炭吸附浸出液中残余的金、铂、钯。矿浆经过滤脱铜、硒，滤饼制浆后送浮选作业。

浮选作业以硫酸为调整剂，六偏磷酸钠为抑制剂，在 pH = 2 ~ 2.5 的介质中，以丁基铵黑药和丁基黄药为捕收剂，以松醇油为起泡剂进行浮选。浮选精矿中的金、银回收率均达 99% 以上，尾矿中的金、银含量分别降至 20g/t 和 0.06% 以下。

浮选精矿配入适量的苏打，在熔炼炉中进行熔炼，扒渣后的“开门合金”含银可达 89%，经 3h 吹风氧化，银含量可升至 98.6%，将其铸成阳极板，送银、金电解精炼，产出银锭和金锭。因此，含硒低的铜阳极泥可直接采用氯酸盐浸出—铜粉还原—浮选—精矿熔炼—电解工艺；含硒高的铜阳极泥可采用氯酸盐浸出—铜粉还原—活性炭吸附—浮选—精矿熔炼—电解工艺。上述工艺已用于我国云南冶炼厂和天津电解铜厂的铜阳极泥处理。

铜阳极泥浮选可使金、银、铂、钯与铅获得较好的分离，金、银、铂、钯的浮选回收率高，而且可简化火法熔炼流程，降低生产成本，基本根除铅害。

13.5 含金硫酸烧渣的选矿

13.5.1 含金硫酸烧渣的性质

处理含金多金属硫化矿时，常尽可能将金、银富集于有色金属硫化矿物浮选精矿中，送冶炼厂综合回收金、银，或就地处理实现就地产金、银。含金有色金属硫化矿物混合浮选精矿分离或部分混合浮选和浮选黄铁矿时，常产出含金黄铁矿精矿。含金黄铁矿精矿送化工厂制取硫酸，金、银留在烧渣中，此类含金烧渣，常称为含金硫酸烧渣。含金硫酸烧渣的量相当可观，是提取金、银的宝贵资源，各国均重视从含金硫酸烧渣中提取金、银的试验研究工作。目前，从含金硫酸烧渣中提取金、银可采用直接浸出（氰化或硫脲浸出等）和直接浮选的工艺。前者可产出合质金，后者产出含金黄铁矿精矿。

如我国某化工厂制酸车间处理来自多个选厂的含金黄铁矿精矿，硫精矿中主要矿物为黄铁矿，其次为磁黄铁矿、毒砂、褐铁矿、黄铜矿、方铅矿、闪锌矿、自然金和银金矿等，自然金和银金矿主要呈包体形态存在于黄铁矿中。硫酸烧渣中的主要化合物为磁铁矿、赤铁矿，尚有少量未分解的黄铁矿、毒砂、自然金等。自然金的粒度为 0.0009 ~ 0.009mm，80%的自然金呈单体和连生体形态存在，20%左右的自然金呈包体形态存在。

烧渣多元素分析结果见表 13-12。烧渣的铁物相分析结果见表 13-13。

表 13-12 烧渣多元素分析结果

元 素	Au	Cu	Pb	Zn	Fe	S
含量/%	5.28g/t	0.069	0.929	0.028	21.12	0.53
元 素	As	C	SiO_2	Al_2O_3	CaO	MgO
含量/%	0.054	0.091	39.9	5.39	2.51	0.65

表 13-13 烧渣的铁物相分析结果

产 物	Fe/磁铁	Fe/褐铁	Fe/菱铁	Fe/黄铁	Fe/硅铁	TFe
含量/%	14.68	15.86	0.056	0.95	0.39	31.936
占有率/%	45.67	49.66	0.18	2.97	1.22	100.00

从表 13-13 中的数据可知，烧渣中的铁主要呈赤铁矿和磁铁矿的形态存在。烧渣密度为 3.47g/cm^3，烧渣粒度筛析结果见表 13-14。

表 13-14 烧渣粒度筛析结果

粒级/mm	+100	-100 +150	-150 +200	-200 +240	-240 +320	-320	合 计
产率/%	27.48	3.33	4.78	1.78	8.12	54.5	100.00
含金/g · t^{-1}	3.4	5.4	5.2	6.33	6.6	6.0	5.28
金占有率/%	17.69	3.4	4.71	2.15	10.15	61.99	100.00

从表 13-14 中的数据可知，该厂硫酸烧渣中 +0.074mm 粒级的产率为 35.58%，该粒级金的占有率为 25.8%。因此，硫酸烧渣须经再磨至一定细度后，才能送去浸出提金或浮选回收金。

含金硫精矿经焙烧后，产出疏松多孔的烧渣，焙烧可提高孔隙率，可提高金的单体解离度和裸露程度。烧渣中金的解离度取决于焙烧温度、物料粒度特性、空气过剩系数以及固气接触状况等因素，这些工艺参数的最佳值与物料特性有关。因此，不同的硫精矿有各自的适宜处理流程和最佳的焙烧工艺参数。此条件下产出的烧渣的孔隙率最高，金裸露最充分。

若焙烧温度高于最佳焙烧温度（一般为 600 ~ 700℃），烧渣会结块，生成新的包体金；若焙烧温度过低，黄铁矿氧化不充分，不仅对制酸不利，也将影响金的解离度。

某矿含金硫精矿的焙烧温度与金暴露程度的关系见表 13-15。焙烧温度为 600 ~ 700℃时，主要生成三氧化硫，对制酸不利；焙烧温度为 850 ~ 900℃时，是制酸的最佳温度，但对提金不利。因此，含金硫精矿焙烧时，应在满足制酸的前提下，尽量采用低温焙烧。烧渣中主要为磁铁矿和赤铁矿，两者的比例取决于焙烧温度和空气过剩系数等因素。一般可从烧渣颜色判断烧渣质量，当渣呈红色时，赤铁矿含量高，烧出率高，但炉气中二氧化硫含量低，三氧化硫含量高，不利于制酸；当渣呈黑色时，磁铁矿含量高，高温下空气过剩系数小，还原气氛强，炉气中二氧化硫含量高，但渣中残硫含量较高，烧出率低。对从烧渣中提金而言，红渣有利，黑渣不利。对制酸而言，红渣、黑渣均不利。实践表明，若维持棕色渣操作，对制酸最有利。因此，焙烧时应严格控制工艺参数，既不影响制酸又有利于提金，须防止出现未烧透的黑渣，否则，对提金不利，金的回收率相当低。

表 13-15 某矿含金硫精矿的焙烧温度与金暴露程度的关系

焙烧温度/℃	包体金/%	裸露金/%	合计/%
700	17.42	82.58	100.00
800	24.15	75.85	100.00
900	28.60	71.40	100.00

烧渣中金的裸露率除与炉温、空气过剩系数等因素有关外，还与烧渣的排放方式有关。烧渣快速冷却，尤其将赤热的烧渣直接排入冷水中进行水淬，可增加烧渣的裂隙度。因此，含金烧渣采用沸腾焙烧水排渣是非常必要的（见表 13-16）。

表 13-16 焙砂水淬与金氰化浸出率的关系

排渣方式	渣含金/$g \cdot t^{-1}$	浸渣含金/$g \cdot t^{-1}$	贵液含金/$g \cdot m^{-3}$	氰化浸出率/%
水淬渣	4.2	1.10	1.55	78.80
未水淬渣	4.2	1.40	1.40	66.67

13.5.2 选矿工艺

13.5.2.1 硫酸烧渣氰化提金

硫酸烧渣氰化提金流程如图 13-8 所示。水淬后的烧渣先进行磨矿以碎解焙烧时生成的结块与假象团聚，分级溢流浓度常为 6% ~8%，磨矿细度为 -0.036mm 占 90%，矿浆液相中含有大量的硫酸根和可溶盐。因此，分级溢流须送浓密脱水以除去大部分可溶盐，提高矿浆浓度，利于实现贫液返回。

脱水后的浓密机底流送碱处理，添加石灰使矿浆 pH 值为 10.5 ~11，以中和沉淀酸溶物，为氰化创造有利条件。

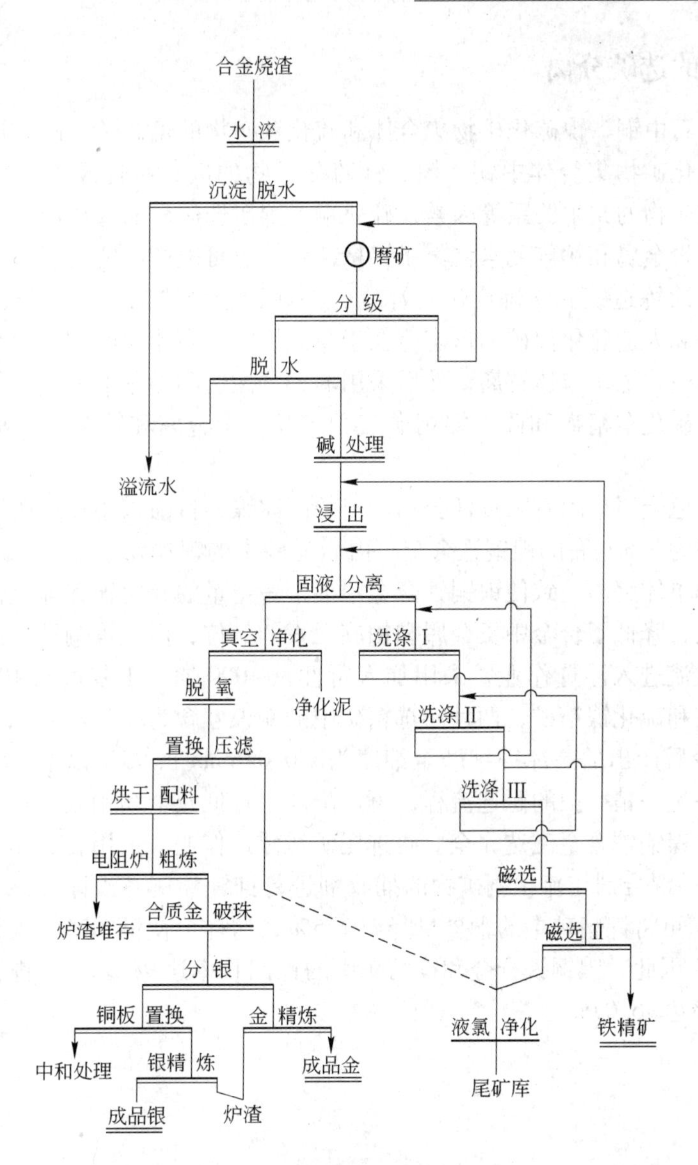

图 13-8 硫酸烧渣氰化提金流程

碱处理后的矿浆送氰化提金，其工艺与一般氰化工艺相似，最后产出合质金或金锭。

从上可知，含金硫酸烧渣氰化提金时，焙烧温度、空气过剩系数、水淬排渣、磨矿、浓密脱水、碱处理等作业与氰化指标密切相关，其工艺参数须严格控制，以达较高的氰化浸出率。

该厂金的氰化浸出率为70%，金的总回收率为60.2%。

13.5.2.2 浮选法

采用浮选法从硫酸烧渣中回收金时，先将水排渣送入球磨-分级回路将其磨至 -0.043mm占95%，在矿浆自然 pH 值条件下，加入 SB 与丁基黄药组合捕收剂进行浮选，预计可产出含金 50g/t 左右的混合精矿，金的浮选回收剂可达 85%左右。金精矿中的自然金，除部分呈单体解离金外，还有部分金呈包体金形态存在。

13.6 高冰镍的选矿分离

根据入选矿石中铜、镍硫化矿物集合体和硫化镍矿物的可浮性，硫化镍矿物和硫化铁矿物的比例，硫化矿物集合体中铜、镍、铁硫化矿物的嵌布特性及贵金属和铂族元素与铜、镍、铁硫化矿物的共生关系等因素，硫化铜、镍矿选矿厂的选矿产品可能为单一的铜精矿和镍精矿，贵金属和铂族元素富集于镍精矿中，也可能产出硫化铜、镍混合精矿。

混合精矿经冶炼造锍。吹炼产出高冰镍，高冰镍经缓冷后，铜、镍、铁以镍铜铁合金、人造辉铜矿和人造硫化镍矿的形态存在于高冰镍中。高冰镍经细磨使镍铜铁合金、人造辉铜矿和人造硫化镍矿单体解离，然后采用弱磁场磁选和浮选的方法可使它们分离，产出镍铜铁合金、硫化铜精矿和硫化镍精矿三种产品，贵金属和铂族元素富集于镍铜铁合金中。

我国金川有色金属集团有限责任公司产出的高冰镍，目前采用在二段磨矿分级返砂中磁选，产出产率为8%左右的镍铜铁合金。由于返砂中的镍铜铁合金、人造辉铜矿和人造硫化镍矿未全部单体解离，致使镍铜铁合金中夹带一定量的硫化铜和硫化镍矿物，增加了铜镍的互含损失，降低了合金中贵金属和铂族元素的品位，而且镍铜铁合金的产率低，选不干净。分级溢流进入浮选作业，采用加入苛性碱4000g/t，丁基黄药100g/t浮选药剂，产出硫化铜精矿和硫化镍精矿，两种浮选精矿中的铜镍互含为8.2%以上，互含损失较高。

建议将缓冷后产出的高冰镍细磨至细度为 -0.036mm 占95%以上，将磨矿排矿送磁选作业，采用一粗一精一扫的磁选流程，可产出产率较低及金和铂族元素含量高的镍铜铁合金，而且可将镍铜铁合金磁选完全。磁选尾矿送浮选作业，采用石灰作硫化镍矿物的抑制剂，以SB选矿混合剂作硫化铜矿物的捕收剂进行抑镍浮铜，预计可将铜精矿中的镍含量降至1.72%，可将镍精矿中的铜含量降至1.6%，这样可使铜精矿和镍精矿中的铜镍互含降至3.32%。因此，镍铜铁合金和镍精矿中的镍回收率达98.92%，镍铜铁合金和铜精矿中的铜回收率达96.07%。

参考文献

[1] 胡为柏．浮选[M]．北京：冶金工业出版社，1978.
[2] 胡熙庚．有色金属硫化矿选矿[M]．北京：冶金工业出版社，1987.
[3] 选矿卷编辑委员会．中国冶金百科全书・选矿[M]．北京：冶金工业出版社，2000.
[4]《选矿设计手册》编委会．选矿设计手册[M]．北京：冶金工业出版社，2004.
[5] 黄礼煌．稀土提取技术[M]．北京：冶金工业出版社，2006.
[6] 龚明光．泡沫浮选[M]．北京：冶金工业出版社，2007.
[7] 张泾生，阙煊兰．矿用药剂[M]．北京：冶金工业出版社，2008.
[8] 陈国发．重金属冶金学[M]．北京：冶金工业出版社，2009.
[9] 黄礼煌．化学选矿[M]. 2 版．北京：冶金工业出版社，2012.
[10] 黄礼煌．金银提取技术[M]. 3 版．北京：冶金工业出版社，2012.

索　引

F

G

H

J

K

L

Z

冶金工业出版社部分图书推荐

书　名	作　者	定价(元)
选矿工程师手册(第1册)	孙传尧	218.00
选矿工程师手册(第2册)	孙传尧	239.00
选矿工程师手册(第3册)	孙传尧	228.00
选矿工程师手册(第4册)	孙传尧	265.00
选矿设计手册	本书编委会	239.00
复杂难处理矿石选矿技术	孙传尧	90.00
化学选矿(第2版)	黄礼煌	79.00
金银提取技术(第3版)	黄礼煌	75.00
柱浮选技术	沈政昌	58.00
浮选机理论与技术	沈政昌	66.00
浮选技术问答	龚明光	56.00
泡沫浮选	龚明光	48.00
现代振动筛分技术及设备设计	闻邦春　刘树英	59.00
尾矿的综合利用与尾矿库的管理	印万忠	28.00
现代选矿技术丛书——提金技术	张锦瑞	48.00
现代选矿技术丛书——铁矿石选矿技术	牛福生	45.00
生物质还原氧化锰矿工艺与技术	朱国才	58.00
金属矿山尾矿资源化	张锦瑞	42.00
选矿知识600问	牛福生	38.00
矿物加工过程的检测与控制	徐志强	36.00
碎磨工艺及应用	杨松荣	56.00
铁矿烧结优化配矿原理与技术	范晓慧	36.00
尾矿库手册	沃廷枢	180.00
现代选矿技术手册(第2册) 浮选与化学选矿	张泾生	96.00
现代选矿技术手册(第4册) 黑色金属选矿实践	陈　雯	65.00
现代选矿技术手册(第7册) 选矿厂设计	黄　丹	65.00
现代选矿技术手册(第8册) 环境保护与资源循环	肖松文	98.00
金银提取冶金	宋庆双　符　岩	66.00
矿物加工实验理论与方法	胡海祥	45.00